Practical X Ray
Spectrum
Analysis

实用X射线光谱分析

高新华　宋武元　邓赛文　胡坚　编著

·北京·

本书是现代X射线光谱分析综合性参考书。全书共分十七章，系统介绍X射线的物理基础、基本性质、激发、色散、探测与测量，波长色散与能量色散光谱仪，基体效应、光谱背景和谱线重叠，样品制备，定性与半定量分析，实验校正法、数学校正法定量分析，薄膜和镀层厚度分析，应用实例及分析误差与不确定度等内容。附录列举了X射线荧光光谱分析常用的物理常数、相关数据等，供读者参考使用。

本书适用于冶金、地质、矿山、建材、检验检疫、石油、化工、环境、农业、生物、食品、医药、文物及考古等部门从事X射线光谱分析的专业人员及相关工程技术人员参考，同时适用于高等院校相关专业师生、研究生及科研院所工程技术人员参考。

图书在版编目（CIP）数据

实用 X 射线光谱分析/高新华等编著．—北京：化学工业出版社，2016.10（2022.2重印）
ISBN 978-7-122-27959-0

Ⅰ.①实… Ⅱ.①高… Ⅲ.①X射线荧光光谱法-荧光分析 Ⅳ.①O657.34

中国版本图书馆 CIP 数据核字（2016）第 206765 号

责任编辑：成荣霞　　　　　　　　　　　文字编辑：向　东
责任校对：王　静　　　　　　　　　　　装帧设计：王晓宇

出版发行：化学工业出版社（北京市东城区青年湖南街13号　邮政编码100011）
印　　装：北京虎彩文化传播有限公司
710mm×1000mm　1/16　印张 23¾　字数 457 千字　2022 年 2 月北京第 1 版第 5 次印刷

购书咨询：010-64518888　　　　　　　　售后服务：010-64518899
网　　址：http://www.cip.com.cn
凡购买本书，如有缺损质量问题，本社销售中心负责调换。

定　价：128.00元　　　　　　　　　　　　　　　版权所有　违者必究

前言
FOREWORD

  X射线光谱分析技术是一种广泛应用于冶金、地质、检验检疫、工程材料、石油化工、电子与电气、环境科学、农业与食品、生物与医学、考古与文物鉴定等领域新材料、新工艺研究、新技术开发、环境监测及产品质量控制不可或缺的分析工具。追溯X射线光谱分析技术的发展历史，自1948年出现第一台波长色散X射线荧光光谱商品仪器至今，基础理论、波长色散与能量色散光谱分析技术，仪器技术、应用与软件，经历了飞跃式发展，取得了长足的进步。X射线光谱分析技术，作为表征物质化学组成及其性能的一种重要手段，经历了六十多年的进步与发展。在我国，从开始引进到步入应用；从实验室的探索性研究到普及应用于研究和生产的质量控制，经过几代人的不懈努力，特别是改革开放以来，经历了多次飞跃，获得了突飞猛进的发展。

  20世纪60年代末至80年代初，我国著名学者及相关工程技术人员已开始关注X射线光谱分析仪器的国产化，并付诸实践。在当时十分艰难的条件下，先后研制成功顺序式X射线光谱仪、多道全聚焦X射线光谱仪及各类便携式能量色散X射线光谱仪，并获得了国家科学技术进步奖、科学大会奖及部级奖等奖项，取得了可喜的成果，为以后X射线光谱仪器的国产化及相关技术的发展奠定了坚实的基础，为我国科学技术进步与工业生产现代化做出了重要贡献。

  20世纪70年代初，我国X射线光谱分析技术处于引进消化的起步阶段，在文献资料、技术借鉴匮乏的条件下，为促进技术队伍的成长和技术进步，笔者于1973年初翻译了美国学者Birks著的《X射线光谱化学分析》，这对刚刚步入该专业技术领域的工程技术人员，起了抛砖引玉的作用。20世纪80年代初正值我国X射线光谱分析技术开始腾飞需要助力之际，笔者翻译了美国学者Bertin著的《X射线光谱分析导论》一书，以助微薄之力。当今，我国X射线光谱分析专业队伍已十分庞大，技术水平蒸蒸日上，突飞猛进之际，为告慰60年来几代人的共同奋斗，笔者特此组织编著了《实用X射线光谱分析》一书，供大家参考。

  本书共分十七章，分别对X射线的物理基础、基本性质、激发、色散、探测与测量，波长色散与能量色散光谱仪，基体效应、光谱背景和谱线重叠，样品制备，定性与半定量分析，实验校正法、数学校正法定量分析，薄膜和镀层厚度分析、应用实例及分析误差与不确定度等内容做了系统介绍。附录列举了X射线光谱分析常用的物理常数、数据等参考资料。

  本书适用于冶金、地质、矿产、检验检疫、工程材料、石油化工、建筑材料、环境科学、生物医学、文物鉴定、农业与食品、电子与电气等领域从事X射线光谱分析的专业技术人员、高等院校相关专业师生及科研院所专业技术人员和相关工程技术人员参考使用。

本书由高新华（教授）、宋武元（研究员）、邓赛文（研究员）、胡坚（高级工程师）编著，其中第16章、第17章由宋武元研究员撰稿；第14章由胡坚高级工程师编撰；第15章由邓赛文研究员编撰；其余各章由高新华教授执笔。本书全文由高新华教授和宋武元研究员共同整理和修改，由梁国立研究员和王毅民研究员审定。由于作者水平有限，书中不妥之处在所难免，望读者批评指正。

书中的文字、数据、图表、附录及参考文献等的录入等工作由高毓和杨婕完成，郭利磊参与了本书附录中部分表格数据的录入。衷心感谢所有参与本书编著出版付出辛勤劳动的工作人员！衷心感谢广东出入境检验检疫局技术中心对本书的编著与出版予以的帮助和支持！

高新华

2016年6月10日

目录
CONTENTS

第1章　X射线的物理基础 …………………………………… 001
1.1　X射线的定义 …………………………………………… 001
1.2　X射线光谱 ……………………………………………… 002
1.2.1　连续X射线光谱 …………………………………… 002
1.2.2　原子结构及轨道能级 ……………………………… 004
1.2.3　特征X射线光谱 …………………………………… 007
1.2.4　莫塞莱定律 ………………………………………… 008
1.2.5　特征X射线光谱强度间的相对关系 ……………… 009
1.3　俄歇效应:伴线 ………………………………………… 010
1.4　荧光效应:荧光产额 …………………………………… 011
参考文献 ……………………………………………………… 012

第2章　X射线的基本性质 …………………………………… 013
2.1　X射线的散射 …………………………………………… 013
2.1.1　相干散射 …………………………………………… 014
2.1.2　康普顿散射 ………………………………………… 015
2.2　X射线的衍射与偏转 …………………………………… 017
2.2.1　布拉格衍射原理 …………………………………… 017
2.2.2　X射线的偏转 ……………………………………… 019
2.2.3　镜面反射 …………………………………………… 020
2.2.4　全反射 ……………………………………………… 020
2.3　X射线的吸收 …………………………………………… 021
2.3.1　质量吸收或衰减系数 ……………………………… 022
2.3.2　质量吸收或衰减系数与波长及原子序数的关系 … 023
2.3.3　吸收限及临界厚度 ………………………………… 023
2.3.4　反平方定律 ………………………………………… 025
参考文献 ……………………………………………………… 026

第3章　X射线的激发 027

3.1　初级激发 027
3.2　次级激发 028
    3.2.1　单色激发 028
    3.2.2　多色激发 029
3.3　互致激发（次生激发） 031
3.4　激发源 032
    3.4.1　放射性同位素 033
    3.4.2　同步辐射光源 035
    3.4.3　X射线管 036
    3.4.4　二次靶 038
参考文献 039

第4章　X射线的色散 040

4.1　概述 040
4.2　波长色散 040
4.3　能量色散 042
4.4　非色散 044
参考文献 047

第5章　X射线的探测 048

5.1　概述 048
5.2　气体正比型探测器 049
5.3　探测器的光电转换参数 055
5.4　闪烁计数器 058
5.5　固体探测器 059
    5.5.1　锂漂移硅[Si(Li)]探测器 060
    5.5.2　珀尔贴（Peltier）效应 062
    5.5.3　Si-PIN探测器 063
    5.5.4　硅漂移探测器（SDD） 064
    5.5.5　高纯锗（Ge）探测器 064
5.6　探测效率及能量分辨率 065
    5.6.1　量子计数效率 065
    5.6.2　能量分辨率 067
5.7　各种常用探测器的比较 070

参考文献 …………………………………………………………… 071

第6章　X射线的测量 …………………………………………… 073

6.1　测量系统 …………………………………………………… 073
6.1.1　概述 …………………………………………………… 073
6.1.2　前置放大器 …………………………………………… 074
6.1.3　主放大器 ……………………………………………… 074
6.1.4　脉冲高度选择器 ……………………………………… 075
6.1.5　脉冲高度分布曲线 …………………………………… 077
6.1.6　多道脉冲分析器（MCA） …………………………… 079
6.1.7　脉冲高度分布的自动选择 …………………………… 081
6.1.8　定标器及定时器 ……………………………………… 082
6.1.9　微处理机 ……………………………………………… 082

6.2　测量方法 …………………………………………………… 082
6.2.1　定时计数(FT)法 ……………………………………… 083
6.2.2　定数计时（FC）法 …………………………………… 083
6.2.3　最佳定时计数（FTO)法 ……………………………… 084

参考文献 …………………………………………………………… 085

第7章　波长色散X射线荧光光谱仪 …………………………… 086

7.1　概述 ………………………………………………………… 086
7.2　波长色散光谱仪的基本结构 ……………………………… 086
7.2.1　X光管 ………………………………………………… 087
7.2.2　准直器 ………………………………………………… 091
7.2.3　辐射光路 ……………………………………………… 092
7.2.4　分光晶体 ……………………………………………… 093
7.2.5　平面晶体色散装置 …………………………………… 098
7.2.6　弯曲晶体色散装置 …………………………………… 099
7.2.7　测角仪 ………………………………………………… 101

7.3　探测器 ……………………………………………………… 102
7.4　脉冲高度分布及脉冲高度分析器 ………………………… 103
7.5　定标计数电路 ……………………………………………… 105
7.6　测量参数的选择 …………………………………………… 106

参考文献 …………………………………………………………… 109

第8章　能量色散X射线荧光光谱仪 …………………………… 110

8.1　概述 ………………………………………………………… 110

8.2 光谱仪结构 ······ 111
8.2.1 能量色散探测器 ······ 112
8.2.2 多道脉冲高度分析器 ······ 114
8.2.3 滤光片及其选择 ······ 117
8.2.4 X光管 ······ 120
8.3 通用型能量色散光谱仪 ······ 120
8.4 三维光学能量色散光谱仪 ······ 122
8.4.1 偏振原理 ······ 123
8.4.2 二次靶 ······ 124
8.5 谱处理技术 ······ 127
8.5.1 光谱数据的基本组成 ······ 128
8.5.2 谱处理的基本步骤 ······ 133
8.5.3 常用的谱处理方法 ······ 135
8.6 能量色散X射线荧光分析技术的特殊应用 ······ 147
8.6.1 全反射X射线荧光光谱分析（TXRF） ······ 147
8.6.2 同步辐射X射线荧光光谱分析（SRXRF） ······ 152
8.6.3 微束X射线荧光光谱分析（μ-XRF） ······ 153
参考文献 ······ 159

第9章 基体效应 ······ 161
9.1 概述 ······ 161
9.2 基体效应 ······ 162
9.2.1 吸收-增强效应 ······ 162
9.2.2 吸收-增强效应对校准曲线的影响 ······ 164
9.2.3 吸收-增强效应的预测 ······ 164
9.3 物理-化学效应 ······ 166
9.3.1 颗粒度、均匀性及表面结构影响 ······ 166
9.3.2 样品的化学态效应 ······ 170
9.3.3 样品的无限厚度与分析线波长的关系 ······ 171
参考文献 ······ 174

第10章 光谱背景和谱线重叠 ······ 175
10.1 光谱背景 ······ 175
10.2 光谱背景的起源与性质 ······ 176
10.2.1 光谱背景的测量与校正 ······ 176
10.2.2 降低背景的若干方法 ······ 180

10.3 光谱干扰的来源 ··· 181
　　10.3.1 光谱干扰的类别 ·· 181
　　10.3.2 消除干扰的方法 ·· 183
10.4 灵敏度 S ·· 189
　　10.4.1 检测下限 ·· 189
　　10.4.2 定量下限 ·· 190
参考文献 ·· 191

第 11 章　定性与半定量分析 ··· 192

11.1 概述 ·· 192
11.2 光谱的采集与记录 ·· 194
11.3 谱峰的识别与定性分析 ·· 198
　　11.3.1 谱峰的平滑 ·· 198
　　11.3.2 谱峰的检索 ·· 199
　　11.3.3 谱峰的识别（匹配） ······································· 200
　　11.3.4 元素标注 ·· 202
11.4 半定量分析 ·· 202
参考文献 ·· 208

第 12 章　定量分析——实验校正法 ··································· 210

12.1 概述 ·· 210
12.2 标准校准法 ·· 210
12.3 加入内标校准法 ··· 211
12.4 散射内标法 ·· 215
　　12.4.1 散射背景比例法 ·· 215
　　12.4.2 散射靶线比例法 ·· 216
12.5 二元比例法 ·· 218
12.6 基体-稀释法 ··· 219
12.7 薄膜法（薄试样法） ··· 220
参考文献 ·· 221

第 13 章　定量分析——数学校正法 ··································· 223

13.1 概述 ·· 223
13.2 数学校正法 ·· 223
　　13.2.1 经验系数法 ·· 223
　　13.2.2 理论影响系数法 ·· 228

13.2.3　基本参数法 …………………………………………………… 229
　13.3　X射线荧光理论强度的计算 …………………………………………… 232
　参考文献 ………………………………………………………………………… 241

第14章　样品制备 …………………………………………………… 243

　14.1　概述 ……………………………………………………………………… 243
　14.2　固体样品的制备 ………………………………………………………… 243
　14.3　粉末试样的制备 ………………………………………………………… 246
　　　14.3.1　松散粉末的制备 …………………………………………… 248
　　　14.3.2　粉末压片 …………………………………………………… 248
　14.4　熔融法 …………………………………………………………………… 250
　　　14.4.1　经典熔融法 ………………………………………………… 252
　　　14.4.2　熔融设备 …………………………………………………… 257
　　　14.4.3　离心浇铸重熔技术 ………………………………………… 259
　14.5　液体试样的制备 ………………………………………………………… 261
　　　14.5.1　溶液法 ……………………………………………………… 261
　　　14.5.2　离子交换法 ………………………………………………… 262
　参考文献 ………………………………………………………………………… 263

第15章　应用实例 …………………………………………………… 264

　15.1　痕量元素分析 …………………………………………………………… 264
　　　15.1.1　概述 ………………………………………………………… 264
　　　15.1.2　背景及光谱重叠的校正方法 ……………………………… 264
　　　15.1.3　基体影响的校正 …………………………………………… 268
　　　15.1.4　校准曲线 …………………………………………………… 270
　15.2　宽范围氧化物分析 ……………………………………………………… 272
　　　15.2.1　概述 ………………………………………………………… 272
　　　15.2.2　方法要点 …………………………………………………… 272
　　　15.2.3　合成标准的配制 …………………………………………… 273
　　　15.2.4　样品制备 …………………………………………………… 273
　　　15.2.5　分析测量条件 ……………………………………………… 274
　　　15.2.6　方法验证 …………………………………………………… 275
　15.3　油类分析 ………………………………………………………………… 277
　　　15.3.1　概述 ………………………………………………………… 277
　　　15.3.2　方法要点 …………………………………………………… 277
　　　15.3.3　结论 ………………………………………………………… 280

- 15.4 钢铁与合金分析 …………………………………………………… 281
  - 15.4.1 概述 …………………………………………………… 281
  - 15.4.2 方法要点 …………………………………………………… 282
  - 15.4.3 分析测量参数 …………………………………………………… 283
  - 15.4.4 方法准确度的验证 …………………………………………………… 284
- 15.5 痕量元素的能量色散 X 射线荧光光谱分析 …………………………………………………… 285
  - 15.5.1 概述 …………………………………………………… 285
  - 15.5.2 仪器及实验条件 …………………………………………………… 285
  - 15.5.3 方法要点 …………………………………………………… 285
- 15.6 高能激发能量色散 X 射线荧光光谱分析 …………………………………………………… 287
  - 15.6.1 概述 …………………………………………………… 287
  - 15.6.2 方法要点 …………………………………………………… 288
  - 15.6.3 仪器及测量条件 …………………………………………………… 289
  - 15.6.4 样品制备 …………………………………………………… 290
  - 15.6.5 校准的准确度 …………………………………………………… 290
- 参考文献 …………………………………………………… 292

第16章 薄膜和镀层厚度的测定 …………………………………………………… 294

- 16.1 概述 …………………………………………………… 294
- 16.2 薄膜及样品无限厚度的定义 …………………………………………………… 294
- 16.3 薄膜厚度测定的基本方法 …………………………………………………… 297
  - 16.3.1 薄膜（镀层）发射法 …………………………………………………… 297
  - 16.3.2 基底线吸收法 …………………………………………………… 298
  - 16.3.3 理论校准法 …………………………………………………… 299
  - 16.3.4 测定多层薄膜的基本参数法 …………………………………………………… 301
- 16.4 应用实例 …………………………………………………… 303
  - 16.4.1 镀锌板镀锌层质量厚度的测定 …………………………………………………… 303
  - 16.4.2 彩涂板镀层厚度及铝锌含量的测定 …………………………………………………… 304
  - 16.4.3 镀锡板的镀锡层厚度测定 …………………………………………………… 304
  - 16.4.4 硅钢片绝缘层厚度测定 …………………………………………………… 305
- 参考文献 …………………………………………………… 307

第17章 分析误差与不确定度 …………………………………………………… 308

- 17.1 概述 …………………………………………………… 308
- 17.2 数值分析中的若干基本概念 …………………………………………………… 308
  - 17.2.1 真值与平均值 …………………………………………………… 308

  17.2.2 精密度和准确度 …… 310
  17.2.3 分析误差 …… 310
  17.2.4 分布函数 …… 311
  17.2.5 计数统计学与测量误差 …… 314
 17.3 误差来源及统计处理 …… 316
  17.3.1 强度计数的标准偏差 …… 317
  17.3.2 最佳计数时间的选择 …… 318
  17.3.3 提高精密度与准确度的基本措施 …… 318
 17.4 不确定度及计算 …… 319
  17.4.1 测量不确定度 …… 319
  17.4.2 统计不确定度 …… 320
  17.4.3 误差传递与不确定度 …… 320
  17.4.4 不确定度的计算 …… 321
  17.4.5 平均值不确定度的计算 …… 321
  17.4.6 统计波动 …… 322
 17.5 最小二乘法的统计学原理 …… 322
  17.5.1 线性最小二乘法拟合 …… 323
  17.5.2 多元线性拟合 …… 325
  17.5.3 多项式拟合 …… 325
  17.5.4 非线性最小二乘法拟合 …… 326
参考文献 …… 328

附录 …… 330

 1 分析误差允许范围 …… 330
 2 常用元素化合物的换算系数表 …… 337
 3 元素名称、符号、原子序数及相对原子质量数据表 …… 342
 4 K、L、M 系激发电位（kV）/结合能（keV） …… 343
 5 K、L、M 系吸收限波长 …… 346
 6 K、L 系主要谱线的光子能量 …… 348
 7 K、L、M 系平均荧光产额 …… 350
 8 K 和 L_{III} 吸收限陡变比（r）及（$r-1$）/r 值 …… 352
 9 K 系主要谱线的波长 …… 353
 10 L 系主要谱线的波长 …… 356
 11 M 系主要谱线的波长 …… 360
 12 M 系主要谱线的光子能量 …… 361

索引 …… 364

第1章
X射线的物理基础

1.1 X射线的定义

X射线与可见光一样,是一种电磁辐射或具有一定能量的粒子流,简称光子。电磁辐射通常包括可见光、紫外线、无线电波、γ射线及X射线。如图1.1所示,X射线介于γ射线与紫外线之间,其波长范围为0.01~22.8nm(LiKα);相应的能量范围为:124~0.054keV;X射线的波长(λ)与能量(E)的转换关系为:

$$E = \frac{hC}{\lambda}$$

式中,E表示X射线的能量,以千电子伏特(keV)为单位;λ表示波长,以纳米(nm)为单位;h为普朗克常数;C为光速。当辐射能量和波长分别以千电子伏特(keV)和纳米(nm)为单位时,$hC=1.23964$;1nm=10Å;波长与能量的转换关系可写成:

$$E = \frac{1.23964}{\lambda}$$

X射线是一种有源辐射,与其他辐射一样既具有波动性又具有微粒性。表现波动性时,以光速直线传播。传播过程中不发生质量转移,在电磁场中不发生偏转。X射线的直线传播特性是准直器或聚焦装置的工作基础;X射线与物质相遇时可能产生穿透、反射、折射、偏振、散射及衍射等现象;X射线表现为微粒

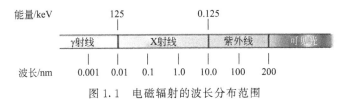

图1.1 电磁辐射的波长分布范围

性时会产生光电吸收、非相干散射、电离、闪烁等现象；表现微粒性的辐射除 X 射线外，还有 α 射线（氦原子核 He^{2+}）、$β^-$ 射线（负电子 e^-）、$β^+$ 正电子（e^+）、中子（γ 射线）及由高能质子构成的初级宇宙射线等。波长色散与能量色散 X 射线光谱是分别以 X 射线的波长（波动性）和能量（微粒性）为基础的。

1.2 X 射线光谱

X 射线起源于高能粒子与原子的相互作用或起源于原子内层的电子跃迁，因此，X 射线光谱分为连续 X 射线和特征 X 射线（标识）光谱两部分，其中连续光谱又称多色辐射、白光或韧致辐射，其强度随波长或能量呈连续变化；特征 X 射线是波长或能量特定的一组线状辐射，与原子结构相关。这两种辐射叠加构成 X 射线光谱（如图 1.2 所示）。X 光管产生的辐射就属于这种光谱，称为初级 X 射线光谱，是 X 射线光谱仪常用的激发源。当 X 光管阴极与阳极间的施加电压低于光管靶原子的临界激发电位时，仅产生连续 X 射线光谱；当光管的施加电压超过阳极靶材原子的临界激发电位时，即产生靶材的特征 X 射线光谱，并与连续 X 射线光谱相叠加。特征 X 射线光谱的波长决定于靶材的性质。由于这两类光谱的起因不同，所遵循的规律和特性迥然不同。

1.2.1 连续 X 射线光谱

连续 X 射线光谱是由 X 光管灯丝发射的电子在电场中高速运动时，受靶材原子核库仑场的作用突然改变速度而形成的。经典电动力学认为，任何做不等速运动的电荷会在其周围激起交变的电磁场，并向各个方向以光束直线传播。这种辐射也可设想为一组彼此重叠的电磁波，由大量不同能量电子运动所形成的一系列电磁辐射构成，称为连续 X 射线光谱，其强度随波长呈一种马鞍形分布。这种分布称为连续谱的光谱分布，是基本参数校正方法中必不可少的参数（图 1.2）。实验表明，连续光谱的积分强度 R 随光管电流 i（以 mA 表示）、电压 V

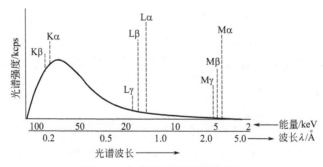

图 1.2　初级 X 射线的光谱分布

（以 kV 表示）和阳极靶原子序数（Z）而变化。如图 1.3 所示，连续光谱的强度与光管电流成正比；随阳极靶原子序数的增大而增强；随光管电压的升高而迅速增强；连续谱光谱分布的短波极限 λ_0 随电压升高向短波方向漂移。其强度分布的一般表达式为：

$$I = \int_{\lambda_0}^{\infty} I(\lambda) d\lambda \tag{1.1}$$

式中，λ_0 表示连续光谱的短波极限；$I(\lambda)$ 表示波长为 λ 的连续谱光谱强度。从光谱分布图可见，连续光谱的强度分布具有如下特征：

（1）无论 X 光管激发条件如何变动，各种光谱的强度分布都有一个短波极限 λ_0（最短波长）和一个对应于最高强度的波长 λ_{max}；短波极限 λ_0 仅与光管电压 $V(kV)$ 有关，与电流（i）及靶材原子序数（Z）无关：

$$\lambda_0 = 1.24/V \tag{1.2}$$

$$\lambda_{max} = 1.5\lambda_0 \tag{1.3}$$

（2）连续谱光谱分布的最大强度随电压的升高而升高 [图 1.3（b）]；连续谱的最短波长 λ_0 随电压的升高而变短；当光管电压一定时，光谱分布的强度随电流的增大而升高并呈线性变化关系，但光谱分布的最短波长不变 [如图 1.3（a）所示]；光谱分布的强度随原子序数的增大而升高，而最短波长不变 [如图 1.3（c）所示]。与每种波长对应的连续谱强度随光管施加电压、电流和靶材原子序数呈如下关系：

$$I(\lambda) = \frac{CZi}{\lambda^2} \times \left(\frac{1}{\lambda_0} - \frac{1}{\lambda}\right) \tag{1.4}$$

式中，C 为常数；Z 为靶材的原子序数；i 为光管电流，mA。

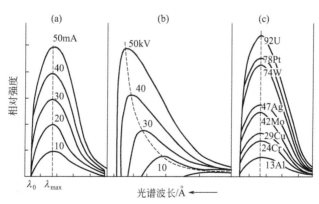

图 1.3 影响连续 X 射线光谱分布的若干参数

（3）在连续谱光谱分布最大强度波长 λ_{max} 的两侧，强度向短波侧迅速下降，强度向长波侧缓慢下降，呈现一种马鞍形分布。多种阳极材料（靶材）的研究表明，连续谱光谱强度随波长的分布与光管工作参数呈如下经验关系：

$$I_\lambda = CZi \frac{1}{\lambda^2}\left(\frac{1}{\lambda_0}+\frac{1}{\lambda}\right)+BZ^2+\frac{1}{\lambda^2} \tag{1.5}$$

式中，B 和 C 为常数。根据克拉玛（Kramer）的理论推导，描绘连续谱强度分布的公式为：

$$I_\lambda = CZi \frac{1}{\lambda^2}\left(\frac{1}{\lambda_0}-\frac{1}{\lambda}\right) \tag{1.6}$$

X光管的工作电压（kV）、工作电流（mA）及阳极材料的原子序数（Z）对光谱分布峰位强度及其形状的影响，可用公式表示：

$$I(\lambda)=KZi\left(\frac{\lambda}{\lambda_0}-1\right)\frac{1}{\lambda^2} \tag{1.7}$$

式中，$I(\lambda)$、λ_0、Z、i 分别为波长为 λ 的光谱强度、光谱分布的最短波长、X光管靶材的原子序数及光管电流；K 为比例常数。

此外，X射线连续光谱的空间分布具有偏振特性，即其强度分布与辐射的方向相关。这种空间分布随波长及管压产生明显变化，但与靶材的原子序数无关。这种偏振特性对光管及光谱仪光学系统的设计十分重要。连续谱的光谱分布还具有两个次要的特点：①在靶材吸收限处出现强度突变，长波侧强度高于短波侧强度，并随电压的降低而下降；②连续谱光谱分布存在次级峰，其波长随靶材而变，与光管电压无关。这两种现象至今尚无明确解释。

1.2.2 原子结构及轨道能级

众所周知，原子是由原子核和核外电子组成的；原子核由 Z 个带正电荷的粒子组成。每个原子有若干个核外电子轨道，有 Z 个电子在轨道上绕原子核运动（图1.4）。核外电子在轨道上按一定规则分布。这种核外轨道称为壳层。每个壳层所具有的能量和分布的电子数决定于量子论规定的四个量子数，这四个量子数分别是：

（1）主量子数 又称玻尔数，用 n 表示。轨道电子与原子核的结合能呈现一定的函数关系（$1/n^2$）。这里 n 的取值为：1，2，3，…，n，与之对应的轨道称为主壳层，分别以 K、L、M、N 等符号表示。主壳层决定电子绕原子核运动的范围，即表示轨道半径的大小及轨道电子的主要能级；主量子数相同的电子离原子核的距离基本相等，电子的能量也基本相等，其表达式为：

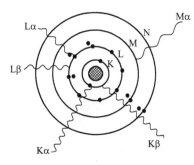

图1.4 原子结构示意图

$$E=-RhCZ^2\frac{1}{n^2} \tag{1.8}$$

式中，R 为里德伯常数，$R=1.09737\times10^7\,\mathrm{m}^{-1}$；$n$ 为正整数，取值为 1，2，3，4，$\cdots$，n，与 K、L、M、N$\cdots$对应。

（2）角量子数　度量轨道角动量大小的量子数。原子中轨道电子除做圆周运动外，还与原子核做相对运动，使轨道的形状和角动量发生微小的变化，从而产生微小的能量变化。角量子数以 L 表示。考虑到椭圆轨道和圆形轨道，L 可在 $0\sim(n-1)$ 间取任意正整数，分别与子壳层 s、p、d、f$\cdots$相对应。$L=0$ 对应于圆形轨道。

（3）磁量子数 m　表示轨道在空间的可能取向，与轨道电子的能量无关。其取值为 $-1\sim+1$ 间的整数，其中包括 0。

（4）自旋量子数 s　轨道电子的自旋角动量，即表示电子与轨道同向或反向运动，其取值为 $+1/2$ 或 $-1/2$。

原子内电子的分布必须满足能量最低和泡利不相容原理。原子中电子的运动及分布取决于以上四个量子数。归纳如下：①主量子数（与主壳层对应）n 取值为 1，2，3，4，$\cdots$，n；②角量子数（与子壳层对应）L 取值为 0，1，2，$\cdots$，$n-1$；③磁量子数 m 取值为 -1 与 $+1$ 间包括 0 的所有整数；④自旋量子数 s 取值为 $\pm1/2$。轨道电子按四个量子数的规定进行组合，形成可能的各种电子组态。根据泡利不相容原理，每种电子组态只能容纳一个电子，即四个量子数的每种组合只能占有一个电子。因此，泡利不相容原理决定各壳层可容纳电子的数量。根据能量最低原理，核外电子总是首先占据能量最低的轨道，而使原子处于稳定状态。

由量子数确定的电子组态通常用一个数字和一个符号表示，例如 $3\mathrm{d}^6$；其中数字表示主量子数 n；符号 s、p、d、f 表示 L 值分别为 0，1，2，3。因此 3d 表示 $n=3$，$L=2$ 的电子组态，字母上方的数字表示拥有 6 个电子。这 6 个电子的状态差别由另两个量子数 m 和 s 值的不同引起。原子内任何一个电子不会有完全相同的一组量子数和电子组态。各子壳层的轨道能级随主量子数的增加而升高，即 1s$<$2s$<$3s$<\cdots<$2p$<$3p$<$4p；在主量子数相同时，随角量子数而变，即 ns$<n$p$<n$d$\cdots$原子中电子轨道的能级不仅决定于主量子数，还决定于角量子数；电子除受原子核库仑力的作用，还受原子中其他电子的屏蔽作用。因此，能级的能量表达式应修正为：

$$E=-RhC\frac{(Z-\sigma)^2}{n}=-13.606\left(\frac{Z-\sigma}{n}\right)^2 \tag{1.9}$$

式中，σ 为屏蔽常数。表 1.1 中列出 K、L 壳层的电子组态，其中 L 壳层的最大电子数为 8（$2\mathrm{s}^2$，$2\mathrm{p}^6$）。原子中轨道电子与原子核结合的能量称为轨道电子的结合能；各壳层轨道电子的结合能随壳层数的增大而降低。根据量子力学原理，特征 X 射线产生于原子内层轨道间的电子跃迁。同一壳层中各个电子的能量并不相同，能级图中各电子的能量用跃迁能级表示。电子的跃迁能级决定于主

量子数 n，角量子数 L 和总量子数 j（也称内进动量子数）；j 表示角动量和自旋角动量的总和，其取值为：$j=L\pm1/2$，不能取负值。当 $L=0$ 时 j 只能取 $+1/2$。表 1.1 中同时列入跃迁能级的经验符号和量子符号。能级概念可用来详细描述特征 X 射线的发射机理，例如希望从原子内逐出一个 K 层电子，入射光子（或其他高能粒子）的能量必须大于或等于 K 层电子与原子核的结合能 E_K，即 $E_x=h\nu\geqslant E_K$；这里仅说明结合能和临界激发能两个概念，即 $K>L>M>N\cdots$ 同一壳层中，不同子壳层的轨道电子与原子核的结合能也不同，即 $L_I>L_{II}>L_{III}$；$M_I>M_{II}>M_{III}>M_{IV}>M_V$ 等；随原子序数的增大，同一主壳层中，各轨道能级的能量由于轨道角动量不同引起能级分裂而不同。轨道电子克服原子核结合能后逸出原子，使原子处于激发态而发射特征 X 射线，使轨道电子脱离原子的最低能量称为原子的临界激发能（图 1.5）。这种能量数值上等于轨道电子的结合能，用 E_{crit} 表示。临界激发能随轨道电子的能级而变化，其近似表达式为：

表 1.1　跃迁能级的经验符号和量子符号

量子数	K 壳层电子组态				量子数	L 壳层电子组态（最大电子数为 $8:2s^2\ 2p^6$）							
	电子组态					电子组态							
			最多电子数										
n	1	1			n	2	2	2	2	2	2	2	2
l	0	0			l	0	0	1	1	1	1	1	1
m	0	0			m	0	0	-1	-1	0	0	1	1
s	$+$	$-$			s	$+$	$-$	$+$	$-$	$+$	$-$	$+$	$-$
组态符	1s	1s	2s	$1s^2$	组态符	2s	2s	2p	2p	2p	2p	2p	2p

$$E_{crit}=a+bZ+cZ^2+dZ^3 \tag{1.10}$$

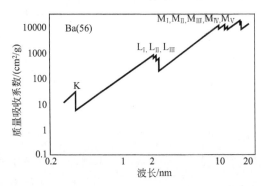

图 1.5　原子产生特征 X 射线的吸收限或临界激发能

表 1.2 中列出了计算 K 和 L 能级临界激发能的拟合参数。与临界激发能相对应能引起特征 X 射线发射的最短波长称为吸收限，以 λ_{abs}（nm）表示；吸收

限波长的数学表达式为：

$$\lambda_{ab} = \frac{1.23964}{E_{crit}} \quad (1.11)$$

表 1.2　计算 K 和 L 能级临界激发能量的拟合参数

能级	E_K	E_{KI}	E_{LII}	E_{LIII}
Z	11~63	28~83	30~83	30~83
a	-1.304×10^{-1}	-4.506×10^{-1}	-6.018×10^{-2}	3.390×10^{-1}
b	-2.633×10^{-3}	1.566×10^{-2}	1.964×10^{-2}	-4.931×10^{-2}
c	9.718×10^{-3}	7.599×10^{-1}	5.935×10^{-1}	2.336×10^{-3}
d	4.144×10^{-6}	1.792×10^{-6}	1.843×10^{-6}	1.836×10^{-6}

由图 1.5 所示原子模型可见：K 层具有一个吸收限；L 层有 L_I、L_{II}、L_{III} 三个吸收限；M 层有五个吸收限等。

1.2.3　特征 X 射线光谱

量子力学理论认为：X 射线产生于原子内层轨道的电子跃迁。当原子处于激发状态时较高能级的电子将跃迁到较低能级的电子空位，并以光子的形式释放多余的能量。电子、质子、α 粒子或其他高能粒子均可使原子受激而产生光子发射。当原子受高能粒子辐照处于激发态时，不同能级的电子跃迁发射不同线系的特征 X 射线；但并非任何能级都能发生这种跃迁，只有满足量子力学选择定则的能级才能发生电子跃迁，并发射特征 X 射线（如图 1.6 所示）。符合能级跃迁的量子力学选择定则为：

$$\begin{aligned} \Delta n &\neq 0 \\ \Delta L &= \pm 1 \\ \Delta j &= 0, \pm 1 \end{aligned} \quad (1.12)$$

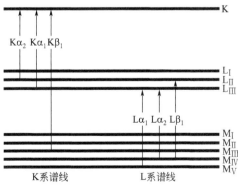

图 1.6　轨道电子跃迁能级图

由不同起始能级跃迁产生的特征 X 射线构成特征 X 射线光谱。当 K 层电子被逐出原子而形成空位时，由高层电子填补 K 层空位产生的特征 X 射线称为 K 系特征 X 射线；按照量子力学选择定则，由 L_{III} 和 L_{II} 层电子填补 K 层空位时分别发射 $K\alpha_1$ 和 $K\alpha_2$ 特征线；由 M_{III}、M_{II}、N_{II} 层电子填补 K 层空位时，分别产生 $K\beta_1$、$K\beta_2$ 及 $K\beta_3$ 等特征 X 射线；当 L 层产生空位时，则由 M 壳层电子填补 L 层空位，产生 L 系特征 X 射线等。如图 1.7 所示，光谱分析中常用的特征 X 射线所发生的能级跃迁。

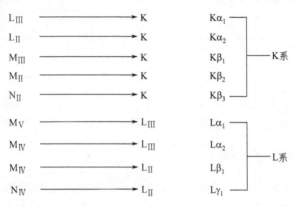

图 1.7　K 系、L 系能级跃迁

特征 X 射线光谱中，特征线光子的能量由跃迁的始态与终态能级间的能量差决定：

$$\Delta E_{1\text{-}2}=E_1-E_2 \tag{1.13}$$

相应的特征谱线波长为：

$$\lambda=\frac{1.2398}{\Delta E_{1\text{-}2}} \tag{1.14}$$

式中，λ 为波长，nm；ΔE 为能级差，keV。对于某一指定元素，其同一线系中各特征谱线的波长随跃迁的能量差 ΔE 增加而变短。因此，K 系光谱的特征线波长为：

$$\lambda_{K\beta_1}(M\rightarrow K)<\lambda_{K\beta_2}(M\rightarrow K)<\lambda_{K\alpha}(L\rightarrow K) \tag{1.15}$$

L 系光谱的特征线波长为：

$$\lambda_{L\alpha_1}(M_V\rightarrow L_{III})<\lambda_{L\alpha_2}(M_{IV}\rightarrow L_{III})<\lambda_{L_1}(M_I\rightarrow L_I) \tag{1.16}$$

同一元素不同线系的特征谱线，由于相应的壳层空位与原子核接近程度不同，相应的波长按 M-L-K 的顺序变短。由于内层轨道的能级差随原子序数的增加而增大，各元素同一特征谱线的波长将随之而变短。特征 X 射线产生于原子内层的电子跃迁，基本上与化学状态无关，其波长仅与原子序数相关。

1.2.4　莫塞莱定律

1913 年莫塞莱在研究各种元素的特征 X 射线时发现，一组同名的特征 X 射

线的频率 ν 或波长 λ 与元素的原子序数 Z 之间存在一种近似的函数关系：

$$\nu = Q(Z-\sigma)^2 \quad 或 \quad \lambda = \frac{1}{K(Z-\sigma)^2} \tag{1.17}$$

式中，Q 为比例常数；σ 为屏蔽常数。这种表示波长或频率与元素原子序数关系的规律称为莫塞莱定律。由能级概念可知，特征 X 射线光子的能量等于跃迁能级间的能量差。如果考虑原子中其他电子的屏蔽作用，能量计算公式中应引入屏蔽常数。因此，特征 X 射线光子的能量表达式可写成：

$$E = -RhC(Z-\sigma)^2 \left(\frac{1}{n_f^2} - \frac{1}{n_i^2} \right) \tag{1.18}$$

当 $\sigma=1$；$n_f=1$（即 K 壳层）；$n_i=2$（即 L 壳层）时，Kα 线的能量为：

$$E_{K\alpha_1} = \frac{3}{4} RhC(Z-1)^2 \tag{1.19}$$

当 $\sigma=1$；$n_f=1$；$n_i=3$（即 M 壳层）时，发射 Kβ$_1$ 线，其能量为：

$$E_{K\beta_{1,3}} = \frac{8}{9} RhC(Z-1)^2 \tag{1.20}$$

当 $\sigma=1$；$n_f=2$，$n_i=3$（即 L 壳层），发射 Lα$_1$，其能量为：

$$E_{L\alpha_1} = \frac{5}{36} RhC(Z-1)^2 \tag{1.21}$$

莫塞莱定律是识别新元素的可靠工具，在元素周期律的发展过程中起着十分重要的作用。这一定律也是 X 射线光谱定性分析的基础。特征 X 射线的强度计算公式为：

$$I_K = Ci(V-V_K)^n \tag{1.22}$$

式中，C 为常数；i，V 分别为 X 光管的工作电流和电压；V_K 为每种元素的 K 系临界激发电位；$n \approx 1.7$。这里必须指出：荧光 X 射线是由高能 X 射线、中子或质子激发产生的特征 X 射线。根据量子力学理论，荧光 X 射线只有特征 X 射线，不产生连续 X 射线。

1.2.5 特征 X 射线光谱强度间的相对关系

任何元素的 K、L、M 线系中，特征谱线的相对强度取决于原子中各壳层电子被逐出的概率，如果外来辐射具有足够的能量，能同时逐出该元素原子中 K、L、M 壳层的电子，则 K 层的激发概率最高，K 系特征 X 射线的强度最高。激发辐射的波长越接近元素 K 吸收限短波侧，则 K 壳层的激发概率越高，产生 K 系特征谱线的发射概率越高。当激发辐射的波长稍大于元素的 K 吸收限波长时，K 壳层的激发概率和产生 K 系谱线的发射概率均为零。此时，L 壳层的激发概率最高，激发辐射的波长越接近 L 系吸收限短波侧，激发概率越高。一般来说，特征 X 射线的强度正比于该线系吸收限的陡变比。在特定的波长范围内，K 吸收限的陡变比大于 L$_\text{Ⅲ}$ 吸收限的陡变比；L$_\text{Ⅲ}$ 的陡变比又大于 M$_\text{V}$ 的陡变比。因此，$K\alpha$ 线的强度高于 $L\alpha_1$ 线的强度；$L\alpha_1$ 线的强度大于 $M\alpha$ 线的强度。特征谱线的强度一般以单位时间内测量的计数或千计数表示。表1.3表示同一元素同一线系内各谱线的相对强度关系。这里必须指出：特征 X 射线 $K\alpha$（或 $K\alpha_{1,2}$）的波长等于特征 X 射线 $K\alpha_1$ 和 $K\alpha_2$ 波长的加权平均值：

$$\lambda_{K\alpha} = \frac{2\lambda_{K\alpha_1} + \lambda_{K\alpha_2}}{3} \tag{1.23}$$

表 1.3 同一元素同一线系内各谱线的相对强度关系

谱线	相对强度	谱线	相对强度	谱线	相对强度
$K\alpha_1$	100	$L\alpha_1$	100	$M\alpha_1$	100
$K\alpha_2$	50	$L\beta_1$	75	$M\alpha_2$	10
$K\alpha$	150	$L\beta_2$	30	$M\beta_1$	50
$K\beta_1$	20	$L\beta_3$	5	$M\gamma_1$	1
$K\beta_2$	5	$L\gamma_1$	10		

1.3 俄歇效应：伴线

当原子内层发生电离并产生电子空位时，原子内层轨道的电子将重新分布，高能级的轨道电子首先填充原子的内层空位，并以 X 射线光子的形式释放多余的能量，这一过程是产生特征 X 射线光谱发射的常规过程。由轨道跃迁产生的多余能量称为跃迁能。这种能量既可以光子的形式释放，也可以电子的形式释放。以电子形式释放能量的过程称为无辐射跃迁或俄歇效应。由原子内层电子跃迁产生的特征 X 射线光子在离开原子前被吸收并释放电子的过程称为俄歇电子发射或俄歇效应。图 1.8 表示镁原子产生的 K 层俄歇发射效应。在俄歇发射过程中释放的电子称为俄歇电子。这种物理现象是原子的一种双电离现象。俄歇电子发射的产额，以产生的俄歇电子数与同一时间原子内层产生的空位数的比值表示。由此可见，荧光发射与俄歇电子发射是两种竞争性效应。俄歇效应产生能量一定的电子，在谱图上形成的图形称为伴线或卫星线。在 X 射线光谱学中属于

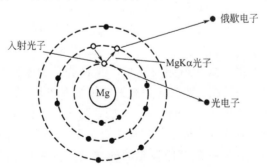

图 1.8 镁原子产生的 K 层俄歇效应

非图标线。俄歇发射的强度随波长增大或能量降低而增强；轻元素由于原子中的电子与原子核的结合松弛，原子内产生的特征线光子更容易被原子自身吸收，而产生俄歇发射。元素越轻，越容易产生俄歇效应。这就是轻元素荧光产额低的主要原因。俄歇效应是光发射过程中引起的一种双电离现象，即外来高能光子引起原子 K 层空位时形成两个 L 层空位，其中一个空位是由跃迁产生的；另一个 L 层空位是释放俄歇电子产生的。图 1.9 显示硅原子由俄歇效应引起伴线的发射过程。外来光子轰击 K 层电子，发射光电子形成空位。高层电子填补 K 层空位发射 SiKα 光子。部分光子被外层电子吸收，产生俄歇发射，形成伴线 SiSKα（如图 1.9 所示）。

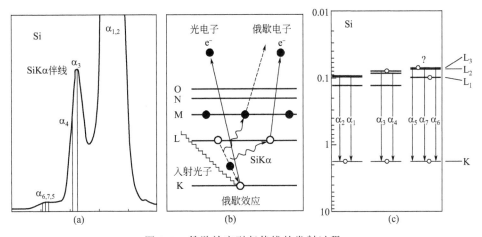

图 1.9　俄歇效应引起伴线的发射过程

1.4　荧光效应：荧光产额

当原子内层发生电离产生空位时，较高能级的电子填补低层空位，并以光子形式释放跃迁能量，这一过程称为荧光发射过程；所产生的特征 X 射线称为荧光 X 射线。X 光管的初级 X 射线是由电子激发产生；荧光 X 射线则是由高能光子激发产生；二者无本质差别。荧光激发过程不发射连续 X 射线。原子内层产生荧光发射的概率称为荧光产额 ω，它决定于发射的光子数与原子内层空位数的比值：

$$\omega_K = \frac{\sum (n_K)_i}{N_K} = \frac{n_{K\alpha_1} + n_{K\alpha_2} + n_{K\beta_1} + \cdots}{N_K} \tag{1.24}$$

式中，N_K 为单位时间内产生的 K 层空位数；$n_{K\alpha_1}$，$n_{K\alpha_2}$，$n_{K\beta_1}$ …为单位时间内产生的 K 系特征线 $K\alpha_1$，$K\alpha_2$，$K\beta_1$ …的光子数；ω_K 为 K 系荧光产额；i 为特征线。如图 1.10 所示，荧光产额随原子序数及线系而变，荧光产额近似等于：

$$\overline{\omega} = \frac{Z^4}{A + Z^4} \tag{1.25}$$

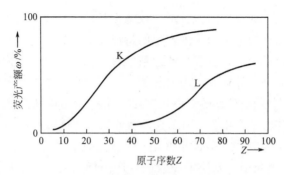

图 1.10 不同元素的 K 系荧光产额

式中，Z 为原子序数；A 为常数，对于 K 系和 L 系特征谱线，A 分别为 10^6 和 10^8。更精确的数学表达式为：

$$\left(\frac{\omega}{1-\omega}\right)^{1/4} = A + BZ + CZ^3 \tag{1.26}$$

式中，A，B 和 C 为常数，由表 1.4 给定。

表 1.4 荧光产额计算参数（A、B、C）

常数	特征 X 射线线系		
	K	L	M
A	−0.03795	−0.11107	−0.00036
B	0.03426	0.01368	0.00386
C	−0.1163×10^{-6}	−0.2177×10^{-6}	0.20101×10^{-6}

参考文献

[1] Kundra K D. Compton Peak Shift in XRF Study of Graphite. X-ray Spectrom, 1992, 21: 115-117.
[2] Jenkins R. Introduction to X-RaySpectrometry. London: Heyden, 1974: 8-51.
[3] Bertin E P. Principles and Practice of X-Ray Spctrometric Analysis: 2nd ed. Plenum, New York, 1975.
[4] Bertin E P. Introdction to X-Ray Spectrometric Analysis: New York: Plenum Press, 1978; Bertin EP. X 射线光谱分析导论. 高新华，译. 北京: 地质出版社，1984.
[5] Birks L S. X-Ray Spectrochemical Analysis: 2nd ed. New York: Interscience, 1969.
[6] Cauchois T, Senemaud C. International tables of selected constants, wavelengths of X-ray emission lines and absorption edges. Oxford: Pergamon Press, 1978: 67.
[7] Jenkins R. An Introduction to X-Ray Spectrometry. London: Heyden, 1974.
[8] Jenkins R, De Vries J L. Practical X-Ray Spectrometry: 2nd ed. New York: Springer-Verlag, 1967.
[9] Willis P James, Duncan R Andrew. Basic concepts and instrumentation of XRF Spectrometry, PANalytical BV Almelo, 2010.
[10] Willis J P, Prof A R Duncan. Workshop on advanced XRF Spectrometry. PANalytical BV Almelo, 2007.
[11] Birks L S. X 射线光谱分析. 高新华译. 北京: 冶金工业出版社, 1973.
[12] 射忠信，赵宗玲，张玉斌，等. X 射线光谱分析. 北京: 科学出版社，1982.
[13] Peter Brouwer. X-Ray theory. PANalytical BV, Almelo, The Netherland, 2006.

第2章
X射线的基本性质

X射线与可见光一样以光速直线传播。X射线与物质相遇时,会发生反射、折射、偏振、散射、衍射、光电吸收、电离及闪烁等现象。电磁辐射与物质的相互作用涉及近代物理学诸多方面的复杂课题。本章主要论述与分析测量相关的某些特殊性质。图2.1表示入射X射线与物质相遇时发生的光电吸收、散射及衍射等物理现象。一束强度为I_0的X射线与物质相遇时发生吸收、散射及衍射等现象时,使入射线束强度发生衰减。衰减程度主要取决于:①入射X射线的能量;②吸收体的平均原子量及其结晶构造等因素。实际上X射线与物质的相互作用主要涉及原子中的电子,以光电吸收及散射为主体的衰减对X射线光谱分析具有十分重要的意义。

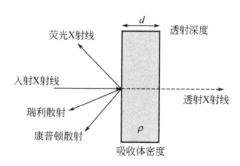

图 2.1 X射线与物质相遇时发生的相互作用

2.1 X射线的散射

X射线与电磁辐射一样,具有波动与微粒二重性。当其表现波动性时,以光速直线传播,在光路中遇到障碍物时会发生反射、折射、偏振、透射及衍射等现象;表现微粒性时,与物质相遇会产生光电效应、吸收、散射和电离等现象。量子力学认为:X射线是一束能量为E的光子流,以其能量和动量为特征;经典电磁论认为:X射线是一束波长为λ,以光速传播的电磁辐射。波长与能量间的相互转换关系可表示为：

$$E = h\nu = hC/\lambda \tag{2.1}$$

式中，E 和 λ 分别为 X 射线的能量和波长；h 为普朗克常数；ν 为 X 射线的辐射频率；C 为光速。

2.1.1 相干散射

量子力学认为，X 射线光子与物质原子中的电子发生碰撞时改变传播方向的现象称为散射。散射现象可分成四种：①非变质散射（或弹性散射），波长不变，传播方向略有变化；②变质散射（或康普顿散射），波长和传播方向均发生变化；③相干散射，入射线与散射线间存在一定的相位关系，但波长不变；④非相干散射，入射线与散射线间无任何相位关系，传播方向及波长均发生变化。上述四种散射类型，实际上可归结为两种散射类型，即相干散射与非相干散射。其线性散射系数由两部分组成：

$$\sigma = Zf^2 + (1-f^2) \tag{2.2}$$

式中，右侧分别表示相干与非相干散射，其中 Z 表示散射体的原子序数；f 表示电子的散射因子，即电子的散射本领。相干散射又称瑞利（Rayleigh）散射或弹性散射（如图 2.2 所示）。根据经典电动力学理论，原子中结合牢固的电子在入射辐射电磁场的作用下，发生受迫振动并以波的形式向四周以光速传播，形成相干散射。相干散射的频率与入射波的频率相同，只是传播方向不同。这种散射不产生能量损失。由于原子中的核外电子数随原子序数的增加而增多，相干散射的强度随散射体原子序数的增加而增强。X 射线的晶体衍射是由非变质的相干散射引起的。因此，相干散射是 X 射线晶体衍射的物理基础。每个原子发生相干（瑞利）散射的散射截面由下式计算：

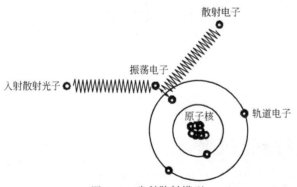

图 2.2 瑞利散射模型

$$\begin{aligned}\sigma_R &= \frac{1}{2} r_0^2 \int_{-1}^{+1} (1+\cos\theta)\{F(X,Z)\}^2 2\pi d(\cos\theta) \\ &= \frac{3}{8}\sigma_{\nu h} \int_{-1}^{+1} (1+\cos^2\theta)\{F(X,Z)\}^2 d(\cos\theta)\end{aligned} \tag{2.3}$$

式中，σ_R 为瑞利散射的原子散射截面，cm^2/原子；θ 为散射角。

2.1.2 康普顿散射

非相干散射或非弹性散射是由康普顿首先发现的，我国物理学家吴有训在证实非相干散射及其规律的研究中做出了重要贡献。因此，这种散射现象又称为康普顿-吴有训散射。入射 X 射线光子与原子中结合松弛的电子发生碰撞时，电子因受冲击而离开原子并带走部分能量，入射光子因损失部分能量而改变传播方向的现象称为非相干散射或康普顿散射。如图 2.3 所示，散射线的波长变长，入射线与散射线的波长差为：

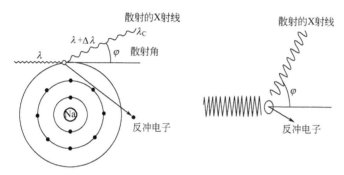

图 2.3 康普顿散射（X 射线的变质散射）

$$\Delta\lambda = \lambda - \lambda_1 = (h/m_eC)(1-\cos\varphi) = 0.0243(1-\cos\varphi) \quad (2.4)$$

式中，λ，λ_1 分别为入射线与散射线的波长，nm；h 为普朗克常数（6.6×10^{-34} J·s）；m_e 为电子的静止质量（9.11×10^{-23} g）；C 为光速（3×10^{10} cm/s）；φ 为入射线与散射线间的夹角。这种波长的改变与入射波长及散射体的原子序数无关，仅取决于散射角 φ。相干散射与康普顿散射的强度比（I_C/I_R）随散射体的原子序数（Z）、散射角（φ）及波长（λ）而变化。由于外层电子的结合能远低于光子的能量，因此，散射过程可简化为入射光子与自由电子（动量为 0）的作用过程。如图 2.4 所示，X 光管靶（铑）的特征 X 射线分别被碳基、钛基和铅基样品散射，康普顿散射强度随散射体平均原子量的降低而增强。由于康普顿散射发生在光子与电子之间，其散射截面 σ_C 与单位体积内的电子数成正比，这种散射截面取决于散射体的原子序数、原子量及阿伏伽德罗常数。散射截面的数学表达式为：

$$\sigma_C = \frac{8\pi r_e^2}{3} \times \frac{1}{1+2\alpha^2}\left(1+2\alpha+\frac{6\alpha^2}{5}-\frac{\alpha^3}{2}+\frac{2\alpha^4}{7}-\frac{6\alpha^5}{35}+\cdots\right) \quad (2.5)$$

$$r_e = \frac{e^2}{mC^2} \quad (2.6)$$

$$r_e^2 = 7.941 \times 10^{-26} (cm^2) \quad (2.7)$$

式中，r_e 为电子半径。光谱背景是由康普顿散射引起的。因此，这种非相

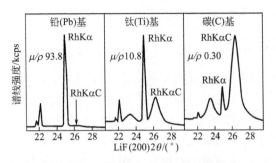

图 2.4　不同基体对 X 射线的散射

干散射将影响元素的分析灵敏度,特别是在痕量分析时,散射背景与分析峰的比(即峰/背比)是影响灵敏度的主要因素。这种散射对痕量分析是有害的,必须加以校正;但在定量分析中,康普顿散射在某些情况下,具有十分有益的作用。

归纳起来,X 射线的散射在诸多方面具有十分重要的作用:①X 射线的相干散射即非变质散射是 X 射线衍射的理论依据,X 射线的衍射是两束相干散射线干涉的结果,是晶体分光的重要依据;②在 X 射线光谱分析中,以 X 射线的康普顿散射为基础,可测定碳氢化合物的碳氢比,确定样品中不能直接测量的轻基体浓度;③康普顿散射对于样品表面的物理形态、结晶构造及基体的吸收影响的反应十分灵敏。因此,在测定轻基体中的痕量重元素(Fe 以后的元素)时,光管的康普顿散射靶线或特定波长的散射线作为内标参比通道,具有良好的补偿效果。非变质散射与变质散射间存在相互依存的关系。在一定的条件下,会产生相对变动。当入射 X 射线的能量升高或波长变短,散射体原子序数减小时,康普顿散射的比例增加,瑞利散射的比例下降。当入射 X 射线光子的能量明显超过散射体原子轨道电子的结合能时,康普顿散射占主要份额。当原子中电子的结合能接近或超过入射 X 射线光子的能量时,以非变质的相干散射或瑞利散射为主。也就是说,非变质散射发生在重基体与低能辐射间。在波长色散中,由康普顿散射引起的波长变化为:

$$\lambda_C - \lambda_e = \Delta\lambda = (h/m_e C)(1-\cos\varphi) \qquad (2.8)$$

在能量色散分析中,由康普顿散射引起的能量变化为:

$$E_C = E_0/[1+(E_0/m_e C^2)(1-\cos\varphi)] \qquad (2.9)$$

式中,h 为普朗克常数(6.6×10^{-34} J·s);m_e 为电子的静止质量(9.11×10^{-28} g);C 为光速(3×10^{10} cm/s);φ 为入射线与散射线间的夹角;E_0,E_C 分别为入射线及散射线的能量。将以上各常数代入方程,即可获得以能量表示的康普顿散射方程:

$$E_C = \frac{E_0}{1+0.001957E_0(1-\cos\varphi)} \qquad (2.10)$$

从上式可见，当 $\varphi = 0°$ 时，E_C 达到最大值，不发生变质散射；当 $\varphi = 180°$ 时，散射光子能量最低。

2.2　X射线的衍射与偏转

如图2.5所示，X射线照射单晶物质表面时，相位相同的相干散射线发生相长性干涉，使强度叠加；相位相反的散射线发生相消干涉，使强度互相抵消。所谓X射线衍射，就是波长为 λ 的X射线以掠射角 θ 射入晶面间距 d 的晶体表面时，在特定的 2θ 方向发生相长性干涉使强度叠加的现象。波长不同的X射线，会在不同的方向发生衍射。

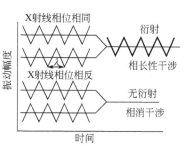

图2.5　X射线的相长性干涉与相消干涉

2.2.1　布拉格衍射原理

X射线的衍射有两种描述方式，即劳厄方式与布拉格方式。布拉格方式是表示衍射的常用方式，按晶面的堆积考虑衍射现象。图2.6表示晶体分光的布拉格衍射原理。产生衍射的基本条件是：①入射线和反射线与衍射晶面（hkl）的夹角相等；②入射线、衍射线与衍射面的法线共面；③在衍射方向上各原子发出的波相位相同。由图可见，入射线束1和2分别入射到晶体的两相邻晶面上，并向各个方向散射，散射线中仅有 $1'$ 和 $2'$ 满足衍射条件。在 AC 以前射线1和2的传播距离相等；在 AD 以后，射线 $1'$ 和 $2'$ 的传播路程相等。$1A1'$ 和 $2B2'$ 间的光程差为：

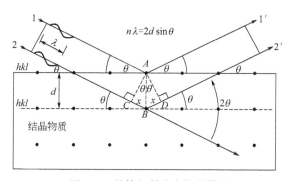

图2.6　晶体衍射的布拉格模型

$$CBD = CB + BD = 2AB\sin\theta = 2d\sin\theta \quad (2.11)$$

如果两束相干散射线相位相同，则光程差必然为波长 λ 的整数倍，即：

$$n\lambda = 2d\sin\theta \quad (2.12)$$

这就是著名的布拉格衍射方程，其中 $n=1,2,\cdots$，称为衍射级数；d 称为晶面间距；θ 为衍射线与晶面的夹角。波长色散 X 射线光谱仪中常用 2θ 来表示光谱线的衍射位置。不同波长（λ）的特征 X 射线，其衍射角不同；同一波长（λ）不同的衍射级，衍射角也不同。光谱仪根据这一原理，通过晶体衍射把不同波长的特征 X 射线分开，这种晶体称为分光晶体。对于同一波长的 X 射线，采用不同的晶体时，其衍射角不同。显然，布拉格衍射模型与光学反射相似，但属于两种完全不同的现象：①光学反射完全是一种表面效应，在掠射角大于某微小临界角的所有方向均能发生反射，X 射线则深入到晶体内部，其内层原子面同时参与反射；②光学反射的入射角可任意选择，X 射线的反射则受布拉格衍射规则的限制。

表示 X 射线衍射的劳厄方式，是以晶体点阵各结点的散射为基础，描述 X 射线的衍射现象。一束波长为 λ 的平行 X 射线束，以掠射角 θ 投射到面间距为 d 的晶体表面（hkl），以球面波的形式发出相互平行的波阵面，其波前在晶体点阵的每个原子上产生一系列球面散射波。当其波长或频率与入射线的相干散射波在某特定方向上相位相同时，发生强度相互叠加的衍射现象，这些球面散射波波前公切线的法线就是球面散射波叠加的方向，其他方向上相位各异，产生强度相消。这就是劳厄的衍射模式（图 2.7），其数学表达式为：

$$\frac{2d\sin\theta}{\sqrt{h^2+k^2+l^2}}=n\lambda \qquad (2.13)$$

该方程称为劳厄方程。式中，d 为晶体的点阵常数；θ 为衍射角；hkl 为衍射指数或称密勒指数；n 为衍射级数。由此可见，反射级数与衍射级数实际上一样。

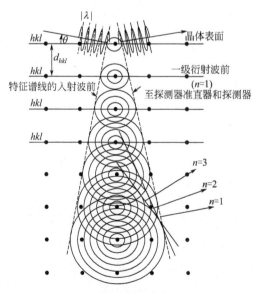

图 2.7　晶体衍射的劳厄衍射模式

因此，布拉格公式是劳厄方程的另一种表达形式。

X射线的反射与光学反射不同，光学反射完全是一种表面效应，而且在大于某一微小临界角的所有方向均能发生。X射线则深入到晶体内部，其内层原子面同时参与反射；因此，X射线射入晶体深层会发生多级衍射。布拉格方程中的 n 代表衍射的级别。从图 2.7 可见，波长为 λ 的 X 射线，在晶体表面产生一级衍射（$n=1$）的条件是：晶体表面第一层原子产生的第一个波、第二层原子产生的第二个波、第三层原子产生的第三个波依次排列构成一级波前，各波相差一个波数；晶体的二级衍射（$n=2$）条件是：依次排列的各原子发出的波相差两个波数，构成二级波前；三级衍射（$n=3$），相差三个波数，构成三级波前等等。从图 2.6 布拉格模型可见，在 θ 方向上，波长为 λ 的入射线发生一级衍射（$n=1$）；波长为 0.5λ 的入射线发生二级衍射（$n=2$），波长为 $\lambda/3$ 的入射线发生三级衍射（$n=3$）等等。必须注意不同波长的入射线，在相同方向（θ）发生的衍射，级别不同。

2.2.2　X射线的偏转

X射线在均匀介质中，与可见光一样，以直线传播。当到达两种介质的交界面时，入射光束会偏离原方向发生反射或折射。部分光束发生折射进入第二介质。图 2.8 表示两种不同介质界面上发生的入射、反射和折射。入射光、反射光及折射光位于同一平面内与界面正交。发生反射时入射光束与反射光束的掠射角相等：

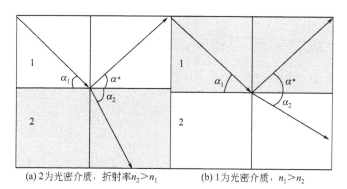

图 2.8　两种介质 1 和 2 界面上的入射、反射及折射

$$\alpha_1 = \alpha_1' \tag{2.14}$$

发生折射时入射光束与折射光束的掠射角遵循斯涅尔定律：

$$v_2 \cos\alpha_1 = v_1 \cos\alpha_2 \tag{2.15}$$

式中，v_1，v_2 分别为光束在介质 1 和介质 2 中的相速，是光束在介质中波峰或波谷的传播速度，与波长和介质相关。在真空中相速等于光速，与波长无关。式（2.15）除以光速 C，即可得：

$$n_1\cos\alpha_1 = n_2\cos\alpha_2 \tag{2.16}$$

式中，n_1，n_2 为介质 1 和 2 的绝对折射率。任何介质与真空相比，均为光疏介质（$n'<n_{真空}=1$）；任何固体介质与空气相比，均为光疏介质（$n'<n_{空气}=1$）。因此，折射线束总是偏向界面的。当折射线束的掠射角 α_2 等于零时，折射线束与界面相切，处于临界状态。此时对应的入射光束掠射角 α_1 称为折射的临界角 $\alpha_{临界}$，可根据式（2.16）确定：

$$\cos\alpha_{临界} = n_2 \tag{2.17}$$

2.2.3 镜面反射

X 射线入射到物体表面时会受到折射，其折射率为：

$$n_X = 1 - \frac{N\rho Ze\lambda_{cm}^2}{2\pi A m_e C^2} = 1-\delta \tag{2.18}$$

式中，N 为阿伏伽德罗常数；ρ 为物体的密度，g/cm³；Z 为物质的原子序数；e 为电子的电荷（静电单位）；λ 为入射线波长；$\pi=3.1416\cdots$；A 为原子量；m_e 为电子的静止质量，g；C 为光速，cm/s。假定：

$$N\rho Z/A = n \tag{2.19}$$

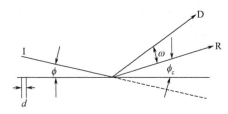

图 2.9 光滑表面的镜面反射及光栅衍射

n 为每立方厘米介质中的电子数。折射率公式中 δ 的数量级为 10^{-6}。因此，X 射线折射率的数量级为 $1\sim10^{-6}$；如图 2.9 所示，高度共轴的单色 X 射线入射线束 I 以 $\phi<\phi_c$ 的角度投射到一光滑的表面时即产生反射（R）。入射线和反射线与反射面的夹角相等。例如 CuKα（$\lambda=1.54$Å）从光滑的铝板上反射，δ 为 8.32×10^{-6}；ϕ_c 为 4.08×10^{-3} rad，即 $13'$。

2.2.4 全反射

入射线束以小于折射临界角 $\alpha_{临界}$ 的掠射角入射到平滑的反射体表面时，入射光束几乎不发生任何散射或吸收而完全反射到第一介质，这种现象称为光束的全反射。当 X 射线束在空气中以小于 $\alpha_{临界}$ 的掠射角投射到任何界面上时，均可发生全反射；相应的掠射角称为全反射临界角（ϕ_c）。按斯涅尔（Snell）定律，很容易计算发生全反射的临界角 ϕ_c：

$$\cos\phi_c = 1-\delta; \quad 1-\cos\phi_c = \delta \tag{2.20}$$

根据三角定律：$1-\cos2x = 2\sin^2 x$

可得：

$$1-\cos\phi_c = 2\sin^2\left(\frac{1}{2}\phi_c\right) = \delta \tag{2.21}$$

由于 $\delta \approx 10^{-6}$，正弦值可以弧度为单位的角度值表示，即：

$$\delta = 2\left(\frac{1}{2}\phi_c\right)^2 = \frac{1}{2}\phi_c^2 \tag{2.22}$$

因此
$$\phi_c = \sqrt{2\delta} \tag{2.23}$$

$$\phi_c \approx \frac{1.65}{E}\sqrt{\frac{Z}{A}\rho} \tag{2.24}$$

式中，E 为能量，keV；ρ 为密度，g/cm³。表 2.1 列出了不同介质及光子能量对应的全反射临界角 ϕ_c，通常都在 $0.04°\sim 0.06°$ 范围内。

表 2.1 不同介质及光子能量对应的全反射临界角

介质	全反射临界角 ϕ_c/(°)		
	8.4keV	17.44keV	35keV
普通玻璃	0.157	0.076	0.038
玻璃碳	0.165	0.080	0.04
氮化硼	0.21	0.1	0.05
石英玻璃	0.21	0.1	0.05
铝	0.22	0.11	0.054
硅	0.21	0.1	0.051
钴	0.40	0.19	0.095
镍	0.41	0.2	0.097
铜	0.40	0.19	0.095
锗	0.30	0.15	0.072
砷化镓	0.30	0.15	0.072
钽	0.51	0.25	0.122
铂	0.58	0.28	0.138
金	0.55	0.26	0.131

2.3 X射线的吸收

如图 2.1 所示，一束强度为 I_0 的单色 X 射线照射厚度为 d 的均匀吸收体时，会发生吸收、透射、散射及衍射等多种物理现象，其强度的衰减遵循朗伯-比尔（Lambert-Berr）定律：

$$I = I_0 \exp^{\frac{\mu}{\rho}\rho d} \tag{2.25}$$

式中，μ/ρ 为质量吸收或衰减系数，cm²/g；ρ 为物质密度，g/cm³；d 为

吸收体的厚度，cm；μ 为线吸收系数，cm^{-1}。从上式可以导出四种不同的吸收或衰减系数。

（1）线性吸收系数 μ　表示 X 射线受单位面积单位厚度吸收体的吸收，表示入射 X 射线通过单位截面单位厚度吸收体时的吸收分数。由比尔定律取对数可得线性吸收系数：

$$\mu = \frac{\ln(I/I_0)}{d} \tag{2.26}$$

（2）质量吸收系数或质量衰减系数 μ_m　表示 X 射线通过吸收体时受单位面积上单位质量的吸收，cm^2/g。

$$\mu_\mathrm{m} = \mu/\rho \tag{2.27}$$

（3）原子吸收系数 μ_a　表示 X 射线通过吸收体时在单位面积上受每个原子的吸收，$\mathrm{cm}^2/$原子。

$$\mu_\mathrm{a} = \frac{\mu}{\rho} \times \frac{A}{N} = \frac{\mu}{n} \tag{2.28}$$

（4）摩尔吸收系数 μ_mol　表示 X 射线受吸收体单位面积上单位物质的吸收：

$$\mu_\mathrm{mol} = (\mu/\rho) \times A \tag{2.29}$$

上述四种吸收系数的相互关系为：

$$\mu = \mu_\mathrm{m}\rho = \mu_\mathrm{a}\rho(N/A) = \mu_\mathrm{mol}(\rho/A) \tag{2.30}$$

式中，ρ 为吸收体的密度，$\mathrm{g/cm}^3$；A 为吸收体的原子量，$\mathrm{g/mol}$；N 为阿伏伽德罗常数（6.02×10^{23} 个/mol）；n 为单位体积内的原子数，个/cm^3；N/A 为单位质量的原子数，个/g。质量吸收系数 μ/ρ 表示每种元素的原子属性，与化学状态及物质的结构无关，仅取决于 X 射线的波长及吸收体的原子序数，其函数关系比较简单。因此，质量吸收系数是 X 射线光谱分析最常用的参数。

2.3.1　质量吸收或衰减系数

X 射线强度衰减的原因主要在于：①X 射线受物质原子的变质散射、非变质散射；②入射光子受原子内层电子的正吸收，导致光发射；③X 射线与结晶物质相遇，由于干涉而导致衍射现象；④由成偶效应引起正负电子对。

质量吸收或衰减系数表示每种元素的原子属性，这里用 (μ/ρ) 表示元素（Z）对 X 射线（波长为 λ）的质量吸收或质量衰减系数，以 cm^2/g 为单位。X 射线光谱分析中，使用的吸收系数几乎都指质量吸收或质量衰减系数。为了简单起见，许多著作使用符号 μ（或 μ_m）表示质量吸收或衰减系数。关于质量吸收系数的计算方法很多。实际上，质量吸收或衰减系数 μ 由光电吸收系数（τ）和散射系数（σ）组成：

$$\mu = \tau + \sigma$$

或
$$\mu = (\tau/\rho) + (\sigma/\rho) \tag{2.31}$$

τ 或 (τ/ρ) 表示正吸收或光电吸收系数；σ 或 (σ/ρ) 表示散射系数。图 2.10 表示质量吸收系数与入射波长的关系。根据加和规则，复杂物质的总质量吸收或衰减系数等于各组成元素质量吸收或衰减系数的加权（质量分数）和：

$$\mu = \sum_i^n \mu(i) W_i \tag{2.32}$$

式中，W_i 为元素 i 的质量分数；$\mu(i)$ 为元素 i 的质量吸收或衰减系数。对于化合物，其质量吸收系数等于各组分质量吸收系数的加权和，以 KBr 为例，计算溴化钾对 CuKα 特征辐射的质量吸收系数。CuKα 的波长为 0.154 nm；KBr 的质量吸收系数为：

$$\begin{aligned}\mu_{KBr,CuK\alpha} &= \sum \mu_i W_i = \mu_K W_K + \mu_{Br} W_{Br} \\ &= 148 cm^2/g \times 0.329 + 91 cm^2/g \times 0.671 \\ &= 48.7 cm^2/g + 61.1 cm^2/g \\ &= 109.8 cm^2/g \end{aligned} \tag{2.33}$$

2.3.2 质量吸收或衰减系数与波长及原子序数的关系

质量吸收系数 μ_m 或 μ/ρ 与辐射波长及吸收体原子序数相关。不同物质的质量吸收系数不同；同一种物质对不同辐射波长的质量吸收系数也不同。早在 1914 年布拉格（Bragg）和派尔斯（Pierce）就已证明：在两相邻的吸收限之间，单个原子的吸收系数 μ_a 与辐射波长和原子序数具有如下关系：

$$\mu_a = CZ^4 \lambda^3 \tag{2.34}$$

式中，C 是与吸收体及吸收限相关的常数；当波长一定时，质量吸收系数 μ 随原子序数 Z 的增加而增加。元素越重，对 X 射线的阻挡本领越大。对于给定的元素，质量吸收系数 μ/ρ 随辐射波长的增长而增大。X 射线的波长越长，能量越低，穿透能力就越弱。关于质量吸收系数，有人提出和使用另一种计算模型：

$$\mu = CE_{ab} \lambda^n = CE_{ab} \left(\frac{12.3981}{E}\right)^n \tag{2.35}$$

式中，C 是常数；E_{ab} 表示两吸收限间低能吸收限的能量，keV；λ，E 分别表示两吸收限之间的波长及能量。

2.3.3 吸收限及临界厚度

（1）吸收限 通常，吸收系数表示元素对 X 射线的阻挡本领。入射 X 射线对吸收体的穿透本领随其波长变短或能量升高而增

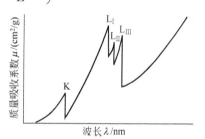

图 2.10 质量吸收系数与入射波长的关系

强。图 2.11 表示一种典型的 X 射线吸收曲线。从图中的吸收曲线可见,曲线上存在若干不连续的跳跃点,这些不连续的跳跃点就是所谓的吸收限。能从给定元素原子的特定能级逐出一个轨道电子需要的最低能量或最长波长称为该元素特定能级的吸收限。与其对应的波长称为吸收限波长;与其对应的能量称为临界激发电位。就原子结构而言,分成 K、L、M、N 等主壳层;每个主壳层又分成若干壳层。因此,每个元素具有若干不同的吸收限。其 K 系、L 系、M 系、N 系能级分别具有 1 个、3 个、5 个、7 个吸收限。在多系列辐射中,主要的吸收限有 K、L_{III}、M_V 和 N_{VII}。每种元素原子的能级越接近原子核,其吸收限波长越短,临界激发电位越高。对于一定的能级,吸收限波长随元素的原子序数增大而变短。吸收限概念在二次激发中用于说明特征 X 射线的产生与激发效率十分重要。图 2.12 表示元素各线系吸收限波长与原子序数的关系,其中 K、L_{III}、M_V 吸收限的波长与各元素的原子序数 Z 间具有十分明确的函数关系。吸收限陡变比 γ 及陡变差 δ 是总吸收中特定原子能级吸收份额的量度。K 和 L_{III} 能级吸收限陡变比 γ 及陡变差 δ 的定义分别为:

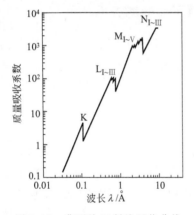

图 2.11 典型的 X 射线吸收曲线

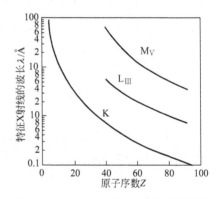

图 2.12 K、L_{III}、M_V 系吸收限波长与原子序数的关系

$$\gamma_K = \frac{(\mu/\rho)_K + (\mu/\rho)_{L_I} + (\mu/\rho)_{L_{III}} + \cdots}{(\mu/\rho)_{L_I} + (\mu/\rho)_{L_{II}} + (\mu/\rho)_{L_{III}} + \cdots} \tag{2.36}$$

$$\gamma_{L_{III}} = \frac{(\mu/\rho)_{L_{III}} + (\mu/\rho)_{M_I} + (\mu/\rho)_{M_{II}} + \cdots}{(\mu/\rho)_{M_I} + (\mu/\rho)_{M_{II}} + \cdots} \tag{2.37}$$

K 及 L_{III} 能级间的陡变比 γ 和陡变差 δ 的定义可分别简单表示为:

$$\gamma = \frac{(\mu/\rho)_S}{(\mu/\rho)_L} \tag{2.38}$$

$$\delta = (\mu/\rho)_S - (\mu/\rho)_L \tag{2.39}$$

式中，S 和 L 分别表示该吸收限的短波侧和长波侧，即吸收曲线上吸收限顶部与底部的 (μ/ρ) 值或 (μ/ρ) 的最大值与最小值。K 壳层光电离的实际份数为：

$$\frac{(\mu/\rho)_S - (\mu/\rho)_L}{(\mu/\rho)_S} \tag{2.40}$$

各元素吸收限的陡变比 γ 及陡变差 δ 均为原子序数的函数。这些系数主要应用于基体效应的数学校正中。附录中列出了所有元素的 K、L、M 吸收限及相关参数。这里必须强调：只有波长短于某吸收限的光子才能激发出相应的特征谱线。任一元素每一线系中的特征谱线均出现在相应吸收限的长波一侧。因此，任一元素对其自身的特征谱线都具有很高的透明度。

（2）临界厚度　X 射线穿透物质的最大深度称为样品的临界厚度，超过临界值的厚度称为无限厚。每种元素的特征谱线穿透样品的临界厚度与特征谱线的波长 λ，吸收体的密度 ρ 及入射角或出射角的几何因子相关。表 2.2 列出了特征 X 射线穿透一些常用材料的临界厚度 (μm)。计算临界厚度的公式为：

$$d = \frac{4.61}{\mu\rho}\sin\psi_2 \tag{2.41}$$

对于顺序式 X 射线光谱仪，临界厚度的计算公式为：

$$d = \frac{2.6}{\mu\rho}\text{cm} \text{ 或 } d = \frac{26000}{\mu\rho}\mu m \tag{2.42}$$

表 2.2　特征 X 射线穿透一些常用材料的临界厚度　　单位：μm

吸收材料	MgKα	CrKα	SnKα
铅	0.6	4.0	50
铁	0.9	30.0	260
SiO_2	7.0	100	0.8cm
$Li_2B_4O_7$	12.0	800	4.1cm
H_2O	14.0	900	4.7cm

2.3.4　反平方定律

通常情况下，X 射线强度的衰减是由于吸收体的阻挡而产生的。上节已就 X 射线的吸收与衰减做了详细论述。X 射线的另一种衰减现象是由于其发散及距离变化所引起的。对于有源辐射，从点光源出发以球面发散方式传播，样品表面单位面积接受 X 射线辐照的强度随光源至样品的距离呈反平方规则变化，即：

$$I = k\frac{1}{R^2} \tag{2.43}$$

式中，I 表示距离 R 处样品单位面积上 X 射线的辐照强度；R 表示光源至样品表面的距离；k 为常数。在光谱仪的光路设计中特别注意 X 光管铍（Be）窗至样品的距离对分析灵敏度的影响。

参考文献

[1] IUPAC. Nomenclature, Symbols, Units and their usage in spectrochemical anaysis-Ⅳ. X-Ray emission spectroscopy, 1976.
[2] Birks L S. X-Ray Spectrochemical Analysis: 2nd ed. New York: InterScience, 1969; Birks L S. X 射线光谱分析. 高新华, 译. 北京: 冶金工业出版社, 1973.
[3] Bertin E P. Principles and Practice of X-Ray Spectrometric Analysis: 2nd ed. New York: Plenum, 1975.
[4] Cauchois T, Senemaud C. International. Tables of Selected Constants: 18. Wavelengths of X-Ray Emission Lines and Absorption Edges. Oxford: Pergamon Press, 1978: 67.
[5] Jenkins R. An Introduction to X-Ray Spectrometry. London: Heyden, 1974.
[6] Jenkins R, De Vries J L. Practical X-Ray Spectrometry: 2nd ed. New York: Springer-Verlag, 1967.
[7] Klockenkämper R. Total-Reflection X-Ray Fluorescence Analysis. New York: Wiley, 1997.
[8] Tertian R, Claisse F. Principles of Quantitative X-Ray Fluorescence Analysis. London: Heyden, 1982.
[9] Ron Jenkins, Gould R W, Dale Gedcke. Quantitative X-Ray Spectrometry: 2nd ed. Philips X-Ray Analytical, 1995.
[10] James P Willis, Andrew R Duncan. Basic concepts and instrumentation of XRF Spectrometry. PANalytical B V Almelo, 2010.
[11] 谢忠信, 赵宗玲, 张玉斌, 陈远盘, 鄞梁垣. X 射线光谱分析. 北京: 科学出版社, 1982.
[12] Willis J P, Prof A R Duncan. Workshop on advanced XRF Spectrometry. PANalytical B V Almelo, 2008.

第3章
X射线的激发

无论波长色散或能量色散 X 射线荧光光谱分析，样品元素特征 X 射线的激发基本相同。关于 X 射线的产生机理已于第 1 章论述。本章主要论述样品元素特征 X 射线光谱的激发、激发因子及常用的激发源。X 射线光谱的激发，通常分为初级激发与次级激发两类。以高速电子、质子、中子、α 射线、β 射线或内转换电子等高能粒子为激发源，产生特征 X 射线的过程称为初级激发，所产生的 X 射线称为初级 X 射线或初级辐射，其中包括连续 X 射线和特征 X 射线两部分。由 X 射线管产生的 X 射线就是初级 X 射线。以初级 X 射线为激发源，激发样品元素特征 X 射线的过程称为次级激发；其他如二次靶、同步辐射等的激发属于次级激发。样品中共存元素间的互致激发称为次生激发或第三元素激发，包括基体元素初级荧光及次级荧光激发产生的高次荧光等。

3.1 初级激发

在初级激发装置中，样品相当于 X 光管的阳极，直接受高速电子轰击产生连续 X 射线及样品元素的特征 X 射线。使用这种激发方式必须注意：①样品室必须保持高真空；②电子发射必须稳定；③低挥发及热稳定性差的样品，由于局部受热易损坏，不宜使用；④灯丝的溅射或挥发易污染样品；⑤样品受高速电子轰击，同时产生连续 X 射线及特征 X 射线。由于上述原因，只有电子探针及扫描电子显微镜使用这种激发方式。X 射线荧光光谱分析通常采用 X 光管、放射性同位素、同步辐射及质子等为激发源激发样品。在初级激发过程中，样品（靶）元素的特征线光谱强度，通常表示为：

$$I = Ki(V - V_q)^n$$

式中，K 为常数；V 和 V_q 分别为激发装置的工作电压和靶元素的 q 系辐射的临界激发电位；i 为工作电流；n 约为 1.7。考虑到初级激发过程中靶元素的某些特征 X 射线是由连续谱二次激发所致，靶元素特征线的光谱强度公式可写成：

$$I_\nu = AZ(V-V_\nu) + BZ^2$$

连续谱强度 I_ν 随压差 $(V-V_\nu)$ 也呈近似的线性关系，其中 ν 为与连续谱波长对应的辐射频率。

3.2 次级激发

次级激发通常以 X 射线管产生的初级辐射激发样品，发射各组成元素的特征 X 射线。图 3.1 表示次级激发的基本过程。由于 X 光管初级辐射在样品中的穿透深度较大，激发产生的荧光 X 射线在其出射过程中，将受到样品基体的强烈吸收。因此，在通过样品元素特征 X 射线的测量强度，确定各组成元素浓度的定量分析中，必须考虑：①X 光管初级辐射的光谱分布；②分析元素及基体对初级辐射的吸收；③分析元素特征谱线的激发概率及荧光产额；④基体及分析元素对分析线辐射的吸收；⑤光谱仪的几何因子等相关因素的影响。本节在讨论分析元素特征线强度与其浓度间的定量关系时，考虑上述各种因素的影响，并推导分析线强度与元素浓度定量关系的数学表达式。

以 X 光管初级辐射作为样品的激发源时，X 光管靶元素的特征线及连续谱共同参与激发。尽管连续光谱是背景的主要来源，但在激发过程中仍是样品元素特征线的重要激发源，待测元素原子序数越大，其激发作用越强。当原子序数大于 60 时，K 系辐射主要由连续谱激发。为了讨论方便，首先假定用单色的初级辐射激发样品，然后考虑使用多色辐射激发，并推导出相应的理论强度计算公式，即初级荧光的激发方程。

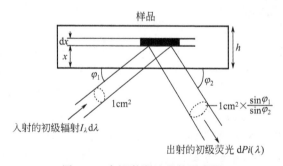

图 3.1 次级激发过程的示意图

3.2.1 单色激发

在单色激发情况下，推导分析线理论强度的计算公式时，应考虑以下若干因素：

(1) 入射的单色辐射光谱强度；

$$I_{0,\lambda_{\text{Pri}}} \tag{3.1}$$

（2）单色的初级辐射到达样品深处某微分单元 Δt 层时所遭遇的吸收或衰减：

$$\exp^{-[(\mu/\rho)_{\text{m},\lambda_{\text{Pri}}} \times \rho t \csc\varphi]} \tag{3.2}$$

（3）分析元素特征 X 射线 (L) 的激发概率：

$$\frac{C_A (\mu/\rho)_{A,\lambda_{\text{Pri}}}}{(\mu/\rho)_{\text{m},\lambda_{\text{Pri}}}} \frac{\gamma_A - 1}{\gamma_A} \omega_A g_L [(\mu/\rho)_{\text{m},\lambda_{\text{Pri}}} \times \rho \Delta t \csc\varphi] \tag{3.3}$$

（4）样品元素特征 X 射线 (L) 射出样品时遭遇的吸收或衰减：

$$\exp^{-[(\mu/\rho)_{\text{m},\lambda_{\text{Pri}}} \times \rho t \csc\varphi]} \tag{3.4}$$

（5）样品元素特征 X 射线 (L) 进入光学系统的份额：

$$d\Omega/4\pi \tag{3.5}$$

假定样品为无限厚（$t=\infty$），综合以上各部分，即可推导出样品元素发射的特征 X 射线（分析线）的理论强度或分析元素特征 X 射线的基本激发方程：

$$I_L = P_A I_{0,\lambda_{\text{Pri}}} C_A \frac{(\mu/\rho)_{A,\lambda_{\text{Pri}}}}{(\mu/\rho)_{\text{m},\lambda_{\text{Pri}}} + A(\mu/\rho)_{\text{m},\lambda_L}} \tag{3.6}$$

$$P_A = \omega_A g_L \frac{\gamma_A - 1}{\gamma_A} \times \frac{d\Omega}{4\pi} \tag{3.7}$$

$$A = \sin\phi/\sin\varphi \tag{3.8}$$

式中，P_A 为激发因子，即样品中待测元素 A 吸收入射的初级辐射激发 A 元素特征 X 射线光子的概率，它与待测元素的吸收限跃变因子 γ_A、谱线份额 g_L 及该元素特定线系的荧光产额 ω_A 相关；当样品基体及光谱仪参数一定时，P_A 为常数；A 为光谱仪的几何因子；ω_A 为元素 A 某线系的荧光产额；g_L 为分析元素特征 X 射线在其所在线系中所占的份额；分数项 $(\mu/\rho)_{A,\lambda_{\text{Pri}}}/[(\mu/\rho)_{\text{m},\lambda_{\text{Pri}}} + A(\mu/\rho)_{\text{m},\lambda_L}]$ 为荧光发射的效率因子。

3.2.2 多色激发

若用 X 光管发射的波长为 λ_{Pri} 的多色辐射（包括连续光谱和靶材的特征 X 射线）激发样品元素的分析线 λ_L 时，连续谱短波限 $\lambda_{\min}$ 至分析元素吸收限 λ_{abs} 间的所有辐射均参与 λ_L 的激发。其总强度 I_λ 可表示为：

$$I_\lambda = \int_{\lambda_{\min}}^{\lambda_{\text{abs}}} J(\lambda_{\text{Pri}}) d\lambda \tag{3.9}$$

式中，$J(\lambda_{\text{Pri}})$ 表示光管初级辐射连续谱的光谱分布，其中包括连续谱及靶材的特征线光谱。初级辐射的光谱分布与靶材及光管的施加电压相关，可用理论计算、等效波长、直接测量或经验校正等方法加以处理。在计算初级辐射的光谱分布 $J(\lambda_{\text{Pri}})$ 时，可将 $\lambda_{\min}$ 与 λ_{abs} 间初级辐射的光谱分布分成若干个波长间隔 $\Delta\lambda_i$，然后计算每个 $\Delta\lambda_i$ 的光谱强度并求和：

$$\int_{\lambda_{\min}}^{\lambda_{\text{abs}}} J(\lambda_{\text{Pri}}) \mathrm{d}\lambda = \sum (\Delta\lambda_i I_{\Delta\lambda_i} D_{\Delta\lambda_i}) \tag{3.10}$$

当 $\lambda_i > \lambda_{\text{abs}}$ 时，$D_{\Delta\lambda_i} = 0$；当 $\lambda_i < \lambda_{\text{abs}}$ 时，$D_{\Delta\lambda_i} = 1$；$I_{\Delta\lambda_i}$ 可用克拉玛公式计算：

$$I_{\Delta\lambda_i} \infty iZ \left(\frac{\lambda_i}{\lambda_{\min}} - 1 \right) \frac{1}{\lambda_i^2} \tag{3.11}$$

式中，λ_i 为 $\Delta\lambda_i$ 间隔的平均波长；i 为光管电流；Z 为光管靶材的原子序数。光管靶的特征线强度为：

$$I_K \infty i(V - V_K)^n \quad (n \approx 1.7) \tag{3.12}$$

在实际应用中，初级辐射的光谱分布 $J(\lambda_{\text{Pri}})$ 通常以等效波长代替；所谓等效波长就是假定吸收和激发性能与初级辐射等效的一种单一波长。其值大约等于分析元素吸收限波长 λ_{abs} 的 2/3；分析元素对等效波长的质量吸收系数与其对初级辐射的质量吸收系数基本相等。当光管靶材的特征辐射起激发作用时，等效波长即为靶材的特征线波长，其质量吸收系数可通过厚度为 t 样品的入射线强度 I_0 和透射线测量强度 I 加以计算。在推导多色辐射的基本激发方程时，必须考虑样品中所有基体元素对等效波长及分析线波长的质量吸收系数，其吸收系数的表达式分别为：

$$(\mu/\rho)_{m,\lambda_{\text{Pri}}} = \sum C_i (\mu/\rho)_{i,\lambda_{\text{Pri}}} \tag{3.13}$$

$$(\mu/\rho)_{m,\lambda_L} = \sum C_i (\mu/\rho)_{i,\lambda_L} \tag{3.14}$$

式中，$(\mu/\rho)_{m,\lambda_{\text{Pri}}}$ 和 $(\mu/\rho)_{m,\lambda_L}$ 分别表示样品基体对初级辐射波长 λ_{Pri} 和分析线波长 λ_L 的质量吸收系数；$(\mu/\rho)_{i,\lambda_{\text{Pri}}}$ 和 $(\mu/\rho)_{i,\lambda_L}$ 分别表示样品中特定元素 i 对初级入射波长 λ_{Pri} 和分析线波长 λ_L 的质量吸收系数；C_i 为样品中分析元素 i 的质量分数；公式中的 i 包括分析元素 A。经推导可得到多色辐射激发时计算分析元素特征 X 射线光谱强度的基本激发方程：

$$I_L = P_A C_A \int_{\lambda_{\min}}^{\lambda_{\text{ab}}} J(\lambda_{\text{Pri}}) (\mu/\rho)_{A,\lambda_{\text{Pri}}} \frac{1}{\sum C_i [(\mu/\rho)_{i,\lambda_{\text{Pri}}} + A(\mu/\rho)_{i,\lambda_L}]} \mathrm{d}\lambda \tag{3.15}$$

式中，P_A 和 A 分别表示激发因子和光谱仪结构的几何因子。用初级辐射波长 λ_{Pri} 激发样品中特定元素的分析线时，其激发效率为：

$$\frac{I_L}{I_{0,\lambda_{\text{Pri}}}} = P_A \frac{C_A (\mu/\rho)_{A,\lambda_{\text{Pri}}}}{\sum C_i [(\mu/\rho)_{i,\lambda_{\text{Pri}}} + A(\mu/\rho)_{i,\lambda_L}]} \tag{3.16}$$

当分析元素、样品基体及光谱仪几何因子一定时，假定以初级辐射 λ_{Pri} 激发样品元素的分析线 λ_L，其效率因子 $T(\lambda_{\text{Pri}}, \lambda_L)$ 的数学表达式为：

$$T(\lambda_{\text{Pri}}, \lambda_L) = \frac{(\mu/\rho)_{A,\lambda_{\text{Pri}}}}{\sum C_i [(\mu/\rho)_{i,\lambda_{\text{Pri}}} + A(\mu/\rho)_{i,\lambda_L}]} \tag{3.17}$$

就纯元素而言，效率因子计算公式可简化为：

$$T(\lambda_{\text{Pri}}, \lambda_L) = \frac{(\mu/\rho)_{A,\lambda_{\text{Pri}}}}{(\mu/\rho)_{A,\lambda_{\text{Pri}}} + A(\mu/\rho)_{A,\lambda_L}} \tag{3.18}$$

3.3 互致激发（次生激发）

前节讨论了以 X 光管初级辐射激发样品的次级激发过程。样品发射的特征 X 射线称为荧光 X 射线或初级荧光。以下讨论由共存元素互致效应引起的样品元素特征 X 射线的激发过程。这种过程称为互致激发或次生激发。初级荧光是由 X 光管初级辐射直接激发产生；次生激发是由样品基体中初级荧光的高能辐射所引起，由此产生的特征 X 射线，称为次级荧光。次生激发的复杂性主要取决于样品的基体组成。基体越复杂，产生次级荧光的可能性越大。同样，三次荧光是由样品基体中能量较高的次级荧光激发所致。样品经多重激发后，由光管初级辐射激发产生的初级荧光强度，是分析元素荧光强度总量的主要贡献者；样品中高能初级荧光激发产生的次级荧光是次要贡献者；由次级荧光引起的高次荧光仅占极小的比例。如图 3.2 所示，以 Ni-Fe-Cr 为主要成分的特殊钢为例，说明共存元素互致效应的复杂性。钢中三种主要元素 Cr、Fe、Ni 的原子序数分别为 24、26、28；其 Kα 特征线的波长分别为 2.291Å[❶]、1.937Å 和 1.659Å；相应的 K 吸收限波长分别为：2.070Å、1.743Å、1.488Å。这三种元素间存在着十分特殊的选择激发与选择吸收的互致关系。图 3.3 表示以上各元素的 K 系吸收限及 K 系特征线波长间的相互关系。其中 Ni 的原子序数最大，其吸收限波长及 Kα 特征线的波长最短；Fe 其次；Cr 的原子序数最小，其 K 系吸收限及 Kα 特征线的波长最长。根据基本激发规则，只有波长短于某元素 K 系吸收限的辐射，才能有效激发该元素的 Kα 特征线。因此，NiKα 初级荧光由波长短于 NiK 系吸收限（1.488Å）的光管初级辐射激发产生，并受样品中铁的强烈吸收。同样，元素铁及铬的 FeKα 和 CrKα 初级荧光分别由波长短于其吸收限（FeK 吸收限 1.743Å；CrK 吸收限 2.070Å）的初级辐射激发产生。NiKα 的波长 1.659Å 位于 Fe 和 CrK 吸收限的短波侧，能有效激发铁和铬的次级荧光（FeKα，CrKα）；此外，FeKα 的波长位于 Cr 的 K 系吸收限短波侧最近，即 $\lambda_{FeKα}$（1.937Å）$<\lambda_{CrKα}$（2.070Å）。因此，铁的初级荧光及次级荧光（FeKα）可有效激发铬的次级及高次荧光（CrKα）。样品中 Cr 受激发的次数最多。归纳起来，样品经过多次交叉激发后，分析元素的荧光强度总量分别由初级荧光、次级荧光及高次荧光所贡献，但各自贡献的份额有差异，其中以光管直接激发的初级荧光贡献最大，约占总量的 72.5%；由基体元素初级荧光激发的次级荧光贡献其次，约占 26%；由样品基体元素次级荧光激发引起的高次荧光，份额最低，仅占总量的 1.5% 左右。

---

❶ 1Å=0.1nm。

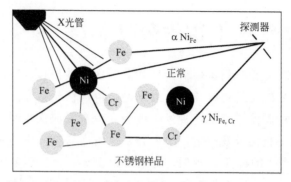

图 3.2 以 Ni-Fe-Cr 为主要成分的特殊钢中的次生激发

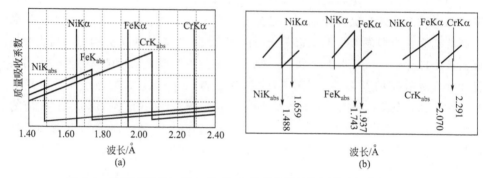

图 3.3 共存元素 Ni, Fe, Cr 的 K 系吸收限及特征线波长的相对位置

3.4 激发源

X 射线管、质子源、放射性同位素源、同步辐射及二次靶等辐射源是波长色散及能量色散光谱仪常用的激发源。X 射线管是两类仪器最常用的激发源。X 射线管按功率高低可分成低功率与高功率两类；按窗口部位可分成侧窗与端窗管。高功率光管常用于波长色散光谱仪。侧窗式 X 光管是早期顺序式光谱仪常用的激发源；20 世纪 90 年代以后出现的现代光谱仪，无论顺序式或同时式波长色散光谱仪，均采用端窗 X 光管激发源。放射性同位素主要用于便携式能量色散光谱仪。现代能量色散光谱仪，普遍采用低功率 X 光管作为激发源。即使采用同位素激发，必须选择能放射 X 射线、γ 射线的放射性同位素源。电子束激发主要用于电子探针微区分析、电子显微镜技术或其他特殊应用，其中探测器与扫描电子显微镜（SEM）结合，是一种特殊的电子显微分析技术（EMP），主要用于小样品的元素分析；光子激发的最大优点是不产生连续光谱，可有效抑制由样品散射引起的背景。能量色散因无晶体分光系统，探测器与样品十分接近，接受辐射的立体角大，探测的几何效率极高（2～3 个数量级）。样品表面的激发辐射只是常规 X 光管辐射量（$10^7 \sim 10^8$ 光子/s）的百万分之一，即可获得足够高的计数

率。低功率光管及同位素源是能量色散光谱首选的激发源。

3.4.1 放射性同位素

所谓同位素即原子核中含有相同数量的质子和不同数量中子的化学元素。这种元素具有相同的原子序数和不同的原子量。放射性同位素是一种具有放射性衰变的同位素，即能自发地以一定的速率衰变成不同元素的同位素或同种元素的另一种同位素。例如碳有八种知名的同位素：$^{9}_{6}C$、$^{10}_{6}C$、$^{11}_{6}C$、$^{12}_{6}C$、$^{13}_{6}C$、$^{14}_{6}C$、$^{15}_{6}C$、$^{16}_{6}C$。这些同位素的原子核中含有 6 个质子，但中子数分别为 3、4、5、6、7、8、9、10 个，其中 $^{12}_{6}C$、$^{13}_{6}C$ 为稳定同位素，其余均为放射性同位素。同位素的正确表示符号为：$^{M}_{Z}El$，其中 El 表示元素；Z 表示原子序数；M 表示质量数。

能量色散光谱仪使用的放射性同位素源是裂变过程中能释放 α 射线、β 射线、γ 射线及伴随电子俘获（EC）放射特征 X 射线的同位素。其构造一般由源芯、屏蔽层、源壳及射线出射窗组成。放射源有点状、圆片状及环状三种形式。选择放射源的形状不仅需要注意样品的大小、探测器的入射窗口及放射源—样品—探测器间的几何位置，还需考虑源芯中放射性物质的密度。早期的能量色散 X 射线光谱仪常用放射性同位素源作为激发源。常用的放射源具有如下四个主要特性：①衰变过程中能放射 α 射线、β 射线及 γ 射线或捕获 K 层或 L 层电子放射特征 X 射线；②发射的特征 X 射线能量在 1～150keV 范围内；③放射源的放射性活度在 1mCi～5Ci 间 [1 居里（Ci）即每秒能产生 3.7×10^{10} 次核衰变的放射性物质的强度] 不同；④半衰期（放射源活度降低到原始值 50% 时经历的时间）长。半衰期是选择放射源的重要依据。在测定少量或痕量元素时，放射源尽管放射的是一种单一能量，但来自次级能量的谱峰可能引起严重的干扰。选择放射源时应注意。计算放射量时，若开始放射的时间为 T_0，放射源的放射性为 n_{t_0}，则 T 时刻的放射性为：

$$n_t = n_{t_0} \exp^{-[\lambda(T-T_0)]} \tag{3.19}$$

式中，n_t 为单位时间发生衰变的放射性原子数；λ 为衰变常数（单位时间发生衰变的原子分数）。一般要求选用放射源的半衰期为一年以上。放射性同位素源是一种同位素量一定，形状合适具有防辐射设施的特殊装置。放射源具有两种放射类型：①产生能量单一的辐射，仅对几种元素具有最佳激发效率；②放射韧致辐射，能为多种元素提供有效激发，但激发效率较低。能量色散 X 射线光谱或全反射 X 射线谱仪必须选择一种仅放射单一能量的高强度 γ 射线或 X 射线，裂变产物稳定的放射性同位素为激发源。放射性同位素源相对于样品的配置，通常有三种方式：环形同位素光源、中心同位素光源及同位素源靶式光源（图 3.4）。其目的是，能使样品获得有效激发，确保同位素辐射不直接进入探测器。在中心式和环形同位素源中，同位素直接激发样品；在源靶式同位素源中，同位素首先激发靶材，靶材产生的特征辐射波长位于分析元素吸收限的短波侧，

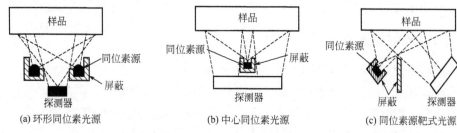

图 3.4 能量色散光谱仪最常用的三种同位素放射源的几何配置

以使样品元素获得有效激发。

有两种放射性同位素源可用于激发原子序数在 19~92 之间的诸元素特征 X 射线；放射低能 γ 射线及 X 射线光子的同位素源可直接激发样品，是使用最普遍的激发源。当入射光子的能量高于分析元素吸收限能量时，产生光电效应的截面随分析元素原子序数的增大而增大。当光子能量低于 60keV 时，以光电效应为主。光子能量大于 150keV 的放射源有 ^{192}Ir、^{137}Cs 及 ^{60}Co 等，其活性较高，适用于激发轻基体中原子序数大于 60 重元素的 K 系特征线；放射能量 E 介于 60~150keV 的中能光子放射源有 ^{57}Co、^{153}Gd 等，其主要特性与高能光子放射源相似，适用于重元素 K 系特征 X 射线的激发；能量（E）介于 4~60keV 的低能光子放射源有：^{55}Fe（放射 MnK 系特征线）、^{238}Pu（放射 UL 系特征线）、^{109}Cd（放射 AgK 系特征线）、^{210}Pb（放射 BiL 系特征线）及 ^{241}Am（放射 NpL 系特征线）等。这些放射源大多放射单色的特征线辐射，非常适用于选择激发。大部分能量色散光谱仪均以此为激发源。源-靶组合的放射源是利用光子辐射源照射适当的靶元素，产生单色性良好的靶元素特征辐射，是理想的次级激发源。在这种源-靶结合的次级激发源中，普遍采用 ^{241}Am 和 ^{109}Cd 作为原级辐射源，如果以放射 β 射线的同位素作为原级辐射源，除产生靶的特征 X 射线外，还产生一组连续谱。因此，这种原级辐射源称为韧致辐射源，其类型及应用范围如表 3.1 所示。

表 3.1 韧致辐射源类型及应用范围

原级辐射源	半衰期/年	β 粒子的最高能量/keV	靶	韧致辐射产额	适用范围/keV
^{3}H	12.3	18	Ti	4×10^{-5}	1~8
^{3}H	12.3	18	Zr	4×10^{-5}	2~12
^{147}Pm	2.6	220	Al	2.5×10^{-3}	10~100
^{85}Kr	10.7	670	C	1×10^{-2}	25~100
^{90}Sr/^{90}Y	28	2270	Al	6×10^{-2}	50~200

3.4.2 同步辐射光源

同步辐射是带电粒子在电磁场作用下沿弯转轨道运动时发出的电磁辐射，通常由红外线、可见光、紫外线及能量连续变化的 X 射线组成。由于同步辐射现象是在同步加速器上首先发现，故称这种辐射为同步辐射，也称同步光源。放射性物质产生的辐射是原子核内部状态改变时放射的高能粒子辐射。这两种辐射对生物机体均有不良反应，但严重程度不同，放射性物质对机体产生的辐射伤害比较严重。

现代同步辐射装置由注入器、电子储存环、插入件等部分组成。除同步辐射光源外，还包括光束线、实验站及诸多附属设备。其中注入器由电子枪、直线加速器及增能器组成，以获得所需的额定能量（约数亿电子伏特，GeV）。电子储存环由多个弯转磁铁、高频加速器、真空管道、直线节及电子控制系统组成，使具有一定能量的电子在环内做稳定回旋，并沿切线方向发射同步辐射。其中弯转磁铁决定电子的运行轨道，起聚焦或散焦作用，并发出能量范围很宽的连续辐射；波荡器发出的辐射是准单色的高强度辐射；高频振荡器用于补充电子发射同步光时产生的能量损失；直线加速器及同步加速器为电子储存环注入电子并在超高真空管道内做稳定回转。在波荡器或弯转磁铁下游设置的光束线用于导出发射的同步辐射。电子储存环中磁铁单元间的空隙部分称为直线段或直线节。直线节上的各种插入件如扭摆器和波荡器，可使电子产生多次横向振荡而发射不同特征的高亮度同步辐射。图 3.5 表示电子储存环的运行原理。电子储存环直线段中的插入件是新一代同步辐射装置中获得同步辐射光的主要部件。它由一组沿电子轨道周期排列的弯转磁铁组成，用于局部改变电子运动轨道和同步辐射的性质，以满足不同实验室对同步辐射光源的要求。由插入件获得的同步光须经光束线装置导出，并选择合适的波段送入实验站。图 3.6 是同步辐射三种常用光源的示意

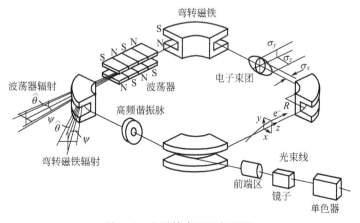

图 3.5 电子储存环运行原理

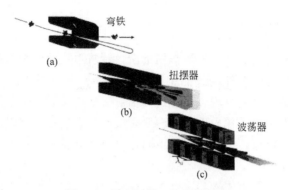

图 3.6 同步辐射三种常见光源

图,其中弯铁是同步辐射最常见的光源,它所发射的辐射亮度低于波荡器及扭摆器光源,但可作为 X 射线显微探针的高能连续光源;扭摆器发射的辐射能量较高,可用于激发重元素 K 系 X 射线;波荡器发射的辐射光具有强干涉性,是由一系列谐波脉冲组成的高亮度单色光谱,是一种束斑很小的微束光。

3.4.3 X 射线管

(1) 常规 X 射线管 利用高速电子直接轰击靶材,产生波长或能量连续变化的韧致辐射及靶元素的特征辐射,是获得 X 射线的最常用方法。X 射线管产生的韧致辐射通常可作为大多数元素的激发辐射;靶元素产生的特征辐射常用来激发某些特定元素的特征线,以提高激发效率。在能量色散光谱仪中,由于探测器与样品十分接近,探测器接受辐射的立体角大,几何效率高。当样品表面接受的辐射量($10^7 \sim 10^8$ 光子/s)为常规 X 光管辐射量的百万分之一时,即可获得足够的荧光计数率。因此,能量色散光谱仪只需用低功率光管(9~300W)作为激发源。由光管阳极和发生器产生的热量仅需空气冷却即可;若使用高功率光管作为激发源时,为避免强度过高,必须通过衰减滤光片降低激发辐射的强度。高功率 X 光管主要作为波长色散光谱仪的激发源,由光管产生的连续光谱及靶元素的特征谱线共同参与样品的激发。X 射线管由真空管体、阳极(靶)、阴极灯丝、铍窗及水冷系统组成。光管按铍窗口的位置,可分成侧窗与端窗两种类型。现代波长色散光谱仪均采用端窗型光管作为激发源,其基本特点是:①通过提高功率、缩短靶至窗口的距离及使用薄的铍窗等方法提高 X 射线的输出强度;②通过合理的设计、提高光管内部结构的加工精度、防止靶面及铍窗表面沉积金属升华物等,维持输出辐射的稳定性;③降低工作温度,选择耐用的灯丝材料及合理的灯丝结构,延长光管的使用寿命。图 3.7 为常用侧窗及端窗型 X 光管的结构示意图。低功率 X 光管的优点是仅需使用灯电及风冷,无需庞大的水冷装置。

(2) 旋转阳极 X 射线管 旋转阳极靶 X 光管简称旋转靶,与阳极固定的常

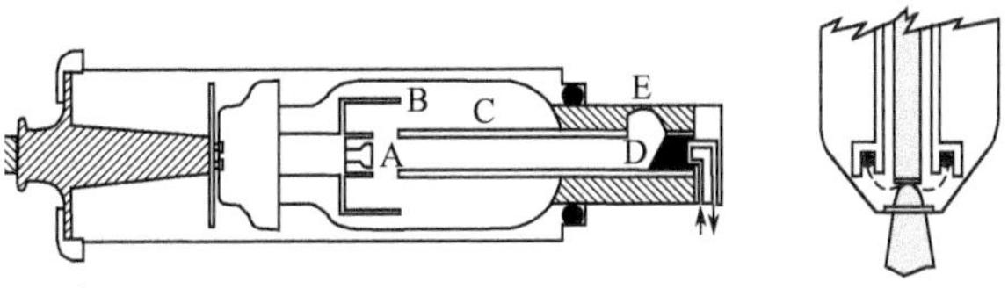

图 3.7 常用 X 光管结构示意图

A—阴极,通过灯丝加热,产生电子允,负高压;B—阴极帽,吸收无用的散射电子;
C—聚焦管,电子利用阴极(负高压)与阳极(接地)间的压差通过聚焦管向阳极加速;
D—阳极;E—Be 窗,由阳极产生的 X 射线通过 Be 窗出射

规 X 射线管不同,操作时阳极靶以一定的速度旋转。在这种特殊密封的高真空光管(如图 3.8 所示)内,高速电子轰击旋转靶的侧面,发射高强度 X 射线。光管的真空系统由涡轮分子泵及回转泵组成。旋转阳极管的最大功率可达 18~30kW;其输出强度约为普通 2kW 光管强度的 9~15 倍。最高工作电压 60kV;最大电流 300~500 mA。其最大的特点是,阳极旋转且可更换,灵活性强。无故障操作时间长。旋转靶(阳极)X 光管是最实用的高强度 X 射线发生装置,其靶面呈圆柱形,阳极通过高速旋转,使高速电子轰击的靶面部位由一点扩展至一柱面,冷却时热量容易散发。最高功率可达 90kW。为获得足够高的 X 射线通量密度,高速电子轰击的靶面必须限定在一定的范围内。这一轰击范围称为旋转靶的焦斑。由于旋转靶的出射光束与靶面成一微小的角度,使靶面在出射方向上的投影近似一点,称为微焦斑。在这种焦斑上,辐射高度集中。全反射 X 射线荧光分析仪常采用这种高强度细聚焦光管作为激发源。

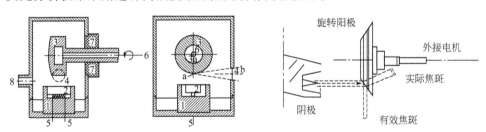

图 3.8 旋转阳极 X 光管剖面图

1—阴极;2—灯丝;3—圆柱形阳极;4—Be 窗口;5—导线;6—水冷接口;7—密封垫;8—高真空法兰盘
a—线聚焦;b—锥形辐射

(3) 微束斑 X 射线管 细聚焦微束斑 X 射线管是微束 X 射线荧光分析仪常用的激发源,这种光管分为磁聚焦和静电聚焦两种类型。图 3.9 表示磁聚焦微束斑 X 射线管的结构原理。这种光管所使用的电子枪与电子显微镜用的电子枪结构类似,采用磁聚焦方式汇聚电子束,轰击阳极靶面产生束径仅为几微米的微束 X 射线。这种光管由于结构复杂,体积庞大而不便使用。

以静电聚焦形成的电子束轰击阳极,形成的微束斑 X 射线是另一种微束斑

X 射线管的工作原理。这种光管基于高速运动的高密度小束斑电子束轰击金属靶面，产生微束斑 X 射线。使用静电聚焦系统和热场致发射技术，使电子枪发射的电子束汇聚成微米级小焦斑，轰击金属靶面产生高亮度微束斑 X 射线。如图 3.10 所示，这种微束斑 X 射线管由阴极电子枪发射系统、静电聚焦系统及金属靶面三部分组成，阴极电子枪发射系统具有很强的发射功能。从阴极表面发出的大量电子经电子枪发射系统的预聚焦，形成电子束"交叉斑"，然后以交叉斑为发射源开始加速，进入主聚焦系统强烈聚焦，形成微米级焦斑，猛烈轰击靶面产生复杂的交互作用，最终发射出焦斑微小的 X 射线束。以上两种小焦斑微束 X 射线管是全反射 X 射线荧光分析仪和微束 X 射线荧光微区分析仪专用的激发源。

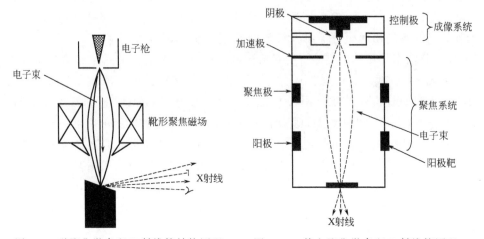

图 3.9　磁聚焦微束斑 X 射线管结构原理　　图 3.10　静电聚焦微束斑 X 射线管原理

3.4.4　二次靶

二次靶介于光管铍（Be）窗与样品之间，是三维偏振能量色散 X 射线光谱仪常用的次级激发源。二次靶通常可分成荧光靶、散射靶（Barkla）及布拉格（Bragg）衍射靶三种类型；其中散射靶（Barkla）是以 Al_2O_3、B_4C 及石墨等轻元素材料作为靶体，以光管初级辐射（包括连续谱与靶材的特征辐射）的散射辐射激发样品。它对光管的初级辐射具有极强的散射作用，但自身的特征辐射，由于能量及强度极低，无法作为样品元素的激发辐射使用；由高原子序数元素构成的二次靶（如 Mo）仅受光管初级辐射的激发，用激发产生的靶元素特征 X 射线（几乎不出现散射线）激发样品元素；荧光靶主要用自身发射的特征 X 射线激发样品，由于荧光靶以重元素为主，其散射能力极低。为了提高样品荧光的激发效率，荧光靶发射的特征 X 射线能量必须稍高于样品中待测元素荧光的吸收限能量；衍射靶（Bragg）是一种单晶靶，置于光管铍（Be）窗和样品间，仅根据布拉格衍射原理，选择光管靶线或连续谱特定波长，通过衍射使其反射到空间某一特定方向参与样品激发。这种激发方式可有效降低背景，提高峰/背比，降低检测限，改善分析灵敏度。如果这种晶体正好能使光管的靶线或某特定波长的衍射角为 90°，则这种靶便成为一种理想的偏振靶。

参考文献

[1] Jankins R，devries J L. Practical X-Ray Spectrometry：2nd Edition. London：Macmillan，1969.
[2] Bertin E P. Principles and Practice of X-Ray SpectrometricAnalysis：2nd Edition. New York：Plenum，1975.
[3] Tertian R，Vie Sage R. X-Ray Spectrom，1977，6.
[4] Tertian R. X-Ray Spectrom，1974，3.
[5] Lachance G R，Claisse F. Quantitative X-Ray Fluorescence Analysis：Theory and Application. New York：John Wiley & Son，1998.
[6] Tertian R，Claisse F. Principles of Quantitative X-Ray Fluorescence Analysis. London：Heyden，1989.
[7] James P Willis，Andrew R Duncan. Basic concepts and instrumentation of XRF Spectrometry. PANalytical B V Almelo，2010.
[8] James P Willis，Andrew R Duncan. Workshop on advanced XRF Spectrometry. Panalytical B V Almelo，2008.
[9] James P Wills，Andrew R Duncan. A practical guide with worked examples. PANalytical B V Almelo，2007.

第4章

X射线的色散

4.1 概述

鉴于 X 射线的波、粒二重性，样品中各组成元素发射的特征 X 射线既可以波长方式单色化，也可以能量方式单色化。因此，样品元素发射的特征 X 射线必须按波长或能量加以色散分光，才能实现样品的定性及定量分析。本章主要讨论特征 X 射线的色散分光。

4.2 波长色散

X 射线的波长色散，就是利用晶体的布拉格衍射原理，实现多种波长特征 X 射线的单色化。由样品各组成元素发射的特征 X 射线通过这种方式散布在空间不同方位上，并由探测器跟踪测量。关于 X 射线的布拉格衍射原理第 2 章已介绍，这里不予复述。X 射线的布拉格衍射是波长色散的工作基础，其数学表达式为：

$$n\lambda = 2d\sin\theta \tag{4.1}$$

式中，λ 为特征 X 射线的波长；θ 为衍射线与晶体表面的夹角；n 为衍射级别（$1,2,\cdots,n$ 的正整数）。

如图 4.1 所示，通过晶体的转动，探测器在空间不同方位（2θ）跟踪测量不同波长的特征谱线。特征线的波长（λ）不同，相应的衍射位置（2θ）不同；同一种波长（λ）的辐射，晶体的衍射级（n）不同，其衍射角不同；不同晶体对同一种波长（λ）的特征线衍射位置（2θ）不同。各种晶体由于晶面间距不同，其最佳的色散范围不同；同一晶体不同的晶面，适用的波长范围也不同。因此，应根据特征 X 射线的波长选择最适用的分光晶体。

晶体的布拉格衍射是波长色散的核心原理。分光晶体由沿某组特定晶面切割

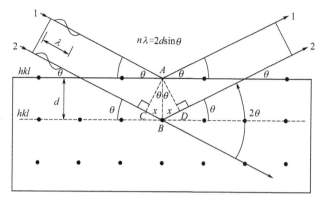

图 4.1　X 射线的布拉格晶体衍射定律

或解离的单晶薄片制成。这种晶体可加工成平面、弯曲的柱面或对数螺线曲面等形式。其作用类似于光学发射光谱仪中的光栅，能使样品发射的特征 X 射线按波长顺序色散成一组空间波谱。通过晶体与探测器按 θ 与 2θ 联动的特殊装置（测角仪）实现跟踪测量。每种单晶物质的特定晶面，具有不同的晶面指数（密勒指数 hkl）及晶面间距（d），适用于不同的波长范围。分光晶体既可用其化学名称表示，也可用其衍射晶面的密勒指数（hkl）表示，例如 LiF（200）或 LiF（220）等。波长色散光谱仪中使用的分光晶体必须符合如下要求：①特定的晶面间距（d）具有相应的波长适用范围；②在特定的波长范围内，具有适当的波长分辨率和衍射效率；③在 X 射线的长期辐照下，应具有良好的长期稳定性；④晶体随温度变化的线性热膨胀系数越小，越稳定；⑤具有良好的机械加工性能。

波长色散 X 射线荧光光谱仪使用的晶体色散装置可分为平面晶体（非聚焦）和弯曲晶体（聚焦）两类。平面晶体是波长色散光谱仪的基本色散装置。这种色散方式可分成布拉格-苏拉法、劳埃法、边晶法及双晶衍射法等。如图 4.2 所示的布拉格-苏拉（或称布拉格-布伦塔诺）法是波长色散光谱仪最常用的平晶色散装置。

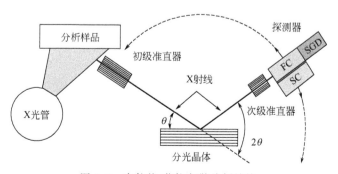

图 4.2　布拉格-苏拉色散几何结构

弯曲晶体色散装置中所用的晶体，可以是透射式或反射式晶体；其弯曲方式可以是柱面弯曲或对数螺线弯曲。如图 4.3 所示的全聚焦弯曲方式，对高度密集的短波特征谱线可实现高分辨色散，减少光谱的重叠影响，提高测量的准确度；对于长波低能光谱，全聚焦方式，可提高光谱强度，改善测定的灵敏度。对数螺线弯曲晶体色散装置是另一种特殊的半聚焦几何系统，其色散效果介于平晶与全聚焦弯晶间（如图 4.4 所示）。归纳起来，非聚焦的平面晶体色散方式，适用于大面积样品及扫描式光谱仪使用；半聚焦几何结构适用于大样品上的小选面分析或分辨率要求稍低的样品分析；全聚焦装置适用于微小面积元素的分布分析或微电子束及微离子束激发的光谱仪。

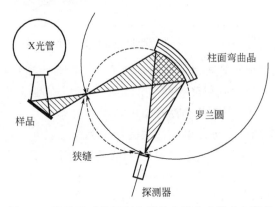

图 4.3　约翰逊式柱面弯曲晶体全聚焦色散几何结构

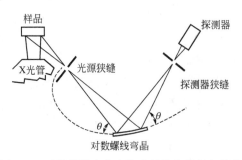

图 4.4　对数螺线弯曲半聚焦晶体色散几何结构

4.3　能量色散

所谓能量色散，就是通过适当的电子器件按能量顺序，将具有不同能量的特征 X 射线分解成单一能量的辐射，然后测定谱线的能量及强度进行定性及定量分析。能量色散方式是利用探测器的能量正比特性分辨各种能量不同的谱线，通过多道分析器将不同能量的光谱模拟信号转变成数字信号，储存在不同的能道内，由计数电路记录测量。探测器及多道脉冲高度分析器的组合成功取代了波长色散仪器中庞大的晶体色散装置，成为能量色散光谱仪的核心部件。为了说明 X

射线光谱的能量色散原理，这里以气体型探测器为例，简要论述探测器的能量正比特性。对于其他类型的探测器也具有类似的能量正比特性。

在气体型探测器中，气体原子吸收入射 X 射线光子产生光电离的过程称为初始光电离，所产生的电子称为光电子。由于气体原子的电离电位很低（仅为 30eV），入射光子的能量基本上完全变成初始光电子的动能。这种由入射光子引起的初始电子在其运行过程中，由于具有很高的能量，能与更多的中性原子碰撞产生正离子-电子对。初始光电子通过这种方式不断消耗其能量，直至能量耗尽。由电离产生的二次电子，其运动速度几乎为零，很容易复合。为此，在探测器的阳极与阴极间必须施加适当的电场，使正负离子分别向两极移动。当探测器的施加电压足够高时，二次电子获得更多能量，并在其运行路径中与更多中性原子碰撞，产生更多的离子-电子对，从而形成一次具有一定规模的"雪崩"式放电。每次放电在阳极上形成一个脉冲。由入射光子引起的每个光电子只引起一次"雪崩"，产生"雪崩"放电的次数基本上与初始离子对的数目相等。因此，在探测器输出端收集的电荷总数正比于入射光子的能量；所形成的脉冲幅度正比于入射光子的能量。每个入射光子引起的初始离子对的平均数应等于入射光子能量与气体原子有效电离电位 V_i 的比值：

$$n_0 = E_x / V_i \tag{4.2}$$

式中，n_0 为初始离子对的平均数；E_x 为入射 X 射线光子的能量，keV；V_i 为气体原子的电离电位，eV。探测气体的放大倍数应为：

$$\lg(G) \approx 1.3 \left(pi \frac{V}{V_i} \lg \frac{r_c}{r_a} \right)^{1/2} \left[\left(\frac{V}{V_c} \right)^{1/2} - 1 \right] \tag{4.3}$$

式中，p 为探测气体的压力（大气压）；i 为一大气压下电子的平均能量；V 为探测器的工作电压，V；V_c 是气体具有放大作用时的临界电压，V；V_i 是探测气体的电离电位，eV；r_a 和 r_c 分别为阳极丝及阴极圆筒的半径。这里必须指出，即使一束严格单色化的入射 X 射线，由每个光子产生的初始离子对的数目仍然呈现一种高斯分布的统计状态，其平均值为 $\bar{n}$，偏差为 $\sqrt{n}$。

闪烁探测器及能量色散探测器如锂漂移硅 [Si(Li)]、锂漂移锗 [Ge(Li)]，高纯 Ge 探测器以及以帕尔贴（Peltier）效应为基础的电冷式 Si-PIN、硅漂移探测器（SDD）等，与气体型正比计数器一样，既具有光电转换功能，又具有分辨不同能量的正比特性。因此，在能量色散光谱仪中，无晶体分光系统，探测器同时接受所有元素发射的光子信号经光电转换，将不能直接测量的光信号转变成可以测量的脉冲信号，通过多道分析器的模/数转换，储存在不同的能道内，最终通过计算机及相关软件达到定性与定量分析的目的。能量色散探测器与闪烁及正比探测器不同，具有较高的能量分辨率，表 4.1 表示常用半导体探测器分辨率的比较。

表 4.1　常用半导体探测器分辨率的比较

探测器	冷却方式	分辨率/eV
Si(Li)	液氮冷却	150～155
Si(Li)	帕尔帖效应	165～195
本征 Si	帕尔帖效应	200～250

　　多道脉冲幅度分析器简称多道分析器，其作用是通过 A/D 转换将待测的脉冲模拟信号转换成计算机能识别与其幅度对应的数字信号（即道址），储存在与道址对应的能道内。多道分析器的工作原理是，A/D 转换器将被测量的脉冲幅度分布平分成若干（2^n）个幅度间隔，把模拟的脉冲信号转换成与其幅度对应的数字（即称为道址）。在存储器内开辟一个数据区和两个寄存器，其中一个为道址寄存器，另一个为记录道址计数的计数器。控制器每接收一个道址，便使道址计数器加 1，经过一定时间的累积，即可得到描绘脉冲幅度分布的数据，即能谱信息。这里提到的幅度间隔个数，就是多道分析器的道数。概括起来，多道分析器将不同幅度的脉冲模拟信号转换成相应的数字信号。经转换的每个数字信号代表一个能道的地址，以能道地址作为存储器的地址码来记录脉冲数，各能道地址中的计数即可用于描述脉冲幅度分布的真实情况。由于脉冲幅度的大小表征各元素特征辐射的能量，理论上一种能量的辐射形成的脉冲幅度是严格一致的，但由于大量事件的统计起伏，每种能量对应的脉冲幅度略有变动。因此，每种元素特征辐射形成的脉冲幅度呈现一种统计分布。通过多道分析器可获得各元素特征辐射的能量分布。多道分析器主要应用于能量色散光谱仪。波长色散光谱仪所使用的脉冲高度分析器也具有类似的功能。

　　探测器及多道分析器是能量色散光谱仪的色散器件。定性分析时，每一组峰或脉冲高度分布代表一种元素的特征 X 射线。特征谱线光子形成的脉冲幅度分布表示光谱强度随特征线光子能量的统计分布。波长色散光谱中，探测器每次只跟踪探测一种波长或能量的谱线。脉冲高度分布的峰位与射入探测器的 X 射线光子的能量成正比。原则上，脉冲幅度分布的峰位就表示样品中某元素的光谱信息，峰位强度的高低表示样品中某元素浓度的高低。在能量色散光谱仪中，探测器与样品间无任何其他色散器件，可同时接收样品发射的所有 X 射线光子。使用特殊的能量探测器可探测 Na～Ba 间各元素的 K 系特征谱线及所有重元素的 L 系特征谱线。能量色散光谱法常用的半导体探测器具有能量分辨率高、线性响应良好及稳定可靠等特点。因此，在高能范围，能量分辨率优于波长色散；但在 20keV 以下的低能范围，波长色散法的分辨率仍明显优于能量色散。

4.4　非色散

　　所谓非色散，就是既不按特征 X 射线的波长，也不按其能量进行光谱色散，而采用诸如电压鉴别、单色激发及差分激发等特殊方式鉴别不同元素发射的特征 X 射线。在非色散光谱法中，通常采用选择激发和选择滤波两种方法分辨不同元素的特征 X 射线。

（1）选择激发　电压鉴别、单色激发或差分激发等激发方式的作用在于定向选择分析元素特征线的最佳激发条件，排除或降低其他元素特征线的激发效率。采用电压鉴别方式时，X 光管的工作电压应低于干扰元素或其他基体元素的临界激发电位，而稍高于分析线的激发电位，使分析元素的特征 X 射线获得最佳激发，而抑制其他基体元素的激发；采用单色激发时，首先用 X 光管的初级辐射激发波长位于分析元素吸收限短波侧的二次靶的最强线，以此作为分析元素的最佳激发源。这种激发方式在三维偏振能量色散光谱中广泛采用。使用二次靶的靶线激发分析元素时，由于偏振作用，X 光管初级辐射在光路中先后经两次反射抑制散射的发生，从而降低了散射背景，大幅度提高谱线的峰背比。图 4.5 中显示了选择激发的三种不同配置方法及多组分样品的分析实例。图 4.5（a）所示的几何配置适用于测定分析线波长较其他所有基体元素光谱线都长的元素，二次靶的最强线波长正好位于分析元素吸收限的短波侧，对该分析元素产生最佳激发；图 4.5（b）所示的几何配置适用于测量分析线波长较其他基体元素光谱波长短的元素，在这种情况下，初级辐射首先激发样品，用分析元素的辐射激发二次靶。因此，二次靶靶线的强度就是样品中波长最短的分析线强度的度量；图 4.5（c）所示的几何配置是图 4.5（a）、（b）的组合。这种配置适用于测量具有中等波长特征线的元素或吸收限波长较长的元素。初级辐射首先激发第一个二次靶，以其靶线激发样品中的分析元素或吸收限波长较长的元素；用样品中波长最短的谱线激发第二个二次靶，靶线的光谱强度就是样品中中等波长分析元素谱线强度的量度。以不锈钢中的铬、铁、镍 K 系光谱为例，说明三种元素选择激发的实例：$Cr(\lambda_{Kabs}=2.070\text{Å}; \lambda_{K\alpha}=2.291\text{Å})>Fe(\lambda_{Kabs}=1.743\text{Å}; \lambda_{K\alpha}=1.937\text{Å})>Ni(\lambda_{Kabs}=1.488\text{Å}; \lambda_{K\alpha}=1.659\text{Å})$。使用图 4.5（a）的配置，以 Fe 作为二次靶，测量 Cr。

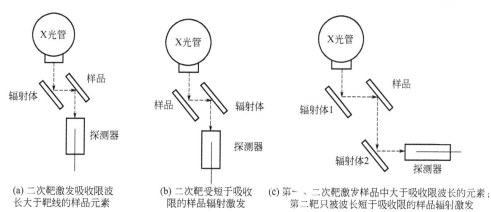

(a) 二次靶激发吸收限波长大于靶线的样品元素　(b) 二次靶受短于吸收限的样品辐射激发　(c) 第一、二次靶激发样品中大于吸收限波长的元素；第二靶只被波长短于吸收限的样品辐射激发

图 4.5　二次荧光靶激发源

初级辐射首先激发二次靶 Fe，用 FeKα 激发 Cr，但不能激发 Ni；用图 4.5（b）的配置时，以 Fe 作为二次靶，测量 Ni。样品中由初级辐射激发的 NiKα 激发二次靶的 FeKα，但样品中发射的 CrKα 不能激发 FeKα，因此 FeKα 的强度即为样品中 Ni 含量的量度；用图 4.5（c）的配置并分别以 Ni 和 Cr 为第一、第二（二次）靶，测量 Fe。用第一靶中的 NiKα 辐射激发样品中的 CrKα 和 FeKα，但只有 FeKα 辐射能激发第二靶中的 CrKα，因此第二靶 CrKα 的强度，即为样品中 Fe 元素浓度的量度。

（2）选择滤波法　有很多方法可从由各种波长或能量组成的多色辐射中分离出一种特定波长或能量，滤波法就是其中的一种方法（如图 4.6 所示）。具有特定滤波功能的滤波材料及厚度的选择主要取决于：①对干扰线的衰减效果；②衰减后待测元素光谱强度的高低；③由滤波材料引起的背景强度高低。图 4.6 表示三种常用的滤波几何配置。图 4.6（a）所示的是一种简单的滤波装置，滤波材料由某元素的薄膜制成，该元素的 K 系吸收限或 L_{III} 吸收限波长正好位于待测元素分析线波长 λ_2 的短波侧，因此，滤波片对待测元素的分析线吸收极低，但对位于其吸收限短波侧的所有谱线如 λ_1 产生强烈吸收。这种滤波方法对滤掉吸收限短波侧的谱线十分有效，但不能滤掉波长大于滤片吸收限的其他谱线。例如分析黄铜中的铜时，使用 24μm 厚的镍滤光片（$\lambda_{\text{Kabs}}=1.49\text{Å}$）能完全滤掉 ZnKα 线（$\lambda=1.44\text{Å}$），滤去 65% CuKα 的强度；分析钽钨合金时，使用 20μm 厚的镍滤光片，能滤掉 98% 的 $\text{WL}\alpha_1$（$\lambda=1.48\text{Å}$）光谱强度，而 $\text{TaL}\alpha_1$（$\lambda=1.522\text{Å}$）大约能保留 44% 的谱线强度。图 4.6（b）所示的平衡滤光装置，由两种滤光片（Z 和 Z-1）组成，所用的滤光材料为两相邻元素。待测元素分析线的波长位于两种滤光材料吸收限的中间。例如用镍（$\lambda_{\text{Kabs}}=1.49\text{Å}$）和钴（$\lambda_{\text{Kabs}}=1.61\text{Å}$）两种材料作为衡消滤光片，测量 CuKα（$\lambda=1.54\text{Å}$）时，适当调整两滤光片的厚度，除两吸收限间的波长外，对其他所有波长具有相同的透射强度。首先将第一滤光片置于 X 射线光路中，测量特征 X 射线谱线的强度。然后将第二滤片置于 X 射线光路中，测量强度。两强度差即为两吸收限间待测元素 CuKα 线所贡献。

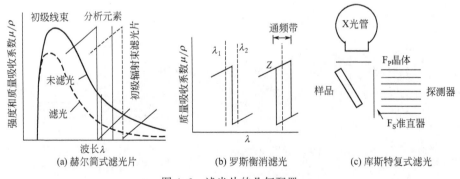

图 4.6　滤光片的几何配置

图 4.6（c）所示的滤波法，使用的滤片是一种薄膜，其 K 吸收限或 $L_{Ⅲ}$ 吸收限波长位于分析线波长的长波侧，对分析线产生很强的吸收。滤片置于入射光路 F_P 位置时测量分析线强度；然后滤片置于二次光路 F_S 处，测量分析线强度。二次测量到达探测器的散射背景相等，但在第二次测量中分析线强度大幅降低。两次测量的强度差即为分析线的强度。

参考文献

[1] Bertin E P. Principles and Practice of X-Ray Spectrometric Analysis：2nd ed. New York：Plenum，1975.
[2] Birks L S. X-Ray Spectrochemical Analysis：2nd ed. New York：Interscience，1969.
[3] Buhrke V E，Jenkins R，Smith D K. Preparation of specimens for X-ray fluorescence and X-ray diffraction analysis New York：Wiley-VCH，1998.
[4] Cauchois T，Senemaud C. International tables of selected constants：18. Wavelengths of X-ray emission lines and absorption edges. Oxford：Pergamon Press，1978：67.
[5] Fitzgerald R，Gantzel P. Energy Dispersion X-Ray Analysis：X-Ray and Electron Probe Analysis ASTM Spec Techn Pub 485. Philadelphia ASTM，1971.
[6] Jenkins R. An Introduction to X-Ray Spectrometry. London：Heyden，1974.
[7] Jenkins R，De Vries J L. Practical X-Ray Spectrometry. 2nd ed. New York：Springer-Verlag，1967.
[8] Jenkins R，Gould R W，Gedcke D. Quantitative X-Ray Spectrometry. 2nd ed. New York：Marcel Dekker，1995.
[9] Tertian R，Claisse F. Principles of Quantitative X-Ray Fluorescence Analysis. London：Heyden，1982.
[10] Birks L S. X 射线光谱分析. 高新华，译. 北京：冶金工业出版社，1973.
[11] 谢忠信，赵宗玲，陈远盘，等. X 射线光谱分析. 北京：科学出版社，1982.
[12] Bertin E P. X 射线光谱分析的原理和应用. 李瑞成，鲍永夫，吴效林译. 北京：国防工业出版社，1983.
[13] JJG 810—1993 波长色散 X 射线荧光光谱仪 [S]. 北京：中国计量出版社，1993.

第5章
X射线的探测

5.1 概述

X射线的探测,就是将不能直接测量的X射线光子信号转变成可测电脉冲信号的过程。这一过程是X射线荧光光谱分析的重要环节。X射线探测器是一种基于光电效应,将不可直接测量的光信号转换成可测信号的器件。能量低于1MeV的X射线光子与物质相互作用时,可能经历光电吸收、相干散射及非相干散射等过程;能量低于50keV的X射线光子与物质作用时,主要经历光电吸收,使中性原子产生常规电离。入射光子使原子外层轨道电子摆脱原子核的结合能后,将剩余的能量全部转变为该光电子的动能,并在其运动过程中消耗所获得的能量。如在照相底板的乳胶层中,光电子经历复杂的电化学作用,使卤化银还原成单质的银颗粒;在磷光体中光电子以激发可见光或紫外线的方式消耗其能量;在气体型探测器中,光电子迫使更多气体原子发生常规电离,形成正负离子对;在固体探测器中,入射光子引起的光电子迫使电子从价带进入导带,形成更多的电子-空穴对等。能量色散光谱仪中,探测器是样品元素特征谱线的色散分光器件,依据探测器的能量正比特性,精确分辨不同能量的特征X射线光子。探测器与多道分析器组合构成能量色散光谱仪的色散分光系统。

与波长色散不同,能量色散光谱仪常用锂漂移硅[Si(Li)]、锂漂移锗[Ge(Li)]、高纯Ge探测器及基于珀尔贴(Peltier)效应的Si-PIN和硅漂移探测器(SDD)等高分辨探测器进行色散分光。温差电冷式半导体探测器,由于不用液氮制冷而得到广泛应用。波长色散光谱仪主要使用气体型正比计数器、闪烁计数器及封闭计数器等探测器,其能量分辨率比较低。能量色散光谱仪使用的探测器通常是一种宽范围探测器件,适用的能量范围宽,计数效率高。X射线探测器无论其类型如何,均具有两个重要特性:①光电转换特性,即通过特殊的放电过程将不可测量的光子信号转变成可以测量的电(脉冲)信号;②探测器输出的脉冲幅度与入射光子的能量成正比,称为探测器的正比特性。这使探测器具有识别不同能量的作用。

5.2 气体正比型探测器

气体型探测器由阴极(金属圆筒)、阳极丝、密封窗口、探测气体(惰性气体)、出入气口及阳极绝缘体等部分构成。按其操作电压可分成电离室、盖革计数器及正比计数器等类型;按充气方式可分为封闭式与流气式两类;按窗口位置分为端窗、侧窗及复合型等类别。

气体型探测器的工作类型决定于所施加的操作电压。充气型探测器中入射X射线光子穿过激活区时受气体原子的吸收产生常规电离,入射光子将其剩余能量转移给所产生的光电子。该光电子在运行过程中使更多气体原子电离形成正离子-电子对,直至其能量耗尽为止。探测器阳极的施加电压决定正离子及电子的行为。入射光子引起的初始光电子,在电场作用下高速运行,促使更多气体原子电离。每引起一对正负离子,在阳极上将收集 n 个电子,这种作用称为探测气体的放大作用,其放大倍数或增益 G 由公式确定:

$$G = n/n_0 = n\frac{V_i}{E_x} \tag{5.1}$$

式中,n 表示由光电子引起气体放电时产生的电子数;n_0 表示入射光子引起的初始光电子数;V_i 表示探测气体的电离电位,eV;E_x 表示入射光子的能量。从图 5.1 所示的探测器气体放大倍数 G 与施加电压的函数关系可见,探测器的施加电压不同,气体的放大作用出现几种不同的区域:

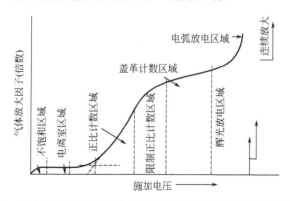

图 5.1 充气型探测器中气体的放大倍数与施加电压间的函数关系

(1)当探测器施加电压为零时,探测器内入射光子引起的初始正离子-电子对很快复合,阳极上无电荷收集。

(2)当探测器施加电压很低时,电离产生的电子在到达阳极前大多与正离子复合,仅有很少部分电子到达阳极。此时,气体的放大倍数远小于1。随电压的增大,电子的动能增大,到达阳极的电子数不断增多。这一电压范围称为探测器的未饱和区。

(3) 当探测器电压增大到能使电离产生的所有电子到达阳极并被完全收集,但这些电子在运行时尚无引起二次电离的能力。气体的放大倍数仅等于1,这一电压范围称为电离室。电离室对入射光子的能量高低无任何分辨能力。这一区域对X射线荧光分析无任何实用意义。

(4) 入射光子引起的初始电离中,电子在电场的作用下不断加速,当到达阳极时开始具有触发二次电离的能力,气体开始具有放大作用,与此对应的电压称为探测器的临界电压。如图5.1所示,当电压继续上升,初始电离形成的电子在其运动路径中能使更多原子发生电离。放大曲线直线部分与电离室延长线交点处的电压就是探测器的临界电压。该电压范围称为探测器的过渡区。在过渡区中探测器电压足以引起缓慢的雪崩,但仍无实用意义。

(5) 当探测器电压足够高,能使激活区阳极丝附近发生明显的雪崩现象时,气体的放大倍数高达 $10^2 \sim 10^6$。一般来说,由X射线光子引起的每个光电子只发生一次雪崩,各次雪崩间不产生相互影响。雪崩的数目基本上与入射光子引起的初始电离对的数目相等。产生的所有电子均被阳极接收,阳极丝最终收集的总电荷数与入射光子的能量成正比。这一电压范围称为正比计数区。正比计数区的气体放大倍数可由表达式确定:

$$\lg G \approx 1.3 \left(pi \frac{V}{V_i} \lg \frac{r_c}{r_a} \right)^{1/2} \left[\left(\frac{V}{V_c} \right)^{1/2} - 1 \right] \tag{5.2}$$

式中,p 表示探测器充气压力,atm;i 表示 1atm(1atm=101325Pa)下电子的平均电离本领;V 表示探测器的施加电压,V;V_c 表示探测气体开始具有放大作用时的临界电压,V;V_i 表示探测气体的电离电位,eV;r_a 和 r_c 分别表示阳极丝及阴极圆筒的半径。正比计数区的另一特点是由于电子在探测器中的迁移率约为正离子的 10^3 倍,在正离子远离阳极前,电子早已到达阳极并被收集。因此,在阳极丝附近负电荷逐步耗尽,围绕阳极丝迅速形成一正离子空间电荷鞘(简称正离子套),从而限制电荷的堆积,也就是限制了探测器输出的脉冲幅度;图5.2表示正比计数区内的基本结构及电场分布。从图可见,正比计数区中阳极丝附近的电场最强,气体放大作用主要发生在这里。在电场作用下正离子向阴极漂移,电子向阳极移动。负载电阻 R 与探测器的分布电容 C_0 决定探测器输出脉冲的后沿;输出脉冲的上升时间主要由电离及

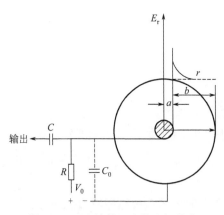

图5.2 正比计数区内的电场分布

气体的放大过程决定。正比计数器输出脉冲的幅度由式（5.3）确定：

$$V = \frac{MN_0}{C_0} \tag{5.3}$$

式中，C_0 为探测器的分布电容，分布电容 C_0 的大小与阳极丝的直径相关，阳极丝越粗，C_0 越大；M 为气体放大倍数，对于特定的探测器，当外加电压一定时 M 为常数；N_0 为初始电离对数，与入射线光子的能量成正比。因此，输出脉冲的幅度 V 与入射光子的能量成正比。为获得稳定的电场分布，阳极丝直径与阴极圆筒直径间的配比必须适当。

（6）当探测器的施加电压进一步升高时，雪崩过程变得更加激烈，单位体积内雪崩的数量激增且雪崩间开始相互影响，雪崩区域由阳极丝向外扩展，探测器的正比特性开始恶化，低幅度脉冲的放大倍数高于高幅度脉冲的放大倍数。探测器电压的升高严重影响气体的放大倍数。这一电压范围称为探测器的限制正比区，与过渡区一样对 X 射线光子的探测无实用价值。

（7）当探测器施加电压继续升高，激活区发生的雪崩极其激烈，所产生的正离子及中性原子均受激发。电子猛烈轰击阳极，并发射大量二次电子及低能 X 射线。阳极受正离子轰击发射电子引起新的雪崩。激活区内引发的紫外线也触发光电离。在这一区域内初始电离一旦发生，整个激活区立即发生全面放电，探测器的正比特性完全消失，输出的脉冲幅度完全相同，约为正比区脉冲幅度的 10^3 倍。这一电压区称为盖革计数区，只起计数作用，无能量分辨作用。

（8）当探测器施加电压更高时，光子一旦进入激活区，立即产生猛烈的连续放电，无法猝灭。探测器可能在极短时间内损坏，这一区域称为辉光放电区。若再升高电压，阴极与阳极间发生电弧放电，阳极丝立即烧毁。这一电压范围称为连续放电区。

通常情况下，探测气体应与适量的有机气体如甲烷（CH_4）混合使用，其中有机气体的电离电位极低，具有明显的猝灭作用。这种混合气体的比例为 90% Ar + 10% CH_4，称为 P10 气体。甲烷是一种多原子分子，其电离电位比 Ar 原子的电离电位更低，是最合适的猝灭气体。因此，在探测器中猝灭气体率先用自身原子中的电子与探测气体的正离子中和，以其正离子取代探测气体的正离子，这种中和作用是一种不可逆反应。猝灭气体的正离子到达阴极时，不可能轰击阴极壁而发射二次电子及紫外线。而且猝灭气体能吸收阴极壁上由正离子引发的紫外线及二次电子。

工作于正比计数区的探测器称为气体正比计数器或气体正比探测器。其特点是：①探测器每吸收一个入射光子就输出一个电流脉冲；②一组严格单色的入射光子所引起的正负离子对的数量呈现一种绕其平均值的正态分布；③探测器输出的脉冲幅度也呈现一种正态分布。输出脉冲的平均幅度正比于入射光子的能量。这一特性称为气体型探测器的正比特性。

X射线光子通过窗口进入探测器,使探测气体(Ar)电离形成初始离子对。一般情况下,这种离子对有两种运动趋向:一种是离子由高密度向低密度方向扩散;另一种是正离子与电子复合成中性原子。当探测器阳极与阴极间施加电压时,正负离子在电场作用下分别向阴阳两极加速,其中电子向阳极加速并使更多的气体原子电离,形成大量正负离子对,最后在阳极收集大量电子,通过电容的充放电形成一个电流脉冲,并通过放大电路的放大,变成一个可以测量的脉冲信号。这一过程称为探测器的光电转换。每个入射光子都必须经历这样的过程。不同能量的入射光子经探测器后将输出不同幅度的脉冲。这种气体正比探测器不仅具有光电转换功能,而且能区分能量不同的X射线光子。图5.3表示气体正比探测器的简单结构。

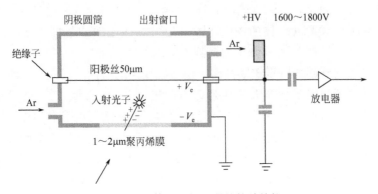

图5.3 气体正比探测器的简单结构

在气体型正比探测器的激活区中,存在五种放电过程。为讨论方便,假定每种放电过程只出现一种现象。这五种放电现象分别是:①入射光子进入探测器,穿透激活区时未被气体原子吸收,探测器不产生脉冲信号,无输出。②气体原子吸收入射光子,产生外层电离形成正负离子对,并在电场作用下发生雪崩式放电。探测器输出一组平均幅度与入射光子能量成正比的脉冲。③当入射光子的能量高于气体原子氩(Ar)的K层结合能(3keV)时,气体原子受入射光子的激发,产生内层光电离并发射气体原子氩的K系特征X射线光子(ArKα)且逸出探测器激活区。探测器输出一组幅度正比于入射光子与氩气光子(ArKα)能量差的脉冲幅度分布,称为探测器的逃逸峰。④当探测器产生的气体光子(ArKα)引起其他中性氩原子电离时,其光电子在运行过程中使更多中性气体原子电离形成正-负离子对,此时探测器输出一组平均幅度正比于入射光子能量的脉冲幅度分布。⑤产生的氩原子K系光子(ArKα)在离开自身原子前受高层电子吸收引起俄歇效应并发射俄歇电子及伴线。此时入射光子、俄歇电子及伴线光子使氩原子产生常规电离,并输出一组幅度与入射光子能量成正比的脉冲幅度分布。图5.4表示气体型探测器激活区出现的五种放电现象。对于侧窗式探测器,通常设置两个相对的窗口,其目的是:①使激活区中未被吸收的高能光子通过出口窗离开探测器,防止产生次级荧光及光电子;②使用薄窗口探测器探测长波 X 射线时便于短波 X 射线离开低能探测器,进入高能探测器进行光电转换。侧窗式探测器的缺点是激活区中 X 射线光子运行的光程较短,影响光电转换效果。为此,探测气体必须具有较高的吸收能力,使入射光子能获得充分的吸收。

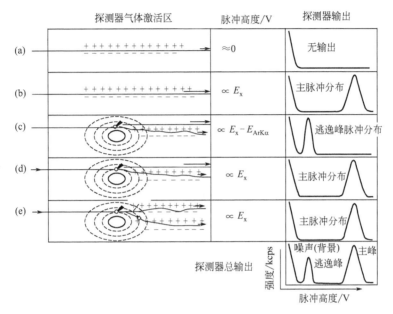

图 5.4 充气型探测器的激活区中发生的五种放电现象

(a) 无脉冲信号输出;(b) 入射光子形成正常的脉冲分布(光子峰);(c) 入射光子激发探测气体产生逃逸峰脉冲分布;(d) 探测气体光子引起的初始光电子在电场作用下使其他气体原子产生常规电离,形成正常的脉冲分布输出;(e) 探测气体光子,在离开自身原子时引发的俄歇电子使其他气体原子发生常规电离,形成正常的脉冲分布输出

概括而言,正比计数器的输出是由一系列幅度随时间随机分布的电流脉冲组成。探测器吸收一个入射光子就产生一个输出脉冲。此外,还会产生一系列低幅度噪声脉冲。当入射的单色 X 射线光子能量低于探测气体的吸收限能量时,探测器仅输出单一的脉冲幅度分布,其平均幅度正比于入射光子的能量;当入射的单色 X 射线光子的能量高于探测气体的临界吸收能时,探测器的输出可能包含两组幅度不同的脉冲幅度分布;由入射光子引起气体原子常规电离形成的脉冲分布,其平均幅度正比于入射光子的能量,称为光子峰;由入射光子激发产生的气体光子逃逸形成的脉冲分布,其平均幅度正比于入射光子与探测气体光子的能量差,这组脉冲分布称为探测气体的逃逸峰。如果射入探测器的 X 射线光子不是单一的能量,则探测器的输出将包括各种不同能量的脉冲幅度分布(光子峰)和由探测气体光发射引起的逃逸峰。此时,某种元素的分析线光子峰可能与另一种元素的光子峰或逃逸峰发生干扰。表 5.1 列出了几种常用探测气体的 K 系荧光产额 ω_K。

表 5.1　几种常用探测气体的 K 系荧光产额

惰性气体	K 吸收限波长/Å	K 激发电位/keV	K 系荧光产额 ω_K
Ne	14.170	0.874	0.008
Ar	3.871	3.203	0.097
Kr	0.866	14.323	0.629
Xe	0.358	34.579	0.876

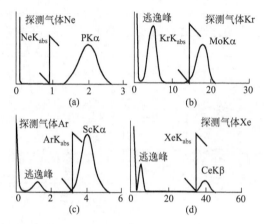

图 5.5　几种常用探测气体的 K 系荧光产额对光子峰
（PKα、MoKα、ScKα 及 CeKβ）和逃逸峰的影响

入射线的波长越接近探测气体吸收限短波侧，探测气体的荧光产额越高，逃逸峰相对主峰或光子峰的强度就越高。图 5.5 表示几种探测气体（氩、氪、氖及氙等）的 K 系荧光产额（ω）对光子峰（PKα、MoKα、ScKα 及 CeKβ 等入射光子）及逃逸峰强度的影响。显然，逃逸峰相对于主峰的强度随探测气体荧光产额的增加而提高。由图可见，探测气体氪（Kr）和氙（Xe）的逃逸峰比主峰还高。逃逸峰相对于主峰的位置随入射光子的能量而变，入射光子能量越高逃逸峰越接近主峰。以第四周期 K 至 Ni 间各元素的 K 系谱线为例，逃逸峰与主峰随原子序数增大、辐射能量的提高而距离变短。流气正比计数器具有若干种不同的窗口密封材料，对入射光子产生不同的透过率。这是影响探测灵敏度的重要因素。窗口材料的透射性能主要取决于材料的厚度及其化学组成。对于低能 X 射线，入射窗口的厚度必须很薄，但太薄容易漏气。因此，探测气体的流速必须大于空气的扩散速率，以确保探测器中探测气体的纯度。图 5.6 表示几种不同厚度的窗口材料对 X 射线透过率的影响。其中 1μm 厚的聚丙烯薄膜对 N、C、B、Be 等元素光谱的透过率分别为 80%、75%、70%、35%。透过率随薄膜厚度的增大而降低；化学名称为对二苯酸聚乙烯的薄膜（Mylar）由碳氢氧组成，对 X 射线的吸收比聚丙烯薄膜高，对各种元素 X 射线光谱的透过率比较低。另有一种聚碳酸

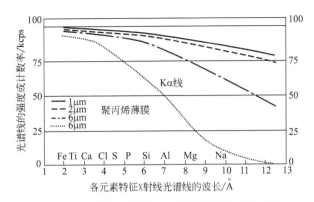

图 5.6　几种窗口材料对 X 射线的透过率的影响

酯薄膜,其性能介于 Mylar 膜和聚丙烯膜之间,兼有高透过率及强韧性等特点。封闭型探测器通常采用金属铍片、云母或特种玻璃等制成永久性密封窗口。流气式探测器用 $6\mu m$ 以下的有机质聚酯薄膜或聚丙烯薄膜作为密封窗口,但不能永久使用,必须经常更换。

环境温度或气压的变动会导致气体密度变化。标准实验室温度变动 3% 时,流气型探测器输出的脉冲幅度将发生大约 20% 的漂移;气体压力变动 7% 可能使脉冲幅度产生大约 40% 的漂移。温度及气体压力同时变动时可能起一

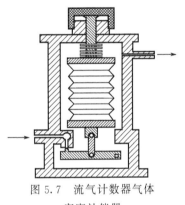

图 5.7　流气计数器气体密度补偿器

定的补偿作用。为使气体密度保持恒定,如图 5.7 所示,在气路中设置一气体密度稳定器,并严格控制光谱仪的机箱温度(波动 $\pm 0.5℃$)。

5.3　探测器的光电转换参数

现代 X 射线光谱仪中,X 射线测量系统由探测器、前置放大器、主放大器、脉冲处理器、多道分析器及计数电路等部分组成。波长色散及能量色散光谱仪使用的探测器具有许多共同特点。由于探测器及测量系统间的匹配问题,使探测器的性能受到一定的限制。例如探测器的线性计数范围远高于测量电路的线性范围。为合理选择探测器及计数电路的相关参数,对于探测器的光电转换、脉冲成形及处理等相关参数进行如下定义。

(1) 脉冲的上升时间　脉冲形成过程中自脉冲开始形成至满幅度 90% 所经历的时间称为脉冲的上升时间;图 5.8 表示从探测器前一脉冲开始至形成一正常幅度脉冲的时间关系,说明与脉冲形成过程相关的各种参数。

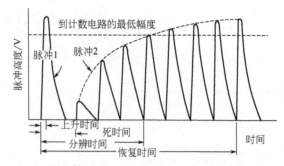

图 5.8 探测器前一脉冲与形成正常幅度脉冲的时间关系

(2) 探测器的死时间　从前一个脉冲形成正常幅度至第二个脉冲开始形成所经历的时间称为探测器的死时间。在这一段时间内，探测器对其他入射光子不发生任何响应。气体型探测器的死时间表示脉冲生成过程中阳极丝附近正离子套衰减到允许再次雪崩所经历的时间。正比计数器中的雪崩局限在阳极丝附近极窄的范围内，其正离子套衰减极快。闪烁计数器的死时间表示一次闪烁衰减所经历的时间。盖革计数器中的雪崩蔓延到探测器的整个激活区，其正离子套的衰减十分缓慢，死时间最长，约 $200\mu s$；正比计数器的死时间最短，大约为 $0.2\mu s$；闪烁计数器的死时间约为 $0.25\mu s$。探测器的死时间受 X 射线的强度、能量及计数电路的类型等因素影响。死时间一旦结束，探测器即对后续入射的光子发生响应，但形成的脉冲幅度很低。死时间结束延续的时间越长，探测器形成新的脉冲越接近正常幅度。实际上，死时间概念是对整个探测系统而言的，是指探测器探测一个光子，测量系统接受一个正常脉冲所经历的时间。在这一时间内探测系统对任何入射的光子都不发生响应。从测量一个正常脉冲开始至测量下一个正常脉冲前所持续的时间称为活时间。简单地说，死时间表示测量一个正常脉冲所花费的时间；活时间表示等待一个入射光子形成正常脉冲所需要的时间。

(3) 探测器的分辨时间　探测器的分辨时间表示，从第一个脉冲开始至探测器能形成足以启动计数电路的第二个脉冲所经历的时间，即两个脉冲均能被计数电路接受所持续的最短时间。在分辨时间内不计测其他光子的信号。

(4) 探测器的恢复时间　所谓恢复时间，是指从第一个脉冲开始到探测器形成第二个满幅度脉冲所持续的时间。概括地说，死时间结束后能产生第二个脉冲；分辨时间后能测量第二个脉冲；恢复时间之后第二个脉冲到达正常幅度。

(5) 探测器的线性计数范围　探测器的线性计数范围表示单位时间内入射的光子数与探测器输出的可计测脉冲数间的线性变化范围。如图 5.9 所示，在高计数率情况下，探测器输出的脉冲数与输入光子数的线性关系会发生偏离，其中以充气正比计数器的偏离最小。

(6) 计数率的符合损失（漏计）　是指跟随前一个入射光子后提前到达探测器未被计测的光子。图 5.9 中的非线性部分就是由符合损失引起的。在高计数率

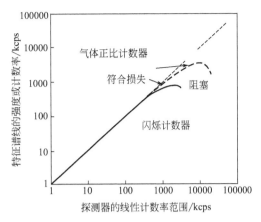

图 5.9　常用 X 射线探测器的线性计数范围及计数率符合损失

情况下，当光子到达探测器的速率超过探测器的分辨时间时，计数率就可能由于死时间影响而导致这种符合损失。这种损失可通过数学公式加以修正：

$$I_{真值}=I_{测量值}/(1-I_{测量值}T_R) \tag{5.4}$$

式中，$I_{真值}$ 和 $I_{测量值}$ 分别表示真实强度和测量强度，kcps；T_R 表示探测器的分辨时间，s。该公式适用于修正分析线的峰值强度而不宜修正积分强度，由于累积强度的变动，相应的符合损失也变动，无法获得准确的校正结果。如果气体正比计数器的分辨时间为 1μs，在每个脉冲开始计测的 1μs 时间内，探测器不再计测入射的另一个光子。当入射强度为 10000 计数/s 时，探测器的无效时间应为：$10^4 \times (1 \times 10^{-6}) = 0.01$s，因此，探测器漏计了 1% 的入射光子。当计数率低于 10000 计数/s 时，计数的符合损失可忽略不计。在修正计数率的符合损失时，必须考虑探测器测量系统的综合死时间。由 X 射线强度增大导致实际强度下降的现象称为探测器的阻塞。这种堵塞现象实际上是由于脉冲形成过程中死时间无限加长所致。当第一脉冲的死时间刚结束立即开始第二脉冲的形成过程时，由于第二脉冲的幅度过小未被计测，导致第一脉冲的死时间加长。入射强度越高，产生小幅度脉冲的数量越多。当强度过高时，会使所有脉冲的幅度变小而不被计测。死时间无限加长即导致探测器完全阻塞，脉冲幅度分布的峰形产生分裂。

(7) 探测器的坪特性　入射强度随探测器电压变化出现计数率恒定的平台现象，称为探测器的坪特性。这种平台具有一定的宽度。图 5.10 中 a 曲线表示一束强度恒定的单色 X 射线射入探测器时，在放大器增益及脉冲高度分析器的基线均保持不变的条件下，计数率随探测器工作电压的变化曲线。从起始电压开始，计数率随电压升高迅速增大；从临界（阈值）电压开始计数率随电压升高呈恒定状态；当电压升至放电电位时，探测器输出的脉冲计数率升始急增。从阈值电压至放电电位的电压变动范围，称为探测器的平台。探测器通常选择平台区中

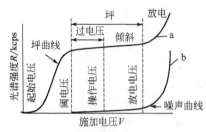

图 5.10 X 射线探测器的电压坪特性曲线及噪声曲线

心附近的电压作为工作电压。临界（阈值）电压与工作电压的间隔称为过电压；探测器的平台区随放大器增益的提高、脉冲高度分析器基线的下降和入射线波长的变短，向低电压方向移动。坪特性曲线的斜率及平台区的长度是鉴别探测器工作状态的重要参数。所谓坪特性曲线的斜率，就是平台区中点的计数率随探测器电压的变化率，以每伏计数率的变化表示或以每伏计数率变化的百分数表示。随着探测器使用时间的延长或探测气体质量的变动，平台的斜率增大，平台长度变短。从坪特性曲线可见，探测器在无 X 射线照射时测得的强度称为探测器的固有噪声或本底。

5.4 闪烁计数器

闪烁计数器是由铊激活的碘化钠 [NaI(Tl)] 闪烁晶体和光电倍增管组成。入射光子通过铍窗射入闪烁晶体，激发出一群可见光子并通过光电倍增管的光阴极和倍增极激发与放大，在阳极上收集大量二次电子，经电容及电阻的充放电形成电流脉冲。闪烁计数器是以固体放电为基础的光电转换装置，通过固体放电使不能直接测量的光子信号转变成可以测量的电流脉冲。图 5.11 显示闪烁计数器的简单结构及工作原理。闪烁计数器使用的闪烁晶体应具有以下特点：①对入射的 X 射线光子具有强吸收能力；②入射光子被高效转换成可见光；③可见光的光谱响应与光电倍增管的光谱响应必须一致；④闪烁晶体应具有良好的光学清晰度，对自身引起的可见荧光高度透明。铊激活的碘化钠晶体 [NaI(Tl)] 基本上能满足上述要求。闪烁晶体对其适用范围的光子具有很高的吸收能力，产生逃逸峰的可能性极小，即使产生逃逸峰，也都出现在该探测器适用的能量范围之外。闪烁计数器采用的光电倍增管由一密封在真空管内的光阴极、发射二次电子的倍增极及阳极组成，通过底座与外电路连接。倍增极具有收集与发射二次电子的功能。光电倍增管的光阴极受闪烁光的照射发射出光电子并通过倍增极放大，光电倍增管的阳极收集大量二次电子，最终形成脉冲输出。光电倍增管的放大倍数用电子倍增系数 G 表示：

$$G = K\sigma^n \tag{5.5}$$

式中，K 为第一倍增极收集的光电子数，其收集效率约为 90%；σ 为光电倍增管次阴极的二次电子发射效率，相当于一个入射电子在次阴极上引起的二次电子数（3~6）；n 为光电倍增管倍增极的级数（14 级）；G 为光电倍增管的放大倍数或增益，其值为 $0.9 \times (10^4 \sim 10^6)$。尽管光电倍增管的光阴极封闭在黑体

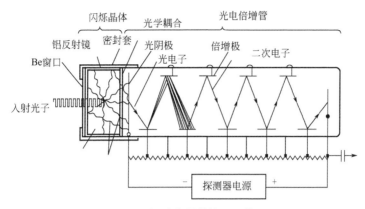

图 5.11 闪烁计数器结构及工作原理

中,但仍然会产生低电流输出,引起这种暗电流的原因有:①光阴极的热发射;②宇宙射线;③残余气体的电离;④绝缘体漏电等。降低光电倍增管暗电流的方法有:①选择低噪声光电倍增管;②降低操作电压;③冷却管座,减少分压器的发热量;④采用符合电路。入射光子进入闪烁计数器激发碘化钠晶体产生光电子,并将其能量转移给光电子。该光电子在产生可见光的过程中耗尽其能量。每个入射光子引起的可见光子数与入射光子的能量成正比。因此,闪烁计数器输出脉冲的平均幅度与入射光子的能量成正比。与气体正比计数器一样,闪烁计数器不仅具有光电转换作用,而且具有分辨能量高低的正比特性。当入射 X 射线的波长位于碘化钠晶体中碘的 K 吸收限短波侧时,它将激发 IKα 光子并逸出闪烁晶体,产生逃逸峰。因此,当入射线的波长短于碘的 K 吸收限波长时,闪烁计数器除输出一个与入射光子能量成正比的脉冲高度分布外,还会出现一个碘 K 系荧光逃逸峰的脉冲高度分布。入射波长越靠近碘的 K 吸收限短波侧,逃逸峰相对于主峰的强度越高。由于碘的 K 吸收限波长为 0.37Å,仅 57 号稀土元素 La 以上元素的 K 系线附近才出现这种逃逸峰。碘的 $L_{Ⅲ}$ 吸收限波长为 2.7Å,其 L 线的波长大于 3Å,均在闪烁计数器正常工作的波长极限以外,故可以认为在闪烁计数器中不存在逃逸峰的问题。

5.5 固体探测器

波长色散光谱仪的综合分辨率决定于分光晶体光学系统的空间分辨率和探测器的能量分辨率,分光晶体及光路器件的分辨率起主要作用。能量色散 X 射线光谱仪的分辨率仅取决于探测器。能量色散探测器具有能量分辨率高、适用的能量范围宽及多元素同时测定等优点,在某些特殊应用中它具有不可取代的作用。以下概述几种固体探测器的简单原理及特点。

5.5.1 锂漂移硅［Si（Li）］探测器

半导体是一种导电性能很差的材料，用这种材料作为辐射的探测器是基于辐射的光电吸收原理，由于电离使半导体材料瞬时导电而形成脉冲输出。导电是物体中电子在外电场作用下定向运动的结果，由于电场的作用，电子的运动速度和能量发生变化，从一个能级跃迁到另一能级。被电子占满的能级称为满带。尽管外电场的作用存在，满带中的电子并不流动，对导电不产生贡献，这种能级也称价带。在填充部分电子的能级中，电子在外电场的作用下，吸收能量跃迁到未占满的能级，形成电流，这种能级称为导带；满带与导带间的禁区称为禁带。半导体与绝缘体的差别在于禁带的宽度不同，半导体的禁带宽度较窄，绝缘体的禁带较宽。通常半导体的满带完全被电子占满，导带中不存在电子。当温度升高或受光辐照时，满带中的少量电子获得能量而跃迁到导带，并在外电场的作用下与满带中的空穴同时参与导电。理想情况下本征型半导体不含杂质，导带上的电子数与满带上的空穴数严格相等（$n=p$）。

高纯硅或锗形成本征型半导体十分困难。若使锂（Li）原子扩散到单晶硅或锗中替代其杂质，即形成一种本征型或高电阻率半导体（即 i 型硅或锗）。在严格控制的条件下，使锂扩散到 n 型硅或锗中，形成一层 i 型本征补偿区，补偿硅或锗中的杂质或掺杂物，构成锂漂移探测器。其表面的 p 型层是非激活层，不参与探测过程，这一层称为探测器的死层（约 $0.1\mu m$ 厚）。因此，锂漂移探测器是一种 p-i-n 型二极管，在锂漂移硅（或锗）片的两面用真空镀膜法喷镀一层厚度约为 200Å 的金（Au）膜构成电极，与多级前置放大器组合并设置厚度约为 $10\mu m$ 的铍窗口，用胶密封以防止表面污染；防止外来光及散射电子的影响。由于锂在常温下迁移率极高，锂漂移探测器必须在液氮（LN_2）温度下冷却，即使在停机或运输过程中也不例外，其目的是降低锂的迁移率，减少噪声，确保探测器具有最佳的能量分辨率。液氮的冷却温度为 -196℃。锂（Li）漂移硅探测器若未加偏压，在室温下短期运行不致损坏。对于锂（Li）漂移锗探测器，则不然。探测器处于工作状态时，通常施加的反偏置电压为 $300\sim1000V$。由反偏压形成的电场使电子和空穴分别向 p 区及 n 区移动。耗尽区是探测器的辐射灵敏区，其面积和厚度是探测器的重要特征参数。半导体探测器耗尽区的面积一般为 $30\sim100mm^2$，厚度约为 $2\sim5mm$。由于载流子耗尽区的存在，使锂漂移探测器具有高阻抗。当 X 射线光子进入探测器穿越激活区（锂漂移区）时，与硅或锗原子相遇并经历光电吸收。入射光子将其能量转移给光电子。获得能量的光电子在其运动过程中产生更多的电子-空穴对，直至其能量耗尽。由入射光子引起的电子-空穴对的数量与入射光子的能量成正比：

$$n=\frac{E}{e} \tag{5.6}$$

式中，n 表示产生的电子-空穴对数量；E 表示入射 X 射线光子的能量，keV；e 表示在液氮（LN_2）温度下半导体硅中产生一组电子-空穴对所需的能量，3.8eV。每次电离将耗尽 3.8eV 的能量。由于探测器两极施加了偏置电压，电子-空穴对向两极运动，阳极上最终收集的总电荷与入射光子的能量成正比。与流气正比探测器及闪烁探测器不同，半导体探测器中形成的载流子不具有放大作用。图 5.12 说明锂漂移硅［Si(Li)］探测器的结构原理。入射光子通过铍窗进入探测器激活区产生光电子，其数量取决于入射光子的能量；能量越高产生光电子的数量越多。探测器表面（阴极）与底部（阳极）施加 1000V 高压。电子-空穴分别流向两极，产生压降形成负脉冲，其幅度与阳极收集的电子数成正比，即与入射光子的能量成正比。该脉冲相继经过电荷灵敏前置放大器及主放大器后，输入多道分析器（MCA）。如图 5.13 所示，当两个光子同时进入探测器时，在阳极上各自产生一群电子，叠加形成一组堆积峰，其能量相当于两入射光子的能量和。这种堆积峰也称和峰。在计数率很高时，两光子同时到达探测器的概率很高。两个光子堆积形成的脉冲，幅度高，峰形畸变。因此，必须用堆积峰处理器进行处理，以防止记录这些堆积的畸形脉冲。脉冲堆积处理器将前置放大器的输出信号馈送到脉冲成形时间常数极短（通常为 $0.1\mu s$），对相邻光子具有快速反应和分辨功能的快速放大器，分辨低速放大器无法分辨的堆积脉冲，并加以处理。

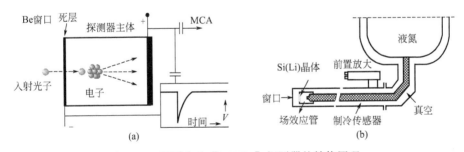

图 5.12　锂漂移硅［Si(Li)］探测器的结构原理

固体探测器中还可能出现两种特殊的"逸出"现象。第一种现象源于光源、样品和探测器间结合紧凑的几何结构，称为"康普顿逸出"。由于支撑体极轻的样品离探测器近，初级辐射受到强烈散射，进入探测器的辐射以康普顿散射为主。探测器中由反冲电子引起的额外电子-空穴对，形成能量范围很宽的康普顿峰。第二种"逸出"现象称为逃逸峰。如图 5.13 所示，当进入探测器的光子能量高于 Si 的 K 系临界激发电位时，入射光子在探测器中除形成常规的电子-空穴对外，同时产生 SiKα 或 SiKβ 特征 X 射线，形成 SiK 系辐射的脉冲幅度分布。这种脉冲幅度分布峰称为 Si 探测器的逃逸峰，分析中必须引起注意。

综上所述，锂漂移探测器具有如下基本特点：①能量转换效率高；在锂漂移硅或锗探测器中形成一对电子-空穴对需要的能量仅分别为 3.8eV 和 2.9eV；

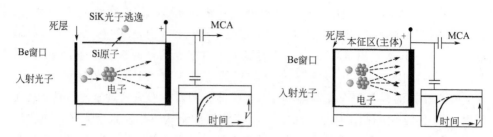

图 5.13 脉冲堆积峰及逃逸峰的形成

②能量分辨率高，对于能量为 6~8keV 的光子，其脉冲高度分布的半高宽仅为 145~160eV；在原子序数大于 27 号元素的能量范围内，相邻元素的 K 系谱线间具有较高的分辨率；③当锂漂移硅或锗探测器的厚度足够（约 3mm）时，与闪烁计数器一样，在其有效光谱范围内，具有接近 100% 的量子计数效率；④锂漂移探测器，尤其是锂漂移锗探测器，测量重元素的 K 系光谱时，探测效率及能量分辨率均优于波长色散光谱仪；⑤由于探测器体积小，与样品的距离短，截取辐射的立体角大，谱线的测量强度不受样品位置及取向差异的影响。锂漂移探测器的缺点是：①常温下锂的迁移率极高，噪声使探测器性能严重恶化，因此，这种探测器必须永久置于液氮温度下；②在液氮温度下，低能光子（小于 6keV）仍受到较高的噪声影响，因此，这种探测器只适用于浓度高于 1%，原子序数大于 11 的元素的探测；③锂漂移探测器的有效面积仅为 12.5~30mm^2。有效面积越小，截取样品辐射的立体角越小，能量分辨率随光谱强度的增大而迅速下降。因此，这种探测器仅适用于探测计数率较低的谱线。

5.5.2 珀尔贴（Peltier）效应

珀尔贴（Peltier）效应又称第二热电效应。当电流通过 A 和 B 两种金属组成的触点时，除电流流动产生焦耳热外，触点处还出现吸热或放热的物理现象。当两种不同金属构成的闭合回路中存在直流电时，两接点间会出现称为珀尔贴（Peltier）效应的温差现象。焦耳热与电流的流动方向无关，通过正反两次通电可获得珀尔贴热。珀尔贴效应是法国科学家珀尔贴于 1834 年发现的。1837 年俄国物理学家愣次（Lenz，1804—1865）发现电流的方向决定吸收或释放热量。发热量（或制冷量）与电流的大小成正比。公式中的比例系数称为珀尔贴系：

$$Q = \pi I = aT_\mathrm{C} I \tag{5.7}$$

式中，Q 为放热或吸热功率；π 为比例系数，$\pi = aT_\mathrm{C}$，称为珀尔贴系数；I 为工作电流；a 为温差电动势；T_C 为冷接点温度。

珀尔贴效应发现 100 多年间，由于半导体的珀尔贴效应很弱，一直未获得实际应用。直到 20 世纪 90 年代苏联科学家约飞的研究证明，以碲化铋为基体的化合物是最好的电热半导体材料，从而出现了实用的半导体电制冷元件及电热制冷

（简称 TEC）功能。珀尔贴效应的物理解释是：电荷在导体中运动形成电流。由于不同材料中电荷处于不同的能级，当电荷载体从高能级向低能级运动时，释放多余的能量；从低能级向高能级运动时，从外界吸收能量。这种能量在两种材料的交接处以热的形式吸收或释放。在 TEC 制冷片中，半导体通过金属导流片连接构成回路，当电流由 n 通过 p 时，电场使 n 中的电子和 p 中的空穴反向流动，其能量来自晶格的热能，于是在导流片上吸热，另一端则放热，从而产生温差。与风冷和水冷相比，半导体制冷具有以下优点：①温度可降至室温以下；②可使用闭环温控电路精确控温，精度可达 ±0.1℃；③制冷的可靠性强，制冷组件为固体组件，无运动部件，寿命超过 20 万小时，失效率低；④不产生工作噪声。当一块 n 型半导体和一块 p 型半导体结成电偶时，只要在电偶回路中接入一直流电源，电偶上就会出现电流并发生能量转移。在一个接点上放热（或吸热），在另一个接点上吸热（或放热），而且这一过程是可逆的。这就是 TEC 电热制冷的基本过程（如图 5.14 所示）。

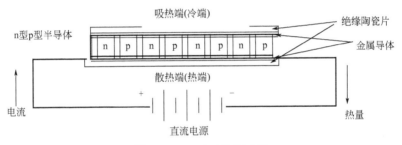

图 5.14 TEC 工作原理图

5.5.3 Si-PIN 探测器

Si-PIN 探测器就是根据上述原理制冷的电冷式探测器，电制冷方式成功替代了液氮制冷方式。与锂漂移硅［Si(Li)］探测器采用 Li 漂移技术不同，Si-PIN 探测器采用离子植入技术，在 p^+ 型 Si 及 n^- 型 Si 间插入本征 Si(i) 层（I）制成耗尽层厚度及有效面积较大的光电二极管。如图

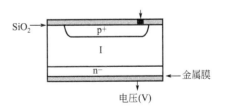

图 5.15 Si-PIN 电冷式探测器示意图

5.15 所示，Si-PIN 探测器实际上是以低掺杂的 n^- 型 Si 为基底（以硼作为掺杂物），以高掺杂的 p^+ 型 Si 为受光面（以磷为掺杂物），中间插入本征 Si(i) 层而成。用钝化技术在 p^+ 型层表面生成 SiO_2 钝化膜保护层。为防止非辐射载流子的干扰，提高探测效率，在 Si-PIN 探测器前后表面进行了特殊的处理。这种探测器由于分辨率较高、漏电流小、无需液氮制冷、寿命长等优点而广泛应用于能量色散 X 射线光谱仪，特别适用于条件较差的现场使用。

5.5.4 硅漂移探测器（SDD）

硅漂移探测器（SDD）是一种以高阻抗硅为基片，以光电效应为基础探测光信号的半导体探测器。在单晶硅片两面注入多个结面，使高阻抗硅成耗尽型半导体。由电离辐射引起的电子在电场作用下，向小容量阳极聚集形成脉冲信号。阳极电容与探测器晶片的有效面积无关。为在探测器与场效应晶体管间获得理想的电容匹配并降低导线的寄生电容，采用适当的设计使晶体管（JFET）的前端与靠近阳极区的探测器基片直接集成，使探测器在高计数率及常温下能获得理想的能量分辨率。如图 5.16 所示，硅漂移探测器（SDD）是以 n^- 型高阻抗硅为基片制成，是一种以低容量阳极收集信号电荷为特征的新型电离辐射探测器。其工作原理是：在 n^- 硅片两侧分别注入两排 p^+ 型电极，使之成为完全的耗尽型半导体电路，并相对 n^- 基片施加反向偏置电压。叠加这些电极的偏置电压形成一组平行于基片表面的电场，由电离辐射产生的电子在电场作用下，向收集电子的低电容阳极移动，聚集到漂移区势能通道的底部而移向阳极。由于 p^+ 型电极周围存在类似法拉第罩式的静电罩，硅漂移（SDD）结构中，以螺旋形漂移环作为内集成电阻分压器，形成阶梯式侧向漂移电场。使用多保护环结构降低边缘的击穿效应，减少结的击穿可能性。图 5.17 显示高纯 Ge 探测器的相对计数效率随能量的变化曲线。硅漂移探测器（SDD）的能量分辨率较高，对于能量为 5.9keV 的辐射（MnKα），分辨率约为 135eV，其灵敏区的面积为 $50\sim100\mathrm{mm}^2$，最高计数率可达 $10^5\sim10^8$ cps。这种探测器无需液氮冷却，但适用的能量范围较窄，对轻元素的探测性能较差。

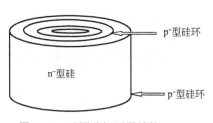

图 5.16 硅漂移探测器结构原理图

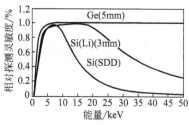

图 5.17 高纯 Ge 探测器的相对计数效率与能量的关系

5.5.5 高纯锗（Ge）探测器

高纯锗（Ge）探测器是一种可探测 Na(11) 至 U(92) 间所有元素辐射的宽范围探测器。与其他探测器相比，高纯 Ge 探测器适用的能量范围很宽。这种探测器也是一种 PIN 结构的半导体二极管，在反向偏压作用下入射光子在耗尽层产生的电子-空穴对载流子分别流向 p 极和 n 极。所产生的电荷经过放大电路转换成电压脉冲，其幅度与入射光子的能量成正比。高纯 Ge 探测器的厚度为

5mm，有效面积为 30mm²，最大计数率约为 10^5 cps；对 MnKα 辐射的能量分辨率（半高宽）<140eV；在整个能量范围具有接近 100% 的探测效率；但对于能量大于 11.3keV 的入射光子，在 9.88keV 处会出现逃逸峰。该探测器需要用液氮冷却。使用高纯 Ge 探测器时可能会发生正常的瑞利峰、康普顿峰、逃逸峰及和峰等现象。当两个光子同时到达探测器时，无法形成两个独立的脉冲高度分布峰，只能作为一个峰计测，其峰位相当于两个独立光子的能量之和，这种堆积峰称为和峰。瑞利（Rayleigh）峰由二次靶的相干散射所引起，其能量及宽度与靶元素谱线的光子能量相同；康普顿峰是二次靶的非相干散射峰所引起的；康普顿峰与瑞利峰相比，峰偏宽，能量偏低。在能量色散光谱中必须用去卷积解谱法进行拟合处理。

5.6 探测效率及能量分辨率

选择探测器时既要考虑其综合分辨率及线性响应范围，又要考虑探测器适用的能量范围及其探测效率。波长色散与能量色散两种仪器使用的探测器并不完全相同，各有其特点。能量色散仪器中使用的半导体探测器由于其自身的特点，适用的能量范围较宽，重点考虑能量分辨率。波长色散光谱仪中，由于使用晶体分光，对探测器能量分辨率的要求并不严格。但对所使用的各种探测器，在其适用的波长或能量范围内必须具有较高的量子计数效率。

5.6.1 量子计数效率

探测器的量子计数效率表示进入探测器的光子转换成可计测脉冲的分数，通常以百分数表示。量子计数效率也称探测效率，是在计数率符合损失很小的情况下确定的。探测效率通常分为绝对效率与本征效率两种不同的表达方式。所谓绝对效率 ε_{abs} 可定义为探测器记录的脉冲数与探测器入口处发射的光子数之比。因此，绝对效率不仅与探测器的性能相关，而且与光路的几何结构相关；本征效率 ε_{int} 则可定义为光电转换形成的脉冲数与射入探测器的光子数之比。本征效率仅与探测器本身的性能相关。为方便起见，通常用相对探测效率表示探测器的工作性能。图 5.18 表示充 Ar 流气、闪烁及充 Xe 封闭正比计数器的计数效率随波长的变化。从图 5.18 可见闪烁计数器对短波辐射具有较高的计数效率；充 Ar 流气正比计数器对轻元素的低能辐射具有较高的计数效率；充 Xe 封闭计数器的探测效率介于两者之间。使用不同的惰性气体，其灵敏范围略有不同。半导体探测器在其适用的能量范围内探测光子能量的本征效率或固有效率主要取决于半导体材料的光电吸收系数及接受光照的立体角。立体角的大小决定于探测器灵敏区的有效面积及样品至探测器的距离。锂漂移硅［Si(Li)］探测器材料的灵敏区典型面积为 $10\sim80mm^2$。半导体探测器的本征计数效率近似于半导体探测器灵敏区光电吸收的概率，可以简单的公式表示：

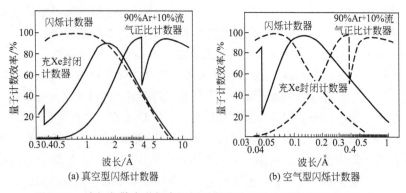

图 5.18 波长色散光谱仪常用探测器的量子计数效率随波长的变化

$$\varepsilon(E) = e^{-\mu t}(1 - e^{-\sigma d}) \tag{5.8}$$

式中，$\varepsilon(E)$ 为与能量相关的探测器固有探测效率；t 为样品与探测器间吸收层的厚度；μ 为吸收层的质量吸收系数；d 为探测器灵敏区的厚度；σ 为探测材料的光电吸收系数。图 5.19 表示 3mm 厚的 Si(Li) 探测器及 5mm 厚的高纯 Ge（HPGe）探测器固有效率与厚度及质量吸收系数间的函数关系。由于 25μm 厚的探测器铍窗及样品与探测器间 2cm 耦合距离的吸收，低能端的探测效率很低。图中显示了若干元素的 K 系特征线的能量。在很宽的能量范围内，两种探测器的本征计数效率均接近 100%。高纯 Ge 探测器在高能端的计数效率远高于 Si 探测器，原因在于 Ge 的原子序数及相应的光电吸收截面高于 Si。锂漂移硅［Si(Li)］探测器的探测效率示于图 5.20。半导体探测器的探测效率主要取决于探测材料及铍窗的厚度。对于高能区半导体探测器的探测效率主要取决于探测器材料的厚度，厚度越大，探测效率越高；对于低能辐射，固体探测器的探测效率主要决定于探测器的铍窗厚度。某些情况需要比较结实的铍窗（12.5μm 厚），但这样难以获得最佳的探测灵敏度及探测效率。如果需要准确校准探测器的绝对

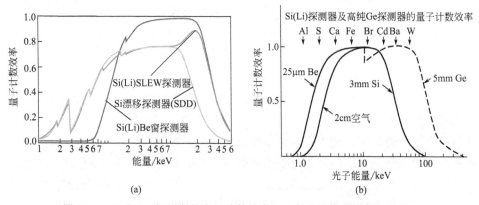

图 5.19 Si 和 Ge 探测器的本征计数效率与入射光子能量间的函数关系
（用探测材料及二极管的光电吸收截面确定探测器的高能极限；用铍窗口或样品与探测器间的 2cm 空气光路的吸收确定探测器的低能极限）

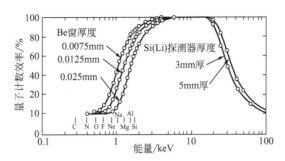

图 5.20 Si(Li) 半导体探测器的探测效率（仅考虑探测器的厚度及 Be 窗口厚度）

探测效率，则必须考虑诸如电荷收集不完全、逃逸峰损失、能谱峰的前后沿损失、硅（Si）的死层吸收、镀金面的吸收等影响。在能量色散光谱仪中，通常选择使用适用于宽能量范围的高分辨高效探测器。

5.6.2 能量分辨率

能量分辨率表示探测器对邻近脉冲高度分布的识别能力或表示脉冲幅度分布的展宽度。探测器的能量分辨率主要取决于两相邻脉冲高度分布间的距离及脉冲高度分布本身的宽度。其理论分辨率为：

$$R = Q\sqrt{\lambda} \tag{5.9}$$

式中，Q 为品质系数；对于充 Ar 气体正比计数器，$Q=45$；闪烁计数器（NaI），$Q=120$。探测器的理论分辨率可用背景以上脉冲高度分布的半宽度（$W_{1/2}$ 或 FWHM）表示。脉冲高度分布是一种正态分布，统计学上称为高斯分布。因此，理论分辨率可用高斯分布曲线的半宽度（2.35σ）表示：

$$R = W_{1/2} = \text{FWHM} = 2.35\sigma \tag{5.10}$$

探测器的相对分辨率等于半高宽与平均脉冲高度（$\overline{V}$）的百分比，即：

$$\hat{R} = \frac{W_{1/2}}{\overline{V}} \times 100\% \tag{5.11}$$

探测器的理论分辨率及相对分辨率可分别表示为：

$$R = \text{FWHM} = 2.35\sqrt{n} \tag{5.12}$$

$$\hat{R} = (100W_{1/2}/\overline{V})\% = (235/\sqrt{n})\% \tag{5.13}$$

式中，$\overline{V}$ 为脉冲的平均幅度；FWHM（$W_{1/2}$）为脉冲分布的半高宽。对于气体正比计数器，n 是由入射光子引起的气体初始离子-电子对的平均数；对于半导体探测器，n 表示入射光子引起的电子-空穴对的平均数；对于闪烁计数器，n 表示每个入射光子在光电倍增管第一倍增极计测得的平均光电子数。在这种大量事件的统计过程中，产生一对正负离子对所需的平均能量称为有效电离电位 V_i（以电子伏特为单位）。入射光子引起的光电子平均数为：

$$n = E_x / V_i \tag{5.14}$$

式中，E_x 为入射 X 射线光子的能量，eV。因此，探测器的相对分辨率（%）为：

$$R = \frac{235}{(E_x/V_i)^{1/2}} \quad \text{或} \quad R = \frac{235\sqrt{E_x V_i}}{E_x} \tag{5.15}$$

表 5.2 列出了波长色散探测器各种气体和闪烁晶体中碘的有效电离电位。Si(Li)半导体探测器中，当液氮温度为 77K 时，其有效电离电位为 3.8eV。能量低于 1MeV 的 X 射线光子与物质相遇时，需经历光电吸收、非变质散射及变质散射三个过程；当 X 射线光子的能量低于 50keV 时，首先经历光电吸收，产生的光电子能量等于入射光子与轨道电子结合能之差，该光电子以各种方式消耗其能量，例如在固体探测器中以产生电子-空穴对，在闪烁计数器中以产生可见光，在气体正比计数器中以产生正负离子对等方式消耗能量。这种过程产生的电子-空穴对数、可见光子数及正负离子对数的统计偏差小于泊松分布或高斯分布制约的统计偏差。因此，以电离为依据的 X 射线探测器的分辨率优于统计计算的分辨率。范诺引用一种方差修正因子，使理论的统计方差与实际测量的方差保持一致。该因子称为范诺因子（F），是探测器材料的本征常数，决定探测器的最终分辨率。探测器的实际分辨率为：

$$R = \text{FWHM} = 2.35(FE_x V_i)^{1/2} \tag{5.16}$$

表 5.2　各种探测气体及 NaI（Tl）闪烁晶体中碘的有效电离电位

探测气体	一次电离电位 /eV	有效电离电位① /eV	每个入射光子引起的离子对平均数②	
			CuKα(8010eV)	MoKα(17.44eV)
He	24.5	27.8	289	628
Ne	21.5	27.4	293	637
Ar	15.7	26.4	304	660
Kr	13.9	22.8	352	765
Xe	12.1	20.8	386	838
闪烁计数器	可见光子能量 /eV	可见光子有效能量 /eV	每个入射 X 光子产生的可见光子平均数	
			CuKα	MoKα
NaI(Tl)	2	40	201	436

① 产生一个正负离子对实际需要的能量。
② 离子对平均数等于入射光子能量除以有效电离电位。

范诺因子 F 的值小于 1 时，分辨率要根据脉冲高度分布的半宽度及入射光子的能量确定，其最大值约为 0.125。从相对分辨率的计算公式可见，分辨率与入射光子能量的平方根成反比：

$$R \propto 1/\sqrt{E_x} \tag{5.17}$$

以上公式仅表示探测器的分辨率，考虑到探测器、前置放大器、主放大器、脉冲高度分析器及计数电路整个系统的噪声影响。探测器-计数系统的分辨率应表达为：

$$R = \{\sum \sigma^2 + [2.35(FV_i E_x)^{1/2}]^2\}^{1/2} \tag{5.18}$$

由式（5.18）可见，脉冲高度分布的平均脉冲幅度、半宽度及能量分辨率均与入射光子的能量相关。

能量色散光谱仪中，通常将单一能量脉冲高度分布的半高宽（FWHM）定义为系统的能量分辨率。为选择方便，用加权平均能量为 5.895 keV 的 MnKα 辐射作为分辨率计算的基准。从 ^{55}Fe 放射性同位素源很容易获得 MnKα 辐射，其能量较低，原始宽度可以忽略不计。各种探测器的能量分辨率均以 MnKα 为计算的基准。图 5.21 显示来自同位素源 ^{55}Fe 的 MnKα 线的脉冲高度分布。能量为 E 能谱峰的总分辨率是根据前置放大器噪声、电离过程的统计涨落及探测器电荷收集不完全等影响因素确定的。使用面积为 30mm^2 的 Si(Li) 探测器时，平均能量为 5.895 keV 的 MnKα 脉冲高度分布的半高宽（FWHM）优于 140eV，甚至可低至 130eV。这是鉴别能量色散探测器性能的质量指标，但实际应用中，诸如最大计数率、背景系数及探测器质量等影响因子更重要。电冷式 Si-PIN 探测器的半高宽（FWHM）一般在 165~220eV 的能量范围内。Si(Li) 探测器的半高宽要求<150eV。如果可以忽略特征谱线的原始宽度，则半导体探测器的能量分辨率与两个独立的因子相关。其中一个因子决定于探测器自身的性能；另一个因子与所使用的电子脉冲处理电路相关。在某些系统中，为了监控电子系统的分辨率，可在测量系统中插入某种脉冲或选通信号。探测器自身引起的谱线加宽与电子系统的分辨率毫不相干。测量系统中脉冲幅度分布的半高宽（$\Delta E_\text{总}$）等于探测系统（ΔE_Det）和脉冲处理系统（ΔE_Elec）贡献平方和的开方：

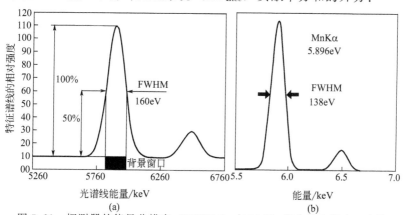

图 5.21 探测器的能量分辨率（FWHM）在 MnKα 峰位最大强度一半处的宽度 [Si(Li) 探测器（30mm^2）；注意：阴影面积表示背景窗口的宽度]

$$\Delta E_\text{总} = \sqrt{\Delta E_\text{Det}^2 + \Delta E_\text{Elec}^2} \tag{5.19}$$

式中，ΔE_{Det} 决定于二极管耗尽区自由电子产生的统计涨落；由入射光子引起的电子-空穴对的平均数可按总光子能量除以产生单个电子-空穴对的平均能量计算。如果平均数的波动受泊松分布统计涨落制约，则标准偏差为：

$$\sigma = \sqrt{n} = \sqrt{\frac{E}{\varepsilon}} \tag{5.20}$$

半导体器件中的能量损失是由个别不完全独立的事件偏离泊松分布所致。这种偏离隐含在能量分布的半高宽（FWHM）对探测器贡献的范诺因子中，即：

$$\sigma = \sqrt{Fn} = \sqrt{\frac{FE}{\varepsilon}} \tag{5.21}$$

$$\frac{\sigma(E)}{E} = \sqrt{Fn} \tag{5.22}$$

重新整理得：

$$\Delta E_{Det} = 2.35\sqrt{F\varepsilon E} \tag{5.23}$$

式中，ε 为产生一个电子-空穴对需要的平均能量；E 为入射光子的能量；F 为范诺因子；2.35 为标准偏差与泊松分布半高宽（FWHM）的转换系数。

5.7　各种常用探测器的比较

X射线光谱仪常用的探测器有闪烁计数器、流气正比计数器、封闭计数器及半导体探测器。充气式探测器和闪烁计数器的分辨率较低，不能用于能量色散光谱仪。波长色散光谱仪中由于分光晶体是色散分光的主要器件，是决定分辨率的主要因素，探测器主要起光电转换作用，其能量分辨率是次要的。探测器的灵敏度取决于探测器的类型及入射光子的能量。波长色散光谱仪中充气式探测器对低能谱线的探测灵敏度较高，对高能谱线的探测灵敏度较低。因此，适合于轻元素低能谱线的探测；闪烁计数器对重元素高能谱线的探测灵敏度较高，适合于高能光谱的探测。固体探测器对低能谱线的灵敏度很低，而对高能谱线的分辨率较好，因此，固体探测器适用于能量色散光谱仪。由于各种探测器的性能不同，选择探测器时既要考虑其适用的波长或能量范围，也要考虑探测器的探测效率及其分辨率等因素。气体正比计数器分为流气式和封闭式两种，流气计数器对于轻元素及低能辐射具有较高的灵敏度及量子计数效率；封闭探测器根据填充气体不同，将在不同的波长或能量范围具有高灵敏度及最佳计数效率。闪烁计数器对于波长短于 1.0Å 的重元素高能辐射的探测具有高灵敏度及探测效率。封闭型探测器的灵敏度及探测效率介于流气计数器及闪烁计数器之间。判断探测器性能及其品质优劣通常以其能量分辨率、灵敏度及探测效率三大指标为依据。

表 5.3 列出了各种常用探测器的性能比较。图 5.22 表示闪烁计数器、Xe 封闭正比计数器及 Si(Li) 半导体计数器测定 AgKα 谱线脉冲高度分布的比较，其

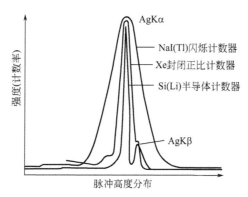

图 5.22　三种不同探测器测定 AgKα 谱线脉冲高度分布

中 Si(Li) 探测器的分辨率最佳；其次是 Xe 封闭正比计数器；闪烁计数器的分辨率最差。在探测器的光电转换过程中，正比计数器具有气体放大作用，闪烁计数器具有二次电子放大作用，而 Si(Li) 探测器及其他半导体探测器不具有这种放大特性。固体探测器是通过半导体内部的载流子将收集的全部电荷转变成电流脉冲，然后通过多级前置放大转变成电压脉冲。固体探测器对不同能量的探测效率与半导体材料的原子序数及耗尽层的厚度相关。固体探测器探测的最大计数率不如流气计数器及闪烁计数器高。

表 5.3　各种常用探测器的性能比较

探测器类型	适用的能量范围/keV	能量分辨率/keV	元素范围
Ar 流气探测器	0.18~8	1.2	C~Cu
Ar 封闭探测器	1.40~3		Al~K
Ne 封闭探测器	3.0~8		K~Cu
Kr 封闭探测器	3.0~8		K~Cu
Xe 封闭探测器	3.0~8		K~Cu
NaI(Tl) 闪烁探测器	8.0~35	3.0	Cu~Ba
Si(Li) 探测器	1.04~30	0.140	Na~U
Si-PIN 探测器	1.04~35	0.149	Na~U
硅漂移探测器(SDD)	1.04~35	0.135	Na~U
高纯 Ge 探测器	1.04~97	0.150	Na~U

参考文献

[1] Bertin E P. Principles and Practice of X-Ray Spectrometric Analysis：2nd ed. New York：Plenum，1975.
[2] Birks L S. X-Ray Spectrochemical Analysis：2nd ed. New York：Interscience，1969.
[3] Birks L S. X 射线光谱分析导论. 高新华，译. 北京：地质出版社，1983.
[4] Fitzgerald R，Gantzel P. Energy Dispersion X-Ray Analysis：X-Ray and Electron Probe Analy-

sis. ATSM Spec Techn Pub 485. Philadelphia: ASTM, 1971.
[5] Heinrich K F J, Newbury D E, Myklebust R L, et al. Energy Dispersive XRay Spectrometry. Washington DC: National Bureau of Standards, 1981.
[6] Jenkins R. An Introduction to X-Ray Spectrometry. London: Heyden, 1974.
[7] Jenkins R, De Vries J L. Practical X-Ray Spectrometry: 2nd ed. New York: Springer-Verlag, 1967.
[8] Philips Technical Materials. Sequential X-Ray Spectrometer System PW2404, 7.
[9] Philips Technical Materials. Simultaneous X-Ray Spectrometer System PW1660.
[10] James P Willis, Andrew R Duncan. Basic concepts and instrumentation of XRF Spectrometry, 2010.
[11] James P Willis, Andrew R Duncan. Workshop on advanced XRF Spectrometry. PANalytical B V Almelo, 2008.
[12] Jenkins R, Gould R W, Gedcke D. Quantitative X-Ray Spectrometry: 2nd ed. New York: Marcel Dekker, 1995.
[13] 谢忠信, 赵宗玲, 陈远盘, 等. X射线光谱分析. 北京: 科学出版社, 1982.

第6章
X射线的测量

6.1 测量系统

6.1.1 概述

X射线测量系统由探测器、前置放大器、脉冲成形电路、主放大器、脉冲高度分析器（或多道分析器）及定标计数电路等部分组成。样品发射的特征X射线光子经探测器的光电转换，输出一系列按时序随机分布的脉冲。探测器输出脉冲的平均幅度与入射光子的能量成正比。即使一组严格单色化的特征X射线光子，探测器输出的脉冲幅度也不完全相同，而是呈现平均幅度与入射光子能量成正比的一种正态分布或高斯分布。对于具有多种波长或能量的入射光子，探测器将输出与各种能量或波长相对应的脉冲高度分布。探测器的输出信号是一组毫伏级的微弱脉冲信号，其输出阻抗却在数百千欧至数兆欧以上，这样微弱的信号在传输过程中会产生极大的损耗，抗干扰能力极低，根本无法直接测量。为了达到有效测量的目的，必须首先经过前置放大器的预放大及阻抗变换，使其输出阻抗降低到数千欧以下，然后通过电缆进行传输。由于探测器输出电路分布电容的影响，前置放大器的输出信号是一种尾延较长的尖脉冲（约长$100\mu s$），经主放大器直接输入脉冲幅度甄别器时可能产生误甄别，特别是在高计数率情况下，这种现象更严重。因此，来自前置放大器的脉冲信号必须通过仿真线延迟电路加以整形，用延迟线中入射波与反射波的叠加，使尾延很长的尖脉冲变成延续时间较短（约$1\mu s$）的方波脉冲，然后经主放大器的线性放大获得适当的衰减因子及放大器增益。并使放大器的输出幅度与脉冲幅度甄别器保持一致。脉冲幅度甄别器通常与负反馈宽带放大器并联，通过反馈参数调整的放大倍数通常为500～1000倍。输出脉冲，通过甄别器选择幅度一定的脉冲信号进入计数电路，降低噪声的影响，并排除晶体高次衍射线或散射线形成的脉冲干扰。图6.1显示X射线测

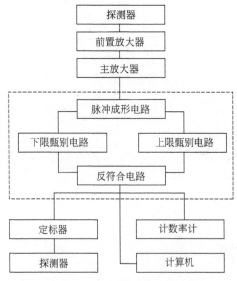

图 6.1　X 射线测量系统示意图

量系统的简单构成。

6.1.2　前置放大器

前置放大器由 1～2 级线性放大器和阴极输出器耦合而成，其作用是对探测器输出的微弱信号进行阻抗变换及预放大，减少电缆的衰减，防止主放大器的反馈对探测器的影响。

6.1.3　主放大器

主放大器置于前置放大器与脉冲幅度甄别器之间，其基本作用是对前置放大器的输出进行线性放大，使其输出幅度足以激活脉冲幅度甄别器及计数电路。由于前置放大器输出脉冲的幅度较小，宽度较窄，必须进行脉冲幅度的整形和线性放大，以实现脉冲的幅度甄别及光谱强度的测量。主放大器是一种设有增益衰减的低噪声快速响应视频放大器，其增益最高可达 10000 倍。可将前置放大器输出的脉冲放大到 1～5V 左右。图 6.2 表示脉冲线性放大器的简单原理。这种线性放大器具有如下特点：①对所有脉冲具有相同的放大作用（线性放大）；②增益稳定；③噪声低；④过载复原快速，在接受幅度过高的脉冲后能迅速返回正常基线，复原性能良好；⑤具有良好的热稳定性。对于这种脉冲放大器的技术要求是：①放大倍数应按脉冲的输入幅度与要求的输出幅度确定。由于前置放大器的输出一般为几百毫伏，主放大器输出的幅度应在 1～5V 的范围内。考虑到前置放大器输出信号的幅度差异，主放大器的放大倍数应可调。②放大器的频带宽度：由于前置放大器输出信号的宽度受相关电路的影响，一般为几个微秒（μs）。

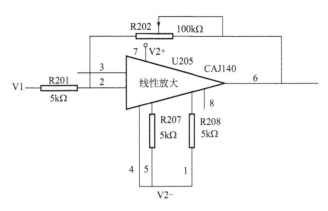

图 6.2　线性放大器原理示意图

因此，要求主放大器的频带宽度为 1～2MHz。③放大器噪声。由于来自前置放大器的信号较小，要求主放大器的噪声尽量低。选择低噪声运算放大器可有效降低放大电路内部的固有噪声。④在放大电路的设计与调试时，应考虑诸如放大器的输入阻抗、计数过载、稳定性及功耗等的影响。

在波长色散光谱仪中，探测器输出脉冲的平均幅度与入射光子的能量成正比，对于不同波长或能量的入射光子，探测器输出脉冲的幅度不同，要求的基线及窗口参数、探测器电压及放大器增益不同。在测定同一样品中不同的谱线时，这些参数的选择与设定十分复杂，不能适应参数选择自动化的要求。若采用一种正弦函数放大器可十分理想地实现不同谱线脉冲幅度分析条件的自动选择。当放大器的增益或衰减（A_E/L）随测角仪 2θ 角呈正弦变化时，所有光谱线的脉冲幅度均能出现在同一窗口中。实现这种功能的放大器称为正弦函数放大器，其增益或衰减的变动与测角仪的 2θ 角扫描完全同步。

6.1.4　脉冲高度选择器

脉冲高度选择器由脉冲整形、低电平甄别、高电平甄别及反符合电路四部分组成（如图 6.3 所示）。脉冲整形电路将来自主放大器的脉冲变成相对幅度不变的矩形或方波脉冲；低电平甄别器使幅度大于低电平阈值（V_1）的所有脉冲通过，而滤去所有低幅度噪声；高电平甄别器使幅度超过高电平甄别阈值（V_2）的所有高幅度脉冲通过；反符合电路使同时触发两个甄别器的所有脉冲相符合而被滤去，只让幅度介于高电平与低电平间的脉冲（V_3）通过并抵达计数电路。与低电平甄别器对应的电压称为基线电压，表示可计测的最低脉冲高度。两个甄别器的电平差称为窗宽或通道。由固体组件组成的脉冲高度选择器，其基线的调节范围与窗宽的调节范围均为 0～10V。脉冲高度选择器除用于选择需要的脉冲外，另一作用是将所选的脉冲转变成幅度、延迟时间及脉冲形状与计数电路要求完全一致的标准脉冲。波长色散光谱仪中，样品元素发射的特征 X 射线经过晶

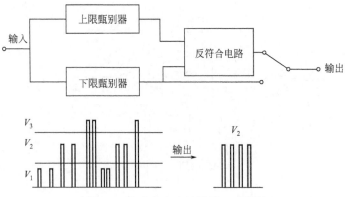

图 6.3 脉冲高度选择器原理示意图

体分光,以一束能量单一的特征线光子进入探测器并输出一组幅度相应的脉冲。因此,探测器及脉冲高度分析器的组合作用是实现 X 射线光子的光电转换,消除晶体衍射引起的高能脉冲及由计数电路引起的低能噪声信号,选择需要分析的高频信息。在能量色散光谱仪中,各种元素发射的特征线光谱同时进入探测器进行光电转换,形成不同能量的脉冲幅度分布,通过多道脉冲分析器(MCA)鉴别不同能量的脉冲高度分布,并予以记录和测量。在波长色散光谱中,测定品样元素发射的某特定谱线时,通过如下三种方法确定相应的脉冲高度分布参数(基线及窗口)。第一种方法是根据分析线的脉冲高度分布曲线确定基线及窗宽。这种方法仅适合于以下两种情况:①分析线的脉冲高度分布伴有逃逸峰。②探测器的输出中含有与分析线能量相似的其他元素的脉冲,例如:a. 干扰线与分析线波长部分或完全重叠($\lambda \approx \lambda_A$);b. 基体元素谱线的逃逸峰与分析线的脉冲分布重叠;c. 晶体荧光与分析线脉冲幅度分布重叠。测量脉冲高度分布时,可观察到逃逸峰、晶体荧光及能量接近的其他脉冲分布。这对于选择分析线的最佳基线及窗宽,排除干扰脉冲十分有益。第二种方法是以微分方式,固定基线及窗宽,改变探测器的高压或放大器增益,使分析线的脉冲高度分布出现在预定的基线及窗口中心。然后,缓慢降低基线电压,直至强度不再降低,表明基线已达到分析线脉冲高度分布的低能端。此时,可缓慢增大窗宽,直至强度不再增加,表明窗口已达到脉冲高度分布的高能端。如果降低基线至某一值强度突然上升,表明脉冲高度分布的低能端开始进入低幅噪声区。此时,应适当提高探测器的电压或放大器增益,使基线向高能方向移动,返回原来位置。第三种方法是将基线(B)与窗口(W)分别设置在脉冲高度分布的两侧,首先假定图 6.4 中 B 分布不存在。采用积分方式,基线 B_1 很低,分析线的脉冲高度分布(A)完全通过基线 B_1,然后逐步提高基线,直至强度迅速降低,表明基线 B_1 已到达脉冲分布的低能端。为适应脉冲高度分布的横向漂移,将基线降低至 B_2;选择微分状态,固定基线 B_2,将窗口 W_1 调到最大,然后逐步减小窗口宽度,直至强度明显下降,

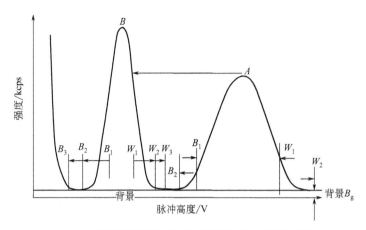

图 6.4　确定脉冲高度分布的基线及窗口的简单方法

表明窗口 W_1 已开始切割脉冲高度分布的高能端。然后横向加大窗口至 W_2，以使整个脉冲高度分布坐落在设定的窗口内。一旦脉冲高度分布全部或部分落在窗口之外，也可通过调节探测器高压或放大器的增益，使脉冲分布移入设定的窗口内。归纳起来，脉冲幅度选择器的主要作用是：①消除高次线（高次谐波）干扰；②消除其他元素的光谱干扰；③消除放射性样品产生的背景影响。脉冲高度选择器的选择效率受以下因素的影响：①脉冲高度分布的平均幅度；②脉冲高度分布的半宽度；③脉冲高度分布形状是否为正态分布或高斯分布；④脉冲高度分布的相对强度越高，逃逸峰强度越弱，选择效果越好；⑤光谱背景的脉冲，背景强度越低，影响越小。

6.1.5　脉冲高度分布曲线

一种单色的特征 X 射线光子经探测器的光电转换后，应形成一组幅度一定的脉冲，但由于统计波动的原因，脉冲幅度有所变动，但其平均值与入射光子的能量成正比。因此，根据统计学理论：由探测器形成的与入射光子能量成正比的一组输出脉冲，其幅度随计数率（强度）的变动呈现一种正态分布或高斯分布的形态，这种分布称为探测器输出的脉冲高度分布曲线（如图 6.5 所示）。一束严格单色化的入射光子经探测器光电转换后，输出脉冲幅度呈统计分布的原因在于：①探测器形成的初始离子对数的统计波动；②探测气体放大倍数的波动；③探测器工作电压的波动；④入射线强度的统计波动及探测器分辨时间的变化；⑤放大器增益的波动等。通过脉冲高度分布曲线可以计算探测器的实际分辨率。其计算公式为：

$$R = \frac{W_{1/2}}{V} \times 100\% \tag{6.1}$$

式中，$W_{1/2}$ 为脉冲高度分布曲线的半高宽；V 为分布曲线的平均脉冲高度；

R 为探测器实测的能量分辨率。每种元素的特征谱线都具有一种特定的脉冲高度分布。在波长色散光谱分析中，脉冲高度分布曲线是实现二次分光的重要依据。在定量分析过程中，脉冲高度分布曲线对优化测量参数具有十分重要的意义；在能量色散光谱分析中，脉冲高度分布曲线是能量色散分光的唯一依据。入射光子的能量、探测器工作电压、放大器增益及入射线光谱强度（kcps）的变动对脉冲高度分布的平均幅度及分布宽度会产生不同程度的影响。如图 6.6 所示，当探测器电压及放大器增益不变时，脉冲高度分布随特征线强度的增大而向低幅度方向漂移；当放大器增益及特征线强度不变时，脉冲高度分布随探测器电压的升高向高幅度方向漂移；当探测器电压及特征线强度不变时，脉冲高度分布随放大器增益的增大而向高幅度方向漂移。在优化测量参数时，必须关注影响脉冲高度分布稳定性的上述参数。

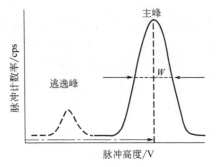

图 6.5 脉冲高度分布曲线

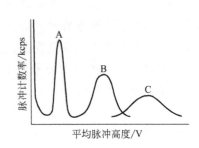

图 6.6 影响脉冲高度分布曲线的若干参数

脉冲高度分布曲线具有两种典型的表示方式，即微分方式和积分方式。这两种方式的作用完全相同。如图 6.7 所示，在微分状态下单一能量的特征 X 射线光子经探测器形成的脉冲，其光谱强度随幅度变化的正态分布曲线称为微分曲线；在积分状态下，计数率随脉冲幅度变动的分布曲线称为积分曲线。在积分状态下，当计数率随基线电压的变动出现平台后呈单值递减的变化，其拐点与微分曲线的峰位对应；平台的中点与微分曲线的基线相对应。实际分析中，在轻重元素谱线的密集区内，准确确定每条谱线的脉冲幅度分布条件是十分重要的。在波

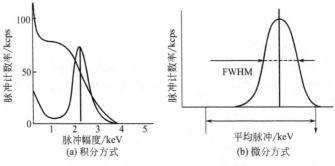

图 6.7 两种不同方式的脉冲高度分布

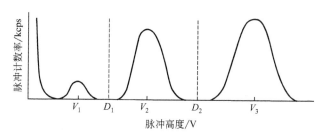

图 6.8　脉冲高度分布的选择方法

长色散分析中，通常采用微分方式确定脉冲分析条件。一种分布代表一种能量的特征线；多种元素的特征谱线共存时，可通过改变脉冲高度选择参数，确定各特征线的脉冲高度分布。有三种选择方法：①固定基限电压 D_1，移动窗口 D_2；②固定窗口 $D_1 \sim D_2$，改变探测器电压；③固定窗口，改变放大器增益（图6.8）。

6.1.6　多道脉冲分析器（MCA）

X射线测量系统中，测量一种能量脉冲幅度分布的电路称为单道脉冲幅度分析器。同时测量多种能量脉冲幅度分布的电路称为多道脉冲幅度分析器，简称多道脉冲分析器（MCA）。多道脉冲分析器是多道数据采集系统的核心部件，广泛应用于电子信号、脉冲信号、核物理信号分析及光谱分析；如图6.9所示的多道脉冲幅度分析器通常由甄别、控制、采样保持、模数转换及ARM嵌入式系统等电路组成，包括模数转换（ADC）、存储器（Memory）和显示器（Display）三个部分。脉冲信号通过甄别电路及控制电路时，甄别电路发出脉冲的过峰信息并启动A/D转换。转换电路对脉冲信号的峰值幅度进行模数转换。微控制器对储存的转换结果做相应的数据处理。多道脉冲幅度分析器，一方面采集来自放大器的信号，进行模数转换和结果储存；另一方面就储存的转换结果进行数据分析，并直接显示真实的光谱信息或通过计算机执行数据处理和光谱显示。探测器输出的脉冲幅度与入射光子的能量成正比，测得脉冲的幅度即可确定入射光子的能量。多道脉冲幅度分析器通过甄别电路和控制电路执行脉冲幅度的甄别与测量。甄别电路的主要功能是完成信号的过峰检测，消除噪声；控制电路根据甄别电路提供的信号时序控制模拟开关及模数转换。控制电路与甄别电路的时序必须严密结合，才能完成信号的检测。

多道分析器的工作原理是，利用A/D转换将被测量的脉冲幅度范围平均分成 2^n 个幅度间隔，然后将脉冲的模拟信号转变成与其幅度对应的数字，称之为"道址"。存储器中开辟一含有 2^n 个计数器的计数区，每个计数器对应一个道址。控制器每收到一个道址，与该道址对应的计数器即加1，经累计即可获得输入脉冲的幅度分布数据。每个幅度间隔称为一个道，幅度间隔的个数称为多道分析器的道数，由 n 决定；道数越多，脉冲幅度分布的解析越精细，相应的硬件电路

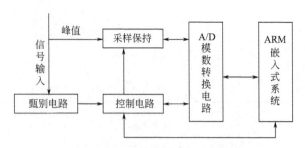

图 6.9 多道脉冲幅度分析器的结构框图

也就越复杂。幅度间隔的宽度称为多道分析器的道宽。从上述原理可知,多道分析器的具体作用之一就是通过模拟/数字转换(ADC)电路将探测器输出的脉冲模拟信号转变成计算机能接受的数字信号并处理、储存和显示转换结果,完成对脉冲幅度的甄别;其作用之二就是对储存的转换结果进行数据分析,并直接显示或由计算机处理和显示光谱数据。在能量色散光谱仪中,对于半导体探测器,需要 1024～8192 个能道才能满足测量要求。概括起来,多道脉冲幅度分析器将不同幅度的脉冲模拟信号转换成相应的数字信号。经转换的每个数字代表一个能道的地址,用能道地址作为寄存器的地址码来记录脉冲的个数,各能道地址中的计数可用于描述脉冲幅度的分布情况。多道分析器的每个道就是一个从零开始的计数器。零道的准确能量为零(Zero);每个道的准确宽度称为"增益"(Gain)。"道宽"与"增益"可互换使用。道数 I 的能量可用公式表示:

$$E_I = \text{Zero} + \text{Gain} \times I \tag{6.2}$$

多道分析器的道数通常具有 1024,2048,4096,8192 或 16384 等,其中每个能道即为一个道数。图 6.10 表示多道分析器的工作原理。实测的光子能量由模拟/数字转换(ADC)器转换成一通道数,相应的通道数加 1。一组通道及每个通道的计数构成一种能谱,每个能道具有特定的能量及能量范围(如

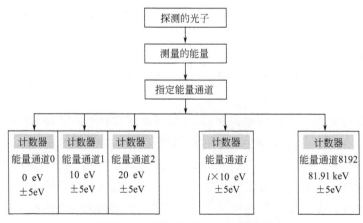

图 6.10 多道分析器工作原理框图

12.34keV±5eV）。每个能道的能量范围称为道宽（如每道 10eV）。光子能量与能道数之间为线性转换关系，所有的能道具有相同的道宽。

理论上，脉冲幅度的大小表征各元素特征 X 射线光子的能量高低。由一种能量形成的脉冲幅度是严格一致的，但由于大量事件的统计起伏，每种能量的脉冲幅度略有变动。多道脉冲幅度分析器主要应用于能量色散光谱仪。

6.1.7 脉冲高度分布的自动选择

脉冲高度分布的平均脉冲幅度与入射光子的能量成正比。能量不同的光子，脉冲的平均幅度不同。波长色散光谱分析中，测量不同元素的特征谱线时，以各元素特征线脉冲分布的平均幅度为测量的基准。因此，确定分析线的衍射峰位和相应的脉冲分布条件同等重要。图 6.11 列出了 BaKα、BrKα 及 FeKα 三种不同元素特征谱线的 2θ 峰位及相应的脉冲幅度分布。分析线的衍射峰位（2θ）不同，相应的脉冲分布（PHD）的平均幅度位置也不同 [图 6.11（a），（b）]。可用一种正弦函数（$\sin\theta$）放大器实现不同分析线峰位（2θ）与相应的脉冲高度分布（PHD）测量联动，使不同谱线的脉冲高度分布（PHD）峰坐落在同一固定的分析窗内 [如图 6.11（c）所示]。这种联动方式可有效简化各谱线的光学与电学参数的设定。根据探测器输出脉冲的平均幅度 V 与入射光子能量 E_X 的正比关系可得：

$$V = A_D \times \frac{E_X}{E_D} \times \frac{A_E}{L} \qquad (6.3)$$

式中，E_D 为探测气体的电离电位；A_D 为探测器的放大倍数；A_E 为放大器增益；L 为放大器衰减；V 为某元素特征线脉冲分布的平均幅度；E_X 为入射光子的能量。当探测器及放大器一定，探测器电压不变时，特征谱线的脉冲平均幅度仅与入射光子的能量成正比。根据 X 射线的波长与能量换算关系和布拉格衍射定律：

$$E_X \propto 1/\lambda; V \propto E_X(A_E/L); \lambda \propto (2d\sin\theta)/n$$

可导出如下关系：

$$(A_E/L) \propto \frac{2dV\sin\theta}{n} \qquad (6.4)$$

当晶体及衍射级数一定时，放大器增益（A_E/L）随 2θ 角呈正弦规律变化，当脉冲高度分析器的基线和分析窗固定时，不同谱线光子的脉冲幅度获得不同程度的放大，从而落入预定的同一分析窗口（V）内。若更换晶体（$2d$）或谱线的衍射级数（n）时，所有谱线的脉冲分布将落在另一新的分析窗口内。为保持原有窗口条件不变，放大器增益还须考虑 $2d/n$ 的变动因素，从而使所有特征线的脉冲幅度分布重新回到原定的窗口内。具有这种功能的放大器称为正弦函数放大器。

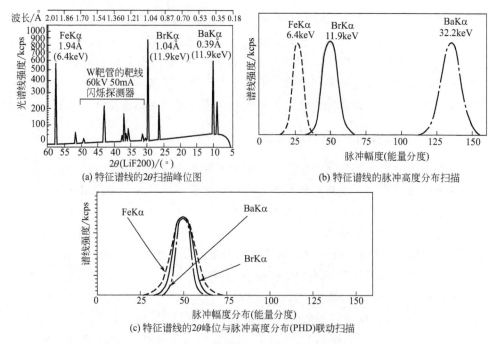

图 6.11　三种不同波长特征谱线的 2θ 峰位、脉冲幅度分布（PHD）位置及 2θ/PHD 的正弦函数放大器联动扫描

6.1.8　定标器及定时器

计数率计的作用是指示一定时间内累积来自脉冲高度分析器的所有脉冲计数的平均值。计数率计的指示值与射入探测器 X 射线光子的瞬时强度成正比。因此，计数率计显示的是 X 射线光谱的瞬时强度。计数率计的强度量程分为线性响应与对数响应两种。高计数率时宜选择对数量程；低计数率时采用线性响应。定标器的作用是记录特定时间内通过脉冲高度分析器的累计脉冲数。其计数速率取决于到达探测器的 X 射线光子强度。由于 X 射线随时间分布的随机性，定标器指示的是 X 射线的累积强度。定时器通过计测高频石英振荡器输出的正弦波的正向脉冲数确定时间，其速率取决于振荡器的振荡频率。振荡器发生正向脉冲的时间分布是完全均匀的。

6.1.9　微处理机

在 X 射线光谱仪中配备计算机的目的：①控制仪器操作；②控制与实施仪器主操作软件中的各种功能；③支持各种专用分析软件的应用。

6.2　测量方法

若仅需粗略估计分析元素的浓度，可用计数率计测量的光谱强度进行浓度换算；若需进行半定量分析，可用线性计数率计测量的标准样品和待测样品分析线的光谱强度进行比较，估计分析元素的浓度；若需进行精确的定量分析，为满足统计精度要求，必须采用定时计数、定数计时或最佳定时计数等方法精确记录标准样品和未知样品中各元素特征谱线的光谱强度，通过比较获得精确的定量分析结果。

6.2.1 定时计数（FT）法

所谓定时计数法，即在预定时间（T）内，用定标器记录来自脉冲高度分析器分析线脉冲的总计数（N）。预定时间（T）的长短取决于分析元素浓度的高低及定量分析的统计精度要求。在记录谱线强度时，定时器与定标器同时启动，直至预定时间终了，二者同时停止。在测量试样及标准样品时，必须设定相同的计数时间。实际工作中通常将这种累积的总计数换算成单位时间的计数，即计数率（cps 或 kcps）。两次测量间计数率的偏差，可用标准偏差代替。在定时计数法中，测量光谱线及背景的强度（计数率）时，分析线的测量时间（T_P）与背景的测量时间（T_B）相等：

$$T_P = T_B = \frac{T}{2} \tag{6.5}$$

$$T = T_P + T_B \tag{6.6}$$

因此，定时计数法测量强度（计数率）的标准偏差应为：

$$\sigma_{FT} = \sqrt{\frac{2}{T}} \times \sqrt{I_P + I_B} \tag{6.7}$$

相对标准偏差应为：

$$\varepsilon_{FT} = \sqrt{\frac{2}{T}} \times \frac{\sqrt{I_P + I_B}}{I_P - I_B} \tag{6.8}$$

6.2.2 定数计时（FC）法

定数计时法，即定标器预先设定满足统计精度要求的固定计数 N。定时器与定标器同时启动，直至达到预定的计数为止。根据定时器读取累积预定计数所经历的时间 T，计算测量的光谱强度 I（单位时间的计数）或计数率（cps 或 kcps）。如果试样和标准样品均以相同的预定计数进行测量，则在仪器校准及浓度计算时，可用累积预定计数所经历的时间代替分析线的光谱强度。测量背景时必须采用累计相同预定计数所经历的时间代替背景强度。该方法的特点是，测量背景强度及分析线强度时使用相同的累积计数：

$$I_P T_P = I_B T_B = N \tag{6.9}$$

因此：

$$\frac{T_P}{T_B} = \frac{I_B}{I_P} \tag{6.10}$$

通过计算可得出测量分析线及背景所经历的时间分别为：

$$T_B = \frac{I_P T}{I_P + I_B} \tag{6.11}$$

$$T_P = \frac{I_B}{I_P + I_B} \tag{6.12}$$

定数计时法测量的标准偏差为：

$$\sigma_{FC} = \sqrt{\frac{I_P(I_P+I_B)}{I_B T} + \frac{I_B(I_P+I_B)}{I_P T}} \quad 或 \quad \sigma_{FC} = \frac{1}{\sqrt{T}}(\sqrt{I_P + I_B})\sqrt{\frac{I_P}{I_B} + \frac{I_B}{I_P}} \tag{6.13}$$

相对标准偏差为：

$$\varepsilon_{FC} = \frac{1}{\sqrt{T}} \times \frac{\sqrt{I_P + I_B}}{I_P - I_B} \times \sqrt{\frac{I_P}{I_B} + \frac{I_B}{I_P}} \tag{6.14}$$

6.2.3 最佳定时计数（FTO）法

以定时计数法为基础，通过合理分配分析线与背景的测量时间使测量误差最小的方法，称为最佳定时计数法。假定总的测量时间为 T，测量分析线及背景的预定时间分别为 T_P 及 T_B。

$$T_P + T_B = T$$

$$\frac{T_P}{T_B} = \sqrt{\frac{I_P}{I_B}} \tag{6.15}$$

分析线的测量时间与背景的测量时间之比等于分析线强度与背景强度比的平方根时，测得分析线净强度的标准偏差最小。因此，分析线与背景的测量时间分配为：

$$T_P = \frac{\sqrt{I_P} \times T}{\sqrt{I_P} + \sqrt{I_B}} \tag{6.16}$$

$$T_B = \frac{\sqrt{I_B} \times T}{\sqrt{I_P} + \sqrt{I_B}} \tag{6.17}$$

最佳定时计数法测量的标准偏差为：

$$\sigma_{FTO} = \sqrt{\frac{(\sqrt{I_P}+\sqrt{I_B})I_P}{\sqrt{I_P} T} + \frac{(\sqrt{I_P}+\sqrt{I_B})I_B}{\sqrt{I_B} T}} \tag{6.18}$$

相对标准偏差为：

$$\varepsilon_{FTO} = \frac{1}{\sqrt{T}} \times \frac{(\sqrt{I_P}+\sqrt{I_B})}{(I_P - I_B)}$$

$$= \frac{1}{\sqrt{T} \times (\sqrt{I_P} - \sqrt{I_B})} \tag{6.19}$$

上述三种测量分析线及背景强度的方法各有特点。由此可见，当测量分析线及背景的总计数时间相同时，最佳定时计数法的精度最高；定时计数法的精度优于定数计时法。三种测量方法标准偏差的相对关系为：

$$\sigma_{FC} > \sigma_{FT} > \sigma_{FTO} \tag{6.20}$$

参考文献

[1] Bertin E P. Principles and Practice of X-Ray Spectrometric Analysis：2nd ed. New York：Plenum，1975.
[2] Birks L S. X-Ray Spectrochemical Analysis：2nd ed. New York：Interscience，1969.
[3] Birks L S. X射线光谱分析. 高新华，译. 北京：冶金工业出版社，1973.
[4] James P Willis，Andrew R Duncan. Basic concepts and instrumentation of XRF Spectrometry，2010.
[5] Rene E Van Grieken，Andrzej A Markowicz. Handbook of X-Ray Spectrometry：2nd Ed. New York：Basel：2001.
[6] 谢忠信，赵宗玲，陈远盘，等. X射线光谱分析. 北京：科学出版社，1982.
[7] Bertin E P. X射线光谱分析导论. 高新华，主译. 地质出版社，1983.
[8] James P Willis，Andrew R Duncan. A practical guide with worked examples. PANalytical B V Almelo，2007.
[9] Willis J P，Duncan A R. Workshop on advanced XRF Spectrometry. PANalytical B V Almelo，2008.
[10] Rene E Van Griken. Handbook of X-Ray Spectrometry Revised：2nd edition. New York：Basel，2001.

第7章 波长色散X射线荧光光谱仪

7.1 概述

鉴于X射线的波粒二重性，X射线的色散可分为波长色散与能量色散两种类型，第4章已予以论述。本章主要讨论波长色散X射线光谱仪的结构原理。

7.2 波长色散光谱仪的基本结构

如图7.1所示，波长色散X射线光谱仪由X光管、滤光片、样品室、准直器、分光晶体、探测器、计数电路及计算机等部分组成，其中分光晶体是波长色散仪器的核心部件。根据晶体的聚焦方式，波长色散装置可分为平晶非聚焦、柱面弯晶半聚焦及全聚焦三种不同类型。其中平面晶体色散装置是波长色散的基本装置。按光路的组合方式，可分为同时式、顺序式和混合式三种仪器类型。顺序式光谱仪中，分光晶体与探测器的相对位置通过 $\theta/2\theta$ 测角仪的驱动确定，按顺序确定谱线的衍射峰位（2θ），并由探测器跟踪探测。最新出现的称为复合式的仪器，除以光学直接定位的测角仪（DOPS）为顺序式波长色散的主体外，还组合设置能量色散通道及用于小区域扫描的微束通道，其特点是，可简便地择

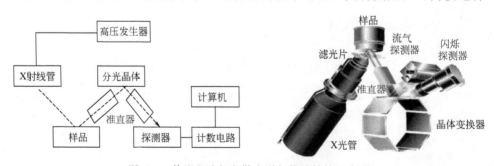

图 7.1 仲聚焦波长色散光谱仪简单结构示意图

优汇编波长及能量色散的最佳通道及通道数量,大幅度提高多元素的分析速度及灵敏度,实现小区域元素的分布分析;图7.2(a)为多道同时式光谱仪的基本配置,由固定道、扫描通道或能量色散通道等组成,其中固定通道既可采用平面晶体,也可用约哈式、对数螺线式或约翰逊式弯晶聚焦方式;图7.2(b)表示一种混合式低功率多道光谱仪的基本结构,即由固定通道、晶体转盘道及测角仪三部分组成。其中晶体转盘道设定的分析线均为各元素的最佳谱线,并由固定的出入口狭缝控制光束的发散度。混合式仪器中配备的测角仪仅用于Ti以后重元素谱线的测定。晶体转盘道就是其出入口狭峰及探测器在罗兰圆上的位置固定不变,仅通过晶体转盘装置选择预定的晶体及分析线位置。这种仅变动晶体的通道也称半固定通道,分光室中最多可设置9个变动晶体的分析通道。在传统的同时式光谱仪中,除配备固定的晶体通道外,还可设置能量色散通道,取代晶体扫描测角仪,简化光谱仪结构。以下详细论述波长色散光谱仪的主要部件功能。

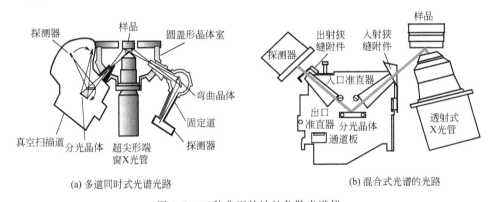

(a) 多道同时式光谱光路　　(b) 混合式光谱的光路

图7.2　三种典型的波长色散光谱仪

7.2.1　X光管

X光管是X射线光谱仪常用的激发源,其结构类似于真空二极管,由发射电子的灯丝(阴极)、接受高速电子的阳极(靶)、玻璃或陶瓷真空管、水冷系统及铍窗等部分构成(如图7.3所示)。光管中灯丝的发射电子经聚焦后在电场作用下飞向阳极(靶),轰击靶面发生能量转换,其中仅有1%的能量转变成X射线光子,其余99%的能量转变成热能使靶体急剧升温。因此,光管靶面必须通过冷却水耗散所累积的热量。灯丝电子轰击靶面产生X射线的有效区域称为焦斑,靶至铍窗及靶至样品的距离均以此为基准。由于X光管的焦斑小,产生的初级辐射高度发散。光管窗口的法线与靶面的夹角称为靶角或阳极角(约20°);相应的有效立体角为40°;样品表面接受初级辐射的通量受光学反平方定律制约。阳极至样品的距离越短,样品表面接受的辐射通量越高。光管窗口越薄,低

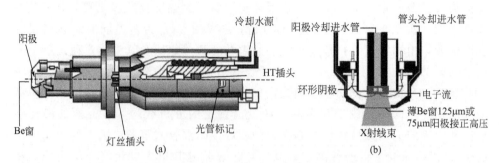

图 7.3 常规设计的端窗 X 光管（a）及超尖锐端窗 X 光管（b）

能辐射的透过率越高，轻元素低能辐射的激发效率越高。X 光管有功率高低之分。高功率光管通常用于波长色散光谱仪；低功率光管适用于能量色散光谱仪。按靶面初级辐射出射的方式可分为反射式及透射式两种管型；透射靶的效率通常为反射靶效率的 3～4 倍。20 世纪 90 年代荷兰飞利浦公司推出的 Venus200 混合式波谱仪，用透射靶 X 光管作为激发源，最大功率 200W，50kV，4mA。透射靶光管的结构如图 7.4（a）所示。根据光谱仪光路设计的需要，X 光管可分为端窗与侧窗两种管型。

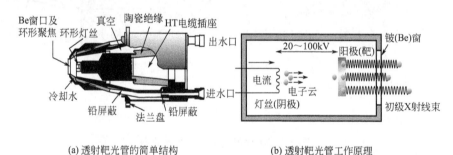

图 7.4 透射靶 X 光管的结构及原理示意图

（1）端窗管 初级辐射的出射窗口位于光管一端，垂直于管轴的部位。这种光管产生的初级辐射能均匀地辐照与窗口平行的样品，对于同时式多道光谱仪设置固定通道十分有利，空间利用率高，样品表面辐照均匀。端窗管通常以铑（Rh）或钯（Pd）作为阳极材料，具有兼顾轻重元素有效激发的功能。光管阳极通常接正高压，靶面焦斑呈圆环状，通过高电阻去离子水和绝缘陶瓷与管壳、样品室及仪器其他部分绝缘，确保操作安全。光管阴极（灯丝）采用特殊的环状形式，以延长使用寿命；冷却光管阳极的去离子水，电阻率必须高于 5MΩ/cm，否则将因导电而发生危险。

（2）侧窗管 窗口位于光管头部的侧面，阳极与样品室、冷却水管及仪器其他部件同时接地，保证操作安全。这种光管通常用铑或 W/Cr、Sc/Mo 复合材料作为阳极。20 世纪 90 年代以后，X 射线光谱仪均采用端窗管作为样品的激发源。这种光管的基本特点是：①输出功率高，可在高功率状态长时间持续工作。其电压调节范围为 10~60kV；电流调节范围为 10~160mA；使用功率必须低于或等于额定功率；最高功率可达 6kW；选择激发条件时，电压与电流必须等功率切换。②辐射强度输出稳定。通过合理设计及构件的精密加工，防止金属升华，提高输出辐射的长期稳定性。③低温操作。降低阳极与样品表面间由于距离引起的温度影响，这对于液体样品的分析特别重要。④采用优质耐用的灯丝材料和特殊的灯丝结构，延长光管使用寿命。⑤采用高纯度靶材，确保初级辐射光谱的纯洁度。⑥精密设计 X 光管的整体结构，以获得与提高功率等同的效果。早在 20 世纪 90 年代初，飞利浦公司分析仪器部就推出了与常规端窗 X 射线管结构完全不同的超尖锐端窗管（SST），通过缩短阳极与样品距离，增大样品表面的辐照立体角，提高初级辐射的辐照强度，从而获得与提高功率等同的效果。这种光管的特点是：①用可精密加工的陶瓷材料作为光管的绝缘材料；②用特殊的粗细相兼的卷状灯丝，延长光管使用寿命；③用超尖锐光管端部，缩短阳极至样品的距离，增大样品表面辐照的立体角；④采用可清洗的超薄铍窗（50μm），防止窗口污染，维持透过率的稳定性。

在 X 射线光谱分析中，光管初级辐射的连续光谱及靶线共同参与样品激发；以高能靶线及连续谱短波部分的辐射激发重元素；以低能靶线及相应的连续谱低能辐射激发轻元素。端窗管由于结构不同，样品与光管间的距离差异十分明显，相应的光管激发效率也有明显的差异。图 7.5 通过样品表面的 X 射线光谱强度与样品至光管阳极距离的函数关系比较了常规设计的端窗管与超尖端窗管的使用效果。根据物理光学原理，使用有源辐射时，样品表面接受的光照度（或光通量）与光源至样品距离的平方成反比：

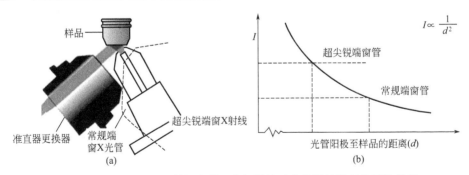

图 7.5 样品表面的 X 射线光谱强度与样品至光管阳极距离的函数关系

$$I \propto \frac{1}{d} \tag{7.1}$$

式中，d 表示光管靶与样品的距离。不同的光管，靶至样品的距离不同，直接影响样品的激发效率。因此，提高 X 光管的功率和改变样品与光管靶的距离是提高激发效率常用的方法。但提高光管功率涉及复杂的电路结构；改变光管与样品的距离比较容易。由于光路结构的限制，样品与光管间必须保持一定的距离。超尖锐端窗管的端部尖细，靶面与样品间容易实现短距离（11mm）结合，由此产生的激发效果与提高光管功率完全等效。如图 7.5 所示，两种不同结构的端窗管，由于距离差异导致激发效果的明显差异。由图可见，超尖锐端窗管靶离样品的距离最短，激发效果最佳。在相同的样品基准高度下，X 光管与样品紧密结合的光学系统，能有效提高荧光发射效率。根据反平方定律，缩短 X 光管靶与样品间的距离，使样品表面的辐射强度呈指数规律增加。但随这种距离的缩短，由样品基准高度误差（例如 $\pm 100\mu m$）引起的强度波动同样受反平方律的制约。理论上，在这种紧配合的光路中，由样品定位误差引起光谱强度的偏差可能超过 $\pm 1\%$。实验证明，当 X 光管倾斜放置时，测量强度随距离的变化不再遵循反平方律，而遵循抛物线规律变化。因此，由样品高度变化产生的强度偏差远低于反平方律的估计值。在特殊设计的光谱仪中，样品的基准高度与抛物线的顶点几乎重合，由样品高度变化产生的强度偏差明显降低。当样品高度变动 $\pm 100\mu m$ 时，相应的强度变化小于 0.1%。这种抛物线关系说明：①样品表面的荧光辐射强度呈现一种非对称性分布；②严格限制准直器光阑的视野（光阑孔径与出射角的乘积），可有效补偿样品高度变化引起的强度偏差。在端窗同时式光谱仪中，由于光管垂直放置，测量强度随样品高度的变化仍遵循反平方律，由样品高度变化引起的强度误差较大。

    X 光管无论类型如何，其阳极特性基本相同。图 7.6 表示光管电流随灯丝加热电流变化的关系。当灯丝加热电流低于某一临界值 i_0 时，灯丝的热电子发射未达到足够数量，光管电流为零；当灯丝电流超过 i_0 时，光管电流开始增大并随灯丝电流的增大而迅速升高。管电流的大小主要决定于灯丝的加热电流或电压。图 7.7 表示当灯丝电流一定时，光管电流随电压而升高，但当电压升至某一临界值时，光管电流不再变化而保持恒定，相应的电压称为光管的临界电压。从图可见，这种临界电压的大小随灯丝电流而变，灯丝电流越大，光管的临界电压就越高；其原因在于灯丝加热电流一定，产生的热电子数量一定；当电压升高时，单位时间内到达光管阳极的电子数逐步增多。当灯丝发射的电子全部到达阳极时，管电流不再随光管电压而变。从强度公式可见，光管初级辐射强度与光管电流的线性关系，这也是以灯丝电流一定为前提的。高压发生器是光管产生 X 射线的能量来源。它由高压变压器、灯丝变压器、高压整流、滤波、稳定控制及安全保护等控制电路组成，其作用是将交流低电压转变成稳定的直流高电压。一方面为 X 光管提供直流高压（HV）；另一方面为光管灯丝提供加热电流。光管阳极的直流高压（HV）通过控制接口转换器的 kV 模拟信号实现程序控制。同样，光管的发射电流由 mA 模拟控制信号加以设定和控制。高压发生器中的变压器起升压作用，将常规电压升至 X 光管所需的高压。这种变压器与普通变压器不同，对绝缘具有严格的要求。由于光管阳极需施加直流高压，发生器必须配备高压整流装置。在现代仪器中基本采用可控硅全波桥式整流电路,实现交直流变换。为提高 X 光管的激发效果,通过电容滤波方式获得稳定的直流高压。

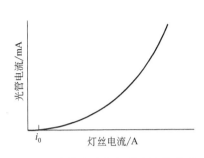

图 7.6　光管电流与灯丝电流的关系
(光管电压大于饱和电压临界值)

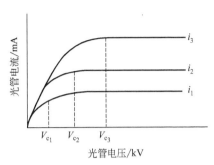

图 7.7　X 光管的阳极特性曲线
(临界电压 V_c;灯丝电流 i)

7.2.2　准直器

波长色散光谱仪中,晶体是色散分光的核心部件;在非聚焦光学系统中,准直器则是色散分光的辅助器件。准直器通常由一组相互平行的布拉格狭缝组成,起提高光束准直度及分光效果的作用。这种准直器也称为苏拉狭缝,实际上由一组间隔相等的平行金属箔叠积而成。用于截取来自样品或晶体的发散光,汇聚成一束基本平行的光,然后投射到晶体表面或探测器窗口。图 7.8 显示一种非聚焦光谱仪(波长色散平面晶体光谱仪)的光学系统,其准直器的结构如图 7.9 所示。在波长色散光路中准直器可有两种设置方式:①固定设置在样品与晶体间,称为初级准直器或光源准直器,主要用于提高光束的准直度和分辨率,消除样品的不均匀性影响;②设置在晶体与探测器间的准直器称为次级准直器、接收准直器或探测器准直器。其作用是排除晶体的二次发射,降低背景,改善检测灵敏度。这两种配置,对于样品发射的特征 X 射线具有相同的准直效果。初级准直器对于测角仪 $\theta/2\theta$ 驱动关系的调整要求并不严格,但对于提高光谱的分辨率十分重要。图 7.9 表示准直器对光谱强度及谱线形状(宽度)的影响,假定构成准直器的金属片长度为 l,间距为 s,发散角为 2α;则准直器的发散度或角发散为:

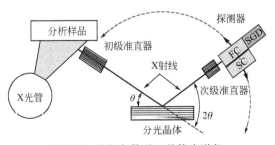

图 7.8　波长色散平面晶体光谱仪

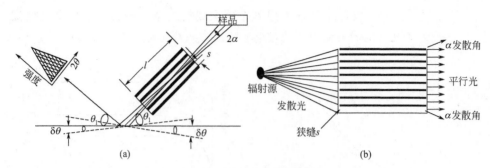

图 7.9 准直器的发散角与谱线轮廓间的关系

$$B_c = \alpha = \arctan(s/l) \quad (7.2)$$

由于 $s/l \ll l$，因此：

$$B_c = \alpha \approx s/l \quad (7.3)$$

由此可见，由初级准直器射入晶体表面的入射光束，其发散度 B_c 仅决定于准直器的长度 l 及金属片的间距 s。若增加初级准直器的长度，减小片间距，将产生如下效果：①衍射峰变窄；②衍射峰两侧尾部减小；③分辨率提高；④背景降低。概括而言，准直器的长度越长，片间距越小，准直度及分辨率就越高，但光谱强度相应降低。实际使用中，在满足分辨率要求的前提下，尽量使用长度较短、片间距较大的准直器，以兼顾光谱强度及分辨率；当光路中两个位置都设置准直器时，通常初级准直器比较长，片间距小；次级准直器较短，片间距较大；如果均采用细长的准直器，将会产生两个问题：①光路调整非常困难，不易保持中心对准；②谱线的衍射峰易发生分裂，一个峰可能分裂成若干子峰。实际上，在设计中已避免采用这种配置，并顾及光谱线的强度、分辨率及适用的波长范围。通常设置使用粗、中、细，短、中、长三种不同规格的准直器。细准直器的一般规格为 $100 \sim 150 \mu m$；粗准直器的规格为 $700 \sim 4000 \mu m$；中等准直器的规格为 $300 \sim 550 \mu m$。短波谱线通常使用细准直器；长波谱线则采用粗准直器。分析超轻元素如硼、碳时，采用专用的固定通道（单色器）。表 7.1 中列出了不同规格准直器的使用范围。

表 7.1 不同规格准直器的使用范围

准直器	L 系光谱	K 系光谱	准直器	L 系光谱	K 系光谱
$100\mu m/150\mu m$	U~Pb	Te~As	$150\mu m$	U~Ru	Te~K
$300\mu m$	U~Ru	Te~K	$550\mu m$	Mo~Fe	Cl~F
$700\mu m$	Mo~Fe	Cl~O	$4000\mu m$	—	O~Be

7.2.3 辐射光路

从 X 光管铍窗至探测器窗口间入射的初级辐射及样品发射的荧光辐射所经

历的路程，称为辐射光路。按介质类型可分为：空气、氦气及真空三种光路。光路介质对分析线及初级辐射的影响随辐射波长而变。波长短于 1Å（如 BrKα，RaLα）的辐射，在空气或氦气光路中光谱强度的测量值基本不变；在真空或氦气光路中，波长短于 6Å（如 PKα、ZrLα、PtMα）的辐射，光谱强度的测量值基本不变。因此，对于原子序数在 23（钒）以上元素的 K 系特征线及 56（钡）以上元素的 L 系特征谱线均可在空气光路中测量；原子序数在 19（钾）以上的高浓度元素的 K 系谱线仍可采用空气光路测量；波长大于 7Å（SiKα）的轻元素辐射必须在真空光路中测量。图 7.10（a）表示钙至氯间各元素的 Kα 线在氦气和真空光路中测量强度的比较；图 7.10（b）表示镁（Mg）至氯（Cl）各元素 Kα 线的透过率随光路真空度的变化；图 7.10（c）表示辐射在真空与氦气光路中透过率随波长的变化和镁至钙等元素 Kα 线测量强度的比较。从图可见，使用氦气光路及真空光路，特别是用真空光路对于所有长波辐射都十分有利。不但增强光路的透过率，而且可降低样品室中由初级辐射散射引起的背景，改善仪器测量的灵敏度及稳定性。

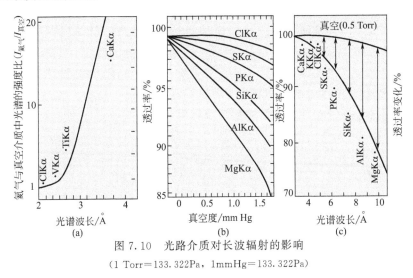

图 7.10　光路介质对长波辐射的影响
（1 Torr=133.322Pa，1mmHg=133.322Pa）

7.2.4　分光晶体

分光晶体是波长色散 X 射线光谱仪的核心部件，由一组具有特定晶面的单晶薄片构成，可制成平面、柱面及对数螺线曲面等形式，其作用与光学发射光谱仪的刻痕光栅类似，能使样品发射的特征 X 射线（荧光）按波长顺序色散成一组空间波谱，使各种波长的辐射散布在空间不同位置。每种晶体的特定晶面具有特定的晶面指数（密勒指数 hkl）及晶面间距（d），分别适用于不同的波长范围。这种晶体既可用其化学名称表示，也可用其衍射晶面的密勒指数（hkl）或晶面间距（d）表示。例如 LiF（200）或 LiF（220）等。作为分光晶体应具有如下特点：①特定的晶面间距（d），适用于特定的波长范围；②在适用的波长范围内，衍射峰应具有理想的分辨率，即具有理想的色散效率及衍射峰宽；③对各谱线具有理想的衍射效率；④在 X 射线的长期辐照下不变质，能保持长期稳定；⑤线性热膨胀系数小，温度稳定性好；⑥具有良好的机械加工性能。以下着重讨论有关分光晶体的若干重要特征。

（1）有效波长范围　有效波长范围是指产生衍射的最大与最小波长所覆盖的波长范围及相应的衍射角（2θ）范围。有效波长主要取决于晶体的晶面间距（d）及晶体分光计的几何结构。从布拉格公式可知：

$$\sin\theta = \frac{n\lambda}{2d} \tag{7.4}$$

由于 $\sin\theta$ 的数值不能大于 1，最大 θ 角为 90°。理论上，晶体能产生衍射的最大波长应等于晶面间距（d）的两倍。由于设计上的原因，测角仪的扫描范围不可能达到 180°。通常最大只能达到 145°，这是晶体扫描范围的上限；因此，与晶体扫描上限对应的最大衍射波长为：

$$\lambda_{\max} = 2d\sin\theta = 2d\sin 72.5° = 1.91d \tag{7.5}$$

当晶体处于低角度时，其扫描同样受到一定的限制。当 2θ 扫描接近 0°时，初级准直器、晶体、次级准直器及探测器几乎位于一条直线上，分光晶体已无法截取入射线束，其中大部分辐射未经分光直接进入探测器，从而导致背景的迅速升高。如图 7.11 所示，由于初级准直器的高度 h 及晶体长度 L 的限制，晶体截取通过初级准直器的全部辐射所需的最小掠射角 θ 应遵循如下关系式：

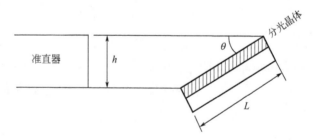

图 7.11　晶体适用的角度扫描范围

$$\sin\theta = \frac{h}{L} \tag{7.6}$$

当初级准直器的规格一定时，在特定的衍射（θ）方向上，能接受全部荧光辐射的晶体长度 L 应为：

$$L = h/\sin\theta \tag{7.7}$$

式中，h 为准直器的宽度，mm；θ 为晶体的衍射角；L 为晶体的长度。当晶体长度为 L，准直器的宽度为 h 时，晶体能截取全部荧光辐射的最小衍射角 θ 应为：

$$\theta = \arcsin(h/L) \tag{7.8}$$

当 $\theta < \arcsin(h/L)$ 时，晶体不能截取全部入射线束；通常将 $2\theta = 2\arcsin(h/L)$ 定义为晶体分光计的工作下限。因此，在选择晶体时必须遵循以下原则：选择晶面间距尽量小的晶体；使待测的最短波长所对应的衍射角（2θ）介于 $10°\sim15°$。对于所选的各种晶体，适用的 2θ 扫描范围通常都在 $10°\sim148°$ 间。

（2）衍射强度 衍射强度是决定分析精度及灵敏度的关键因素。在确定每个分析成分的测量条件时，应选择衍射强度尽可能高的分析线，以便在满足统计精度要求的前提下，尽可能缩短测量时间。正常情况下，特征谱线的衍射峰基本上呈现高斯分布形状，其强度以两种方式表示，即峰位强度和积分强度。在波长色散光谱分析中，常用谱线的峰位强度表示测量强度；在能量色散光谱分析中，常用谱峰的积分强度或谱峰的净峰面积表示谱线的测量强度。影响晶体衍射强度的主要因素有：①晶体的完整性。理想的完整晶体由于存在极强的初级消光效应而导致晶体内部强烈的附加吸收，使衍射强度降低。为了提高晶体的衍射强度，必须选择初级消光效应低的非完整晶体作为分光晶体。②晶体的原始反射效率。晶体的反射效率取决于其本身的结构及组成元素的原子序数。同一种晶体，不同的晶面具有不同的反射效率。③晶体的表面处理。经腐蚀处理的晶体表面，对于短波辐射具有较高的衍射效率；经抛光处理的晶体表面，对于长波辐射具有较高的衍射效率；其强度可能有几十倍之差；而对衍射峰的宽度并无明显的影响。在理想的非完整晶体结构中含有若干微小晶块，这些小晶块间的排列取向存在一定的偏差（约几分弧度差）。由于小晶块的取向与布拉格衍射方向略有偏差，致使衍射强度增高。晶体中这种微小晶块或崁镶块的取向差越大，衍射强度就越高，但衍射峰形有所加宽，使分辨率下降。晶体经表面研磨、腐蚀、升温弯曲等处理，会产生若干崁镶块组织或晶格位错等缺陷，扩大取向偏差而破坏晶体的完整性，抵消完整晶体的初级消光效应，提高衍射强度。

（3）波长分辨率 为了减少光谱干扰，所选用的晶体应具有较高的分辨率。波长分辨率，即区分或识别波长十分接近的邻近谱线的能力。波长分辨率受衍射线的角色散（两条谱线间的 2θ 间隔）和发散度（衍射峰的 2θ 宽度）的影响，其中角色散（$d\theta/d\lambda$）可定义为衍射角随波长的变化率；晶体的发散度可定义为衍射峰强度分布的展宽度，用半高宽（FWHM）表示。布拉格方程的微分形式为：

$$\frac{d\theta}{d\lambda} = \frac{n}{2d\cos\theta} \tag{7.9}$$

从上式可见，衍射峰的角色散（$\frac{d\theta}{d\lambda}$）随晶面间距 d 的减小，反射级 n 的增大及衍射角 2θ 的增大而增大。为获得最大的角色散，应选择面间距 d 尽可能小的晶体。衍射峰的宽度是谱线的原始宽度及晶体摆动曲线的合成结果；谱线越宽，分辨两相邻谱线就越困难。如图 7.12 所示，晶体摆动曲线是表示一种波长的衍射峰（2θ）由于晶体不完整而展宽的现象，数值上等于衍射峰的半高宽（FWHM）或半宽度（$W_{1/2}$）。晶体摆动曲线的形状与高斯分布一致，表示晶体的非完整程度，是谱线的原始宽度、晶体的镶嵌块取向差、非完整性、内应力及表面结构等因素综合影响的结果。

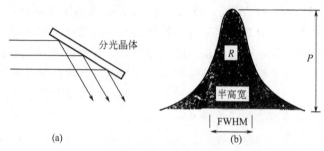

图 7.12　晶体摆动曲线（引自 Birks，1969）

R—总反射系数；P—峰衍射系数

分光系统的波长分辨率（$d\lambda/\lambda$ 或 $d\theta/\theta$）即衍射峰的相对宽度，受晶体的反射特性、初级及次级准直器的片间距（或狭缝宽）宽窄及晶体加工形态（平面或柱面弯曲）等因素的影响。柱面弯曲晶体由于能降低衍射峰的拖尾而获得较高的分辨率。在波长色散法中，波长分辨率通常定义为谱线的波长 λ 与衍射峰半高宽 $\Delta\lambda$ 的比值；分辨率表示波长差为 $\Delta\lambda$ 的两条谱线的分离程度，即表示谱线峰位的最高强度与其邻近谱线峰尾最低强度的重叠程度。因此，$\Delta\lambda$ 是两相邻谱峰能够分开的最小波长差。若 $\Delta\lambda$ 以 2θ 及总发散度 B 表示，且谱线的原始宽度无限小时，衍射峰呈现高斯分布，其发散度完全取决于晶体的衍射特性。分辨两相邻谱峰的基本条件为：

$$\Delta 2\theta = 2B \quad (7.10)$$

式中，$\Delta 2\theta$ 表示与波长差 $\Delta\lambda$ 相对应的衍射峰间的角度偏差（如图 7.13 所示）。根据角色散的定义和布拉格公式可导出 $\Delta\lambda = 2d\cos\theta \cdot \Delta\theta/n$。波长分辨率与波长（$\lambda$）、晶面间距（$d$）、衍射角（$\theta$）、衍射级（$n$）及总发散度（$B$）间的关系可表示为：

$$\frac{\lambda}{\Delta\lambda} = \frac{n\lambda}{2d\cos\theta} \times \frac{1}{\Delta\theta} = \frac{2\tan\theta}{\Delta 2\theta} = \frac{\tan\theta}{B} \quad (7.11)$$

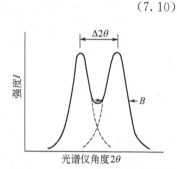

图 7.13　两邻近谱线的分辨条件（$\Delta 2\theta = 2B$）

式中，$\Delta\lambda$ 与 B 相等，代表波长差的绝对值。从上述函数关系可得出：①波长差为 $\Delta\lambda$ 的一组谱线，使用不同的晶体时，其波长分辨率主要取决于谱线的总发散度或半高宽 B；分辨率随总发散度 B 的增加而降低。②根据布拉格方程，当波长一定时，晶体的 d 值越小，衍射角 θ 越大，角色散就越大。因此，波长分辨率随谱线角色散（$d\theta/d\lambda$）的增大而提高。实际上，这种关系是以衍射峰的总发散度 B 不变为前提的。很多情况下，由于谱线的总发散度不同，尽管晶体的 d 值较小，但分辨率不一定高。③不同波长的谱线用同一种晶体分光时，在衍射峰发散度不变的前提下，分辨率迅速随波长 λ 变长而提高；由此可见，提高波长分辨率的首要问题是降低谱峰的发散度 B；采用发散度小的准直器和完整性适当的晶体，在兼顾衍射强度、总发散度 B 及晶体其他性能的前提下，尽可能选择色散率较高的晶体作为分光晶体。

（4）灵敏度　色散率和分辨率的改善均以牺牲灵敏度为代价。为了满足统计精度的要求，必须延长测量的计数时间。光谱仪光路的总体灵敏度取决于所选晶体的反射率和准直器的片间距。根据一般规则，灵敏度与分辨率呈反比关系。高色散晶体往往反射效率低。同一种晶体，其反射效率的相对关系为：LiF(200)＞LiF(220)＞LiF(420)；色散率间的相对关系为：LiF(200)＜LiF(220)＜LiF(420)；因此，晶体与准直器的最佳组合必须兼顾衍射强度、色散率及分辨率。分光晶体的最佳选择如表 7.2 所示。

表 7.2　兼顾谱线强度、色散率及分辨率的晶体最佳选择

晶体	$2d$/nm	用途	注解说明
LiF 420	0.1801	Ni～U	超高分辨
LiF 220	0.2848	V～U	高分辨
LiF 200	0.4027	K～U	高强度
InSb 111	0.7477	Si	超高灵敏度　平面/弯曲
PE 002	0.8742	Al～Cl	常规使用　平面/弯曲
Ge 111	0.6532	P～Cl	平面/弯曲
TLAP 100	2.575	O～Mg	涂层
PX1	5	O～Mg	人工合成多层膜
PX4	12	C	人工合成多层膜
PX4a	12	C	人工合成多层膜，灵敏度较 PX4 高 20%
PX5	11	N	人工合成多层膜
PX6	30	Be	人工合成多层膜
PX7	16	B	人工合成多层膜，对潮湿灵敏
PX8	3	Al、Mg、Na、F	无毒，比 TLAP 晶体长寿耐用
PX9	0.4027	Cu～U	精密加工晶体，高强度，优于 LiF 200
PX10	0.4027	K～U	精密加工晶体，高强度，优于 LiF 200

（5）温度效应　每条谱线衍射角的重现性主要取决于测角仪的定位精度及晶体的热性能。在现代光谱仪中，由于采用光学定位方式确定分析线位置，分析线角的定位精度及定位速度大大提高。角度定位的误差主要来源于环境温度对晶面间距的影响。同一晶体在不同的环境温度下，由于晶体的膨胀或收缩导致面间距

d 值变化，使谱线发生位移（$\Delta 2\theta$），影响测角仪定位的准确度。图 7.14 表示若干常用晶体线性膨胀的温度系数。由布拉格方程可导出，衍射峰随环境温度变化（ΔT）产生的角位移（$\Delta \theta$）为：

$$-\frac{\Delta \theta}{\Delta T} = \alpha \tan\theta = \frac{\Delta d}{d} \frac{1}{\Delta T} \tan\theta \tag{7.12}$$

式中，α 为垂直于某特定晶面（hkl）的线性热膨胀系数，℃$^{-1}$；T 为晶体所在环境的温度；θ 为布拉格衍射角。显然，热膨胀对衍射峰位置的影响随衍射角的增大而增加。因此，在高角度范围内，对角度重复性的要求应适当放宽。2θ 角在 60°以下范围时，角度重现性约为 0.01°×2θ；当衍射角（2θ）在 60°~150°范围时，允许的重现性为 0.02°×2θ。由于衍射峰随晶体环境温度变化而产生漂移，必然影响谱线强度的准确测量。在现代光谱仪中，机箱内部设置了专用的恒温装置，使晶体的环境温度控制在 ±0.01℃ 的变化范围内，以保证测量的准确性。分光晶体适用的波长范围、衍射强度、色散率及分辨率等参数是选择晶体的重要考核依据。

（6）晶体的异常反射　前面已讨论了晶体的色散率及波长分辨率两个重要指标及其对分析的影响。异常反射是分光晶体的另一重要特点。对于比较成熟的晶体如 LiF 220，当其主晶面的取向与另一晶面的取向十分接近时，应特别注意这种异常的、杂乱的微弱反射，这种反射光也能进入探测器。现代制造技术通过晶体取向及晶面的适当处理已基本排除这一问题的发生。如图 7.15 所示，晶体的异常反射主要产生于两晶面（hkl）的微小倾斜。

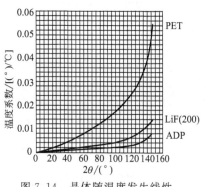

图 7.14　晶体随温度发生线性膨胀的温度系数

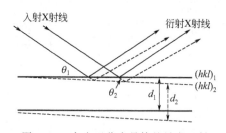

图 7.15　产生于分光晶体的异常反射

7.2.5　平面晶体色散装置

利用晶体衍射原理实现波长色散的装置称为晶体色散装置。按光路设计和晶体加工方式不同，波长色散装置可分为平晶（仲聚焦）和弯晶（聚焦）两种类型。平面晶体色散装置可分成布拉格-苏拉、劳埃、端晶及双晶等类型，其中布拉格-苏拉法是波长色散光谱仪最常用的色散装置。

布拉格-苏拉法是布拉格父子最早提出的平面晶体色散装置,其工作原理是,入射狭缝、分光晶体及接受狭缝(探测器狭缝)均在以晶轴为中心,以 R 为半径的同一圆周上。过此三点所作的辅助圆称为聚焦圆。如图 7.16 所示,当分光晶体绕轴旋转时,由样品不同位置发射的同一波长的入射线落在晶面的不同位置,并按布拉格原理发生衍射,其反射线与入射线的夹角在聚焦圆上所对的弧度始终相同,最终都到达聚焦圆上的接受狭缝,进入探测器。对于不同波长的入射线,经过晶体衍射,也同样进入探测器。由此可见,波长为 λ 的特征 X 射线圆锥,在晶体转动过程中按顺序汇聚到聚焦圆的狭缝上,这种聚焦称为时差聚焦。以这种方式构成的分光计称为布拉格分光计。在这种分光计中,探测器接受的光谱强度很低。为克服这一缺点,用多狭缝准直器代替单狭缝。这种平面晶体色散装置称为布拉格-苏拉分光计。它是当前波长色散光谱仪使用最广泛的平面晶体色散装置。关于其他平面晶体色散装置,这里不予论述。

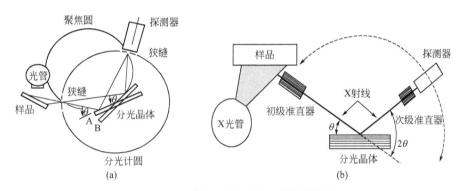

图 7.16　布拉格-苏拉法仲聚焦色散装置

7.2.6　弯曲晶体色散装置

就光学意义而言,弯曲晶体并不能使 X 射线聚焦,只是通过布拉格衍射原理,使 X 射线汇聚成一束线状或点状光束。弯曲晶体色散装置中所用的晶体可以是透射式或反射式晶体;就其弯曲方式而言,可以是柱面弯曲、球面弯曲、环形弯曲及对数螺线式弯曲。图 7.17 所示的约翰逊式柱面弯曲晶体(全聚焦)色散几何结构中,以晶体为中心,样品至晶体及晶体至探测器的距离 L 相等,且三者位于直径为 R 的同一聚焦圆上。该聚焦圆类似于光学光路中的罗兰圆。因此,根据布拉格方程可导出辐射源(样品)至晶体或晶体至探测器的距离计算公式:

$$L = n\lambda R/2d = R\sin\theta \tag{7.13}$$

式中,n、λ、d 分别表示晶体的衍射级、波长及晶面间距;R 表示罗兰圆的直径;L 表示 X 射线源至晶体或晶体至探测器的距离。图 7.17 中所示的光源狭缝接受样品产生的荧光辐射,这些辐射可能是来自微小颗粒或由纤维发射的荧

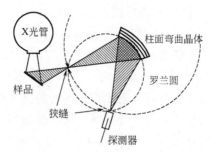

图 7.17　约翰逊式柱面弯曲晶体（全聚焦）色散几何结构

光 X 射线；也可能是来自聚焦圆外大面积样品上小选面发射的荧光 X 射线或来自微电子束激发的荧光辐射。

在这种几何结构中，位于聚焦圆上的光源狭缝或探测器狭缝是不可能用准直器代替的，只能用一种无光损耗的狭缝或针孔光栏代替。在这种色散装置中，为了实现完全聚焦，必须满足以下条件。①罗兰条件，即 X 射线点光源或线光源、晶体表面及聚焦像都必须位于半径为 $R/2$ 的罗兰圆上，为满足这一条件，晶体的曲率半径必须为 R；②晶体上所有点必须满足布拉格条件，与罗兰圆重合。因此，晶体表面的弯曲半径必须为 $R/2$；为实现这一目的，预先将晶面弯成半径为 R 的柱面，然后将晶体内表面研磨成半径为 $R/2$ 的曲面，这种色散方式称为全聚焦或约翰逊聚焦。在现代波长色散光谱仪中，柱面弯曲晶体色散装置应用比较多，特别是在多道光谱仪中普遍使用。按聚焦方式可分为半聚焦与全聚焦两类；按照晶体的柱面弯曲方式可分为约哈式、约翰逊及对数螺线式三类。其中约哈式弯曲晶体为半聚焦方式，即晶体简单地弯成半径为 R 的柱面，曲率半径等于聚焦圆的直径。在这种装置中，当 θ 角变动时，狭缝至晶体或晶体至探测器狭缝的距离 L 及 R 均为常数；为了获得最佳的性能，可使 R 保持不变，令 L 随 θ 而变动；或者使 L 不变，令 R 随 θ 角而变。约哈式的最佳聚焦仅发生在晶体与聚焦圆外切的垂直轴上。因此，这种聚焦不准确。当 2θ 角很小时，散焦现象特别严重；当 $2\theta>90°$ 时，散焦现象可忽略不计。这种装置对于容易弯曲的弹性晶体十分适用。在全聚焦方式中，通过晶体内表面与聚焦圆重合的方式，消除半聚焦方式的散焦缺陷。在约翰逊式全聚焦晶体色散装置中，为保证在整个 2θ 角度范围内获得最佳的聚焦性能，样品-晶体-探测器间的距离必须随 2θ 而变动。

波长色散 X 射线光谱仪另有一种半聚焦晶体色散装置，最早由布洛格列克（M. de Broglie）等人提出的对数螺线弯曲晶体色散装置（如图 7.18 所示），晶体可预先按对数螺线轨迹制成弯晶或直接贴在按对数螺线轨迹加工的金属支架上，使样品各点发射的 X 射线以相等的角度 (θ) 与晶面相交，并形成符合布拉格衍射原理的反射。这种色散方式与约翰逊式不同，晶体加工简单，适用于

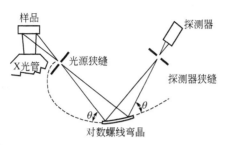

图 7.18 对数螺线弯曲（半聚焦）晶体色散几何结构

任何晶体。其聚焦性能介于约哈式与约翰逊式之间。由于这种色散方式，对于不同波长要求的曲率半径不同，宜制成固定通道使用。在这种装置中，使用宽狭缝探测器可有效弥补其聚焦缺陷。早期飞利浦公司的 PW 系列仪器及帕纳科公司生产的光谱仪中，固定通道就是采用这种色散方式，以提高轻元素的分析灵敏度。

7.2.7 测角仪

顺序式波长色散 X 射线光谱仪中，测角仪是根据布拉格衍射原理实现晶体与探测器（$\theta/2\theta$）联动定位的光谱扫描装置。早期光谱仪用齿轮偶合驱动方式实现光谱的扫描定位。这种定位装置的最大缺点是，由齿隙效应引起的谱线定位误差大，重现性差。新型齿轮偶合驱动测角仪的定位精度有所改善，但仍不能满足高精度和快速定位的要求。当前，现代顺序式光谱仪采用全新的无齿轮光学定位测角仪，实现晶体与探测器的（$\theta/2\theta$）快速扫描和高精度定位。20 世纪 80 年代中期，先后出现光学干涉和光学编码直接定位的两种无齿轮测角仪。

（1）光学干涉定位测角仪　20 世纪 80 年代初，ARL 公司率先用两块圆光栅相对转动产生干涉形成的明暗条纹（称莫尔条纹）控制晶体与探测器（$\theta/2\theta$）的联动定位。用这种无齿轮测角仪实现光谱的快速、准确定位。其定位精度为 0.001°；扫描速度为 4800°/min。

（2）光学编码定位测角仪　20 世纪 80 年代中，荷兰飞利浦公司采用光学编码直接定位的无齿轮测角仪，成功取代了传统的齿轮驱动测角仪。如图 7.19 所示，这种装置由两个独立的驱动轴（θ 和 2θ）、驱动轮、编码光盘及光学阅读器组成。晶体变换器与测角仪的 θ 轴连接；探测器驱动装置与 2θ 轴连接，两轴独立驱动。编码光盘由精确录制的黑条和等宽度透明亮条相间而成，全圆 360°共 720 对明暗条纹，每对条纹相当于控制弧度 0.5°的角度。循环控制系统的作用是：①通过光学阅读器监测测角仪的角度位置；②将监测的位置信息反馈到控制电路；③由控制电路驱动直流伺服马达，使测角仪转至需要的角度位置。为降低明暗条纹的间距误差，以一组 22 条明暗线像，通过光源透镜投影在一组阵列光敏二极管上，获得一平均采样频率为 1.5kHz 的正弦波信号。石英振荡器的监控

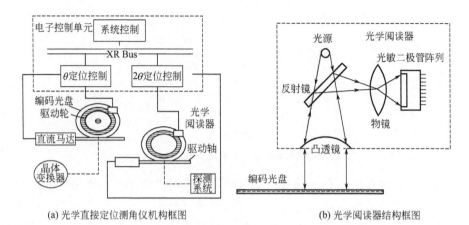

(a) 光学直接定位测角仪机构框图　　(b) 光学阅读器结构框图

图 7.19　光学定位（DOPS）测角仪原理示意图

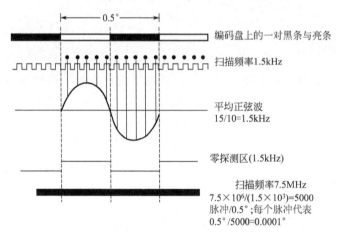

图 7.20　测角仪的光学定位原理示意图

频率与光敏二极管接收的正弦信号的频率比（7.5MHz/1.5kHz）相当于 5000 个时钟脉冲，以此精确控制弧度为 0.5°的角度（如图 7.20 所示）。这种无齿轮测角仪扫描速度快，定位精度高，不产生任何机械误差。其定位精度为 $\pm 0.0001°$，$\theta/2\theta$ 独立驱动，定位速度为 2400°/min，角度定位的准确度为 0.0025°。

7.3　探测器

波长色散光谱仪中，探测器的主要作用是实现光电转换，将样品发射的 X 射线光信号转变成可直接测量的电信号，并根据其正比特性分辨各种不同能量的脉冲信号。探测器的输出脉冲经幅度放大和甄别后，输入计数电路加以测量。探测器不仅起光电转换的作用，而且通过脉冲高度选择器，在晶体色散的基础上起二次分光作用，消除高次线干扰，降低散射背景等的影响。波长色散光谱仪常用的探测器有闪烁计数器、流气式正比计数器及封闭型探测器三种类型，其结构原理已于第 5 章详细论述，此处不再重复。表 7.3 列出几种波长色散光谱分析常用探测器的适用范围。流气计数器主要用于探测轻元素的长波辐射；封闭计数器适用于中、长波辐射的探测；闪烁计数器适用于波长短于 1.0Å 的重元素高能辐射的探测。封闭型探测器填充不同类型的惰性气体，将在不同的波长范围内获得最佳的计数效率。这种探测器主要用于波长色散多道光谱仪中的固定通道（单色器）。

表 7.3　各种常用探测器的适用范围

气体	探测器类型	能量范围/keV	元素范围	Q（正常值）
Ar	流气式	0.18~8	C~Cu	45
Ar	封闭式	1.4~3	Al~K	45
Ne	封闭式	3~8	K~Cu	48
Kr	封闭式	3~8	K~Cu	54
Xe	封闭式	3~8	K~Cu	60
NaI	闪烁式	8~35	Cu~Ba	120

7.4　脉冲高度分布及脉冲高度分析器

众所周知，由样品发射的特征 X 射线经晶体分光，凡符合衍射条件的特征辐射均由探测器接受，包括波长相同的其他元素的高次线辐射。根据探测器的能量正比特性，很容易分辨其能量差异。为此引入脉冲高度分布及脉冲幅度选择的概念特别重要。前面已多次解释，探测器的输出由入射光子形成的幅度正比于其能量的电流脉冲组成。图 7.21 表示探测器输出脉冲的幅度随时间的分布和一束严格单色化（单一波长或能量）的入射光子形成的一组脉冲高度分布。这里有三种概念：第一种，探测器的输出脉冲既具有严格相同的脉冲高度，又随时间均匀分布。第二种，具有相同的脉冲高度但随时间的分布是随机的；这两种概念均不正确。事实上，测量的脉冲既无均匀的时间分布，也无严格相同的脉冲幅度。第三种概念，按统计规律，脉冲高度随时间的分布是随机的，脉冲计数率随其幅度的变化呈现高斯分布状态。这一概念符合统计分布的规律，是正确的概念。

对于能量为 E 的入射 X 射线光子，经探测器的光电转换形成幅度与其能量成正比的脉冲。事实上，这种脉冲的幅度并不是单一值，而是符合统计规律的一种正态分布，其幅度的平均值与入射光子的能量 E 成正比。计数率随脉冲幅度变动的统计分布称为脉冲幅度分布；这种分布可以两种不同的方式表示。如图 7.22 所示，在微分状态下，单一能量的入射光子所形成的脉冲，其计数率随脉

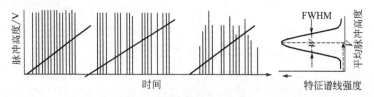

图 7.21　一束单色 X 射线的探测器输出脉冲的幅度及时间分布

冲幅度变动呈现正态分布规律。这种统计分布称为脉冲高度分布曲线或微分曲线；在积分状态下，计数率随脉冲幅度的变动出现坪台后呈单值递减的规律变化，这种分布称为积分曲线（图 7.23）；其拐点与微分曲线的峰位相对应，坪台的中点与微分曲线的低电平点相对应。在实际分析中确定分析线的脉冲幅度分布十分重要。在汇编定量分析程序时，必须对所选各元素的分析线进行脉冲幅度分布扫描，以确定其相应的脉冲分析条件。脉冲高度分析器由上限甄别、下限甄别和反符合电路组成。如图 7.24（b）、（c）所示，输入脉冲高度分析器的脉冲，按其幅度基本可分为 V_1，V_2，V_3 三类，其中 $V_1 < U$（下电平或基线电压）；$V_2 > U + K$（高电平）；$U < V_3 < U + K$。输入第一类脉冲时，两甄别器均未触发，无输出；反符合电路也无输出；输入第二类脉冲时，上下限甄别器均触发，反符合电路均有输入，但其输出端无输出。输入第三类脉冲时，下限甄别器触发有输出，但上甄别器未触发无输出；反符合电路仅一端有输入，其输出端有脉冲输出；第三类脉冲就是经过选择的脉冲，可直接输入计数电路加以记录测量。通过调整甄别电压和窗口条件，可选择需要的光子脉冲而淘汰无用脉冲。这就是脉冲高度分析器的工作原理。选择微分状态时，上下甄别器同时起作用，脉冲高度分析器只选择和记录幅度处于上下甄别电平间的脉冲；选择积分状态时，上甄别电平不起作用，脉冲高度分析器只选择记录幅度高于下甄别电平的所有脉冲。图 7.24 中反符合电路有两个输入端，仅当两个输入端的信号不相符合时，才触发反符合电路，有脉冲输出；当输入脉冲的幅度大于预定的阈值电平时，甄别器便产生脉冲输出。如图 7.24（a）所示，按脉冲的时序，在 T_1 时刻，来自 D_1 和 D_2 甄别器的输出脉冲由于幅度超过预定的最低阈值而同时存在。两组脉冲同时输入反符合电路时其时序相符合，因此，反符合电路无输出；在时序 T_2 时刻，D_1 甄别器有输出脉冲，D_2 甄别器无输出脉冲，反符合电路时序不符，有输出。

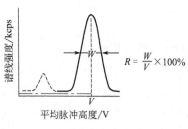

图 7.22　脉冲高度分布（微分曲线）

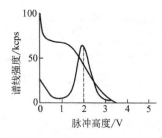

图 7.23　脉冲高度分布（积分曲线）

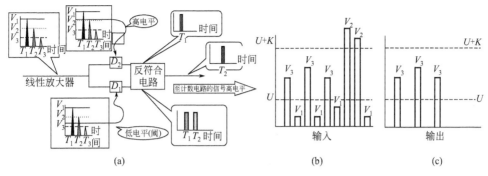

图 7.24 脉冲高度分析器原理框图

D_1 代表低电平甄别器，D_2 代表高电平甄别器。脉冲高度分析器选择微分状态的作用是：①滤掉重元素高次线的脉冲干扰；②消除邻近谱线脉冲及逃逸峰干扰；③降低样品散射引起的连续背景，提高峰/背比。

在波长色散光谱仪中，衍射峰（2θ）的扫描及分析线脉冲幅度分布（PHD）扫描是两种不同的概念。分析线衍射峰（2θ）的扫描是一种光学概念，扫描的目的是确定分析线的峰位及背景位置；分析线的脉冲高度分布（PHD）扫描是一种电学概念，其目的是确定与分析线对应的脉冲高度分布及相关参数。

在光谱仪的自动化系统中，为简化光学扫描与脉冲分析条件的选择，通常以固定脉冲高度分析器的基线和窗口宽度的方式，使放大器的增益或衰减（A_E/L）随 2θ 角度变化，以使不同谱线的脉冲幅度受到不同程度的放大或衰减，最终落入预定的同一窗口内。这种联动关系，可根据布拉格衍射定律及波长与能量的换算关系导出：

$$(A_E/L) \propto V \frac{2d}{n} \sin\theta \tag{7.14}$$

当放大器的增益/衰减（A_E/L）随 θ 角呈正弦规律变化时，各种能量的脉冲高度分布均出现在同一平均幅度位置 V 处，也就是不同元素特征线光子的脉冲高度分布均落在同一窗口（V）内。具有这种功能的放大器称为正弦函数放大器。关于分析线的衍射角（2θ）与脉冲高度分布（PHD）的联动扫描，已于第 6 章中详细论述，这里不予复述。

7.5 定标计数电路

计数率计、定标器、定时器及微处理机是测量系统的重要组成部分。其中计数率计的作用是指示一定时间内累积的脉冲计数的平均数，与探测器探测的 X 射线光子瞬时强度成正比。定标器的作用是记录特定时间内脉冲高度分析器累计的脉冲数。其计数速率取决于到达探测器的 X 射线光子强度，定标器直接指示

X射线的累积强度。定时器通过计测高频石英振荡器输出的正弦波正向脉冲数确定计数时间。测量系统配备微处理机的目的在于：①控制仪器操作；②控制与实施仪器测量的各种功能。关于定标器、定时器及微机控制第6章已详细论述，这里不予重复。

7.6 测量参数的选择

（1）X光管激发参数　仪器参数及测量参数的选择主要取决于分析要求。X光管是样品组成元素荧光的激发源，是获取样品信息的主要部件。波长色散光谱仪通常采用端窗型X光管。Rh靶是一种通用靶，其K系及L系特征辐射与连续谱共同参与样品激发。如图7.25所示，Rh的K系特征谱线适用于激发元素Cu至Mo之间各元素的K系特征线及Hf至U之间各元素的L系特征谱线；Rh的L系特征谱线适用于激发B至Cl之间轻元素的K系特征谱线。若需使用其他靶材的X光管时，应根据分析的需要进行选择。选择原则是：为达到高效激发的目的，靶材特征X射线的波长必须稍短于待测元素的吸收限波长；所选靶材应具有较强的连续谱强度。当光管靶材的特征X射线不能满足相关元素的激发要求时，应选择连续谱中与待测元素吸收限短波侧相关的波长进行激发。精心选择合理的激发参数对获得样品的最佳激发十分重要。所选激发参数包括：靶材、管压（kV）、管流（mA）及初级辐射的光谱分布等。图7.26显示激发轻元素的最佳选择实例。用Rh靶X光管激发样品中的轻元素辐射时，由于相应的连续谱强度较弱，通常选择强度较高的靶L系特征线（RhL）及连续谱中相关波长的辐射参与激发，以获得理想的激发效率。以SiKα为例，由于RhL系特征线（Lα 4.605Å；Lβ 4.37Å）波长均位于Si的K系吸收限（SiK$_{abs}$，6.145Å）短波侧，对Si具有较高的激发效率。硅的K系临界激发电位很低（SiK，1.839keV），从图7.27可见，用4倍于SiK系临界激发电位的工作电压时，SiKα的光谱强度已达到饱和强度的90%；若将工作电压6～10倍于SiK的临界激发电位时，其强度保持平稳而不再发生变化。当工作电压选定后，适当选择光管电流（mA）对提

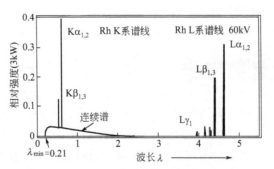

图7.25　Rh靶X光管初级辐射的光谱分布

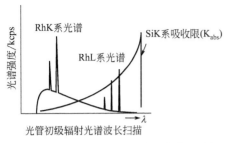

图 7.26 轻元素光谱最佳激发条件的选择

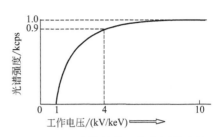

图 7.27 X 光管最佳工作电压的选择

高 SiKα 特征线的总强度十分重要。激发样品中重元素的特征辐射时，可参照表 7.4 中所列各主要元素的临界激发电位，选择工作电压。例如激发重元素 Cu 的 K 系特征谱线，其临界激发电位为 8.98kV。因此，X 光管的工作电压应为：

$$V_{CuK\alpha} = 4E_{CuK\alpha} = 4 \times 8.98 = 35.92 \text{kV}$$

概括而言，选择重元素高能辐射的激发条件时，由于重元素高能辐射的临界激发电位高，通常以临界激发电位的 2～4 倍作为工作电压；选择轻元素低能辐射的激发条件时，由于轻元素低能辐射的临界激发电位低，通常以临界激发电位的 4～10 倍作为工作电压；在确定光管的工作电流（mA）时，应根据光管的额定功率（kW）及所选的电压确定。由于轻重元素特征辐射的荧光产额差异较大，选择轻元素低能辐射的激发条件时，通常选择低电压大电流；选择重元素高能辐射的激发条件时，应选择高电压低电流。

表 7.4 各主要元素的临界激发能量　　　　单位：keV

元素	K	L_I	L_{II}	L_{III}	M_I
F	0.687				
Na	1.08	0.055	0.034	0.034	
Mg	1.308	0.063	0.05	0.049	
Al	1.559	0.087	0.073	0.072	
Si	1.838	0.118	0.099	0.098	
Ti	4.964	0.53	0.46	0.454	0.054
Fe	7.111	0.849	0.721	0.708	0.093
Cu	8.98	1.1	0.953	0.933	0.12
Mo	20.002	2.884	2.627	2.523	0.507
Rh	23.22	3.419	3.145	3.002	0.637
Sn	29.19	4.464	4.157	3.928	0.894
W	69.506	12.09	11.535	10.198	2.812

波长色散光谱仪中，初级滤光片位于光管与样品间，其作用是消除包括杂质

在内的靶线干扰。例如用 Rh 靶管测定样品中的微量 Ag 或 Pd 时，必须消除 Rh 的 K 系靶线干扰；当主元素的光谱强度超过探测器及计数电路的线性计数范围时，可用初级滤光片降低光管输出的初级辐射强度，以调整样品元素发射的光谱强度，满足探测器线性计数范围的要求。在现代光谱仪中，通常设置 6 种不同规格的初级滤光片。在痕量元素分析时，初级滤光片主要用于消除光管杂质线的干扰及降低连续谱引起的散射背景，降低检测下限 (LLD)。如测定样品中的痕量元素 Ag 和 Cd 时，用铜质初级滤光片 (Cu 300μm) 降低或完全滤去光管靶线 (RhK) 的干扰，提高分析结果的准确度；测定样品中的痕量 Cu 和 Ni 时，若不用滤光片消除光管中的杂质 Ni 和 Cu 的干扰，就不可能获得痕量元素 Cu 和 Ni 的准确结果。

(2) 光学参数的选择　　波长色散光谱仪的光路主要由滤光片、初级准直器、分光晶体及次级准直器等组成。初级准直器的主要功能是提高光谱的分辨率；次级准直器的作用主要是降低散射背景，提高峰/背比。在确定分析线的最佳光学参数及测量条件时，应首先考虑光学系统的色散率、分辨率和灵敏度等参数。由于分辨率、角色散 $\left(\dfrac{d\theta}{d\lambda}\right)$ 及灵敏度等因素的互相制约，选择分光晶体时必须考虑晶体适用的分析范围、衍射强度、分辨率及有无晶体荧光等因素，其中分辨率及灵敏度是最重要的参数。如图 7.28 所示，以 Cu 和 Zn 两元素为例，对同一组谱线分别使用 PE 002、Ge 111、LiF 200 及 LiF 220 等不同晶体，由于晶体的面间距不同，其色散率完全不同。晶面间距越小，色散率越大。另外，选择晶体时还必须考虑晶体的加工形态等影响。加工方式不同，色散情况显然不同。弯曲晶体由于衍射峰的尾部低，分辨率高于平面晶体色散装置。光学系统的分辨率主要受晶体的反射特性、初级准直器及次级准直器片间距 (或狭缝) 等的综合影响。分辨率相当于衍射峰的相对宽度 ($d\lambda/\lambda$ 或 $d\theta/\theta$)。灵敏度以单位浓度谱线的计数率表示 (kcps/% 或 kcps/10^6)；角分辨 ($d\theta/\lambda$) 表示谱线的 2θ 角对波长 λ 的变化率；角色散 $\left(\dfrac{d\theta}{d\lambda}\right)$ 表示两相邻衍射峰角度位置的分离程度，通常定义为 2θ 角随波长的变化率；选择适当的晶体及准直器可获得较高的色散效率；通过布拉格方

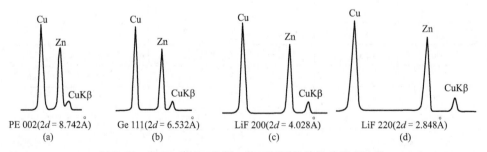

图 7.28　以 Cu 和 Zn 为例，使用不同晶体的分辨率比较

程对波长 λ 的微分，可获得光学系统的角色散 $\left(\dfrac{\mathrm{d}\theta}{\mathrm{d}\lambda}\right)$：

$$\frac{\mathrm{d}\theta}{\mathrm{d}\lambda}=\frac{n}{2d}\times\frac{1}{\cos\theta} \tag{7.15}$$

由此可见，增大反射级数 n 和减小晶面间距 d 均能提高光谱线的角色散。因此，LiF220 晶体（$2d=0.2848\mathrm{nm}$）的角色散大于 LiF 200 晶体（$2d=0.4028\mathrm{nm}$）的角色散。对于重元素，由于谱线分布密集，干扰严重，应尽可能选择高分辨晶体；对于轻元素，由于其荧光产额低，应尽可能选择高强度晶体。

参考文献

[1] Bertin E P. Principles and Practice of X-Ray Spectrometric Analysis：2nd ed. New York：Plenum，1975.
[2] Birks L S. X-Ray Spectrochemical Analysis：2nd ed. New York：Interscience，1969.
[3] Fitzgerald R，Gantzel P. Energy Dispersion X-Ray Analysis：X-Ray and Electron Probe Analysis. ASTM Spec Techn Pub 485. Philadelphia：ASTM，1971.
[4] Jenkins R. An Introduction to X-Ray Spectrometry. London：Heyden，1974.
[5] Jenkins R，De Vries J L. Practical X-Ray Spectrometry：2nd ed. New York：Springer-Verlag，1967.
[6] Philips Technical Materials. Sequential X-Ray Spectrometer System PW2404，7.
[7] Philips Technical Materials. Simultaneous X-Ray Spectrometer System PW1660.
[8] Bertin E P. Introduction to X-Ray Spectrometry. New York：Plenum，1978.
[9] Bertin E P. X射线光谱分析导论. 高新华，译. 北京：地质出版社，1983.
[10] Willis J P，Duncan A R. Workshop on advanced XRF Spectrometry. PANalytical B V Almelo，2008.
[11] Rene E Van Griken. Handbook of X-Ray Spectrometry Revised. 2nd edition. New York：Basel，2001.

第8章

能量色散X射线荧光光谱仪

8.1 概述

能量色散是X射线荧光光谱仪的另一种色散类型。探测器及多道分析器是能量色散分光的核心部件。探测器不仅起光电转换作用,而且起能量甄别作用。能量色散X射线荧光光谱分析的突出优点是,样品元素发射的所有特征X射线由探测器同时接受,实现光电转换。探测器的输出信号通过多道分析器的模拟-数字转换,变成与光子能量成正比的数字信号,按能量高低分别储存在不同能道内,由计算机及相关软件实现定性与定量分析。脉冲高度分布是特定能量光子的计数率随能量变化呈现的统计分布,表征一种特定能量的X射线光谱信息。

早期的能量色散X射线荧光光谱仪是以气体正比计数器或闪烁计数器为能量探测器。由于分辨率差,必须使用初级及次级滤光片进行能量筛选。这种仪器也被称为非色散X射线荧光分析仪。20世纪60年代末,半导体二极管及脉冲处理电路的出现,使能量色散X射线荧光分析技术获得突破性的进展。70年代由于半导体探测器能量分辨率的不断提高,使能量色散X射线荧光分析系统进入实用阶段,并获得与时俱进的发展。

能量色散X射线荧光光谱仪中,样品发射的所有特征X射线及散射的初级辐射,由探测器同时接受并通过光电转换、脉冲整形、放大及模拟-数字转换(ADC)等处理,通过多道分析器甄别电路以快速、精确的方式收集、储存并以脉冲高度分布的真实形式显示各元素特征X射线的光谱信息。脉冲高度分布曲线表示谱线强度(计数率)随光子能量(通道数)变化的一种统计分布。波长色散光谱仪中探测器原则上每次跟踪探测一种波长或能量的特征谱线。因此,一种特定能量的脉冲高度分布曲线与一种特定波长分析线的强度(计数率)随2θ角或波长变动的统计分布相对应。脉冲高度分布的峰位仅与射入探测器的X射线光子的能量成正比。原则上，用脉冲高度分布的峰位即可表示样品中相应元素特征谱线的峰位，其峰位计数率与样品中元素或化合物的浓度相关。能量色散光谱仪所接受的光谱信息，通过计数电路及计算机相关软件进行分峰拟合等谱处理，实现样品的定性与定量分析。能量色散光谱仪记录的谱线计数率通常为 10~100 kcps。由于光管和探测器与样品的距离短，样品采集初级辐射的立体角大，并以积分强度表示特征线的光谱强度。因此，在计数率较低的情况下，仍具有较高的灵敏度和测量的统计精度。能谱仪中，计数率过高会产生严重的死时间损失，使分辨率下降，并出现脉冲堆积等异常现象。

8.2 光谱仪结构

能量色散 X 射线荧光光谱仪通常由 X 光管（激发源）、滤光片、样品、探测器、放大器、多道分析器及包括脉冲堆积消减器的计数电路和计算机组成（如图 8.1 所示）。样品发射的所有谱线同时进入探测器，经历光电转换、整形放大、模拟-数字转换及能量甄别等过程，然后由多道分析器记录和测量，并通过解谱处理，实现定性与定量分析。能量色散光谱仪，按其激发方式可分为直接激发和间接激发两类。以 X 光管初级辐射直接激发样品的光谱仪称为二维（2D）光学能量色散光谱仪或称通用型能量色散光谱仪，其结构示于图 8.2（a）。X 光管初级辐射首先激发位于光管与样品间的二次靶，然后用二次靶的特征辐射或散射的初级辐射激发样品，样品元素发射的特征谱线由探测器直接接收。这种光谱仪称为三维（3D）光学能量色散光谱仪或偏振激发能量色散光谱仪，其结构示于图 8.2（b）。这种光路结构的特点是，X 光管初级辐射的散射线经偏振，在进入探测器前自动消失，致使背景极低。用直接激发的通用型能谱仪测量时，对于同一组谱线，其背景强度明显高于偏振能谱仪。以下将详细论述能量色散光谱仪的结构及主要功能。

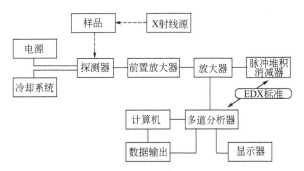

图 8.1　能量色散 X 射线荧光光谱仪结构原理

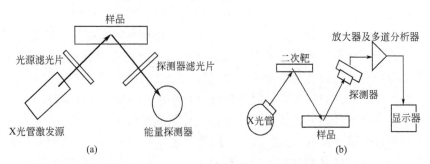

图 8.2　直接激发（2D）与间接激发（3D）能量色散光谱仪简单原理

8.2.1　能量色散探测器

现代能量色散 X 射线荧光光谱仪普遍使用半导体探测器作为光电转换及色散分光部件。探测器将每个入射光子引起的电离总数转变成幅度与其能量成正比的电压或电流脉冲，通过前置放大、主放大及整形电路处理后成为计数电路能够接受的正常脉冲。多道分析器将大量来自放大器的时序脉冲，经模数转换后按能量顺序累计储存在存储器的相应能道内，并由计数电路显示和测量。在能量色散光谱仪中，由样品发射的 X 射线光子直接进入探测器，不受样品位置及任何几何结构的影响。在偏振激发的情况下，散射背景因取向角而受到抑制。X 光管、探测器与样品的近距离结合，使样品接受辐射的立体角变大，有利于提高样品的激发效率和探测器的探测效率。锂漂移硅［Si(Li)］、锂漂移锗［Ge(Li)］、高纯锗（HPGe）探测器及以珀尔贴效应为基础的电制冷式探测器（Si-PIN）和硅漂移（SDD）高分辨探测器是能量色散光谱仪常用的探测器。温差电制冷半导体探测器由于不用液氮制冷而得到广泛应用。关于能量色散探测器及以珀尔贴（Peltier）效应为基础的电制冷探测器在第 5 章中已详细论述。这里仅涉及几种常用探测器的特点及使用范围。

（1）锂漂移硅［Si(Li)］探测器　锂漂移硅［Si(Li)］探测器的基本组成与高纯锗（Ge）探测器及其他半导体探测器类似，由优质的半导体酞基芯片制成，在其正区和负区间为一层本征型（i-型）补偿区，通过 p 或 n 接触面起整流导向作用。锂漂移硅［Si(Li)］探测器以锂（Li）作为施主原子，补偿 p 型 Si 获得电荷载流子。以锂（Li）扩散区作为 n 型接触面；以金属面载流体（Au 的蒸发膜）作为 p 型整流接触面。这种探测器实际是一种 p-i-n 型二极管。芯片在反向偏置条件下，通过电场的作用消除剩余的自由电荷载流子，建立耗尽区。为了降低由热生电荷载流子引起的噪声，探测器晶片必须在液氮冷却装置提供的低温（－196℃）下操作。当 X 射线光子进入二极管的激活区（耗尽区）时，由于光电吸收使半导体材料组成原子产生内层空位和高能光电子。这种光电子与晶体点阵中的原子相互作用产生大量低能电离，这一过程持续到光电子能量完全耗尽

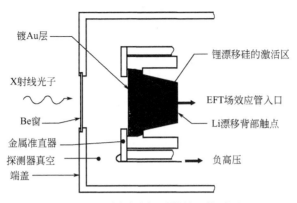

图 8.3 锂漂移硅探测器的工作原理

为止。这种电离过程使探测器的灵敏区瞬间产生大量电子-空穴对,所产生的电荷载流子数与入射光子的能量成正比。因此,收集的电荷载流子形成幅度正比于入射光子能量的脉冲信号。这种探测器的晶片有效面积通常为 $10\sim80mm^2$,厚度为 $3\sim5mm$。与主放大器及多道分析器组合成完整的能量色散探测器。图 8.3 表示锂漂移硅 [Si(Li)] 探测器简单的工作原理。

(2) 高纯锗(Ge)探测器 高纯锗(Ge)探测器是一种可探测 Na(11)~U(92)间所有元素辐射能量的探测器。与其他探测器相比,它适用的能量范围很宽。这种探测器也是一种 p-i-n 结构的半导体二极管,在反向偏压作用下入射光子在耗尽层产生的电子-空穴对载流子分别流向 p 极和 n 极。所产生的电荷经放大电路转换成幅度与入射光子的能量成正比的电压脉冲。高纯 Ge 探测器,需要用液氮冷却,其晶片厚度为 5mm,有效面积为 30 mm^2,最大计数率约为 10^5 cps。在探测的整个能量范围均具有接近 100% 的探测效率;对 MnKα 辐射的能量分辨率(半高宽)<140eV;这种探测器用于探测能量大于 11.3keV 的入射光子时,在 9.88keV 处会出现逃逸峰。也可能出现正常的瑞利峰、康普顿峰及和峰等。瑞利(Rayleigh)峰是由二次靶的相干散射所引起的,其能量及宽度与靶元素的特征谱线相同;康普顿峰由二次靶的非相干散射所引起;康普顿峰较宽,能量偏低。在能量色散光谱分析中必须用去卷积解谱法进行拟合处理。

(3) Si-PIN 探测器 Si-PIN 探测器是根据珀尔贴(Peltier)原理制冷的电冷式探测器,是以离子植入技术为基础,在 p 型 Si 及 n 型 Si 间插入本征 Si(i) 层而制成的光电二极管,其耗尽层厚度及有效面积较大。实际上这种探测器是以低掺杂的 n 型 Si 为基底(以硼作为掺杂物),以高掺杂的 p 型 Si 为受光面(以磷为掺杂物),中间插入本征 Si(i) 层而制成。为防止非辐射载流子的干扰,用钝化技术在 p 型层表面生成 SiO_2 钝化膜保护层。这种探测器由于分辨率较高、漏电流小、无需液氮制冷、寿命长等优点而广泛应用于能量色散 X 射线光谱仪。特别适用于条件较差的现场使用。

(4) 硅漂移探测器（SDD） 硅漂移探测器（SDD）是一种以高阻抗硅为基片，以光电效应为基础的半导体探测器。在单晶硅片两面注入多个结面，使高阻抗硅成耗尽型半导体。由辐射引起的电子在电场作用下，向小电容量阳极聚集形成脉冲信号。阳极电容与探测器晶片的有效面积无关。在探测器与场效应晶体管间，通过合理的设计，使晶体管（JFET）前端与靠近阳极区的探测器基片直接集成，从而在高计数率及常温下能获得理想的能量分辨率。硅漂移探测器（SDD）的能量分辨率较高，对于能量为 5.9keV 的辐射，分辨率约为 135eV。其灵敏区的面积为 $50\sim100\text{mm}^2$；最高计数率可达 $10^5\sim10^8$ cps。这种探测器无需液氮冷却，但适用的能量范围较窄，对轻元素的探测性能较差。

8.2.2 多道脉冲高度分析器

多道脉冲高度分析器简称多道分析器，其作用是将探测器输出的脉冲模拟信号转换成计算机能识别的数字信号，经能量甄别后储存在相应的通道中，然后送入计数电路（见图 8.4）。多道分析器是一种基于模拟-数字转换和计算机存储原理的装置，通常由模拟-数字转换器（A/D）、地址寄存器和能累计每个能量通道计数的读出加"1"寄存器储存系统及读出显示单元组成。其基本功能是将不同幅度的脉冲模拟信号转换成相应的数字信号，按输入脉冲的幅度大小进行分类计数。利用 A/D 转换器将被测量的脉冲模拟信号转换成与其幅度相对应的数字量。经转换的每个数字信号代表一个能道的地址，以能道地址作为存储器的地址码记录脉冲的个数，各能道地址中的计数即可用来描述脉冲幅度的分布情况。多道分析器将可测脉冲的幅度范围分成若干幅度间隔，以幅度间隔的个数表示脉冲幅度分析器的道数（如 2048，4096，8192 等）；将幅度间隔的宽度作为脉冲幅度分析器的道宽。每个幅度间隔称为一个道址，并在存储器内占有一个数据区和两个计数器。每个计数器对应一个道址，微控制器每接受一个道址，相应的计数器加 1。经过一段时间的累加，即可获得输入的脉冲幅度分布数据。道数越多，幅度分布越精细，每个道容纳的计数相应减少，测量的时间相应加长。多道分析器每数字化一个脉冲，就有一次计数添加到指定数字位置的存储器内；任何一个地址或位置都代表一个小的能量范围。因此，存储器中每个位置尽管小，但都能储存一定数量代表脉冲幅度的计数。存储器中分配的位置数包括相关的能量范围。

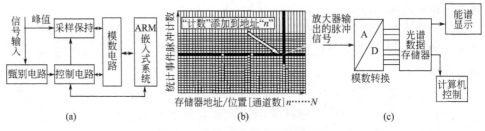

图 8.4 多道脉冲分析器原理框图

每个存储器的通道相当于一个"道"。定性及定量分析程序都假定分析峰具有列表显示的能量位置。因此，为确保存储器中每个储存位置代表所要求的能量值（实际上是一个能量范围，例如10eV），必须定时校准仪器系统的能量刻度。

由于脉冲幅度的大小标志着各元素特征辐射的能量。理论上一种能量的辐射所形成的脉冲幅度应是严格一致的，但由于大量事件的统计波动，每个光子所形成的脉冲幅度略有差异。因此，形成一种脉冲速率（计数率）随脉冲幅度的统计分布，这种分布属于正态分布，也称高斯分布。从图8.5可见，模拟-数字转换电路（A/D）的作用是将模拟量转换成数字量并反馈给微控制器。将脉冲幅度的模拟量转换成与X射线光子能量成正比的等效数字。多道分析器通过输入信号的快速、高精度采集，将脉冲幅度的模拟量转换成微控制器所能处理的数字量。在现代能量色散光谱仪中，这种数据储存系统已成为计算机储存系统的一部分。通常模拟-数字转换器（A/D）是以其测量的能量通道数与脉冲高度（即X射线光子能量）的正比关系为工作基础的，要求A/D转换器处理一种脉冲时关闭活时间时钟，使计算机存储器中的能量通道计数进1。

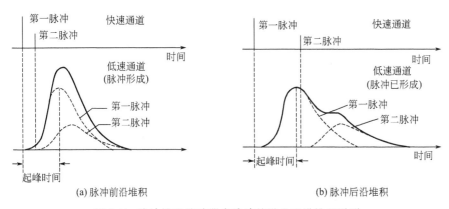

图8.5 脉冲堆积消减器中脉冲前沿及后沿堆积说明

所谓能量刻度，就是表示入射光子能量与放大器脉冲输出幅度线性关系的拟合函数。在定性或定量分析中，通过这种能量刻度可确定与谱峰位置对应的入射光子能量，从而确认所测的元素。入射线光子的能量与相应谱线峰位间的比例关系取决于探测器的光电转换特性、放大器的增益及多道分析器的模拟-数字转换特性。一旦探测器的施加电压、放大器增益及多道分析器模拟-数字转换器工作状态发生波动，能量刻度将发生相应的变化。为确保测量条件的一致及仪器的稳定性，必须严格校正能量刻度。常用增益控制方法校正能量刻度的漂移。通常每小时自动进行一次增益控制。增益控制既可进行能量刻度的漂移校正，也可通过测量指定的多元素样品，进行能量刻度的校准，从而确定能量刻度的校准曲线及相应的线性拟合函数。现代光谱仪通常会提供校准能量刻度的标样及相关软件。

能量色散光谱分析系统中，由于高计数率操作导致放大器脉冲成形时间常数、脉冲堆积消减器及多道分析器死时间的波动，为确保系统的稳定性必须予以修正。

(1) 脉冲堆积与脉冲堆积消减器　堆积峰是由两个光子同时进入探测器，各自形成一群电子，并堆积成一大群电子而形成的一种脉冲分布，其能量位置相当于两初始光子能量和的位置。高计数率情况下两个入射光子同时进入探测器的概率很高。发生这种堆积现象时，由两个光子堆积形成的脉冲畸变非常严重。所谓脉冲堆积，就是第一个脉冲在分辨时间内尚未形成正常幅度，第二个光子接踵而来，使两个光子脉冲的幅度异常叠加。为防止记录这种畸形的堆积脉冲，在计数电路中专门设置一种脉冲堆积消减电路，以排除畸形的堆积脉冲。脉冲堆积消减器由一个能在极短时间内（$0.75\mu s$）分辨两个脉冲的快速计数通道和一个分辨时间正常（约 $13\mu s$）能形成完整脉冲的低速计数通道组成。如图 8.5 所示，快速通道的信号主要用于区分两类脉冲堆积的差异；在堆积脉冲的前沿，低速通道中前一脉冲尚未达到最大脉冲高度，第二个脉冲就到达脉冲堆积消减器并与第一个脉冲的前沿叠加，使两个脉冲形成一个幅度异常的脉冲而被排斥；在堆积脉冲的后沿，低速通道中第一个脉冲已达到最大幅度，第二个脉冲刚到脉冲堆积消减器。此时第一个脉冲具有正常的幅度，随即通过计数电路被记录；第二个脉冲由于高度异常而被排除。低速通道由于分辨时间长，容易引起脉冲堆积。设置脉冲堆积消减器的目的在于防止记录畸形的堆积脉冲。脉冲堆积消减器是能量色散光谱仪获得高分辨能谱的重要部件。但在计数率适度情况下操作时，能拉长死时间。脉冲堆积消减器的死时间不仅随计数率变动，而且随样品组成而变动。在脉冲堆积消减器进行脉冲处理时，确定死时间的唯一有效方法是关闭系统时钟。波长色散光谱分析中也可能出现类似的脉冲堆积，但由于脉冲整形处理的时间常数极小，这种现象并不严重。

能量色散光谱仪中，当两个 X 射线光子在极短时间内同时进入探测器时会出现称为和峰的另一种脉冲堆积现象。如能量为 $5.895keV$ 的两个 $MnK\alpha$ 光子在脉冲处理系统无法分辨的时间内同时进入探测器时，相互堆积形成幅度异常的脉冲，其峰位出现在两光子能量相加的位置（例如：$11.79keV$），这种幅度异常的能量峰称为和峰。和峰是一种特殊形式的堆积峰，是高计数率情况下，由两组在脉冲处理电路无法分辨的时间内同时进入探测器的光子形成，这种现象被视为两种能量的相加信号。图 8.6 表示使用 Si(Li) 探测器时由 TiK 系辐射引起的和峰，其中最强的 3 号峰是两个同时进入探测器的 $TiK\alpha$ 光子相加引起。最小的 5 号峰是由两个同时进入探测器的 $TiK\beta$ 光子叠加引起，这种现象只能在母峰很强时可见。

(2) 整形放大器　能量色散光谱仪中所用的放大器都是"脉冲整形"放大器，它将来自探测器及前置放大器的信号，整形并放大到多道分析器可接受的水准。显然，确保这种已处理的信号具有最佳分辨率是十分重要的。如图 8.7 所

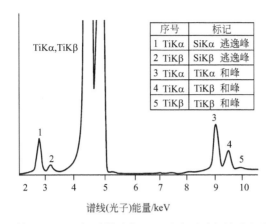

图 8.6　使用 Si(Li) 探测器时由 TiK 系光子引起的逃逸峰及和峰

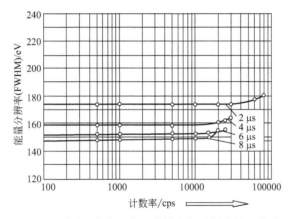

图 8.7　不同时间常数下能量分辨率与计数率的函数关系

示,时间常数是放大器脉冲整形处理的关键变量之一,时间常数短可减少两个以上时序脉冲的重叠。因此,必须选择脉冲整形的最佳时间常数。在分辨率随计数率增加而下降前,允许使用较高的计数率,但以损失分辨率为代价。时间常数越长,分辨率越差,脉冲堆积越严重。常用的时间常数约为 $3\mu s$。

8.2.3　滤光片及其选择

能量色散光谱仪的光路中,初级光束滤光片设置在光管与样品间,其作用是调节样品表面初级辐射的辐照强度,消除光管的靶线及杂质谱线,降低散射背景。在选定的激发条件下,通过初级滤光片调整样品表面初级辐射的强度,使探测器处于最佳线性工作范围。在测定样品中的痕量元素时,通过初级滤光片消除靶线及杂质线干扰,降低散射背景,提高峰/背比(P/B)。滤光片的性能主要决定于所用的材料及厚度。表 8.1 列举了几种滤光材料、规格及其适用范围。图

8.8 表示用 Ag 靶 X 光管时，电压对初级辐射的散射影响。电压越高，初级辐射的散射越严重。图 8.9 表示电压为 15kV 时，滤光片对 Ag 靶初级辐射的散射影响。使用高质量吸收系数（700cm²/g）的铝作为滤光片时，光管 AgL 系靶线，由于其能量（2.98keV）高于滤光片 Al 的临界吸收能量（1.56keV）而被完全吸收；由于铝的薄滤光片能消除 AgL（或 RhL、MoL）线的干扰，处于低能范围的硫（S）至钒（V）等元素的谱线（2.35keV）可获得良好的峰/背比（P/B）；处于连续谱低能端（3～8keV）能量范围元素的谱线，用铝（Al）厚滤光片可获得较高的峰/背比（P/B）；根据特定的能量范围，选择适当的滤光片及光管工作电压（kV），可获得最佳的峰背比（P/B）。使用铜（Cu）厚滤光片及光管的最高工作电压（kV）时，滤光片必须具有足够的厚度，才能使光管的 K 系高能靶线（如 AgKα，22.1keV）被完全吸收。例如测定样品中的 Ag 和 Cd 时，选用银靶 X 光管和铜厚滤光片（Cu）十分有效。低能范围可用赛璐珞（Cellulose）低吸收滤光片抑制光管 AgL 系低能靶线的影响。

表 8.1 能量色散光谱仪常用的滤光片

滤光片	厚度/μm	元素范围	电压范围/kV	注解
钼(Mo)	A/N	Na～Ca	4～50	4～8kV 激发轻元素最佳
纤维素	单片	Si～Ti	5～10	抑制光管 L 系靶线干扰
铝(薄)	25～75	S～V	8～12	排除光管 L 系靶线
铝(厚)	75～200	Ca～Cu	10～20	适用于金属与合金中过渡元素分析
Rh 或 Ag(薄)	25～75	Ca～Mo	25～40	再生单色滤光，用于痕量多元素分析
Rh 或 Ag(厚)	100～150	Cu～Mo	40～50	再生单色滤光，用 L 系分析痕量重元素
铜(Cu)	200～500	Fe 以后	50	抑制光管 K 系靶线

注：1. 使用真空或氦气光路，排除分光计中的空气，防止低能谱线的衰减。
2. 单色滤光片(RMF)：滤光片材料与光管靶材相同，有利于提高靶材特征 X 射线的透过率。

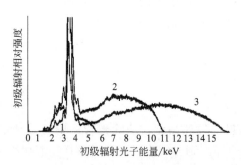

图 8.8 X 光管电压对未滤光 Ag 靶初级辐射散射光谱的影响
1—5kV；2—10kV；3—15kV

在通用型能量色散光谱仪中，使用一种新型的单色滤光片（RMF），其工作

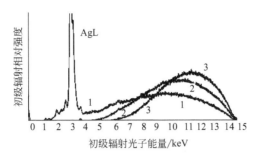

图 8.9 滤光片对工作电压为 15kV 的 Ag 靶散射光谱的影响
1—无滤光片；2—用薄 Al 初级滤光片；3—用厚 Al 滤光片

条件是：①光管工作电压（kV）高于靶材 K 系临界激发电位，足以使靶材产生高强度 K 系特征辐射（靶线）；②使用与靶材相同的滤光片，由于靶材的特征辐射紧邻滤光片吸收限的低能侧，对靶特征辐射的质量吸收系数很低，透明度极高。以银靶光管为例，$AgK\alpha_1$ 辐射的能量为 22.1keV，银滤光片对自身辐射的质量吸收系数仅为 $14cm^2/g$。图 8.10 表示两种不同厚度的银初级滤光片对工作电压为 35kV 的银特征辐射的影响。曲线 1 表示工作电压为 35kV 时光管的初级辐射（未加滤光片），其中 AgL 系和 AgK 系特征辐射的强度相当。连续谱驼峰的中心区能量为 12~15keV；能量位于 5~15keV 范围的元素均能受 AgK 系特征辐射及连续谱的高效激发。但由连续谱驼峰引起的散射背景比较高。曲线 2 使用银的薄滤光片，AgL 系靶线被完全吸收，连续谱驼峰强度降至 AgK 系靶线低能端以下；能量位于 4~12keV 范围的各元素的特征谱线，具有很高的峰/背比（P/B）。曲线 3 使用银的厚滤光片，使位于 AgK 系靶线底部的连续谱残余强度更低，从而形成一种赝形单色辐射，它对位于 5~15keV 能量范围内的各种谱线具有很高的峰/背比。用被厚滤光片吸收的银靶 K 系辐射激发样品时，可获得很高的灵敏度及低背景。光管 K 系靶线（AgK）具有十分清晰的康普顿散射强度，这种散射辐射用于校正痕量元素分析线的基体影响，具有良好的效果。若光管靶

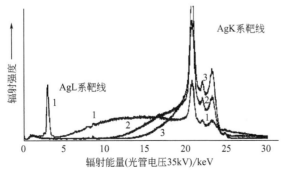

图 8.10 两种不同厚度的银初级滤光片对电压为 35kV 的银靶管初级光谱的影响
1—无滤光片；2—薄 Ag 滤光片；3—厚 Ag 滤光片

材及滤光片采用其他同种材料如 Mo、Rh 或 Pd 时，可获得同样理想的效果。为获得最佳激发参数、测量时间及合理的解决方案，必须选择一种典型样品，通过测试确定所需的使用条件。

8.2.4 X 光管

能量色散 X 射线荧光光谱仪通常用低功率 X 光管作为激发源。即使采用同位素激发源，也必须选择能放射 X 射线、γ 射线或 β 射线的同位素。电子束激发主要用于电子显微镜技术、电子探针微区分析或其他特殊应用，其中扫描电子显微镜（SEM）与能量色散探测系统的结合是一种特殊的显微分析技术（EMP），专用于微量样品的元素分析。光子激发的最大优点是不产生连续辐射，光谱背景主要来源于光管初级辐射的样品散射。韧致辐射的波长或能量呈连续变化，可作为大多数元素的激发辐射；靶元素的特征辐射主要用于激发临界激发电位稍低的某些元素的特征谱线。在能量色散光谱仪中，由于光管和探测器与样品十分接近，辐照样品表面的立体角较大，几何效率高（差 2~3 个数量级），激发样品所需的辐射量约为常规 X 光管辐射量（$10^7 \sim 10^8$ 光子/s）的百万分之一。这是能量色散光谱仪采用低功率（9~300W）光管作为激发源的理论依据。低功率光管的阳极和高压发生器用空气冷却即满足要求。若使用高功率光管作为激发源，通常需要通过初级滤光片降低激发辐射的辐照强度，以防止探测系统产生计数率饱和的堵塞现象。X 射线管无论功率高低，均由真空管体、阳极（靶）、阴极（灯丝）、冷却系统及 Be 窗组成。与波长色散光谱仪一样，能量色散光谱仪使用的 X 光管也可分成端窗、侧窗、反射式及透射式等不同种类。常用端窗反射式或透射式光管作为激发源。图 8.11 是能量色散光谱仪常用 X 光管的工作原理及简单结构。

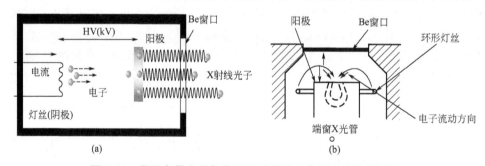

图 8.11　能量色散光谱仪常用 X 光管的工作原理及简单结构

8.3　通用型能量色散光谱仪

如图 8.2 所示，通用型能量色散 X 射线光谱仪由激发源（X 光管）、滤光片、样品、探测器（前置放大）、主放大电路、多道分析器及脉冲堆积消减器等计数电路和计算机组成。样品元素发射的所有谱线同时进入探测器，经光电转换后由多道分析器累计储存并全谱显示。探测器的输出经整形放大后同时进入多道分析器，经模拟-数字转换形成一系列幅度不同的脉冲数字信号，按幅度分别累计储存在不同的能道内。然后由计算机及相应的软件进行定性与定量分析。通用型能谱仪以 X 光管的初级辐射直接激发样品，组成元素发射的荧光 X 射线由探测器同时接收，其输出经整形放大后由多道分析器处理。这种仪器也称二维光学能量色散光谱仪，其组成简单（图 8.12），通常由低功率 X 光管、滤光片、样品、Si-PIN 半导体探测器及多道分析器（MCA）等计数电路组成。探测器及多道脉冲分析器构成能量色散探测系统。如图 8.13 所示，样品发射的荧光辐射直接进入探测器进行光电转换。探测器输出的脉冲经前置放大及线性放大后进入多道分析器（MCA）进行模拟/数字转换，并按脉冲幅度大小分别储存在不同的能道内，由计算机处理后按脉冲计数率（cps）随幅度（能量）变动的高斯分布形式显示光谱信息。通用型能量色散 X 射线荧光光谱仪使用的滤光片分为初级滤光片和次级滤光片两种；其中初级滤光片位于 X 射线管与样品间，主要起调整

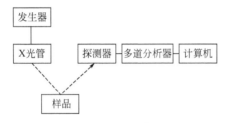

(a) 二维光学能量色散光谱仪方框图

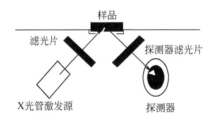

(b) 通用型二维光谱仪光路图

图 8.12　二维光学能量色散光谱仪原理图

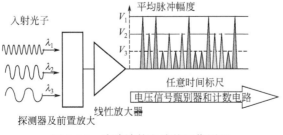

图 8.13　脉冲计数电路的工作原理

初级辐射强度和消除光管杂质线干扰的作用，使探测器处于线性工作状态。使用 Si-PIN 半导体探测器的通用型能谱仪，为获得适度的初级辐射强度，满足探测器 50% 死时间的要求，通常备有几种常用的初级滤光片，如表 8.2 所示。次级滤光片置于样品与探测器间，主要用于消除基体谱线的干扰，降低背景，提高峰/背比。光管激发电压、滤光片、光路介质、电流、解谱参数、感兴趣区（ROI）分析窗、测量时间及样品自转状态等是二维能量色散光谱仪的重要参数。为提高激发效率，光管的工作电压应为相关元素特征线系临界激发电位的 1~6 倍。靶线和连续谱共同参与激发。仪器设置空气及氦气两种光路介质，其中空气光路适用于 Mg 以上元素特征辐射的测量；测量 AlKα 至 KKα 的特征谱线时使用氦气光路更有利于提高谱线强度。当激发条件、滤光片、光路介质等参数选定后，应适当调整 X 光管的电流，以便获得满足统计精度要求的最佳计数率（5000cps）。选择低电压及大电流，对于提高轻元素谱线的发射效率特别有效。

表 8.2　通用型能量色散光谱仪配备的滤光片

序号	滤片名称	分子式	厚度/μm	密度/(g/cm³)	适用范围
0	Ti	Ti	20	3.5	Mn~Fe
1	Al(薄)	Al	50	2.7	S~Cl
2	Al	Al	200	2.7	K~Cu
3	Mo	Mo	100	10.22	Mn~Mo
4	Ag	Ag	100	10.5	Zn~Mo
5	Kapton(聚酰亚胺)	$C_{22}N_2O_5H_{10}$	50	1.42	Na~Ca

8.4　三维光学能量色散光谱仪

三维光学能量色散光谱仪又称偏振激发能谱仪。其基本结构由 X 光管、二次靶、滤光片、样品、探测器、整形放大器和多道分析器等计数电路及计算机组成（如图 8.14 所示）。X 光管产生的初级辐射（自然光）首先激发二次靶，产生对样品元素激发有效的单色辐射，激发样品组成元素的特征 X 射线。根据波动理论，X 射线是一组由互相垂直的电场矢量 $\boldsymbol{E}$ 和磁场矢量 $\boldsymbol{B}$ 合成的横波，沿水平方向传播（图 8.15），其振幅相当于 X 射线光子的能量。任意方向的电场矢量均可分解成水平分量 $\boldsymbol{E}_x$ 和垂直分量 $\boldsymbol{E}_z$ 两部分。在三维能量色散光谱仪中，X 光管发射的初级辐射是一种非偏振的自然光。根据偏振理论，这组非偏振的自然光垂直投射到二次靶表面时，其电场矢量的垂直分量 $\boldsymbol{E}_z$ 不发生反射或散射而消失。因此 $\boldsymbol{E}_z=0$；电场矢量的水平分量 $\boldsymbol{E}_x\neq 0$，继续传播。当二次靶产生的靶线垂直辐照样品表面，以非偏振的自然光激发样品，而光管初级辐射电场矢量的水平分量 E_x 由于不参与反射或散射而消失，$E_x=0$（如图 8.16 所示）；光管初级辐射经二次靶及样品的两次反射而消失。探测器接收不到初级辐射引起的散射背景。通过二次靶的偏振作用，有效地消除了初级辐射引起的散射背景，提高了分析的灵敏度。这种二次靶也可称为偏振靶。

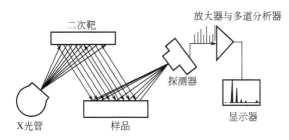

图 8.14　三维光学能量色散光谱仪结构框图

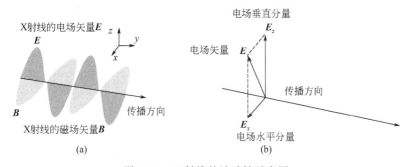

图 8.15　X 射线的波动性示意图

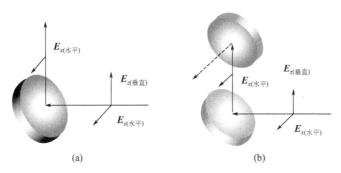

图 8.16　经 1 次和 2 次反射后的偏振光

8.4.1　偏振原理

按振动理论，光或电磁波可分解为互相垂直的电场分量与磁场分量两部分，电场分量可在垂直于其传播方向的平面内向任意方向产生振幅相同的横振动。横振动对称于传播方向的光称为自然光或非偏振光。若光波或电磁波电场矢量振动的空间分布与传播方向失去对称性,则称为光的偏振。只有横波才能产生偏振。1809 年马吕斯在其试验中发现光的偏振现象。X 射线与可见光一样是一种电磁辐射。如图 8.17 所示,当这种自然光通过偏振片 P 时,只有振动方向与偏振片透振方向一致的光才能顺利通过,即电磁波通过偏振片 P 在垂直于传播方向的平面内,沿某特定方向的振动称为光的偏振。通过偏振片 P 的偏振光,通过偏振片 Q 时,若两偏振片的透振方向平行,则偏振光可顺利通过;如果两偏振片的透振方向互相垂直,则偏振光不能透过偏振片 Q。采用偏振技术的能量色散光谱仪具有以下优点:①使用偏振光路的仪器,光谱背景降低为常规背景的 1/10~1/5;②用多种类型的二次靶作为样品的激发源,可确保待测元素获得最佳的激发效率;③偏振的 X 射线具有极强的方向性,对消除光谱干扰十分有效;④采用某种弯曲晶体作为二次靶或衍射靶时,以二次靶衍射的初级辐射靶线激发样品,可提高待测元素的激发效率。

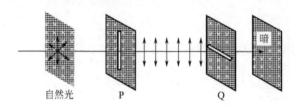

图 8.17　自然光的偏振原理图

8.4.2　二次靶

三维能量色散 X 射线光谱仪中,二次靶位于 X 光管与样品之间,图 8.18 所示的光谱仪是以二次靶发射的靶线或二次靶散射的初级辐射作为激发源激发样品的。三维光谱仪常用的二次靶可分成荧光靶、散射靶(Barkla 靶)及衍射靶(布拉格靶)三种类型。光路中来自光管的初级辐射是一种非偏振的自然光,经二次靶散射后,其电场矢量的垂直分量 E_z 由于未发生散射而消失;二次靶产生的特征辐射激发样品时,样品表面上初级辐射电场矢量的水平分量 E_x 消失,使散射背景极度降低。

散射靶(Barkla 靶)是 X 光管初级辐射的散射体(图 8.19),以散射的光管初级辐射激发样品。这种靶的组成元素或化合物的平均原子量很低,康普顿散射效应很强。由 Al_2O_3 及 B_4C 等轻元素化合物制成的散射靶对 X 光管初级辐射具有极强的散射效率。散射的初级辐射激发样品中的包括稀土元素在内的痕量重元素,具有极高的激发效率;但散射靶组成元素自身发射的特征辐射,能量及强度都很低,无法参与样品的激发。散射靶与荧光靶相比,由于对初级辐射的强烈散射,光谱背景比较高。使用散射靶时,为了获得理想的分析灵敏度,必须选择适当的滤光片,降低散射背景。测定薄膜样品中的痕量重金属元素(如大气飘尘颗粒物)时,散射靶的使用效果比较好。荧光靶以光管初级辐射激发的靶线激发样

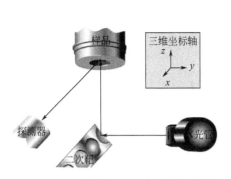
图 8.18 二次靶激发的几何结构示意图

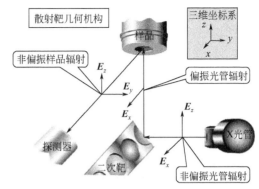
图 8.19 散射靶（Bakla 靶）的偏振原理

品。为提高样品元素谱线的激发效率，应选择辐射能量高于分析元素临界激发电位的靶材作为荧光靶，使样品元素的特征谱线获得最佳的激发效率；荧光靶对初级辐射的散射能力取决于其原子量，原子序数越高散射强度就越低。荧光靶通常是由高原子序数的材料制成，对初级辐射的散射能力很低。与初级辐射直接激发相比，荧光靶的检测限大约可降低为原来的 1/10～1/5；关于荧光靶的最佳选择，如图 8.20 所示，以地质样品中的痕量元素 Rb 和 Yb 的测定为例。由于 ZrKα 的辐射能量位于铷 K 系吸收限（RbK）的高能侧，以锆作为荧光靶能高效激发 RbK 系特征线；MoKα 线的波长位于元素镱（Yb）的 K 系吸收限短波侧，能高效激发镱（Yb）的 K 系特征辐射。因此，钼荧光靶是元素 Yb 的高效激发源；由于元素 Rb 对 MoKα 辐射的质量吸收系数极低，Mo 靶对 Rb 的激发效率很低。现代能谱仪最多可配备 15 种适用于 Na～Er 元素范围的二次靶。如图 8.21 所示，荧光靶发射的特征辐射是一种非偏振的自然光，具有 E_x 和 E_y 两个电场分量。这种自然光到达样品时，电场矢量的垂直分量 E_y 因未发生散射而消失。样品元素产生的特征谱线以自然光的形式进入探测器。荧光靶特征辐射电场分量 E_x 经过样品时消失。探测器未接受来自荧光靶的散射线。因此，样品元素发射的特征谱线，背景极低，峰背比很高。选择荧光靶的基本原则如

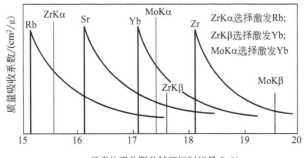
图 8.20 荧光靶的选择实例

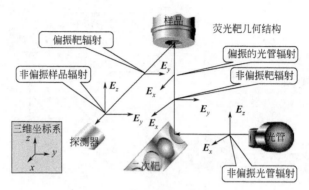

图 8.21 荧光靶的偏振原理

下。①靶材的特征 X 射线能量必须高于待测元素特征线系的临界激发电位。为避免光谱干扰，应根据选择激发原理，选择对分析线有最佳激发效率的靶材；例如：AsKα 与 PbLα 重叠严重，可选择溴化钾（KBr）作为荧光靶，初级辐射激发溴化钾（KBr）产生的 BrKα 谱线，其能量（11.907keV）稍大于 AsK 系线吸收限能量（11.860keV），而低于 PbL$_{\text{Ⅲ}}$ 吸收限能量（13.041keV）。这种靶对元素 As 产生明显的选择激发，而不激发 Pb 的 L 系光谱。因此，有效消除了 PbLα 光谱对 AsKα 的干扰。②为提高所选靶材的利用效率，尽可能选择适用于激发邻近多种元素谱线的材料作为荧光靶。布拉格（Bragg）靶是一种衍射靶。如图 8.22 所示，以 LiF(220) 晶体作为靶体，以光管初级辐射的高强度衍射线激发样品，散射背景很低。例如用 Gd 靶管的靶线 GdL 系线作为布拉格靶的衍射线，由于其衍射角为 90°而具有理想的偏振特性。因此，布拉格靶是一种理想的偏振靶。二次靶发射的辐射是一种近似的单色辐射。若在二次靶与样品间设置某种滤光片，会使激发辐射的单色化程度进一步提高。能量色散光谱分析中，常用的荧光靶按其 K 系发射线能量递减的顺序有：Gd、Sn、Ag、Mo、Ge、Cu、Fe、Ti 和 Al 等。为获得荧光靶的高强度辐射，X 光管的工作电压（kV）应为二次靶 K 系临界激发电位的 2～3 倍。其 K 系特征辐射由于荧光产额高，通常作为样品元素的激发辐射。对于硅（Si）至钾（K）等较轻元素，由于 K 系辐射的能量高于这些元素 K 系临界激发电位的靶材很少，荧光靶不是理想的激发源。为弥补这一缺陷，通常采用低电压（kV）和选择能使光管 L 系靶线产生高效散射的二次靶（如聚酯块）作为这些元素的激发源。尽管不如光管直接激发，但适用于硅（Si）至钾（K）范围内各元素的低能谱线激发。表 8.3 列出了几种常用二次靶的测量参数及其适用范围。

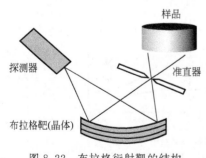

图 8.22 布拉格衍射靶的结构

表 8.3 二次靶的测量参数及适用范围

二次靶	电压/kV	电流/mA	死时间/%	滤光片	测量时间/s	适用元素
CaF₂	40	自动	50	无	200	Na,Mg,Al,Si,P,S,Cl
Fe	75	自动	50	无	200	K,Ca,Ti,V,Cr
Ge	80	自动	50	无	200	Mn,Fe,Co,Ni,Cu,Zn
KBr	100	自动	50	无	200	As
Zr	100	自动	50	无	200	Ga,Ge,Se,Br,Rh,Hg,Tl,Pb
CsI	100	自动	50	无	50	康普顿散射
Al₂O₃	100	自动	50	无	500	Sr,Y,Nb,Mo,Rh,Ag,Cd,Sn,Sb,I,Cs,Ba

8.5 谱处理技术

谱处理技术是一种能解析和改变光谱原始形貌的数学处理方法。通过数字筛选、降低噪声、剥离和抑制连续谱等方式实现合理的谱处理。本节将重点讨论能量色散 X 射线荧光光谱分析的谱处理方法及相关信息的提取。讨论谱处理方法前，必须了解与能谱分析相关的脉冲高度选择和脉冲高度分析两概念的含义和区别。所谓脉冲高度选择（PHS），就是从各种元素谱线的脉冲高度分布中，提取分析线脉冲高度分布的过程。这一概念主要应用于能量色散光谱分析。所谓脉冲高度分析（PHA），就是识别与分离样品发射的各元素特征谱线相关的脉冲高度分布的过程。这种分析过程及所使用的相关器件通常用于波长色散光谱分析；图 8.23 显示样品中 A、B、C 三种邻近元素互相重叠的脉冲高度分布，其中三条实线分别表示 A、B、C 三种元素各自的脉冲高度分布；这些分布基本上呈现对称的高斯分布形态，其峰顶的相对强度分别为 R_A、R_B、R_C；图中虚线表示这组邻近元素脉冲高度分布的包络线，虚线上与 A、B、C 位置相应的相对强度分别为 R'_A、R'_B、R'_C；能量色散光谱分析评估这种重叠情况时，必须采用适当的谱处理方法，提取各自的净峰面积或计数信息。光谱评估及谱处理是能量色散 X 射线光谱分析中与样品制备及仪器校准等具有同等重要的意义。谱处理的目的是通过适当的方法及必要的控制信息，从原始的光谱数据中分离和提取每条特征谱线的净强度或净峰面积（如图 8.24 所示）；提取与分析相关的其他有用信息，从而实现样品的定性与定量分析。这种处理方法由于与光谱的频率域密切相关，必须采用傅里叶变换、卷积及去卷积等数学方法进行光谱的原始数据及形貌特征的处理。由于采集的光谱数据始终受到测量噪声的干扰，往往不能直接从中获取有用信息。因此，我们必须了解和区分 X 射线光谱测量过程中经常出现的噪声类别、起因及其处理方法。其中 X 射线光子在限定时间内到达探测器形成脉冲时，

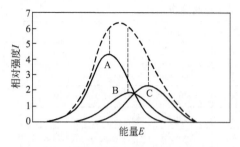

图 8.23　相邻元素的脉冲高度分布曲线（实线）及其合成曲线（虚线）

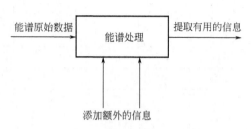

图 8.24　谱处理过程-添加额外信息-提取有用信息

由于统计涨落引起的数据波动称为振荡噪声；由于探测器光电转换特性或放大电路增益性能等引起特征线谱峰的漂移或加宽，称为能量噪声。脉冲高度分布的漂移及加宽与探测器的光电转换性能相关，也与脉冲放大及处理电路的电噪声相关。如果这两种噪声均不存在，测量光谱的净强度时就不会产生任何误差。残留的谱峰重叠等影响也可用简单的方法处理。但遗憾的是，在光谱测量中不可能完全消除这两种噪声的影响，而只能采用适当的方法降低其影响。其中振荡噪声（即计数的统计涨落）可通过延长测量时间或提高激发强度降低其影响；能量噪声则可使用优质探测器及相关电路或与外部电噪声隔离，降低其影响。如图 8.24 所示，谱处理也是一种信息处理技术，处理过程中可能需要引进一些附加信息，才能从测量的光谱数据中提取有用信息。有时这种附加信息是一种无明确定义的直觉信息。在许多情况下，这种外来信息是以数学模型的形式出现的。尽管这种模型比较简单，但能准确描述真实的光谱数据。

8.5.1　光谱数据的基本组成

　　能量色散光谱仪采集的光谱数据中，特征谱线和连续光谱是其主要成分，其次还包括一些对痕量分析具有重要意义的其他光谱信息，如逃逸峰、和峰和由俄歇电子跃迁引起的伴线及疑似谱峰结构的信息。对于已采集的光谱数据，其内容不再改变，无论以何种方法处理，不可能获取比原始光谱数据更多的信息。因此，为了确保采集数据的完整性，必须选择使用最佳的实验及测量条件。当光谱数据中出现谱峰重叠、连续谱形状畸变和谱峰拖尾等现象时，选择合适的数学拟合模型，比用简单的积分方法计算净峰面积更可靠。为了准确评估测量的光谱数据，必须了解原始光谱数据的基本组成及其他次生现象。元素的光谱发射是由原子内层轨道电子的多重跃迁所致。因此，在关注特征谱线发射的同时也应注意由于俄歇电子发射引起的伴线对轻元素分析产生的影响。在光谱评估时必须予以考虑。

　　(1) 特征 X 射线光谱　特征 X 射线是 X 射线光谱的主要组成部分，是由光管靶材、二次靶及样品组成元素所发射。特征谱线的形状类似于罗伦兹分布形状,实验观察的特征线与这种分布峰形类似。原子序数 50 以下元素的特征线,大约具有 10eV 的宽度;探测器输出的脉冲高度分布,类似于高斯分布,其宽度约为 160eV。高斯函数与罗伦兹函数的分布十分相似。在能量色散光谱分析中,观察特征谱线峰形时发现,谱峰向低能方向扩展并出现清晰的拖尾。产生这种峰形畸变的主要原因是半导体探测器死层及低电场区电荷收集不完全所致。这种影响在低能区非常严重。当光子能量高于 15keV 时,康普顿散射影响高斯分布的形状,导致谱峰畸变。在相关的拟合模型中应添加修正畸变的拟合参数,使所描绘的谱峰接近真实形状(Campbell 等,1987)。

(2) 连续 X 射线光谱 X 射线连续光谱是 X 光管初级辐射的重要组成部分,是由一系列不同的电子发射过程所引起。由电子感应产生的连续光谱,几乎完全是高速运动的初级电子突然减速所引起(称韧致辐射)。连续光谱强度分布的一级近似可由可拉玛公式确定。20 世纪 70～80 年代,Statham 等深入研究了电子激发产生的连续光谱的拟合模型。由高能粒子感应产生的 X 射线光谱中也可观察到类似的连续谱。这种连续谱是次级电子引起的韧致辐射。在样品与探测器间设置特殊的吸收体时,会使这种连续谱的形状发生新的变化。X 射线荧光光谱中出现的连续谱主要是光管初级辐射受样品的散射所引起。这种散射辐射是荧光背景的主要成分,其形状变化十分复杂,既取决于激发辐射的原始形状,又取决于样品的化学组成。当用多色辐射激发样品时,连续谱是激发的主要参与者。

(3) 逃逸峰及和峰 逃逸峰及由脉冲堆积引起的和峰是能量色散光谱数据中的次生成分。在定量分析过程中如处理不当,会影响分析结果的准确性。入射光子进入探测器时可通过探测材料 Ar、Si、Ge 等原子的常规电离形成正常的脉冲分布,当入射光子的能量高于探测材料原子的临界激发能时,探测材料的原子将发射自身的特征线光子并逸出探测器。例如硅半导体探测器中的 Si 原子发射能量为 1.74keV 的 SiKα 光子;探测材料 Ge 发射能量为 10keV 的 GeKα 光子;探测气体 Ar 发射能量为 2.98keV 的 ArKα 光子等。此时,探测器不仅形成与入射光子能量成正比的主脉冲分布,而且形成由探测材料原子发射的光子引起的逃逸峰低幅度脉冲分布。在能量分布图上出现两种能量的脉冲分布:主峰(或称母峰)和逃逸峰脉冲高度分布(如图 8.25 所示)。主峰与逃逸峰脉冲分布的间隔能量与探测材料的光子能量相等。在锂漂移锗[Ge(Li)]探测器中,探测原子吸收入射光子发生常规电离而形成的电子-空穴对,探测器阳极收集的电荷形成正常的脉冲分布。如果入射光子的能量高于 Ge(Li)探测器材料 Ge 的 K 系激发能(9.838 keV),则入射光子可能遭遇探测材料的光电吸收,发生原子内层光电离而发射 GeKα 光子或 GeKβ 光子并逸出探测器。入射光子除形成正常的脉冲幅度分布外,还形成另一种低能脉冲分布。在能量分布图上可观察到两个峰,其中低能脉冲分布称为逃逸峰。概括起来,逃逸峰是由于能量高于探测材料原子临界激

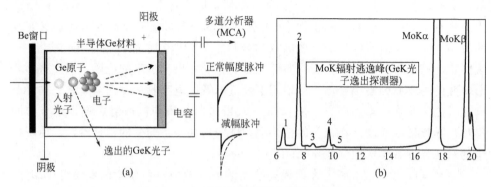

图 8.25 Ge 半导体探测器中的逃逸峰现象

发电位的入射光子引起的。逃逸峰的能量等于入射光子（如 MoK 光子）与探测材料 GeK 光子的能量差。对于硅探测器，逃逸峰的能量为 $(E-1.74)$ keV，其中 E 为入射光子的能量；1.74keV 为 SiKα 光子的能量。然而，探测器激活区产生的 SiK 或 GeK 系辐射光子逸出探测器的概率是有限的，且对常规电离产生的收集电荷毫无贡献。逃逸峰与分析峰可能会发生干扰。例如：用 Si(Li) 探测器测定 Fe 时，由 FeKα 光子引起的逃逸峰能量（4.65keV）与 TiKα 能量峰（4.51keV）重叠；CuKα 光子引起的逃逸峰能量（6.301keV）与 FeKα 能量峰（6.398keV）重叠。Si(Li) 探测器中，逃逸峰与母峰的能量差约为 1.742keV（SiKα 光子能量）；Ge(Li) 探测器中，母峰与逃逸峰间的能量差分别为 9.876keV（GeKα 光子能量）和 10.984keV（GeKβ 光子能量）。逃逸峰的宽度应小于母峰的宽度，这主要取决于光谱仪的能量分辨率。如图 8.26 所示逃逸峰与母峰的间距：Ge 探测器为 10keV，Si 探测器为 1.74keV。使用 Ge 探测器时，在 Na 至 Ge 元素的光谱范围内，各元素的光谱不产生逃逸峰。使用 Si 探测器时，Na 至 Si 间各元素不产生逃逸峰。1972 年 Reed 等人在确定逃逸峰的产生概率时，假设光子的入射和逸出均发生在探测材料的前端表面；以 Si 探测器为例，推导出逃逸峰的逃逸分数为：

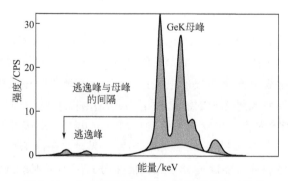

图 8.26 Ge 探测器的母峰与逃逸峰的相对位置

$$f=\frac{N_e}{N_P+N_e}=\frac{1}{2}\omega_K\left(1-\frac{1}{r}\right)\left[1-\frac{\mu_K}{\mu_I}\ln\left(1+\frac{\mu_I}{\mu_K}\right)\right] \tag{8.1}$$

式中，μ_I 和 μ_K 分别表示 Si 对入射辐射和 SiK 系辐射的质量衰减系数；ω_K 表示 K 系荧光产额；r 表示硅的 K 系吸收限陡变比。当入射光子的能量高于 15 keV 时，用荧光产额 0.047 和陡变比 10.8 计算产生逃逸峰的逃逸分数与实验结果非常一致（Van Espen 等人，1980）。如果将式（8.1）中与 Si 相关的参数换成 Ge 的参数，则此公式可用于 Ge 探测器逃逸分数的计算。表 8.4 表示入射光子（MoK 系特征辐射）在 Ge 探测器中引起的逃逸峰与母峰强度的相对比例。

表 8.4 逃逸峰与母峰强度的相对比例

逃逸峰编号	能量/keV	标记	占母峰的比例/%
1	6.46	MoKα-GeKβ$_1$	1.5
2	7.57	MoKα-GeKα	9.6
3	8.60	MoKβ-GeKα	1.0
4	9.74	MoKβ$_1$-GeKα	8.8
5	10.12	MoKβ$_2$-GeKα	2.5

注：1. MoKα,17.44keV；MoKβ$_1$,19.605keV；MoKβ$_2$,19.996keV；GeKα,9.874keV；GeKβ$_1$,10.980keV。
2. 探测器入射光子为 MoK 系特征辐射。

和峰是特殊形式的堆积峰，由两个光子同时进入探测器引起。两个能量相同或不同的光子同时进入探测器时，各自生成一群电子并合成一大群电子形成一种高能脉冲，其能量相当于两初始光子的能量之和。图 8.27 表示 Ge 探测器中逃逸峰及和峰的生成情况。和峰与逃逸峰一样是能量色散采集的原始光谱的组成部分，是定量分析中存在的干扰因素，应予以重视。在脉冲处理电路中，脉冲的堆积影响受到了很大程度的抑制。实验光谱中可观察到由脉冲堆积引起的和峰，这种堆积可视为两组峰叠加成能量相加的一组峰。和峰收集的总电荷相当于两光子的电荷之和。和峰在能谱中处于两光子能量相加的位置。峰的宽度相当于相同能量峰宽度的 5%。和峰通常出现在以若干低能峰为主体的光谱中。在连续谱强度较低的光谱区域很容易观察到由高计数率钾（K）和钙（Ca）的 K 系谱线引起的和峰。图 8.28 表示逃逸峰、和峰与母峰的相对关系；图中以 Si(Li) 探测器测定 TiKα 和 TiKβ 辐射时出现的现象为例，说明逃逸峰及和峰现象。图中 1 和 2 分别表示由 TiKα 及 TiKβ 光子引起的逃逸峰；3 表示 TiKα 光子引起的和峰；4 表示 TiKα 光子和 TiKβ 光子引起的和峰；5 表示 TiKβ 光子引起的和峰。概括地说，和峰是高计数率时母峰组合形成的堆积峰，其能量是两母峰能量的加和。这种母峰可来自同一谱线或不同谱线。和峰的计数率远低于母峰，但属于光谱中唯一可见的高能峰。如图 8.29 所示，用 Ge 探测器测定样品中的主量元素钨（W）时，由于使用高激发电压，WL 系谱线强度很高，其同系谱线分别为 WL$_1$，

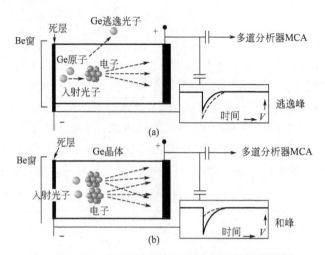

图 8.27 在 Ge 探测器中出现的脉冲堆积及和峰现象

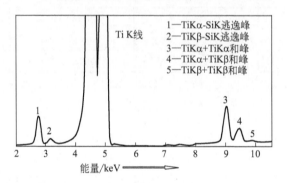

图 8.28 使用 Si(Li) 探测器时 TiKα 和 TiKβ 分析峰（母峰）与逃逸峰及和峰的相对关系

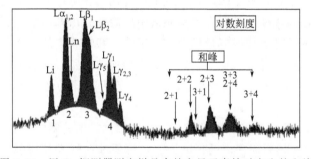

图 8.29 用 Ge 探测器测定样品中的主量元素钨时产生的和峰

$WL\alpha_{1,2}$、$WL\beta_1$ 和 $WL\gamma_1$。图中列出了由于钨的 L 系谱线引起的和峰。4 种母峰分别组合成：(2+1)、(2+2)、(3+1)、(2+3)、(2+4)、(3+3)、(3+4) 共 7 种和峰。这些和峰的相对强度关系与其能量关系完全不同。将和峰误认为元素的谱线是不可能的，但和峰与其他谱线发生重叠是可能的。这种情况在环境样品的分析中出现的可能性很大。例如环境样品中主量元素铁的高强度 K 系谱线

(FeK)所形成的和峰出现在 Se 和 Br 的 K 系谱线及重元素 Hg、Tl 和 Pb 的 L 系谱线的能量位置，由此产生干扰。

（4）其他疑似光谱的信息　在 X 射线光谱数据中可能会出现一些难以评估的疑似光谱的结构。原子序数在 20～40 间的各元素的 K 系光谱中出现一种最大值模糊、峰尾下降缓慢的疑似谱峰的结构（Van Espen 等，1979）。这种结构是由 K-LL 壳层间俄歇电子跃迁所引起的；是原子内层空位的另一种填补方式。其最大值位于 K-LL 层俄歇跃迁的能量位置。Zn 以上的重元素，俄歇跃迁产生的辐射强度约为常规 Kα 谱线强度的 0.1%；Ca 以下的轻元素，俄歇跃迁产生的辐射强度约为常规 Kα 谱线强度的 1%；氯（Cl）以下元素的俄歇电子跃迁，形成的辐射可能与常规 Kα 谱峰发生重叠。谱处理时这种疑似结构常被作为非高斯分布峰的拖尾加以处理。

在含特征辐射的初级光谱中可能出现两个峰，即特征线的相干散射（瑞利）峰和非相干散射（康普顿）峰。相干散射峰的位置及宽度与正常谱线完全相同；非相干散射峰向正常峰的低能方向漂移和宽化（康普顿散射峰），其宽度比相干散射峰宽。宽化的原因在于散射的多普勒（Doppler）效应。归纳起来，能量色散 X 射线光谱仪采集的原始光谱主要由连续光谱、特征 X 射线、逃逸峰、和峰、伴线及各种散射峰组成。光谱处理的目的是利用实验或数学拟合的方法解析光谱中各种成分的真实形貌，并从中提取具有分析意义的信息。

8.5.2　谱处理的基本步骤

谱处理技术与样品制备及定量校准具有同等重要的作用。在能量色散光谱的定性分析中，谱处理涉及光谱的平滑、谱峰检索、拟合及识别等步骤；在定量分析中，谱处理的重要性更突出，其目的在于精确提取与分析密切相关的有用信息，计算相关谱线的净峰面积或积分强度，作为定量分析的依据。多道分析器记录类似于高斯分布的各种谱线数据。每条谱线的总计数与高斯分布峰的面积等效。由于多道分析器每个通道记录特定能量的光子数，这些光子可能来自几条互相重叠的谱线。因此，必须用解谱方法使相互重叠的谱线分离并获得各自的净峰面积。为精确提取和计算每条谱线的净峰面积，谱处理方法涉及特征谱、连续谱、康普顿散射峰、逃逸峰、和峰及其他光谱成分的拟合处理及相关数学模型的准确选择。在定性分析中，光谱平滑处理的目的在于降低采集过程中产生的统计涨落，提高测量精度及峰识别的准确性。特别是在识别检测限附近的弱峰时，平滑效果十分明显。每种元素都具有若干条特征谱线，分属于不同的线系。对于 Ba 以上的重元素，如激发条件许可，最多可能出现三个线系，谱线多达 40 余条。由于涉及的拟合参数太多，解谱处理时无法对每条谱线逐一拟合，计算每个谱峰的净峰面积，但可利用同系谱线强度的相对关系，通过分组方式拟合，简化谱处理步骤。由拟合所有的谱线简化为按组拟合总面积，从而获得组内所有谱线的净峰面积。采用谱线分组拟合方法可使解谱或谱处理变得简单易行。同时也有助于解决谱线间的重叠问题。以 FeK 系谱线为例，只需拟合 FeK 系谱线的总计数或总面积，即可达到分峰解谱的目的。对于更复杂的情况，只需分别拟合 K、L、M 三个谱线组的总计数，即可获得每个元素所有谱线的净峰面积。因此，在谱线拟合处理前，了解样品中存在哪些元素，可能存在几种线系以及康普顿散射峰等情况，对谱线分组十分重要。谱线分组的原则是按主壳层或子壳层分类。通常 K 系线可组成一组（Kα+Kβ）或 Kα 和 Kβ 各为一组；L 系谱线可组成一组（$L_1+L_2+L_3$）或按子壳层分成 L_1、L_2 及 L_3 三组；M 系谱线通常组成一组。相关操作软件的默认分组为 K、L、M。对于康普顿峰，则以 C 为标记。同一线系内各谱线的强度具有固定的相对关系，这种关系是谱线分组归类的重要依据。由于基体效应的影响，每条谱线的实际强度可能会发生一些变化。因此，在谱线分组拟合处理时，必须准确提供每条谱线的测量强度或计算的理论强度，否则可能影响拟合效果。对于单个元素，其光谱的强度数据不受影响，可作为默认值使用。然而，当元素处于样品基体中时，由于基体影响，谱线强度可能发生变化。因此，在分组拟合时必须首先计算每条谱线的理论强度。

为使谱峰拟合尽量逼近真实，选择合适的数学模型十分关键。应根据光谱数据各成分的特征，选择拟合模型。常用单峰高斯分布和谱峰按组拟合两种模型。每种拟合模型通常由固定参数、可变参数及拟合控制参数组成，其中固定参数包括特征线的能量和组内各谱线的相对强度等；变动参数包括零点（Zero）、增益（Gain）、噪声（Noise）和范诺因子（Fano）等能量校准参数；拟合控制参数包括最大迭代次数、迭代偏差因子、能量校准因子等。变动参数中，零（Zero）值表示通道的能量值接近于零（keV），增益（Gain）表示通道的准确宽度，以电子伏特/通道（eV/ch）表示；多道分析器中每个通道具有一定的能量及能量变动范围；每个通道的能量范围称为道宽（例如 10eV/ch）。光子的能量与通道数呈现固定的线性换算关系，即通道数（i）所对应的能量（eV）。计算公式为：

$$E_i = \text{Zero} + \text{Gain} \times i \tag{8.2}$$

零（Zero）、增益（Gain）、噪声（Noise）和范诺因子（Fano）等参数的组合称为能量校准参数；其中噪声（Noise）项是由前置放大器引起的；范诺因子（Fano）是由能量的测量误差确定，范诺因子（Fano）和噪声（Noise）是高斯峰分布形状的影响因子，其偏差用 σ_E 表示：

$$\sigma_E = \sqrt{\left(\frac{\text{Noise}}{2.35482}\right)^2 + 0.00385 \times \text{Fano} \times E} \tag{8.3}$$

当入射光子的能量 E 一定时，可预测高斯分布的中心位置（通道数）及其分布宽度（通道分布宽度）；相反，也可用已知的光子能量计算用于能谱拟合的零（Zero）、增益（Gain）、噪声（Noise）和范诺因子（Fano）等参数。

8.5.3　常用的谱处理方法

常用的谱拟合处理方法有参考（基准）谱最小二乘法线性拟合、分析函数最小二乘法线性拟合及感兴趣区分析窗设定三种方法。为准确提取特征谱线的净峰面积和背景的积分强度，处理过程中必须考虑连续谱的拟合估计及单峰净峰面积的拟合计算等处理方法。

（1）参考谱的最小二乘法拟合　参考谱最小二乘法拟合有两种计算方法：①筛选拟合法，即通过适当的数字筛选，利用纯元素或其化合物的参考谱描述或拟合样品的复杂光谱；②以偏最小二乘法回归（PLS）为基础的多元校准法。这种方法无需执行光谱的拟合处理及评估，只需建立样品中化合物的浓度与整谱间的校准关系即可实现样品的定量分析，不需要计算特征谱线的净峰面积或净强度。

① 筛选拟合法　使用数字筛选拟合的最小二乘法时，如果用纯元素或其化合物光谱的线性组合（参考谱）描述未知的光谱测量数据，则所采用的数学筛选拟合模型可写成：

$$y_i^{\mathrm{mod}} = \sum_{j=1}^{m} \alpha_j x_{ji} \tag{8.4}$$

式中，y_i^{mod} 表示拟合光谱中通道（i）的计数；x_{ji} 表示标准谱 j 中通道（i）的计数；α_j 表示未知光谱中纯元素标准谱的贡献，其数值可通过多元线性最小二乘法拟合，使测量光谱与拟合谱方差的加权和 χ^2 最小化而获得。χ^2 可表示为：

$$\chi^2 = \sum_{i=n_1}^{n_2} \frac{1}{\sigma^2}[y_i - y(i)]^2 = \sum_{i=n_1}^{n_2} \frac{1}{\sigma^2}\Big(y_i - \sum_{j=1}^{m} \alpha_j x_{ji}\Big)^2 \tag{8.5}$$

式中，y_i 和 σ 分别为测量光谱中通道（i）的计数及不确定度；n_1 和 n_2 为拟合范围的上下限。假定 y_i^{mod} 的线性加和适用于光谱中所有特征谱线的拟合，而不用于连续谱的拟合。使用这种方法时，应首先从未知光谱和标准谱中消除连续谱的影响，然后执行最小二乘法拟合计算。用数字筛选法进行未知光谱和标准谱拟合时，也可通过筛选拟合和独立卷积抑制光谱中的低频分量，排除连续谱引起的背景。

② 以偏最小二乘法为基础的多元回归校准（PLS）方法　这种方法广泛应用于化学计量。使用这种方法时，测量的光谱数据应首先经过适当处理，获得荧光谱线的净强度，然后用经验或半经验的基本方法，依据谱峰的净强度确定样品中分析元素的浓度。这种方法旨在通过测量的光谱数据与样品中分析浓度的直接关联，获得一种多元线性拟合模型实现定量分析，从而避免使用净峰面积的处理方法。这种方法需要使用适合于未知样品光谱的拟合模型，以大量标准样品建立光谱强度与元素浓度的校准曲线。实测的光谱数据与样品组成（分析浓度）间具

有如下多元校准关系：

$$Y = XB + F \tag{8.6}$$

$Y_{n \times m}$ 矩阵中的行 n 表示分析的样品数，列 m 表示各分析元素的浓度。$X_{n \times p}$ 矩阵代表测量的光谱数据，其中 n 代表各样品测量的光谱数据，列 p 代表各通道收集的光谱强度；$F_{n \times m}$ 为 $Y_{n \times m}$ 矩阵的残差矩阵。回归系数 B 可直接用多元线性回归方法计算。然后由 B 得到最小二乘法的解：

$$B = (X'X)^{-1} X'Y \tag{8.7}$$

在能量色散 X 射线荧光分析的多元校准中，当变量数 x 超过样品数（$p > n$）或 x 变量间高度相关时，最小二乘法解趋于不稳或由于 $X'X$ 协变矩阵不能反演而无法获得确切的解。为克服这一问题，可使用单值分解方法。X 矩阵被分解成若干独立的变量作为主要矩阵组元。原则上主要矩阵组元的数量应与原始变量数（通道数）相同，但仅保留最具有效意义（即最高方差或本征值）的组元。用这种主要组元数较少的矩阵代替式（8.6）中的 X 矩阵，进行回归计算。

偏最小二乘法回归（PLS）校准是克服这一问题的最有效方法，其中包含两个外部关系式和一个内部关系式。外部关系式用于描述 X 矩阵和 Y 矩阵的分解：

$$X = TP' + E = \sum_{a=1}^{A} t_a P'_a + E \tag{8.8}$$

$$Y = UQ' + F = \sum_{a=1}^{A} u_a q'_a + F \tag{8.9}$$

$T_{n \times A}$ 矩阵和 $U_{n \times A}$ 矩阵为计算矩阵，A（$A \leqslant p$）为隐含变量。$P'_{A \times p}$ 和 $Q'_{A \times m}$ 矩阵为加载矩阵，用于描述隐含变量（T 和 U）与原始变量（X 和 Y）间的相互关系。数学模型中的隐含变量 A 具有关键意义，其最佳值必须通过交叉验证确定。含残差的矩阵 E 和 F 分别属于原始光谱数据和浓度数据的部分，不考虑使用隐含变量 A。内部关系可写成：

$$u_a = b_a t_a \quad a = 1, \cdots, A \tag{8.10}$$

由此获得回归系数 B。此运算可视为 X 和 Y 数据计算间的一种最小二乘法拟合。因此，PLS 的最终模型可写成：

$$Y = TBQ' + F^* \tag{8.11}$$

在正常的 PLS 运算中，Y 是一种元素的浓度向量，对每种元素需建立一独立的模型。如果同时预计所有 Y 变量，与 $Y = XB + F$ 的情况一样，使用 PLS 算法。与样品中浓度间高度相关时，这种方法更有效。校准模型的品质可用计算的均方根误差（RMSEP）判断：

$$\text{RMSEP} = \left[\frac{1}{n} \sum_{i=1}^{n} (\hat{y}_i - y_i)^2 \right]^{1/2} \tag{8.12}$$

式中，$\hat{y}_i$ 是用模式 y_i 估计的样品（i）浓度；为确定隐含变量的最佳值，可用含不同隐含变量 A 的 PLS 模型计算。

（2）分析函数的最小二乘法线性拟合　分析函数拟合光谱数据的最小二乘法是处理复杂光谱最方便的方法。用一种包含重要分析参数（例如荧光谱线的净峰面积）的代数函数作为测量光谱的拟合模型。将代数模型 $y(i)$ 与拟合范围内测量光谱 y_i 偏差平方加权和定义为目标函数（χ^2）：

$$\chi^2 = \sum_{i=n_1}^{n_2} \frac{1}{\sigma^2}[y_i - y(i, a_1, \cdots, a_m)]^2 \tag{8.13}$$

式中，σ^2 为数据点（i）的方差，通常 $\sigma^2 = y_i$；a_j 为拟合参数，该参数的最佳值即为 χ^2 的最小化值。置 χ^2 对参数 a_j 的偏导数为零：

$$\frac{\partial \chi^2}{\partial a_j} = 0 \qquad j = 1, \cdots, m \tag{8.14}$$

即可得到这些参数的最佳值。如果拟合模型对所有参数 a_j 保持线性，则可列出含 m 个未知量 $a_j (j=1, \cdots, m)$ 的一组线性方程，从而获得代数解。如果拟合模型对其中一种以上参数呈现非线性，则不可能直接获得解，这些参数必须用非线性拟合的最小二乘法通过迭代求解，从而获得最佳参数值。在使用非线性最小二乘法拟合求解时最大的困难是构建一种能准确描述测量光谱的分析函数。所使用的拟合模型能准确描述所观察的光谱，需要一种适用于连续谱、元素荧光特征线及诸如吸收限、逃逸峰、和峰及其他谱峰结构的数学模型。尽管能量色散探测器的响应函数近似于高斯分布函数，但仍然需要考虑与高斯分布的差异。如果选用的拟合模型不当，会导致系统误差，在估计峰面积时可能产生很大的正负误差。另外，所选用的拟合函数应力求简单，包含的参数应尽可能少。特别是非线性拟合，引入大量参数会使 x^2 的最小化产生问题。一般情况下，拟合模型由两部分组成：

$$y(i) = y_B(i) + \sum_p y_p(i) \tag{8.15}$$

式中，$y(i)$ 表示通道（i）计算的计数；第一部分描述连续谱；第二部分为所有似峰结构的贡献。由于线性拟合和非线性拟合最小二乘法具有许多共同特征，通常用一般方式描述非线性最小二乘法拟合函数。

（3）感兴趣区（ROI）分析窗设置　所谓感兴趣区（ROI）是指对分析线峰有强度贡献的能量范围，也称分析窗。设定感兴趣区分析窗是一种简便的解谱方法。对于任何分析线，探测器接受的总入射光子数均包含在其能量分布的面积内（包括逃逸峰、和峰、重叠峰及背景）；能量色散法中，光谱背景主要来自初级辐射的散射贡献。能量色散光谱法惯用面积表示分析线的强度数据，不用谱线峰高表示。感兴趣区（ROI）是环绕分析线谱峰能量而设定的一种对称窗口。设定分析窗时应兼顾谱峰强度及其分辨率。一般情况下，感兴趣区分析窗设定值为能量分布峰半高宽（FWHM）的 1.2~1.6 倍。图 8.30 以 FeKα 为例，FeKα 峰包含

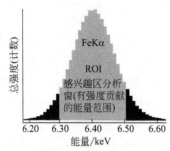

图 8.30 能量色散光谱感兴趣区的设置

的计数等于谱峰能量范围在 6.3～6.5keV 间各通道计数的总和。此值代表 Fe 的分析窗（ROI）中收集计数的积分值，其中包括背景计数。由于死时间影响，能量色散光谱中谱峰的强度数据是以每秒有效时间产生的计数表示的。能量色散光谱分析中，设定感兴趣区分析窗是常用的谱处理方法。与数学拟合方法相比，这种方法特别适合于：①测定主量元素高强度峰附近痕量元素的弱峰；②测定重叠在拟合效果较差的高背景上微量元素的弱峰；③需要高精度测定痕量元素。在数学拟合的谱处理中，背景是自动计算和校正的。如果使用感兴趣区（ROI）分析窗设定方法，需要考虑基体对背景的影响。在痕量元素分析中，由于未处理背景的影响，背景强度的增加可能被当作痕量元素浓度的增加。这种影响对于轻基体中痕量元素的测定非常严重。

数学拟合处理和感兴趣区分析窗设定两种方法各有利弊。数学拟合解谱方法的优点是，拟合计算时会自动考虑谱线重叠及背景的影响并自动校正背景、逃逸峰及和峰的影响；在能量校准及探测器分辨率校准时，也会自动进行能量刻度及谱峰漂移的校正。感兴趣区（ROI）分析窗设定方法不能自动修正谱线重叠和背景的影响。这种方法不能用于由于光谱重叠而使分析窗出现非对称性变化的情况。因此，必须用定量校准的方法计算光谱重叠校正系数或用相对强度关系模拟干扰峰的净峰面积，进行人工修正，使分析窗重现对称性（如图 8.31 所示）。使用感兴趣分析窗设定方法时，在测定基体类似样品中谱峰强度很低的微量元素时，尽管未修正背景影响，但数据的统计性能仍然较好。在感兴趣区分析窗设定的方法中，谱线重叠影响的校正模型为：

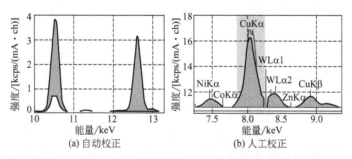

图 8.31 能量色散光谱自动解谱与感兴趣区设置的谱线重叠校正

$$C_i = -L_j Z_j + D_i + E_i R_i M \tag{8.16}$$

式中，L_j 为元素 j 对元素 i 谱线的重叠系数，通过回归校准计算获得；Z_j 为元素 j 的浓度或强度。在计算最低检测极限（LLD）时，如果用数学拟合解谱法和感兴趣（ROI）分析窗设定方法得到的检测极限（LLD）非常接近，可首先通过谱线分组拟合方法计算谱线组的最佳检测极限（LLD），然后获得组内每条谱线的最佳检测极限（LLD）。计算任何谱线组的最佳检测极限（LLD）时，参与积分的通道是以一个或多个清晰的感兴趣区（ROI）形式出现的。由于组内谱线具有固定的比例关系，因此，分组的最佳检测极限（LLD）与组内任何一条谱线的最佳检测限是相等的。在波长色散法中，分析窗的设定是以能接受相关幅度的脉冲为准，进入探测器的辐射基本上是单色辐射，除逃逸峰外，分析窗包含整个脉冲高度分布（PHD）。这相当于能量色散法中的感兴趣区（ROI）分析窗。

使用感兴趣区（ROI）分析窗设定方法时，目标元素的 K 系或 L 系谱线的分析窗（ROI）通常由软件自动设定。若使用非标准方法设定时，对于 M 系谱线及背景位置的分析窗（ROI）必须用人工方法设定。在谱线重叠情况下使用感兴趣区（ROI）分析窗设定时，如图 8.32 所示，假定用虚线表示两峰发生重叠，实线表示重叠的包络峰。为获得对称的分析窗，必须进行谱峰重叠的简单处理。尽管从理论上最小二乘法可提供谱峰重叠的最佳校正结果，但数学处理十分复杂。对于大量样品分析或重复测量，适宜使用简单快捷

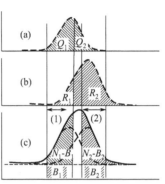

图 8.32　用谱峰重叠因子处理双线系谱峰重叠

的处理方法。最简单的处理方法是预先确定谱峰重叠的校正因子。在重叠较简单的情况下，这种方法的处理效果与最小二乘法拟合处理效果基本相同。其突出的优点是简单快捷。确定谱峰的重叠校正因子时，需要制备若干只含一种重叠元素，不含另一种元素的样品，以获得不含背景的两元素的参考标准谱 Q 和 R，且其积分强度必须满足统计精度要求。Q 峰在兴趣区 1 和 2 的峰面积分别为 Q_1 和 Q_2；R 峰在兴趣区 1 和 2 的峰面积分别为 R_1 和 R_2。谱峰重叠的校正因子可分别定义为：

$$q = Q_2/Q_1 \quad (8.17)$$
$$r = R_1/R_2 \quad (8.18)$$

用适当方法估计感兴趣区 1 和 2 中背景强度的贡献 B_1 和 B_2。包络峰在兴趣区 1 和 2 中的总计数分别为：

$$N_1 = N_Q + B_1 + rN_R \quad (8.19)$$
$$N_2 = N_R + B_2 + qN_Q \quad (8.20)$$

式中，N_Q 表示 Q 峰对兴趣区 1 的强度贡献；N_R 表示 R 峰对兴趣区 2 的强度贡献。由式（8.21）、式（8.22）可解得兴趣峰 N_Q 和 N_R 的净峰面积：

$$N_Q = \frac{N_1 - B_1 - r(N_2 - B_2)}{1 - qr} \quad (8.21)$$

$$N_R = \frac{N_2 - B_2 - q(N_1 - B_1)}{1 - qr} \quad (8.22)$$

因此，重叠峰可通过其在兴趣区 1 和 2 的积分计数及背景的估计计数 B_1 和 B_2 按重叠因子 q 和 r 分解成无重叠的净峰面积。分解峰面积 N_Q 和 N_R 产生的统计误差可表示为：

$$\sigma_Q = \frac{[N_1 + \sigma_{B_1}^2 + r^2(N_2 + \sigma_{B_2}^2)]^{1/2}}{1-qr} \qquad (8.23)$$

$$\sigma_R = \frac{[N_2 + \sigma_{B_2}^2 + q^2(N_1 + \sigma_{B_1}^2)]^{1/2}}{1-qr} \qquad (8.24)$$

以上计算假定 q 和 r 的误差可以忽略。背景的贡献通常在 $0 < \sigma_{B_1}^2 \leqslant B_1$ 和 $0 < \sigma_{B_2}^2 \leqslant B_2$ 的范围内。考虑到 $N_R > N_Q$ 的情况，假定 σ_{B_1} 和 σ_{B_2} 等于 0，则弱峰面积的误差为：

$$\sigma_Q = \frac{[(N_Q + rN_R + B_1) + r^2(N_R + qN_Q + B_2)]^{1/2}}{1-qr} \qquad (8.25)$$

由于 q 和 r 均小于 1，$B_1 \approx B_2$，$N_Q \ll N_R$，上述表达式可简化为：

$$\sigma_Q = \frac{N_Q + rN_R + B_1}{1-qr} \qquad (8.26)$$

由式（8.26）可见，在确定弱峰面积时统计误差显然由强峰贡献。事实上如果 $rN_R > N_Q + B_1$，弱峰的统计误差主要来源于强峰。因此，弱峰的测量主要受强干扰峰的制约。这是所有干扰峰分解方法的基本点。式（8.21）和式（8.22）很简单，用微处理机即可获得 N_Q 和 N_R 的解。该方法也可用于处理双线系的光谱重叠。设定感兴趣区分析窗时，若存在谱线重叠，对感兴趣区设定的对称性会产生非对称影响，例如 FeKα 峰与 MnKβ 峰的重叠。如图 8.33（a）所示，FeKα 的感兴趣区分析窗出现非对称；如图 8.33（b）所示，若通过 MnKβ 与 MnKα 的相对关系，模拟 MnKα 的峰面积而获得 FeKα 峰位处 MnKβ 的峰面积，并根据上述方法计算 Kα/Kβ 重叠校正因子，即可从 FeKα 峰位扣除 MnKβ 峰的重叠，使 FeKα 峰的感兴趣区分析窗恢复对称性，如图 8.33（c）所示。

（4）连续光谱的估计方法　　连续谱是采集光谱的主要组成部分，是光谱背景的主要来源。为获得良好的解谱效果，连续谱的处理非常重要，是谱处理技术首

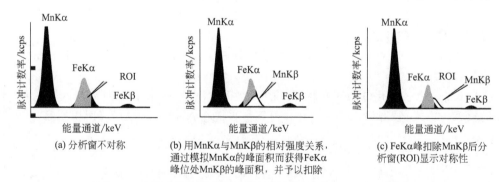

图 8.33　光谱重叠对设定感兴趣区分析窗（ROI）对称性的影响

先需要考虑的。连续谱的分布范围很宽，经样品散射后的形貌有所变化，不同的能量范围，形态特征差异较大。构建一种能描述其全貌的物理模型似乎不可能，建立一个能精确拟合的数学模型也很困难。由于 X 射线的发射过程与频率域密切相关，往往需要使用傅里叶变换等方式加以处理，并根据光谱频率的变化范围采取不同的处理方式。由连续谱散射引起的光谱背景大致分为高能非线性区、中等能量线性区和低能恒定区三部分。这对于分析峰获得最佳净峰面积十分重要。关于连续谱的处理，常用三种方法：①通过适当的数字筛选，抑制或扣除连续背景；②在估计特征谱线的净峰面积前首先估计连续谱，然后从谱峰中扣除拟合的连续背景；③连续谱与特征谱及其他疑似光谱同时处理；第一种方法采用特定的数字筛选，用参考（基准）谱进行线性最小二乘法拟合估计连续谱；如果选择一种能准确描述连续谱的代数函数，则可用线性或非线性最小二乘法拟合，同时估计连续谱和特征线峰。如果选择一种只对连续谱有效而与其他光谱成分无关的估计方法，则连续谱一旦被估计即可从原始谱中扣除，从而获得特征谱的净峰面积。无论采用哪种方法都必须满足以下要求：①任何情况下都能获得可靠的估计值；②能量范围较宽时，所选方法的任何参数尽量不做调整；③所选择的方法必须实用有效。

采用分析函数拟合方法估计连续谱时，能获得较好的估计结果。分析函数拟合方法的突出优点是，不需要非常准确的拟合模型，但必须是某种多项式函数，如线性多项式或指数多项式等。线性多项式的一般表达式为：

$$y_B(i) = a_0 + a_1(E_i - E_0) + a_2(E_i - E_0)^2 + \cdots + a_k(E_i - E_0)^k \quad (8.27)$$

式中，E_i 表示通道 i 的能量；E_0 表示一种适合于中间拟合区的参考或基准能量。该多项式适用于描述 2~3keV 能量范围内的连续谱；能量范围过宽，多项式描述的连续谱将显示过度弯曲；按计算机的要求，多项式不用通道数表达，而改成 $(E_i - E_0)$ 的函数形式。多数计算机程序中，多项式拟合模型允许选择的多项式次数为 $k=0,1,2$，分别表示常数、线性和抛物线形分布。k 值大于 4 时，由于产生极不真实的物理振荡而极少使用。上述线性多项式由 $a_0,a_1,a_2,\cdots,a_k$ 线性拟合参数构成，这种函数可用于线性及非线性最小二乘法拟合。但不能用于整个光谱范围或正反向高度弯曲的连续谱拟合。对于弯曲程度较大的连续谱可用指数多项式拟合：

$$y_B(i) = a_0 \exp[a_1(E_i - E_0) + a_2(E_i - E_0)^2 + \cdots + (E_i - E_0)^k] \quad (8.28)$$

式中，k 为指数多项式的幂次，其值高达 6 时，适用于准确描述位于 2~16keV 能量范围内的连续谱。这种函数是拟合参数 $a_0,a_1,a_2,\cdots,a_k$ 的非线性组合。需要使用非线性最小二乘法拟合程序。下面再介绍几种估计连续谱的特殊方法。

① 正交多项式计算方法　用正交多项式拟合最小二乘法估计连续谱的方法是由史特恩施特鲁（Steenstrup，1981）提出的。用正交多项式拟合连续谱时，

以迭代法调整最小二乘法的拟合权重，仅将连续谱的相关通道列入拟合。这种方法通常用于拟合脉冲高度分布谱，是一种不需要控制参数的运算工具。连续谱可用一组高达 m 次幂的多项式描述：

$$y(i)=\sum c_j P_j(x_i) \qquad (8.29)$$

式中，$P_j(x_i)$ 表示 j 次正交多项式；假定 $m=3$，则函数变成：

$$y(i)=c_0+c_1(x_i-a_0)+c_2[(x_1-a_1)(x_i-a_0)-b_1] \qquad (8.30)$$

参数 c_j 的最小二乘法估计值给定如下：

$$c_j=\sum_{i=1}^{n}\frac{w_i y_i P_j(x_i)}{\gamma_j} \qquad (8.31)$$

式中，w_i 表示拟合的权重。由于多项式 $P_j(x_i)$ 为正交多项式，不需要用矩阵变换获取结果。实验数据可用更高次多项式拟合，运行时不会出现病态方程及异常振荡项等问题。这种方法旨在用 m 次幂正交多项式拟合连续谱并进行峰底插值，可通过人工选择仅属于连续谱的数据对 $(x_i y_i)$ 而实现，分别用 4 次、5 次、6 次正交多项式拟合估计连续谱，其中 6 次多项式拟合的连续谱最接近真实形状。

② 谱峰剥离非线性拟合迭代计算方法 该方法是一种基于通道 y_i 的计数与其邻近通道计数比较排除光谱中迅变成分的方法。由柯赖顿等人（Clayton，1987）提出的一种通道 (i) 的计数与邻近两侧通道平均计数 m_i 比较的方法：

$$m_i=\frac{y_{i-1}+y_{i+1}}{2} \qquad (8.32)$$

如果 y_i 小于 m_i，则通道 (i) 的计数用平均计数 m_i 代替。如果所有通道只执行一次变换，就可观察到谱峰高度略微降低而光谱其余部分严格保持不变，则重复这一步骤，谱峰将逐步从整个连续光谱中被剥离。该方法有与最低位置衔接的趋势，对由于计数统计涨落引起连续谱位置的变动十分灵敏，因此，在剥离开始前必须首先进行前节讨论的光谱平滑处理。一般经过 1000 次平滑后，峰剥离基本收敛，连续谱的最低位置基本保持平稳。平滑次数取决于谱峰的宽度。为减少迭代次数，在谱峰剥离前进行数据 y'_i 的对数或平方根变换是十分有利的：

$$y'_i=\lg(y_i+1) \qquad (8.33)$$

$$\text{或} \quad y'_i=\sqrt{y_i} \qquad (8.34)$$

这种方法一般适用于脉冲高度分布谱。该方法适合于估计 1.6～13.0keV 能量范围内的连续谱。从初级辐射光谱中可观察到很强的连续谱，在 10keV 以上能量范围内的连续谱的增长十分稳定。其强度可用以下方法估计：a. 原始光谱取均方根；b. 用筛选法平滑；c. 用公式 $m_i=\dfrac{y_{i-1}+y_{i+1}}{2}$ 在相关区域执行迭代；d. 各数据点取平方（反演）获得连续谱的最终形貌。图 8.34 显示经 10 次、100 次和

500次迭代后的连续谱。上述方法的通式可用离通道（i）距离为 w 的两个通道计数的平均值表示：

$$m_i = \frac{y_{i-w} + y_{i+w}}{2} \tag{8.35}$$

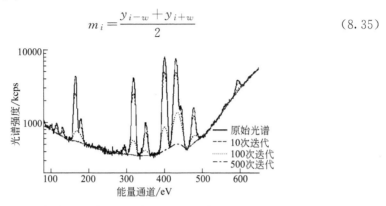

图 8.34　分别用 10 次、100 次、500 次迭代后连续谱的形貌

Ryan 等人（1988）提出用光谱通道（i）处能量分辨率的 2 倍（FWHM）作为 w 值。仅需 24 次迭代，所产生的连续谱形状就能满足要求。在最后 8 次迭代时，w 值逐次下降 $1/\sqrt{2}$，所获得的连续谱十分平滑。在开始峰剥离前，为压缩光谱的动态范围，应进行坐标的双对数变换 $\lg[\lg(y_i+1)+1]$。该方法与统计筛选法相结合称为非线性统计迭代峰剥离法（简称 SNIP）。如果用均方根变换取代双对数变换，并对均方根数据进行平滑，所得到的宽度 w 在整个光谱范围内均保持恒定。图 8.35 中显示用这种方法进行连续谱计算的补偿效果。在光谱中心位置，将这种宽度设定为 11，并执行 24 次迭代，使通道近似于峰的半宽度。用这种方法执行谱峰剥离，平滑连续谱的速度比最初的方法快得多。

③ 连续谱背景的线性插值法计算　众所周知，分析峰的峰底背景是由连续谱散射引起的。上述处理连续谱的数学方法适用于处理复杂的连续谱。对于结构比较简单的通用型能谱仪，谱处理方法比较简单，在能量范围比较窄的情况下，如果用简单的连续背景处理能满足要求，则应采用简单的处理方法。谱峰重叠不严重且谱峰两侧连续背景分布比较稳定时，可以使用图 8.36 所示的线性插值法校正连续背景的影响。

线性插值法的基本要点是，在谱峰中心两侧取对称的 n_P 通道进行积分；然后从与谱峰中心对称的两侧选取 $n_B/2$ 道作为对称的背景区。谱峰内部各道 n_P 的背景可由式（8.36）计算：

$$B = \frac{n_P}{n_B} \times (B_L + B_U) \tag{8.36}$$

式中，B_U 为谱峰高端 $n_B/2$ 道内

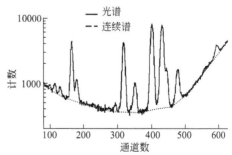

图 8.35　非线性迭代运算剥离谱峰估计的连续谱（用 SNIP 算法，迭代 24 次）

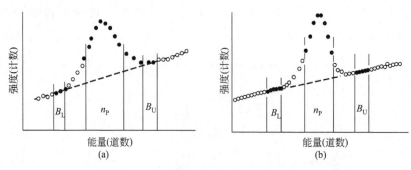

图 8.36 简单背景的线性插值法

的背景计数；B_L 为谱峰低端 $n_B/2$ 道内的背景计数。背景以上谱峰的净计数为：

$$P = N_t - B = N_t - \frac{n_P}{n_B} \times (B_U + B_L) \tag{8.37}$$

式中，N_t 为 n_P 道内的总计数。背景 B 的统计误差期望值为：

$$\sigma_B = \frac{n_P}{n_B} \times \sqrt{B_U + B_L} \tag{8.38}$$

谱峰净计数 P 的相对标准偏差期望值为：

$$\frac{\sigma_P}{P} = \frac{[P + B(1 + n_P/n_B)]^{1/2}}{P} \tag{8.39}$$

如果存在高背景区，则可选择 $n_B \gg n_P$ 使统计误差最小。当谱峰净计数 $P \gg B$（背景计数）时，谱峰的积分区或感兴趣区应选择谱峰半高宽的两倍，使总计数的相对标准偏差具有极小值。若处于感兴趣区分析窗内的谱峰接近检测极限时，$n_P \approx 1.17$（FWHM）。

④ 连续谱背景的最小二乘法拟合　当线性背景的假定不成立，不宜使用线性插值法时，可采用更具代表性的线性拟合最小二乘法计算连续背景。如果 $g(x)$ 是连续背景函数的一般表达形式，则能代表背景真实分布的特定函数 $g(x)$，可通过式（8.40）中 χ^2 的最小化而获得。

$$\chi^2 = \sum_i \frac{1}{\sigma_i^2}[y_i - g(x_i)]^2$$
$$= \sum_i \frac{[y_i - g(x_i)]^2}{y_i} \tag{8.40}$$

例如，$g(x)$ 为一线性方程：

$$g(x) = a + bx \tag{8.41}$$

则通过式（8.40）确定使 χ^2 具有极小值的 a 和 b 值，即可获得代表采集光谱真实性的函数。其解可从下式获得：

$$\frac{\partial \chi^2}{\partial a} = 0; \frac{\partial \chi^2}{\partial b} = 0 \tag{8.42}$$

以上各式中，x_i 表示拟合时所用的道数；y_i 表示（i）道内的计数；拟合的加权因子 $\sigma_i^2 = y_i$；对所有（i）道求和时，应包括计算背景时所用的各个道。一旦描述峰底背景的特定函数确定，即可从谱峰总计数 N_t 中准确扣除连续背景的贡献。本方法也可用于 n 阶多项式：

$$g(x) = \sum_{j=0}^{n} a_j x_j \tag{8.43}$$

或函数和

$$g(x) = \sum_{j=0}^{n} a_j f_j(x) \tag{8.44}$$

式中，$f_j(x)$ 是 x 不同的预定函数；任何情况下，a_j 都是数据拟合需要确定的第 j 项系数。在满足①一般函数能真实地描述背景形状；②在采集的数据围绕期望值按正态或高斯分布的条件下，最小二乘法拟合所获得的解代表背景的最或然值。

（5）特征 X 射线光谱峰面积的确定　由于大多数固体探测器的响应函数基本上呈现高斯形分布，所有用于描述特征 X 射线谱峰的数学表达式均包含这种分布函数。表征一个高斯分布峰应涉及峰位、峰宽及峰高或峰面积三种参数；峰面积直接与射入探测器的光子数相关，要求用峰面积描述谱峰的高斯分布，不用峰高描述。单峰分布的一级近似由式（8.45）计算：

$$\Omega = \frac{A}{\sigma\sqrt{2\pi}} \exp\left[-\frac{(x_i-\mu)^2}{2\sigma^2}\right] \tag{8.45}$$

式中，A 表示谱峰的面积（计数）；σ 表示高斯分布的宽度，用通道的道数表示；μ 表示峰的最大高度位置。常用的谱峰半高宽（FWHM）通过 $2\sqrt{2\ln 2}$ 因子与 σ 关联，即 FWHM = 2.35σ。式（8.45）中的峰面积是一种线性参数；谱峰的宽度和峰位是非线性参数。因此，需要使用非线性最小二乘法求解，才能获得这两种参数的最佳值。若使用线性最小二乘法拟合，则谱峰的位置和谱峰宽度必须用校准方法获得。描述实测光谱的每个峰时，拟合函数必须包含特征谱线的高斯分布函数。以样品中含 10 个元素为例，每个元素取 2 个谱峰（Kα 和 Kβ），需要 60 个最优化参数。这种非线性最小二乘法拟合不可能到达最小化的终点。因此，拟合函数必须按不同方式表述。由于谱峰的形态直接与样品中存在的元素相关，测定谱线能量的准确度较高（准确度可达 1eV 或优于 1eV）。根据测量可准确预计所有特征线的能量。因此，谱峰的拟合函数表达式可用能量取代通道数。这里 "Zero" 定义为通道 "零" 的能量；增益 "Gain" 为谱峰的宽度，以电子伏特/通道形式表示，通道（i）的能量为：

$$E(i) = \text{Zero} + \text{Gain} \times i$$

高斯分布函数可写成：

$$G(i, E_j) = \frac{\text{Gain}}{S\sqrt{2\pi}} \exp\left\{\frac{[E_j - E(i)]^2}{2S^2}\right\} \tag{8.46}$$

式中，E_j 为荧光谱线的特征能量，eV；S 为谱峰的宽度：

$$S^2 = \frac{\text{Noise}}{2.3548} + 3.58 \text{Fano} \times E_j \tag{8.47}$$

式中，Noise 是电路噪声对峰宽的贡献（FWHM，80～100eV）；范诺因子（Fano）为 0.114；3.58 为硅（Si）探测器产生一对电子-空穴需要的能量，eV；对于线性最小二乘法拟合，Zero，Gain，Noise 和 Fano 等因子均为常数。若用非线性最小二乘法拟合时，这些因子需要修正。非线性拟合 10 个峰只需 14 个参数。

在 X 射线荧光分析中，分析元素的浓度与校正了背景的特征线强度（计数率）成正比。当分辨率一定时，这种比例关系对于净峰高度也适用。在能量色散光谱分析中，用峰面积表示谱峰强度；在波长色散光谱中，采集全谱的谱峰轮廓很费时间，通常用峰位计数率表示谱峰的强度。叠积在连续谱背景上特征峰的净峰面积（N_P）由式（8.48）确定：

$$N_P = \sum_{i_{P_2}}^{i_{P_1}} [y_i - y_B(i)] = \sum_i y_i - \sum_i y_B(i) = N_T - N_B \tag{8.48}$$

式中，N_T 和 N_B 分别表示特征线谱峰的总计数及积分窗口（$i_{P_1} - i_{P_2}$）内连续背景的总计数。计算净峰面积时由计数统计涨落引起的不确定度为：

$$S_{N_P} = \sqrt{N_T + N_B} \tag{8.49}$$

假定连续谱呈线性分布，$y_B(i)$ 用插值法计算：

$$y_B(i) = Y_{BL} + (Y_{BR} - Y_{BL}) \frac{i - i_{BL}}{i_{BR} - i_{BL}} \tag{8.50}$$

式中，Y_{BL} 和 Y_{BR} 分别表示谱峰左右侧通道（i_{BL} 和 i_{BR}）连续谱背景的计数；这些数值是若干通道平均的最佳估计值：

$$Y_{BL} = \frac{1}{n_{BL}} \sum_{i=i_{BL_2}}^{i_{BL_1}} y_i = \frac{N_{BL}}{n_{BL}} \tag{8.51}$$

$$Y_{BR} = \frac{1}{n_{BR}} \sum_{i=i_{BR_2}}^{i_{BR_1}} y_i = \frac{N_{BR}}{n_{BR}} \tag{8.52}$$

连续谱窗口的通道数为 $n_{BL} = i_{BL_2} - i_{BL_1} + 1$ 和 $n_{BR} = i_{BR_2} - i_{BR_1} + 1$。式中使用的连续谱窗口（不一定是整数）中心位置是 $i_{BL} = (i_{BL_1} + i_{BL_2})/2$ 和 $i_{BR} = (i_{BR_1} + i_{BR_2})/2$；如果使用的连续背景窗口宽度相等 $n_{BL} = n_{BR} = n_B/2$，并与谱峰窗口 $i_P - i_{BL} = i_{BR} - i_P$ 对称，则可得到相当简单的净峰面积表达式：

$$N_P = N_T - \frac{n_P}{n_B}(N_{BL} + N_{BR}) \tag{8.53}$$

式中，N_{BL} 和 N_{BR} 分别表示连续背景左右窗口的总计数（各为 $n_B/2$ 通道宽），n_P 为谱峰窗口的通道数。根据误差传递原则，净峰面积的不确定度由式（8.54）确定：

$$S_{N_P} = \sqrt{N_T + \left(\frac{n_P}{n_B}\right)^2 (N_{BL} + N_{BR})} \qquad (8.54)$$

从该公式可见，为降低计数统计涨落引起的随机误差，估计连续背景时使用的通道（n_B）应尽可能多一些。实际上，由于窗口宽度受连续谱弯曲形状和其他谱峰的限制，连续谱背景的最大窗口宽度（$n_B = n_{BL} + n_{BR}$）通常等于或稍大于谱峰窗口的宽度。为降低计数统计误差，Jenkins 等人（1981）曾指出，谱峰窗口的最佳宽度取决于谱峰与连续谱的相对比例。若谱峰的高度低于连续谱的高度时，积分窗口的最佳宽度是谱峰半高宽（FWHM）的 1.17 倍；若谱峰高度与连续谱背景的比大于 1 时，积分窗口的最佳宽度稍大于谱峰的半高宽。在 1.176 倍半高宽（$-1.378\sigma \sim +1.378\sigma$）的范围积分，仅覆盖谱峰的 83%。为覆盖谱峰 99% 的面积，谱峰的最佳积分窗口宽度应为半高宽的 2.196 倍（$-2.579\sigma \sim +2.579\sigma$）。

8.6 能量色散 X 射线荧光分析技术的特殊应用

全反射 X 射线荧光光谱分析（TXRF）、同步辐射 X 射线荧光光谱分析（SRXRF）及微束 X 射线荧光光谱分析（μ-XRF）是能量色散 X 射线荧光分析技术的拓展应用，这些方法适用于表面或近表层微量样品中痕量元素及微区分布等的高灵敏度分析。

8.6.1 全反射 X 射线荧光光谱分析（TXRF）

X 射线荧光光谱分析技术自 20 世纪 50 年代引入我国，80 年代以后得到迅速发展，当今已作为一种卓有成效的分析方法获得广泛的应用。但是，与电感耦合等离子发射光谱（ICP-OES）、等离子质谱（ICP-MS）等方法相比，X 射线荧光光谱法需要的样品量大及灵敏度低，无法应用于微量样品中痕量元素的测定及微区分析。全反射 X 射线荧光（Total reflection X-ray fluorescence）分析是一种激发方式特殊的能量色散 X 射线荧光分析技术。早在 1923 年康普顿（Computon）就发现 X 射线以低于 0.1° 的微小掠射角入射到平整光滑的光学平面上时反射率骤增的物理现象。直至 1971 年 Yoneda 和 Horiuch 等人才将这种反射特性用于 X 射线荧光分析技术，测定了样品载体上微量物料中的痕量元素，并称这种物理现象为全反射。

(1) 全反射原理　在均匀介质中，X 射线与可见光一样以光速直线传播；当光束到达两种介质的交界处时，会偏离原方向传播，部分光束发生折射进入第二介质。如图 8.37（b）所示入射角 α_1 与折射的临界角相等时，折射线束与界面相切，沿介质表面传播，相应的入射角 α_1 称为折射的临界角，以 $\alpha_{临界}$ 表示。当入射角 α_1 小于折射的临界角 $\alpha_{临界}$ 时，当反射体表面为理想的平面时，入射光束未经吸收或散射而完全反射至第一介质，这种反射现象称为光束的全反射。图

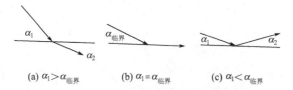

图 8.37 聚焦或平行 X 射线以不同的角度入射时发生的现象

8.37 表示 X 射线聚焦光束或平行光束以不同的角度入射到反射体表面时发生上述不同现象。也就是说,当 X 射线束以小于折射临界角的极小掠射角射入光滑均匀的反射体平面上时,入射线束未被表面层吸收或散射而几乎完全被反射,发生这种反射时的掠射角称为全反射的临界角($\alpha_{临界}$),其值为:

$$\alpha_{临界} \approx \frac{1.65}{E}\sqrt{\rho \frac{Z}{A}} \tag{8.55}$$

即:

$$\alpha_{临界} = 0.02\sqrt{\rho/E} \tag{8.56}$$

(2) 全反射驻波场　两束或多束波长相同的单色 X 射线向同一方向以固定的相位差传播时,会产生波的干涉。当相位差为 π 的奇数倍时,产生相消干涉,波的振幅相互抵消,其极小值称为波节;当相位差为 π 的偶数倍时,产生相长性干涉,波的振幅相互叠加,其极大值称为波腹。干涉波以一定的速度沿特定方向传播或驻定在某特定方向不动,这种不发生传播的干涉波称为驻波。发生在反射体上方及其近表层的驻波及耗散波的强度可通过光学理论加以推导。图 8.38 表示波长为 λ 的入射波(E_0)与反射波(E_R)间干涉产生的驻波场(D)的波节与波腹。全反射 X 荧光分析中,在反射体近表面或薄层的非均匀驻波场内,样品受入射波及反射波的双重激发,产生强度倍增的荧光 X 射线。由于初级辐射几乎未深入反射体发生散射,使背景骤然降低。这是全反射分析检测限低,灵敏度高的根本原因。因此,驻波是全反射 X 射线荧光光谱痕量分析的基础。由于全反射发生的深度极浅,所需的样品量极少。如图 8.39 所示,样品在驻波场内受入射与反射光束的双重激发,产生的荧光辐射由位于反射体上方的探测器直接接收。

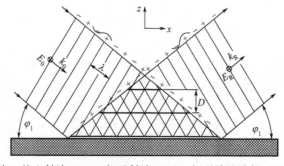

图 8.38　波长为 λ 的入射波(E_0)与反射波(E_R)间干涉驻波场(D)的波节与波腹

(3) 全反射 X 射线荧光光谱仪的基本结构　如图 8.40 所示，全反射 X 射线荧光光谱仪由激发源、全反射光学系统和能量色散探测系统组成。常用的激发源有普通 X 光管、旋转阳极 X 光管、微束 X 光管及同步辐射等；全反射光学系统由 X 光管、前置光阑、狭缝、滤波片及第一反射体等构成，起初级辐射的滤

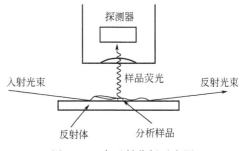

图 8.39　全反射分析示意图

波、导向及高能切割等作用。来自 X 光管的初级辐射经光学系统的滤波、高能切割形成一束低通条形辐射，然后以低于全反射临界角的掠射角照射承载样品的第二反射体，发生全反射。在第二反射体的表层，入射光束与反射光束叠加，产生相长性干涉而形成驻波场。样品在驻波场内受入射光束与反射光束的双重激发，产生高强度荧光发射。样品元素发射的特征 X 射线由反射体上方的能量探测器接收。由于全反射发生在反射体表面的浅层，入射光束几乎未发生任何散射而全部被反射，这是全反射过程中散射背景极低的根本原因。

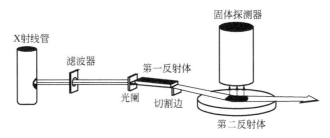

图 8.40　全反射 X 射线光谱仪结构原理图

(4) 全反射技术的基本特点　归纳起来，全反射 X 射线荧光光谱分析具有如下特点：①由于全反射发生在反射体极浅的表层，所需的样品量极少，通常为微升或微克的量级；最大的液体用量约为 $100\mu L$；固态无机物大约 $200\mu g$；生物及有机物样品约 $50\mu g$。②发生全反射时入射光束几乎不发生散射而完全被反射，散射背景极低。③样品在全反射驻波场内受入射波及反射波的双重激发，样品发射的荧光强度倍增，较常规激发高若干数量级。检测极限远低于常规激发，绝对检测限通常为纳克（$10^{-9}g$）或皮克（$10^{-12}g$）的数量级。④由于全反射发生在反射体近表层，特征 X 射线光谱强度基本上不受样品基体的吸收-增强影响，定量校准十分简单，加入一种内标，可用于所有元素的测定。⑤全反射是以能量色散为基础的分析技术，具有多元素同时测定的特点，分析速度快，操作简单。

(5) 全反射 X 射线分析技术的应用　全反射 X 射线荧光光谱分析（TXRF）方法具有检出限低（$10^{-9} \sim 10^{-12}g$）、样品用量少（μL 或 μg 级）、样品制备简

单、无基体影响、校准简单及多元素同时测定等特点,是测定微量样品中痕量元素的一种高灵敏度分析技术。对于所有液体和固体样品,凡能置于反射体表面的少量样品,均可获得准确的定量分析结果。全反射分析方法主要应用在如下方面。

① 痕量元素分析　由于承载样品的反射体反射率高,几乎完全消除初级辐射散射引起的背景。样品在反射体表面及近表层的高强度驻波场内受入射与反射波的双重激发,使其检测限低至 $10^{-7} \sim 10^{-12}$ g 的数量级。这种分析方法特别适用于以下方面。a. 雨水、河水、井水、海水、矿泉水及自来水等水样中 10~20 种痕量元素的直接测定,检测限可低达 10^{-9} g 的水准。b. 大规模集成电路使用的半导体硅单晶片表面污染分析。从硅单晶的切片、蚀刻、抛光、清洗到成品包装的每道工序都可能产生污染,特别是过渡金属如 Cr、Fe、Co、Ni、Cu、Zn 等元素的污染,严重影响产品的性能,可使半导体器件因漏电而导致故障。为保持单晶片洁净的表面,所含杂质必须控制在极低的水准,杂质原子的面密度应小于 10^{10} 个原子/cm^2。全反射 X 射线荧光光谱(TXRF)法可直接检测 10^9 个原子/cm^2 的痕量金属污染,并可测定整个晶面金属污染的分布,如测定单晶表面硫、铁、钙污染的分布。c. 蔬菜、肉类、大米等食品及人类细胞组织和血液中的痕量元素及污染分析。d. 各种工业用油中的杂质及有害元素分析。e. 地质矿物、土壤、岩石及各种单矿物微量样品中痕量及超痕量元素的分析。在测定地质类样品中的稀土元素时,仅需将样品处理成溶液,并加入适当的内标元素,可同时测定各种稀土元素的浓度,其分析结果可与其他方法媲美。对于地质样品中其他痕量元素也具有同样的分析效果。

② 表面和表层分析　由于样品在载体表面及近表层纳米(nm)级的深度范围内,受入射光束与反射光束的双重激发,分析灵敏度极高,全反射技术已成为表面分析的最佳方法。用这种方法不仅可以测定载体表面残留物及污染的化学成分,而且还可以测定表层内杂质的成分;不仅可以测定表层的成分、厚度及密度,而且还可以确定杂质在表面、表层或薄层内的具体方位。在全反射条件下,通过驻波区内发射的荧光强度与掠射角的变动关系,可测定杂质的深度分布。在表面和表层分析领域内,全反射 X 射线荧光光谱分析技术是半导体工业测试和监控晶片污染不可或缺的分析工具。

③ 环境及医学科学领域的应用　TXRF 分析,由于其检测限低,非常适用于测定人体组织、人发、血样、植物、大气飘尘及气溶胶中的痕量元素及超痕量元素。水资源是人类生存的要素。水资源的污染严重威胁人类的生存,必须严格控制。用全反射 X 射线荧光光谱法测定纯水、雨水及饮用水中的超痕量元素时,最低检测极限可达 ng/mL 的水准;在分离水中悬浮物或通过化学预处理分解或过滤盐类沉淀物后,测定河水、海水及各种废水中的痕量或超痕量元素,各元素的检测限约为 ng/mL 级。图 8.41 显示雨水典型的 TXRF 能谱图。用 TXRF 法

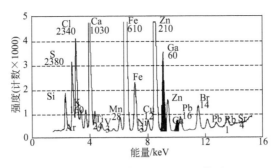

图 8.41 雨水样品的 TXRF 谱图

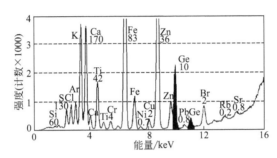

图 8.42 大气飘尘的全反射 X 射线荧光分析能谱图

分析这类样品时，通常以 Mo 靶或 W 靶 X 光管作为激发源，以钇（Y）作为内标，除 Cr、Sr、Mo 外大多数元素的测定值与参考值符合良好。图 8.42 是大气飘尘的 TXRF 能谱图。从图可见，多种纳克量级的痕量元素，其检测限比常规 X 射线荧光光谱法大约低 3 个数量级。用 TXRF 法直接测定可避免化学处理引起的系统误差，对控制大气污染状况十分有效。

痕量元素对于生物功能及生命都具有十分重要的影响。诸如 Cr、Mn、Fe、Co、Ni、Cu、Zn、I 等元素是人体必不可少的重要元素。缺乏这些元素，必将导致各种营养缺乏性疾病。环境污染使人体过多摄入诸如 Cd、Hg、Pb 等元素，从而引起中毒症状。因此，对于医学及临床科学，为有效诊断人体的健康状况，需要了解或获得与痕量元素相关的信息。全反射 X 射线荧光光谱法是测定血液、血清、血浆和尿液等人类体液及头发、指甲、骨骼等活体组织中痕量元素的最佳方法。检查体液的最低检测限约为 20ng/mL；检查活体组织的检测限为 100ng/g。进行全血及血清试验时，用硝酸微波消解法制备样品；取 1mL 血样，加 5mL 纯硝酸，进行 15～20min 微波消解，冷却后加入 10μg 钴（Co）或镓（Ga）内标，血样浓度变为 10μg/

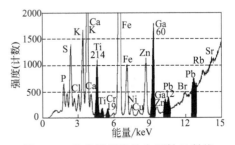

图 8.43 肺组织污染的全反射 X 射线荧光分析能谱图

mL。取 10 μL 混合液于纯净的石英载体上蒸发至干。用 Mo 靶光管为激发源，测定 K、Ca、Cr、Mn、Fe、Ni、Cu、Zn、Se、S 等元素，测量时间为 1000s。测定值与保准值基本一致。测定重金属元素的检测限约为 20~60ng/mL。人体器官的细胞组织可用灰化及微波消解方法处理，然后进行 TXRF 分析；用细胞组织的切片进行直接分析，可防止污染和化学处理引起的误差。图 8.43 是人体肺组织的全反射 X 射线荧光能谱图。

8.6.2 同步辐射 X 射线荧光光谱分析（SRXRF）

同步辐射 X 射线荧光分析（Syncrotron radiation X-ray fluorescence）法是以同步辐射光为激发源的能量色散 X 射线荧光光谱分析方法。同步辐射 X 射线荧光分析仪由同步辐射激发光源、样品及能量色散探测系统组成。

（1）同步辐射源　同步辐射是带电粒子在同步加速器内沿环形磁场，以近光速回转运动时在其运动轨道的切线方向同步发射的一种电磁辐射，称为同步辐射或同步辐射光，由红外线、可见光、紫外线及能量连续变化的 X 射线等部分组成，分成真空紫外（0.8~1.2GeV）、软 X 射线（2.0~2.5GeV）和硬 X 射线（6~8GeV）三个主要能区，可随意所需要的能量。由于加速器的性质，同步辐射是一种脉动式高能辐射源，其中 X 射线由宽度小于 1ns 的一系列窄脉冲组成，脉冲间隔约为 20ns。其强度比常规 X 光管辐射强度高 4~5 个数量级，可达 10^{12}~10^{20} 的亮度单位。

现代同步辐射装置通常由注入器、电子储存环、插入件等部分组成。同步辐射装置除同步辐射源外，还包括光束线、实验站及诸多附属设备，其中注入器由电子枪、直线加速器及增能器组成。电子储存环由多个转弯磁铁、高频加速器、真空管道、直线段加速器及电子控制系统组成，使具有一定能量的电子在环内作稳定回旋，并沿运动轨迹的切线方向发射同步辐射。电子储存环磁铁单元间的空隙部分称为直线段或直线节。直线节上可设置不同的插入件，如扭摆器和波荡器等，使电子产生多次横向振荡而辐射出不同特征的同步辐射。图 8.44 表示电子储存环的运行原理。电子储存环直线段中的插入件是新一代同步辐射装置，是获得同步辐射的主要部件，由一组沿电子轨道周期排列的转弯磁铁组成，用于局部改变电子的运动轨道和同步辐射的性质，以满足不同实验室对同步辐射光源的不同要求。由插入件获得的同步光须经光束线装置导出和选择合适的波段送入实验站。

归纳起来，同步辐射光源的基本特点是：辐射强度高、在电子运动轨道平面内高度偏振、散射背景低、能

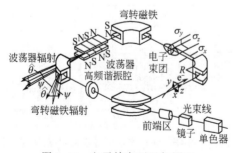

图 8.44　电子储存环运行原理

量分布范围宽,且连续可调。辐射能量的连续分布是同步辐射光源的最重要特点。同步辐射由于自然准直,高度集中,光锥角发散极小,容易形成高强度微束斑辐射光源,对于微束 X 射线荧光分析非常有效。

(2) 同步辐射 X 射线荧光分析的应用 同步辐射是一种高纯度高品质辐射源,是能量色散 X 射线荧光光谱分析的连续激发源。鉴于同步辐射光的自身特征,广泛应用于医学、生命科学、材料科学、微电子工业、环境科学、地球科学及考古等领域,主要用于微量样品中痕量元素分析、表面分析及化学价态研究等。

在痕量元素分析中,鉴于同步辐射光的自然偏振特性、低背景、高亮度、高准直性及能量范围宽等特点,使痕量元素的测定获得很高的灵敏度。其绝对检测限可达 $10^{-12} \sim 10^{-15}$ g;相对检测限可达 $\mu g/g$ 的水准。

同步辐射光与全反射技术结合(SR-TXRF)用于表面分析时,由于在承载样品的反射体表面及近表层纳米(nm)级深度的驻波范围内,样品受入射光束与反射光束的双重激发,而获得很高的分析灵敏度。这种方法是表面分析的最佳方法。不仅可以测定表面残留物及污染的化学成分,而且可以测定表层的杂质成分、厚度及密度;可确定杂质在表面或薄层内的具体方位。同步辐射是一种自然准直的高亮度辐射源,其光锥的发散角极小,很容易形成微束斑高强度光束,其束斑可达 $10\mu m \times 10\mu m$ 的量级,是微量样品及单矿物微区分析及原位分析的有效方法。

同步辐射在生命科学和材料科学中的应用十分广泛,最低检测限可达 10^{-12} 量级。吴应荣等人在我国正负电子对撞机国家实验室同步辐射实验站,用同步辐射白光束进行小白鼠的肝细胞、小肠细胞元素的 X 射线荧光分析实验。图 8.45 为小白鼠小肠细胞元素的能谱图。生命科学中,在研究蛋白质、病毒等生物大分子的三维结构,研究生化反应过程中分子结构随时间的动态变化和辐射对细胞的影响等重大课题时,均以同步辐射 X 射线荧光分析方法为工具。

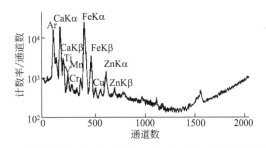

图 8.45 小白鼠小肠细胞的同步辐射全反射 X 射线荧光能谱图

8.6.3 微束 X 射线荧光光谱分析(μ-XRF)

微束 X 射线荧光分析(Micro X-ray fluorescence analysis)是一种测定微量

样品中主、次及痕量元素化学成分和小区分析的理想工具,已广泛应用于地球化学、生命科学、生物医学、法律鉴定、工业质量控制、考古、环境科学等领域;广泛用于聚合物、复合材料、纤维及植物软组织等的科学研究。

(1) 微束 X 射线荧光分析仪的基本结构 微束 X 射线荧光分析仪的结构原理与普通 X 射线荧光光谱仪基本相同,通常由 X 射线源、聚焦元件、样品台及能量色散探测系统组成。图 8.46 表示微束 X 射线荧光分析实验的基本装置,这是 1972 年由 Horowitz 和 Howel 提出的以同步辐射为激发源的微束 X 射线荧光分析原理图。其基本特点是激发源必须是聚焦的微束 X 射线。根据微束分析的要求,样品必须位于微束激发源的焦点上。因此,样品台必须用遥控方式准确选择样品的分析部位;样品发射的荧光由能量色散探测系统测量和处理。显微镜由照相机及透镜组成,用于识别和控制样品的分析部位。微束 X 射线荧光光谱仪除执行常规的小区分析外,还可以同样方式用于 X 射线光谱的吸收、衍射及其他测量,如用于 X 射线吸收的近边结构(XANES)或 X 射线吸收光谱精细结构的测量(EXFAFS)等。图 8.47 是一种三维共聚焦的微束 X 射线荧光分析仪结构框图。这种仪器主要用于样品的深度分析及元素的三维空间分布研究。

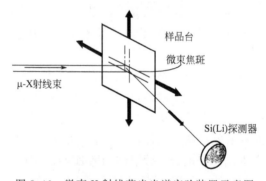

图 8.46 微束 X 射线荧光光谱实验装置示意图

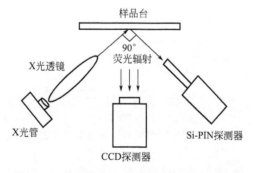

图 8.47 普通微束 X 射线荧光仪结构示意图

(2) X 射线聚束的光学原理　X 射线的聚焦是微束荧光仪器的核心。微束斑 X 射线源一般定义为可产生束斑直径在 0.9～100μm 范围的高亮度 X 射线源。目前,常用的微束斑 X 射线的产生方法有同步辐射、激光等离子体 X 射线法、聚焦电子束法以及 X 射线源与各种 X 射线聚焦光学元件组合等方法。X 射线激光器、自由电子激光器也可辐射出高亮度小焦斑 X 射线,但它们仍处于实验室研发阶段。目前,使用次数最多、应用领域最广的微束 X 射线源是用热阴极发射的电子束流轰击金属靶的 X 射线管,包括固定阳极 X 光管和旋转阳极 X 光管。

以常规 X 射线管为激发源的微束 X 射线荧光分析仪,其微束斑 X 射线的来源通常有以下几种。

① 普通 X 光管与各种光学聚焦元件组合产生微束斑 X 射线。最早的微束斑 X 射线荧光分析仪就是用常规 X 光管与前置光阑、狭缝、掠入射全反射镜及多层膜反射镜等光学器件组合,调节 X 光管光斑的直径形成微束斑 X 射线;这种方法是早期微束 X 射线荧光光谱仪、全反射及同步辐射 X 射线分析仪获取微束 X 射线的常用方法。

② 利用电子束轰击金属靶产生微束斑 X 射线,首先将电子束汇聚成微焦斑,然后轰击金属靶面产生微束斑 X 射线,专用的微束斑 X 射线管就是根据这种原理制成的。微束斑 X 射线管分为磁聚焦和静电聚焦两种类型。图 8.48 是磁聚焦微束斑 X 射线管的示意图。这种光管所用的电子枪与显微镜用电子枪类似,采用磁聚焦汇聚电子束,形成仅有几微米的微电子束斑,轰击金属靶面。图 8.49 所示的光管是另一种以静电方式汇聚电子束的微束斑 X 射线管,其工作原理是利用静电聚焦系统和热场致发射技术,将冷阴极电子枪发射的电子束汇聚成微米级小焦斑,然后以高速轰击金属靶面,产生高亮度微束斑 X 射线。

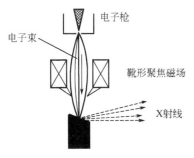

图 8.48　磁聚焦电子束微束 X 射线管结构原理

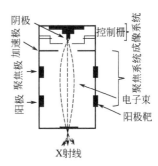

图 8.49　静电聚焦电子束微束斑 X 射线管原理

③ 用聚束毛细管透镜获得微束斑 X 射线。X 射线的毛细管传输与聚焦,是依据毛细管内壁 X 射线发生多次全反射的原理实现的。聚合毛细管透镜是

前苏联科学家库马霍夫（Kumakhov）提出并首先研制成功的，它由无数根毛细管捆扎而成（polycapilla ryo ptics），也叫 Kumakhov 透镜或 X 射线透镜。聚束毛细管光学元件可以将满足全反射条件的所有波长的 X 射线聚焦成微米或亚微米束径的微焦斑线束，是微束 X 射线光谱仪理想的聚焦器件。聚束毛细管透镜如图 8.50 所示，通常分为直线形、锥形、椭圆形和整体聚合四种类型。X 射线束以低于全反射临界角的掠射角射入毛细管通道，通过管内光滑表面的多次全反射向前传播而无强度损失。由于全反射的能量切割作用（8.6.1 节），易受散射的高能辐射受到强烈抑制致使背景极低。位于毛细管透镜入口焦点（S）处的光源辐射，通过毛细管的导向作用，持续发生多次全反射，不断改变传播方向，最终在透镜的出口焦点（F）汇聚成一束功率密度高、聚束直径小的微束 X 射线。椭圆形及整体聚合毛细管透镜起真正的聚焦作用；直线形及锥形毛细管透镜分别起 X 射线的平行传播及半聚焦作用。整体聚束毛细管透镜的应用最广泛。

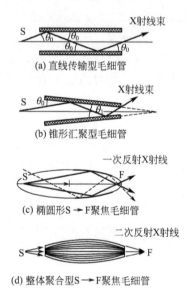

图 8.50　X 射线在直线形、锥形、椭圆形及整体聚合毛细管透镜内的传播原理

④ 其他 X 射线聚焦光学器件，如 X 射线波带片，又称布拉格-菲涅耳波带片或布拉格-菲涅耳透镜（BFL）。既可作为色散元件，又可作为汇聚成像元件，它是建立在晶体的布拉格衍射和菲涅耳色散叠加基础上的一种波带片。它集中了多层膜反射镜和衍射元件的优点，具有良好的机械强度和热稳定性。布拉格-菲涅耳波带片的主要优点是可应用于硬 X 射线波段的聚焦，可将 6~60keV 范围内的 X 射线光子汇聚到亚微米量级，聚焦效率已接近 40%（理论效率）。在 X 射线显微镜、X 射线微束扫描探针及同步辐射光束发射监控器等方面得到广泛应用。如图 8.51 所示的 X 射线多层膜光栅实际是一种具有特殊结构的光栅，它既具有普

通光栅的周期结构,又具有由不同材料交替形成的周期性多层膜结构。它既具有多层膜的高反射率,又具有光栅的高分辨率。可使软 X 射线在大角度入射时得到高强度高单色性的衍射 X 射线。具有与多层膜光栅不同的独特衍射性能。另有一种 X 射线光学器件,称为 X 射线复合折射透镜(CRL),是一种以毛细管光学为基础的复合折射透镜,可使包括硬 X 射线在内的射线产生一维或二维聚焦。实验证明:以铍(Be)作为复合折射透镜,能使 9keV 的 X 射线束汇聚成 2.5μm 的线焦斑;使 30keV 的 X 射线束汇聚成 3.7μm 的线焦斑和 8μm×18μm 的点焦斑。X 射线复合折射透镜是以 X 射线在物质中的折射效应为原理基础。复合折射透镜主要与同步辐射源的小发散角 X 射线配合应用。复合折射透镜光轴的稳定性要求不如球面镜苛刻;复合折射透镜比普通球面镜更小更紧凑,无弯曲的机械结构。图 8.52 表示另一种 X 射线折射透镜,称为微毛细管折射透镜。这种透镜用直径为 0.5~1.0mm 的玻璃毛细管代替低原子序数材料制成的模具,在毛细管内滴入水滴或胶滴,以代替小孔的作用。小胶滴或水滴与周围空气组成一个小透镜,整个微毛细管折射透镜的缩小倍率及焦距决定于每个小透镜的形状、厚度及小透镜的数量。

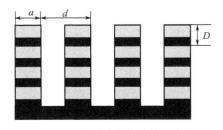

图 8.51 多层膜光栅结构示意图

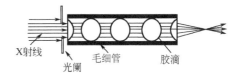

图 8.52 X 射线微毛细管折射透镜

以上各种 X 射线光学器件的共同功能是在使用常规 X 射线管作为激发源时,使光管的初级辐射汇聚成微束斑 X 射线束。

(3)微束 X 射线荧光分析的应用 20 世纪 80 年代由于微束能量色散 X 射线荧光分析仪及元素成像技术的发展和玻璃毛细管光学透镜技术创新的成功,使微束 X 射线荧光分析的应用获得工业界的普遍认可,目前以 X 光管为激发源的微束 X 射线荧光分析已广泛应用于地球化学、生命科学、生物医学、法律鉴定、工业质量控制、考古及环境科学等领域的实验研究。

电镀工业领域多年来一直用 X 射线荧光分析仪测量和控制镀层及薄膜的厚度。由于微束 X 射线荧光仪可通过显微镜或激光等技术准确确定样品的分析部位而成为一种测定小面积薄膜厚度的重要工具。在微电子工业中,常用镀层薄膜工艺解决微型集成电路的接插件问题。微束 X 射线荧光分析仪是测定铜基镀金镍复合材料、铜基材料及高温超导带镀层厚度及化学组成的唯一工具。

初学莲、林晓燕等用微束 X 射线荧光分析仪测定松针中的元素分布，对松针长度方向扫描得到 K、Zn、Ca、S、Fe、Mn 6 种元素的分布；从扫描结果可见，K 和 Zn 的含量从松针基部到尖部是逐渐下降的，而元素 Ca、S、Fe、Mn 沿松针尖端方向的趋势则正好相反。K 是植物所必需的元素之一，是光合作用和呼吸作用中许多重要酶的活化剂，也是淀粉和蛋白质合成所需酶的活化剂。Zn 是生物合成所必需的，并能提高植物的耐旱和抗病能力。K 和 Zn 为活动性元素，在植物体内的流动性很强，是在所有新生组织中含量最多的元素。由于松针的基部是分生组织，K 和 Zn 在基部含量较高。Ca 以 Ca^{2+} 的形式被植物吸收，植株总钙量中的大部分存在于细胞壁内。S 是蛋白质的组成成分，以硫酸根的形式被植物吸收。在植物体中，铁是氧化还原体系中的血红蛋白和铁硫蛋白的组成成分，Fe 又是固氮酶中铁蛋白和钼铁蛋白的组成成分，起生物的固氮作用。元素 Mn 与光合作用关系密切，它能维持叶绿体结构的稳定性。以上 4 种元素为非活动性元素，进入植物体后即处于固定状态，不易转移，并具有随时间的积累效应。由此可见，实验结果真实地反映了植物中元素的分布规律。生物中元素的活动性规律同样适用于不同叶龄的松针，在新生叶中活动性元素的含量高于老叶片，而非活动性元素则相反。通过实验验证了不同叶龄松针中元素的分布规律。

除了对松针进行了沿长度方向的扫描外，还研究了松针横切面元素分布的特点，图 8.53 表示松针横截面内元素的分布。从实验结果可见，各种元素在横截面内的分布，其中 S、Cl、K、Ca、Fe、Cu、Zn 等元素在横切面中轴线方向的分布均匀；元素 S、Cl、Fe、Cu、Zn 成 U 形分布，在细胞分生的表皮系统和内皮层中含量比较高，内皮层以内含量逐步降低。元素 Ca 在内皮层位置的含量高

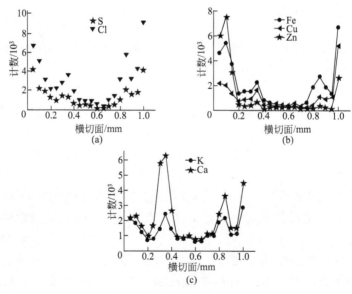

图 8.53 松针中各元素沿横截面分布

于其他位置，这是由于内皮层厚壁的细胞排列紧密所致。植物中的钙大部分存在于细胞壁中。

吴应荣，潘巨祥用同步辐射微束 X 射线荧光测定头发和病变组织中痕量元素和细胞元素及其在外界物理、化学条件下的变化。程琳等用 X 射线透镜将旋转阳极 X 射线发生器产生的 X 射线汇聚成直径为微米级的微束 X 射线，测定清代金釉碗彩料的化学成分及元素分布。孙洪波用一种基于毛细管透镜的微束 X 射线荧光分析方法进行大气单颗粒物的研究。

参考文献

[1] Rene E Van Grieken，Andrzej A Markowicz. Handbook of X-Ray Spectrometry：2nd Ed. New York：Marcel Dekker Inc，2001.
[2] Bertin E P. Principles and Practive of X-Ray Spectrometric Analysis. 2nd ed. New York-London：Plenum Press，1975.
[3] Birks L S. Handbook of Spectroscopy：VolI. In：Robinson J W, ed. Cleveland：CRC Press，1974.
[4] Fitzgerald R，Gantzel P. Energy Dispersion X-Ray Analysis：X-Ray and Electron Probe Analysis. ASTM Spec Techn Pub 485. Philadephia：ASTM，1971.
[5] Wegrzynek D，Markowicz A，Chinea-Cano E，Bamford S. Evaluation of the uncertainty of element determination using the energy-dispersive X-ray fluorescence technique and the emission-transmission method. X-Ray Spectrometry，2003，32：317-335.
[6] Klockenkämper R. Total-Reflection X-Ray Fluorescence Analysis. New York：Wiley，1997.
[7] Staffan Malm. A systematic error in energy dispersive microprobe analysis of Ni in steel due to the method of background subtraction. X-Ray Spectrometry，1976，5：118-122.
[8] Yoshihiro Mori，Kenichi Uemura. Error factors in quantitative total reflection X-ray fluorescence analysis. X-Ray Spectrometry，1999，28：421-426.
[9] Willis J P. Duncan A R. Workshop on advanced XRF Spectrometry. PANalytical B V Almelo，2008.
[10] Wills J P，Duncan A R. A practical guide with worked examples. PANalytical B V Almelo，2007.
[11] Alimonti A，Forte G，Spezias，et al. Uncertainty of inductively coupled plasma mass spectrometry based measurements：an application to the analysis of urinary barium，cesium，antimony and tungsten. Rapid Communications in Mass Spectrometry，2005，19.
[12] Meirer F，Singh A，Pepponi G，Streli C，Homma T，Pianetta P. Synchrotron radiation-induced total reflection X-ray fluorescence analysis. Trends in Analytical Chemistry，2010，29（6）.
[13] Brouwer P. Theory of XRF. PANalytical B V Almelo，The Netherlands，2006.
[14] PANalytical EMEA Regional Specialists，2008.
[15] ［德］赖因霍尔德·克洛肯凯帕. 全反射 X 射线荧光分析. 王晓红，王毅民，王永奉，译. 北京：原子能出版社，2006.
[16] 刘亚文. 全反射 X 射线荧光分析法. 光谱学与光谱分析，1998，7（4）.
[17] 吴应荣，潘巨祥，等. 同步辐射全反射 XRF 实验. 光谱实验室，1998，15（3）.
[18] 姚焜，康士秀，孙霞，等. 同步辐射 X 射线荧光及其在植物微量元素分析中的应用. 物理，2002，31（2）：105-112.
[19] 吴应荣，等. 同步辐射 TXRF 用于细胞元素谱的初步研究. 核技术，1997，20（3）.
[20] 陈远盘. 全反射 X-射线荧光光谱的原理和应用. 分析化学，1994，22（4）：406-414.
[21] 曹利国. 能量色散 X 射线荧光方法. 成都：成都科技大学出版社，1998.
[22] 李国栋，贾文懿，周蓉生，等. 便携式 X 荧光仪关键技术研究. 北京：原子能科学技术，1999：33，61-65.
[23] 张家骅，徐君权，朱节清. 放射性同位素 X 射线荧光分析. 北京：原子能出版社，1981.

[24] 罗立强，詹秀春，李国会. X射线荧光光谱仪. 北京：化学工业出版社，2008.
[25] 梁钰. X射线荧光光谱分析基础. 北京：科学出版社，2007.
[26] Bertin E P. X射线光谱分析导论. 高新华，译. 北京：地质出版社，1984.
[27] 王凯歌，王雷，牛憨笨. 微束斑X射线源及X射线光学元件. 应用光学，2008，29（2）.
[28] 初学莲，林晓燕，潘秋丽，等. 微束X射线荧光分析谱仪及其对松针中元素的分布分析. 北京师范大学学报（自然科学版），2007，30（5）.

第9章

基体效应

9.1 概述

现代 X 射线荧光光谱分析仪的自动化程度高，测量稳定，仪器的操作误差及人为误差极小。分析误差主要来源于样品制备、基体效应及样品状态差异等因素。假定无限厚样品中不存在基体效应，分析元素 A 的光谱强度 $I_{A,M}$ 随元素浓度变化呈现理想的线性关系：

$$I_{A,M}=W_{A,M}I_{A,A} \quad \text{或} \quad I_{A,M}/I_{A,A}=W_{A,M} \tag{9.1}$$

式中，$W_{A,M}$ 是基体 M 中分析元素 A 的质量分数（浓度）；$I_{A,M}$，$I_{A,A}$ 分别为样品分析元素 A 及纯元素 A 的分析线强度。实际上，由于基体效应的存在，分析线强度随元素浓度的变化呈现复杂的非线性关系：

$$I_{A,M} \propto f(W_{A,M}, I_{A,A}, M) \tag{9.2}$$

在 X 光管多色辐射激发的条件下，分析元素特征 X 射线强度的表达式为：

$$I_{A,M}=\frac{K_A I_0 W_A(\lambda_A-\lambda_0)}{\dfrac{\mu_M(\bar{\lambda})}{\sin\phi_1}+\dfrac{\mu_M(\lambda)}{\sin\phi_2}}=\frac{K''_A W_A}{\bar{\mu}_A} \tag{9.3}$$

基体是样品中除分析元素外所有组成元素的总称。在组成复杂的样品中，对于每种分析元素，具有不同的样品基体。当一种合金样品被处理成溶液时，具有两种不同的基体：一种是合金的原始基体；另一种是合金的溶液基体；二者截然不同。在处理基体影响时，特别是在计算基体对分析线辐射的吸收影响时，必须考虑包括分析元素在内的整个样品的吸收。基体效应就是样品的基本化学组成和物理-化学状态差异对分析线强度的影响。样品的物理-化学状态包括固体或粉末的颗粒度、密度、表面光洁度（或粗糙度）、样品组成的均匀性及化学状态等。本章仅就基体效应的本质予以论述，至于基体效应的处理将在第 12、13 章定量分析中加以讨论。

9.2 基体效应

基体效应通常分为两类。①吸收-增强效应。X光管初级辐射射入样品和分析线辐射射出样品时受基体的吸收或增强。波长位于分析元素吸收限短波侧的基体元素的特征辐射（初级荧光），强烈激发分析元素导致分析线强度额外增加；该基体元素的辐射受到强烈吸收而强度降低。在元素组成复杂的样品中这两种影响共存，称为吸收-增强效应。②样品的物理-化学效应。分析元素的特征X射线强度受样品均匀性、颗粒度、密度、表面状态及化学态差异产生的影响，称为物理-化学效应。

9.2.1 吸收-增强效应

吸收-增强效应的起因有如下方面。①初级吸收，即基体对来自X光管初级辐射的吸收。这种吸收可能大于或小于分析元素对初级辐射的吸收。基体中分析元素可能优先吸收波长短于分析元素吸收限的初级辐射，从而使分析元素受到强烈激发。②基体对分析线辐射的吸收可能大于或小于分析元素对自身辐射的吸收。当基体对分析线辐射的吸收大于分析元素自身的吸收时，基体优先吸收分析线辐射，这种吸收现象称为次级吸收效应。③某基体元素的辐射波长位于分析元素吸收限短波侧，分析元素除受初级辐射的激发外，还受该基体元素初级荧光辐射的二次激发，导致分析线强度的额外增加。这种现象称为增强效应。

由于分析线波长的不连续性和初级辐射波长的连续性，次级吸收效应通常比初级吸收效应更严重，但次级吸收效应容易预测和计算，校正简单。基体的吸收-增强效应可按两种方法分类：①按分析线强度所受的吸收可分为正吸收和负吸收，即真正吸收或表观增强；②按吸收-增强效应的起源可分为一般、特殊及选择吸收-选择激发等。在正吸收效应中，基体对初级辐射及分析线辐射的吸收比分析元素自身的吸收小，因此，分析线的测量强度大于计算强度；在负吸收效应中，基体对初级辐射及分析线辐射的吸收大于分析元素自身的吸收，分析线测量强度低于计算强度；在真正的增强效应中，如果某基体元素特征线的波长位于分析元素吸收限短波侧，则分析元素除受初级辐射激发外，还受基体元素特征线的激发，分析线测量强度远高于计算强度。表观增强效应，即负吸收效应，分析线强度由于基体吸收低而显得较高，但并非基体辐射的激发所致。

真实的增强效应实际上有基体元素荧光辐射的直接激发和第三元素的选择激发两种形式。假定某三元系样品由A、B、C三种组分构成，其中A为分析元素，B和C为基体元素。各元素最强特征谱线的波长依次变短：$\lambda_A > \lambda_B > \lambda_C$；波长$\lambda_C$能激发$\lambda_A$和$\lambda_B$；所谓直接增强就是$\lambda_B$和$\lambda_C$能直接激发$\lambda_A$；所谓第三

元素激发就是 λ_C 能激发 λ_B，λ_B 能激发 λ_A。以 Cr-Fe-Ni 三元系样品为例，说明元素间的互致激发，如图 9.1 所示。其中各元素最强特征线的波长分别为 $\lambda_{CrK\alpha}$ （0.229nm）＞$\lambda_{FeK\alpha}$ （0.194nm）＞$\lambda_{NiK\alpha}$ （0.166nm）；各元素的 K 系吸收限分别为：$\lambda_{CrK_{abs}}$ （0.207nm）、$\lambda_{FeK_{abs}}$ （0.174nm）、$\lambda_{NiK_{abs}}$ （0.149nm）。根据各元素谱线及吸收限的相对关系：初级荧光 NiKα 辐射能有效激发 Fe 和 Cr；Fe 的初级荧光及二次荧光（FeKα）能高效激发样品中的元素 Cr。因此，Cr 受激发的次数最多。在 CrKα 线的总强度中，由光管初级辐射直接激发产生的 CrKα 线强度占 CrKα 辐射总强度的 72.5%；由基体元素 Fe 的初级荧光 FeKα 激发 Cr 产生的 CrKα 次级荧光强度占 CrKα 辐射总强度的 23.5%；由基体元素 Ni 的初级荧光 NiKα 辐射激发 Cr 产生的 CrKα 次级荧光强度占 CrKα 辐射总强度的 2.5%；由基体元素 Ni 初级荧光 NiKα 激发 Fe 产生的 FeKα 次级荧光，能高效激发第三元素 Cr，产生高次荧光 CrKα，其强度仅占 CrKα 辐射总强度的 1.5%，这就是所谓的第三元素效应。

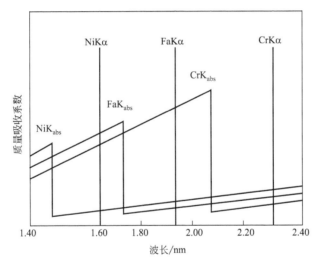

图 9.1　Cr-Fe-Ni 样品中各元素谱线及吸收限波长的相对关系
各元素分析线波长：$\lambda_{CrK\alpha}$ （0.229nm）＞$\lambda_{FeK\alpha}$ （0.194nm）＞$\lambda_{NiK\alpha}$ （0.166nm）
分析线吸收限波长：$\lambda_{CrK_{abs}}$ （0.207nm）＞$\lambda_{FeK_{abs}}$ （0.174nm）＞$\lambda_{NiK_{abs}}$ （0.149nm）

非特殊或常规增强效应仅由于分析元素和基体元素对初级辐射及分析线辐射的吸收差异所致，仅涉及元素间的一般吸收，与元素的吸收限无关。特殊的吸收-增强效应是由于分析元素和基体元素的谱线及吸收限位置十分接近而相互产生选择激发与选择吸收所致。当样品无限厚时，分析元素与基体元素间的吸收-增强效应非常严重；当样品厚度小于无限厚时，这种吸收-增强效应随厚度的减小而下降。对于薄膜样品，吸收-增强效应可忽略不计。因此，在进行薄膜分析时不考虑基体效应的校正。

9.2.2 吸收-增强效应对校准曲线的影响

图 9.2 表示吸收-增强效应对校准曲线的各种影响。如果样品中仅存在基体的吸收效应,则对校准曲线的影响以正吸收形式出现;如果仅存在增强效应,对校准曲线的影响以负吸收形式出现(如曲线 B 或 B′)。在二元系样品中,假定 R 表示分析元素特征线与纯元素分析线的强度比(或称相对强度),则校准曲线表示相对强度随分析元素浓度的变化。当样品中仅存在简单的真吸收时,校准曲线 B 和 B′ 及 C 和 C′ 均以双曲线形式出现,其数学表达式为:

$$R = \frac{C}{C + \alpha(1-C)} \quad (9.4)$$

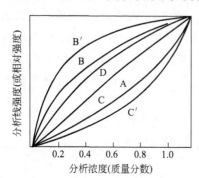

图 9.2 吸收-增强效应对校准曲线的影响

式中,R 表示分析线的相对强度;C 表示样品中分析元素的浓度(质量分数);α 为正实数。当基体的总质量吸收系数与分析元素对自身辐射的质量吸收系数相等,即 $(\mu/\rho)_M = (\mu/\rho)_A$ 时,曲线呈现理想的直线,如图 9.2 中曲线 A 所示;当基体总质量吸收系数小于分析元素自身的质量吸收系数,即 $(\mu/\rho)_M < (\mu/\rho)_A$ 时,曲线 B 和曲线 B′ 向下弯曲;当基体的总质量吸收系数大于分析元素自身的质量吸收系数,即 $(\mu/\rho)_M > (\mu/\rho)_A$ 时,图中曲线 C 及曲线 C′ 向上弯曲。以上三种情况,系数 α 分别为 1、<1 和 >1;当曲线偏离直线(A)越大,α 值与 1 的偏差就越大。如果发生真正的增强效应,尽管可用曲线 B 及 B′ 的形状表示,但并不准确,应当用曲线 D 准确描述增强效应对校准曲线的影响。在这种情况下,当分析元素浓度很低时,分析线强度迅速提高;当分析元素浓度接近 100% 时,分析线强度几乎不再增强。因此,用曲线 D 描述增强效应是最确切的。

9.2.3 吸收-增强效应的预测

定量分析前,首先通过定性扫描了解样品的基本组成,并考察基体的质量吸收系数、谱线波长及吸收限的相对关系,预测基体影响的类型,然后根据预测结果选择分析测量参数,确定合适的定量分析方法。如图 9.3 所示,分析硅酸盐中的主量元素时,首先按图中所示的分析线与各元素吸收限的相对关系预测基体的吸收-增强效应。在周期表中 22 号钛(Ti)至 72 号铪(Hf)的元素范围内,相邻元素的 K 系谱线受吸收-增强效应的影响十分微弱。选择 Kα 线作为分析线时,谱线强度与分析元素浓度基本呈现线性关系。但值得注意的是,第四周期中各相邻元素间,原子序数为 $Z-1$ 元素的 Kβ 线与原子序数为 Z 元素的 Kα 线重叠十分严重;例如 Ti-V-Cr 三元系样品中,TiKβ 与 VKα 线,VKβ 与 CrKα 线间严重重叠。

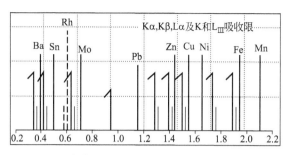

图 9.3　硅酸盐中常见元素的 K、L 系光谱线及相关的吸收限

第五周期中原子序数为 $Z-2$ 元素的 Kβ 线与原子序数为 Z 元素的 Kα 线重叠；例如 Zr-Nb-Mo 样品中 MoKα 与 ZrKβ 线，波长差仅为 0.003nm，重叠十分严重。在此范围内不仅 Kα 线与 Kβ 线重叠，而且 Kβ 线受较轻元素的强烈吸收；元素越靠近，吸收越严重。为避免这种干扰，可选 Kα 的二级线作为分析线。

第四周期中 22 号钛（Ti）至 35 号溴（Br）各元素间吸收-增强效应无一般规律可循。随原子序数的增加，Kα 线的波长向短波逐步移动。当原子序数大于 35 时，临近三元素的 Kα 线全部移至其吸收限的长波侧，不再产生任何特殊的吸收效应；第五周期元素中，临近三元素的 Kα 线波长均处于三元素吸收限的长波侧，无任何特殊的吸收-增强效应发生；第三周期各元素，光谱十分简单，谱线数量少。例如 K-Ca-Sc 和 Mg-Al-Si 三元系中，较重元素的 Kα 和 Kβ 线均受较轻元素的吸收。在 K-Ca-Sc 系中这种影响最严重；在 Mg-Al-Si 系中的影响最轻；第六周期以后各元素的 K 系光谱，激发电位高于 60keV，通常选择 L 系谱线作为分析线。这些元素的 L 系谱线间，由于吸收限的多重性，吸收-增强效应的预测更困难。L 系的谱线数量多，每种元素具有三种不同的吸收限。预测共存元素间的吸收-增强效应十分复杂。谱线波长及元素的吸收限随原子序数呈规律性变化。因此，在预测这些元素的吸收-增强效应和光谱重叠时，方法很多。周期表中邻近元素间，基体元素辐射以相同方式影响分析元素或其他元素。例如：元素 Nb(41) 的 K 系谱线受元素 Ta(73) 的特殊吸收，与 NbK 系线受 W(74) 和 Hf(72) 的特殊吸收十分相似。预测 L 系谱线的吸收-增强效应，也是以谱线及吸收限的相对关系为依据，例如：57 号 La 至 62 号 Sm 的轻稀土元素，元素 La 的 L 系辐射均位于所有轻稀土元素吸收限的长波侧。LaLα$_1$ 线由于受其他稀土元素的一般吸收且依次减弱，其谱线强度与浓度基本呈现线性变化关系。但由于 SmLα$_1$ 和 PrLβ$_1$ 谱线位于 LaL$_{III}$ 吸收限短波侧，因此，LaLα$_1$ 线受 Sm 和 PrL 系辐射的强烈激发。CeLα$_1$ 线由于受其他稀土元素的轻微吸收，其强度与浓度呈近似的线性关系。对于 Pr、Nd、Sm 等稀土元素，由于 Lα$_1$ 线受邻近元素的光谱重叠，通常选择 Lβ$_1$ 谱线作为分析线。NdLβ$_1$ 线位于 LaL$_{III}$ 吸收限的短波侧，因此 NdLβ$_1$ 线受元素 La 的强烈吸收，但 Ce、Pr、Sm 等元素对 NdLβ$_1$ 线的吸收微弱。

PrLβ₁线接近 LaL$_{II}$ 吸收限的短波侧,同样受 La 的强烈吸收。SmLβ₁(0.200nm) 虽位于 LaL$_{II}$ (0.210nm)、PrL$_{III}$ (0.208nm) 及 CeL$_{III}$ (0.216nm) 吸收限的短波侧,但仅受 La 和 Pr 的中度吸收,受 Ce 的轻微吸收。

9.3 物理-化学效应

样品的颗粒度、均匀性、表面结构及化学状态差异对分析线强度的影响称为物理-化学效应。样品元素特征 X 射线的基本激发方程为:

$$I_L = PAI_{0,\lambda_{Pri}}C_A \frac{(\mu/\rho)_{A,\lambda_{Pri}}}{(\mu/\rho)_{M,\lambda_{Pri}} + A(\mu/\rho)_{M,\lambda_L}} \tag{9.5}$$

$$I_L = PAC_A \int_{\lambda_{min}}^{\lambda_{abs}} J(\lambda_{Pri})(\mu/\rho)_{A,\lambda_{Pri}} \frac{1}{\sum C_i[(\mu/\rho)_{i,\lambda_{Pri}} + A(\mu/\rho)_{i,\lambda_L}]} d\lambda \tag{9.6}$$

以上方程是在假定样品各组成元素分布均匀、元素浓度具有整体代表性、粒度分布均匀和表面平整光滑的条件下推导的。实际上,以上假设只有真正的溶液或经过精细抛光的纯金属及某些合金才能满足。其他多组分固体或粉末样品均存在严重的颗粒度、非均匀性及表面状态的影响,样品元素发射的特征 X 射线强度与理论强度间存在不同程度的差异。这里重点讨论颗粒度、表面状态及化学状态的影响。

9.3.1 颗粒度、均匀性及表面结构影响

所谓均匀性,是指样品的结晶构造、颗粒度及化学组成的一致性。对于粉状样品,颗粒度或晶粒度越小,分析线辐射的强度越高;当粉末样品的颗粒度一定时,压制样片的压力越大,密度越大,荧光强度越高。对于均匀的粉末样品,分析线辐射的强度与颗粒度及填压密度间具有一定的关系。当压力一定时,颗粒度越细,荧光强度越高(如图 9.4 所示)。

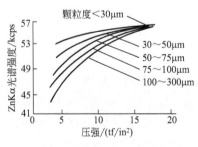

图 9.4 样品颗粒度、压强对 ZnKα 荧光强度的影响
1tf/in² = 15.4MPa

所谓非均匀性样品,是指存在两种以上不同物相、不同颗粒度或化学组成不一致的样品。非均匀样品与均匀样品不同,影响其荧光强度的因素更复杂。由两种以上不同颗粒混合的非均匀样品中,如果颗粒度大小不均匀,则样品可能发生粒度偏析;若化学组成不均匀,则可能发生化学成分偏析,从而导致样品发射的特征 X 射线强度的严重偏差;粉末样品中颗粒度随其相对数量变化的关系称为粒度分布,类似于统计学中的正态分布。即使化学成

分均匀，其组成元素发射的特征 X 射线强度也可能受颗粒度及粒度分布的影响。对于固体样品，分析线强度还可能受到样品的表面结构、光洁度、粗糙度及磨痕取向的影响。如图 9.5 所示，以 MoKα、PbLα、CuKα、FeKα、AlKα 等辐射为例，其波长分别为：0.071nm、0.118nm、0.154nm、0.194nm、0.834nm。从图可见，辐射强度随样品表面的光洁度下降而降低。其中 AlKα 受影响最严重，MoKα 的影响最小。从图 9.5（a）可见，样品表面的粗糙度对 SiAl 合金中 SiKα 的影响最大（顶部 B 线）；而对青铜中的 SnKα 几乎没有影响（底部 B 线）。A 表示表面光洁度无限精细，这表明样品表面的光洁度对长波辐射产生的影响比较严重，而对短波辐射几乎不产生影响。

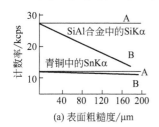
(a) 表面粗糙度/μm

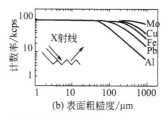
(b) 表面粗糙度/μm

分析线	波长/nm	μ/ρ
MoKα	0.071	22
CuKα	0.154	54
FeKα	0.194	73
PbKα	0.118	125
AlKα	0.834	315

图 9.5 表面粗糙度对样品发射的荧光强度影响

显然，样品的均匀性、颗粒度、粒度分布及表面状态等差异直接影响分析线的测量强度与浓度的定量关系。随样品化学组成及粒度不均匀性的加剧及分析线波长的增大，这种影响更加严重。如图 9.6 所示，在由颗粒度不同的两种粉末组成的样品中，浅阴影区表示初级辐射穿透的体积，也就是荧光的发射区；重阴影区表示分析线射出样品的体积，即产生荧光发射的有效区。当颗粒较大时，荧光发射有效区仅占总体积的 1/3；当颗粒较小时，荧光发射有效体积约占总体积的 2/3；对于极细的颗粒，有效体积可能扩展到表层附近的整个体积。X 光管电压越高，受激发的体积就越大；分析线的波长越短，荧光发射有效体积与激发体积越接近。因此，如果采用研磨方式处理粉末样品的粒度及成分的不均匀性影响，粉末的最终颗粒度必须小于最轻元素分析线的有效激发体积。在两种以上不同颗粒化合物组成的样品中，可能产生严重的非均匀性影响。如图 9.7 所示，样品中可能存在大晶粒物"A"和小晶粒物"B"两种不同物相。在含"A"和"B"相样品中辐射的有效穿透深度（临界厚度）小于"A"相的平均颗粒度时，这两种物相很难组合。测量结果中"B"相的比例太大，"A"相的比例太小。这种由于颗粒度差异引起样品中分析元素浓度不均匀的影响，只能通过研磨使晶粒度

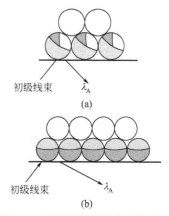

图 9.6 两种不同颗粒组成的粉末试样中激发体积与有效体积

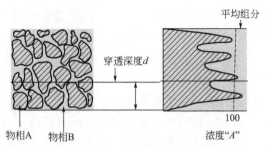

图 9.7　粉末样品中由于颗粒度差异形成的浓度分布梯度

明显小于分析线的有效穿透深度或通过熔融法消除这种影响。图 9.8 所示的颗粒度效应始终是困扰人们的难题，1974 年詹金斯曾撰文详细论述这种影响。对于两种不同相混合的粉末样品，通常存在三种不同的粒度效应。①仅一相含分析元素，但两相对分析线的质量吸收系数相同。这种体系中分析线强度仅受两相粒度的相对影响，受样品有效层内分析相所占实际分数的影响，这种影响称为粒度效应。当分析线在样品中的穿透深度小于平均粒度时，粒度效应非常严重。对于这种粒度影响只有通过研磨减小颗粒度，增大分析相在有效层内的比例，提高分析线强度。②分析元素仍占一相，但两相的质量吸收系数（MAC）差别较大，分析线强度不仅取决于粒度大小，而且取决于两相吸收的相对比例。这种粒度效应称为矿物间效应；这是比较复杂的粒度效应。③混合样品中，两相均含分析元素，且两相对分析线的质量吸收系数（MAC）不同，这种粒度影响称为矿物学效应。与常见的粒度效应截然不同，其影响最复杂。熔融法是解决此类影响的最佳方法。通过熔剂的高温熔融，破坏样品的矿物结构，使其变成一种十分均匀的非晶态玻璃体，从而有效消除此类矿物效应的影响。用研磨方法解决矿物效应问题时，样品必须研磨得极细，使颗粒度小于分析线穿透深度的 1/5 或小于 $1\mu m$，达到这种微小的粒度实际是不可能的。因此，熔融法仍然是解决粒度效应的唯一方法。在岩石分析中经常会遇到此类问题，Na、Mg、Al、Si 等轻元素的 $K\alpha$ 辐射在样品中的穿透深度约为 $5\sim50\mu m$ 的量级。使粒度小于 $5\mu m$ 的研磨，耗时太长。从图 9.9 岩石中 $FeK\alpha$、$CaK\alpha$、$SiK\alpha$ 谱线的研磨曲线可见，球磨机研磨 30min、

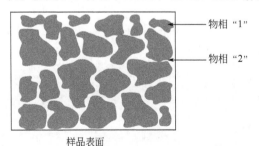

图 9.8　X 射线荧光光谱测量的颗粒度效应

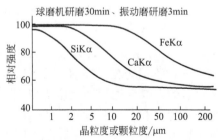

图 9.9　晶粒度、研磨机类型、研磨时间对不同分析线辐射的强度影响

圆盘振动磨研磨 3min，各谱线的相对强度才趋于稳定，表示研磨已达到 1～20μm 的粒度。值得注意的是在普通岩石样品中，钾的 Kα 辐射强度 50% 来自样品表层下 4～5μm 处；80% 的辐射强度来自表层下 10～11μm 处；90% 的辐射强度来自样品表层下 15μm 处；99% 的辐射强度来自表层下 30μm 处。但对于 BaKα 辐射，其 50% 的辐射强度来自样品表层下 1.0～1.6mm 处；90% 的辐射强度来自样品表层下 3～5mm 处。BaKα 的无限厚度为 7～11mm，其确切的厚度取决于样品的组成。

关于样品的颗粒度和成分不均匀性的影响，早期许多学者曾提出一些数学模型，试图通过简单的数学处理消除这种影响；也有人用散射辐射法预测和修正颗粒度及成分分布不均匀的影响；用数学处理的方法处理粒度或成分不均匀的粉末样品时，曾获得过满意的结果。但处理颗粒度及成分分布都不均匀的样品，效果很差。

当样品厚度小于无限厚度时，粒度效应与吸收-增强效应一样对分析线强度的影响十分微弱，甚至可以忽略不计。在薄试样情况下，粒度效应随样品厚度的减小而明显减弱，用简单的方法即可处理。在实际分析中，确定样品厚度是否小于无限厚度，通常有三个经验判据。① 当 $m(\mu/\rho) \leqslant 0.1$ 时的样品为薄膜样品，其中 m 为单位面积的质量（g/cm²）；μ/ρ 是样品对入射的初级辐射及分析线的总质量吸收系数。$m(\mu/\rho) \leqslant 0.1$ 称为薄试样判据。② 粒度分布的平均值小于单原子层厚度的样品称为单层薄膜。③ 在面积一定的轻基体介质中颗粒的分布密度小于相同面积单层薄膜内颗粒的分布密度，称为低堆积密度判据；在这种薄层情况下，分析线的强度可按式（9.7）计算：

$$I_A = S_A P_A m_A \tag{9.7}$$

式中，S_A 为分析元素的灵敏度，计数·cm²/(s·μg)；m_A 为单位面积上分析元素 A 的质量，μg/cm²；P_A 为颗粒度因子，其计算公式为：

$$P_A = \frac{1 - \exp^{-(\mu'_A d)}}{\mu'_A d} \tag{9.8}$$

式中，μ'_A 是荧光发射颗粒物对初级辐射和分析线辐射的总线吸收系数；d 是发射荧光颗粒的粒度，cm；这里 P_A 仅取决于荧光发射颗粒的大小。P_A 与 S_A 合并，粒度影响可忽略不计。

固体样品的表面状态与粒度效应一样，是不可忽略的影响因素。在制备固体样品时，需经切割、研磨、抛光等加工处理。如图 9.10 所示，样品元素的分析线强度不仅受表面状态的影响，而且受仪器中样品放置的方位、表面磨痕及纹路取向的影响。为了减小或消除样品放置方位及表面纹路取向差异的影响，测量过程中样品必须不断转动。从图 9.10 可见，图（a）纹路垂直于入射线与出射线构成的平面；图（b）纹路的方向平行于入射与反射线构成的平面。从这两种方向接收的分析线强度截然不同，产生明显的强度测量误差。

 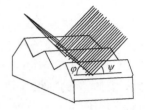

(a) 纹路垂直于入射线与出射线构成的平面　　　　(b) 纹路平行于入射与出射线构成的平面

图 9.10　固体样品表面纹路取向对分析线光谱强度的影响

9.3.2　样品的化学态效应

由于元素的特征 X 射线产生于原子内层轨道的电子跃迁，产生的特征 X 射线通常不受样品元素化学形态的影响。对于第 2、第 3 周期原子序数低于 22 号钛（Ti）的铝、磷、硫、氯等轻元素，其特征谱线由于受氧化态、配位数及化学键变化的影响，可能产生峰位漂移及峰形变宽的现象。这种现象称为价态效应。这些元素的 Kβ 谱线，由未充满电子的 3p 轨道向 K 层空位跃迁产生的，直接受其氧化态及配位状态影响。峰形漂移现象比较严重，例如图 9.11 所示，来自亚硫酸盐的 SKβ 次强峰有三个最大值；来自硫酸盐的 SKβ 有两个最大值；来自硫化物的 SKβ 峰只有一个最大值。硫化物的 SKβ 衍射峰位（2θ 101.45°）可能有两个峰组成，一个主峰和一个难以分辨的弱峰，分别相当于硫酸盐的第二峰和亚硫酸盐的第三峰。因此，亚硫酸盐的 SKβ 有三个峰；硫酸盐的 SKβ 有两个峰；硫化物一个单峰。如图 9.12 所示，硫的 Kα 峰由价态引起的漂移并不明显。硫黄和硫化物中的 SKα 峰出现在相同的 2θ 位置，硫酸盐中的 SKα 峰略有漂移。以金属或氧化物状态存在的低原子序数元素如 Si、Al 和 Mg，也可观察到 Kα 峰类

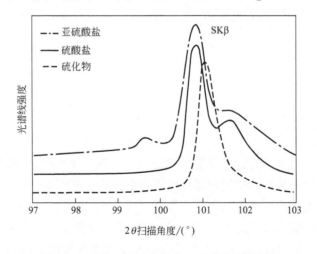

图 9.11　硫的不同化合物中 SKβ 线峰形的变化

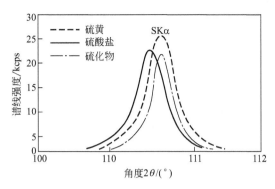

图 9.12 硫的不同化合物中的 SKα 峰的变化

似的漂移。这种漂移是由配位数不同引起的。例如铝有 6、4 和 0 三种配位数，其中 Al^{VI} 和 Al^0 的 Kβ 线波长差约为 0.0013nm；由于配位数不同，六价 Si 与零价 Si 的 Kβ 线波长差约为 0.0009nm。因此，人们试图利用配位数引起谱线波长的漂移来确定元素的配位数；在冶金分析中，试图用配位数引起 AlK 系谱线波长的漂移确定钢中 Al 的不同价态。由于光谱仪所配备的分光晶体的分辨率不足以分辨如此微小的波长差，所以必须用双晶谱仪加以观察与分辨。分析线由最外层电子跃迁产生的元素，必须注意其化学态变化对谱线位置的影响。图 9.13 表示以云母（2d=19.92Å）作为分光晶体时，Al_2O_3 与金属 Al 分析线间产生的波长位移。两种状态下 AlKα 的一级线波长发生十分明显的相对位移。因此，光谱线的价态影响大都发生在轻元素中。

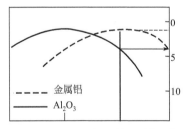

图 9.13 Al_2O_3 与金属 Al 样品中，AlKα 峰的相对移位（百分数）
[实验操作条件：云母片（2d=1.992nm）AlKα 的一级线；接收狭缝宽 300μm]

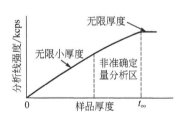

图 9.14 样品的临界厚度或无限厚度

9.3.3 样品的无限厚度与分析线波长的关系

X 射线荧光分析中，样品的无限厚度是一种非常重要的概念。然而，这一概念往往被忽略，并由此导致严重的分析误差。无限厚度影响是由样品组成及质量吸收系数的差异所致。如图 9.14 所示，使谱线强度不再随厚度增加而增大并维持恒定的辐射穿透深度称为该辐射的临界厚度或无限厚度。不同波长或能量的辐

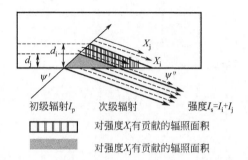

图 9.15　特征谱线的波长或能量对无限厚度、分析线经历的光路
及对测量强度产生贡献的样品发射区的影响

射，穿透样品的临界厚度或无限厚度不同；随辐射波长变短或能量升高，样品的无限厚度不断增大。激发样品中某元素的特征线辐射时，最初产生的光子数明显高于射出样品的光子数，这是因为大多数受激原子处于样品的深层，所产生的辐射在离开样品前被大量吸收，导致样品表面附近原子的强度贡献大于样品深处原子的贡献。在常规分析中除薄膜外，样品厚度都必须满足无限厚要求。如图 9.15 所示，假定由两种元素 i 和 j 组成的二元系样品受初级辐射激发，同时产生波长为 λ_i 和 λ_j （$\lambda_i < \lambda_j$）的两种荧光辐射，其能量分别为 E_i 和 E_j（$E_i > E_j$）。初级辐射的入射角为 ψ'（60°），荧光辐射的出射角为 ψ''（40°）。波长为 λ_i 的辐射在样品中的穿透能力远大于波长为 λ_j 的辐射。因此，对强度 I_i 产生贡献的样品体积远大于对强度 I_j 产生贡献的样品体积。样品厚度 d_i 称为元素 i 的无限厚度或临界厚度。比样品厚度 d_i 更深处元素 i 发射的辐射不可能出现在样品表面。因此，样品的无限厚度与分析线的波长或能量相关。假定 t 表示无限厚度或临界厚度，其值可用式（9.9）计算：

$$\ln\left[1 - \frac{I_t}{I_\infty}\right] = -\mu_s^* \rho t \tag{9.9}$$

$$\mu_s^* = \mu_{\lambda_e} \csc\psi' + \mu_{\lambda_i} \csc\psi'' \tag{9.10}$$

式中，μ_s^* 为总有效质量吸收系数（MAC）；λ_e 为初级辐射的等效波长；λ_i 为分析线波长；ψ' 为初级辐射的入射角；ψ'' 为荧光辐射的出射角；ρ 为样品密度，g/cm^3；t 为样品的无限厚度，cm。在无限厚度处，$I_t/I_\infty = 0.999$；因此，$\mu_s^* \rho t_{0.999} = 6.91$。实际上，无限厚度 t 用样品的质量（重量）通过实验很容易确定。这里介绍一种确定各种分析元素无限厚度 t 的方法，首先制备质量（或重量）逐次增加的若干试验样片，并测量每个试片的分析线强度。当分析线强度不再随样品质量增加而上升时，即达到无限厚度（见图 9.16）。确定无限厚度的另一种方法是，将含 5%～10%相关元素（如 Sn 和 Nb）的样品置于无衬垫样品顶部，测量透过的分析线强度。如果放置两个样品，分析线强度相对于单个样品时有所增加，则表明未达到无限厚；如果测量强度不再增加，表明对该特定波长及

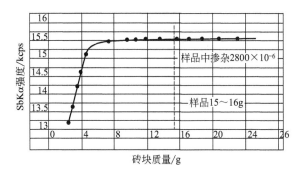

图 9.16 通过测量含高浓度 Sb 及不同质量砖块的 SbKα 强度，确定样品的无限厚度

更长的波长已达到了无限厚度。这里必须注意，样品不能有衬垫。图 9.17 说明这种测量无限厚度的方法。用这种方法确定无限厚度时，以 SnKα 和 NbKα 线为分析线。测量过程中，低能谱线 NbKα 首先消失，当测量不到任何谱线的强度时，表明样品已达到无限厚度。为了提高分析结果的准确度，在制备样品时，必须根据样品中波长最短的分析线，准确确定样品的无限厚度；在确定适用于分析线的无限厚度时，用于测量的波长必须比需要确定无限厚度的分析线波长短。例

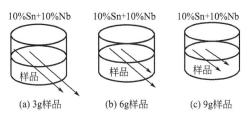

图 9.17 测量样品无限厚度的实用方法

如 SnKα 可以用来确定 CdKα、AgKα、PdKα 或 RhKα 线需要的无限厚度，但不能确定 SbKα、TeKα 或 IKα 的无限厚度，即必须用波长短于或能量高于样品中分析线的辐射作为确定无限厚度或临界厚度的依据。图 9.18 表示用一种含高浓度 Sb 的样品放在一未掺杂的直径固定的砖块样品顶部，通过测量质量不同的样品中 SbKα 线的强度确定 SbKα 的无限厚度。每种样品对于每种元素的分析线波长、无限厚度是不同的，这是由于质量吸收系数（MAC）不同所致。

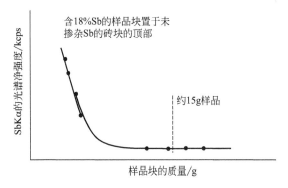

图 9.18 SbKα 线的样品无限厚度测定方法

参考文献

[1] Jenkins R. An introduction to X-Ray spectrometry. Heyden, 1974: 170.
[2] Jenkins R. X-Ray fluorescence spectrometry. ACS Audio Course. Washington D C: American Chemical Society, 1978.
[3] Jenkins R. Anal Chem, 1984, 56: 1099A.
[4] Jenkins R, De Vries J L. Practical X-Ray Spectrometry: 2nd ed. New York: Springer-Verlag, 1967.
[5] Birks L S. X-Ray Spectrochemical Analysis: 2nd ed. New York: InterScience, 1969.
[6] Bertin E P. Principals and Practice of X-Ray Spectrometric Analysis: 2nd ed. New York: Plenum, 1975.
[7] Jenkins R, Gould R W, Gedcke D. Quantitative X-Ray Spectrometry. New York: Marcel Dekker, 1981.
[8] Tertian R, Claisse F. Principles of Quantitative X-Ray Fluorescence Analysis. London: Heyden, 1982.
[9] Tertian R, Broll N. X-Ray Spectrom, 1984, 13: 134.
[10] Australian Standard 2563. Wavelength Dispersive X-Ray Fluorescence Spectrometers, 1982.
[11] ISO 14597. Geneva: ISO, 1995.
[12] Rasberry S D, Heinrich K F J. Anal Chem, 1974, 46: 81.
[13] Rousseau RM. X-Ray Spectrom, 1984a, 13: 121.
[14] Wills J P, Duncan A R. A practical guide with worked examples. PANalytical B V Amelo, 2007.
[15] Rene E Van Griken. Handbook of X-Ray Spectrometry Revised. 2nd ed. New York: Basel, 2001.
[16] Jenkins R, Gould R W, Gedcke D. Quantitative X-Ray Spectrometry. 2nd ed. New York: Marcel Dekker, 1995.
[17] Willis J P, Duncan A R. Workshop on Advanced XRF spectrometry. PANalytical B V Almelo, 2008.

第10章

光谱背景和谱线重叠

10.1 光谱背景

光谱背景是由样品散射初级辐射连续谱所形成的,呈现一种连续分布的状态。在波长色散光谱分析中,光谱背景从短波至长波大致分成非线性、线性及恒定三种分布状态。如果分析线与恒定背景分布重叠,则可以谱峰任一侧邻近平稳点作为背景,计算峰底背景;如果分析线与线性背景分布重叠,则可选分析峰两侧对称的平稳偏置点 B_1 和 B_2 测量背景,并计算峰底背景;如果分析线与非线性背景分布重叠,则需要在分析线峰两侧取多个偏置点测量背景,并按多项式拟合方式计算峰底背景。确定光谱背景的重要性在于:①从分析线总强度中准确扣除背景强度,获得谱线的净强度,可提高分析的灵敏度;②在测定轻基体中的痕量重元素时,散射背景可作为一种参比内标,以实验方式校正样品基体对分析线辐射的吸收影响和其他物理影响,提高分析结果的准确度;③痕量分析中,光谱背景是影响痕量元素分析灵敏度的关键因素,准确测量和校正光谱背景可有效提高痕量元素的灵敏度,降低检测极限。

能量色散光谱分析中,由于分析线的能谱峰比波长峰更宽,涵盖更复杂的非线性背景,而且可能与多种元素的吸收限重叠,处理十分困难。波长色散光谱分析中,选择分析线及背景位置受多种因素的制约。选择分析线及背景位置时,样品必须满足"无限厚度"的要求。在进行仪器的各种参数组合时必须参考相关的品质指数。对于主量及次要元素而言,仪器参数的品质指数可按式(10.1)计算:

$$\text{FOM} = \sqrt{I_{i,\text{m}}} - \sqrt{I_{i,\text{b}}}; \quad \text{FOM} = \frac{I_{i,\text{m}} - I_{i,\text{b}}}{\sqrt{I_{i,\text{b}}}} \qquad (10.1)$$

式中,$I_{i,\text{m}}$ 为峰位总计数率;$I_{i,\text{b}}$ 为背景的总计数率;FOM 为仪器参数的

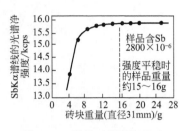

图 10.1　样品无限厚度试验

品质指数。在确定背景及样品的无限厚度等参数时，应使用质量吸收系数（MAC）相同的样品作为测试样品。按质量逐次增加的顺序将试验样品分成若干份（例如 2g、4g、8g），分别压成直径相同的砖块，根据选定的分析线及背景进行强度测量；选择分析线强度或背景强度不再随重量变化的最轻砖块作为标准，确定样品的无限厚度（如图 10.1 所示）。

10.2　光谱背景的起源与性质

光谱背景是指分析线位置测得的空白强度。当分析元素存在时，分析线峰位的背景是不可直接测量的，只能通过间接方法予以估计。在 X 射线光谱分析中，特别是在痕量元素分析时，准确确定分析线的峰底背景十分重要，原因在于：①按定量分析的要求，分析线的测量强度必须是校正了光谱背景及谱线重叠的净强度；②痕量分析中背景强度是影响检测限的直接因素，所谓检测限就是谱线净强度，等于背景强度平方根三倍对应的元素浓度。

光谱背景的主要来源：①宇宙射线；②环境的放射性辐射；③放大器及探测器电噪声；④初级辐射连续谱的非相干散射（康普顿散射）；⑤放射性样品的辐射；⑥分光晶体及其他光路器件的次级辐射等。其中光管初级辐射连续谱的非相干散射为背景的主要来源；其次是光谱仪光路器件的散射。脉冲高度分布的相应部位也可能出现背景波动。实际应用中，分析线的峰底背景主要由三部分组成：

$$I_B = I_{pri,sc} + I_{C,sc} + I_{C,em} \tag{10.2}$$

式中，I_B 为背景总强度；$I_{pri,sc}$ 为初级辐射连续谱的散射强度；$I_{C,sc}$ 为晶体散射的次级辐射强度；$I_{C,em}$ 为晶体荧光的散射强度。在选择确定分析线峰的背景测量位置时，应根据具体的分析对象及分析线位置确定合理的背景点及峰底背景的计算方法。

10.2.1　光谱背景的测量与校正

如图 10.2 所示，在整个波长或能量范围内，背景的变化与连续光谱一样，呈驼峰状分布，大致可分为非线性区、线性区及恒定区三种分布类型。背景强度与样品基体的质量吸收系数呈反比关系。当样品未达到无限厚时，背景强度还受样品厚度的影响。光谱背景是在无分析元素样品中测得分析线峰位的空白强度。这种强度主要由样品散射的初级辐射所贡献。实际上分析线峰底的背景是不可能直接测量的，只能用间接方法测量和估计。通常选择分析线峰位两侧无干扰偏置点作为背景点，根据测量的强度计算峰底背景。在分析线峰两侧等距或不等距偏

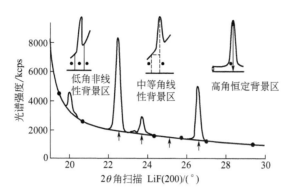

图 10.2 光谱背景的分布规律

置点测量背景时，必须考虑背景分布的实际情况。特别是在低角度高能区测量时，必须考虑背景的非线性分布情况（如图 10.3 所示）。在痕量分析中，光谱背景不是恒定的常数，必须通过测量，计算峰底的实际背景。有些软件在绘制校准曲线时使用常数背景的概念，也就是将校准曲线强度轴上的截距称为常数背景或残余背景。有些计算机程序假定背景恒定不变，以分析线峰及背景偏置点的位置为基础，通过拉格朗日方程计算背景的校正系数，获得谱线的净强度；另一种方法假定背景强度随样品基体而变动并以强度为基础，用多项式拟合的方法计算峰底背景。从图 10.4 可见这两种计算方法的差异。第一种方法计算的峰底背景通常高于真值；后一种方法按多项式拟合计算的峰底背景，符合真实背景。选择背景测量点时，必须制备一套不含分析元素的干扰标准或空白标准，用干扰标准或质量吸收系数与样品相近的空白标准，通过扫描选择无干扰的最佳背景位置。确定主要、次要成分及痕量元素分析线峰底背景的方法很多，分别介绍如下。方法一，首先用空白标准测量偏置点背景强度，并按如下方法计算背景校正系数：

$$\text{BFAC} = \frac{a}{b} = \frac{I_{i,b} - I_{B_2}}{I_{B_1} - I_{B_2}} \tag{10.3}$$

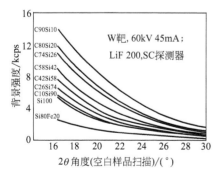

图 10.3 主成分及质量吸收系数（MAC）不同的一组空白样品的扫描（MAC 越低，背景强度越高）

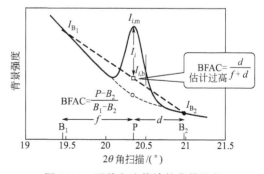

图 10.4 两种方法估计的背景强度

然后，用计算的背景校正系数及背景点的测量强度（I_{B_1} 和 I_{B_2}）计算分析线的峰底背景：

$$I_{i,b} = [(I_{B_1} - I_{B_2}) \times \text{BFAC}_P] + I_{B_2} \tag{10.4}$$

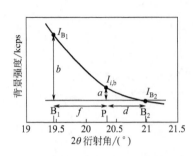

图 10.5 用空白样品测量背景强度

这种方法适用于质量吸收系数（MAC）变动范围较大和背景呈现非线性分布的情况，是痕量元素分析推荐使用的背景校正方法，如图 10.5 所示。计算峰底背景的方法二，仍需使用空白标准的测量强度，计算背景校正系数（BFAC_P）：

$$\text{BFAC}_P = \frac{I_{i,b}}{I_{B_1} + I_{B_2}} \tag{10.5}$$

然后，用计算的背景校正系数和标准样品或待测试样的背景测量强度（I_{B_1} 和 I_{B_2}）计算峰底背景：

$$I_{i,b} = (I_{B_1} + I_{B_2}) \times \text{BFAC}_P \tag{10.6}$$

这种方法适用于质量吸收系数（MAC）变动范围有限，背景分布略微弯曲的情况。

计算分析线峰底背景的方法三，当分析峰的一侧出现吸收限并与分析峰十分接近时，只能选择另一侧适当的位置测量背景的计数率。首先用空白标准的测量强度按如下任一公式计算背景校正系数，然后用样品测量的背景计数率计算分析线的峰底背景，计算公式如下：

$$\text{BFAC}_P = \frac{I_{i,b}}{I_{B_1}} \quad 和 \quad I_{i,b} = I_{B_1} \text{BFAC}_P \tag{10.7}$$

$$\text{BFAC}_P = \frac{I_{i,b}}{I_{B_2}} \quad 和 \quad I_{i,b} = I_{B_2} \text{BFAC}_P \tag{10.8}$$

这种方法仅适合于峰/背比较高，背景分布比较平坦的主量或次量元素的分析。当背景变化趋于恒定时，分析线两侧的背景强度与峰底背景几乎相等，背景校正系数及峰底背景分别为：

$$\text{BFAC}_P = 1; \quad I_{i,b} = I_{B_1} = I_{B_2} \tag{10.9}$$

这种方法只适用于常量元素分析，不能用于痕量分析。图 10.6 表示含分析元素的标准样品或待测试样的背景扫描图。图 10.7 是不含分析元素的空白样品的背景扫描图。在主量及次要元素的分析方法中，分析线的光谱强度比较高，背景强度比较低，峰/背比较高，背景对分析结果的影响甚微。

计算分析线峰底背景的方法四，不用空白标准测量背景计数率。只需通过背景点与分析线峰 2θ 位置的比例关系，即可计算背景校正系数：

$$\text{BFAC}_P = \frac{d}{d+f} \tag{10.10}$$

$$d = 2\theta_{B_2} - 2\theta_{B_1}; \quad f = 2\theta_P - 2\theta_{B_1}$$

该方法无需考虑分析线峰两侧背景位置与分析线峰位是否等距。用计算的背景校正系数和实际测量的背景强度（I_{B_1} 和 I_{B_2}）计算分析线的峰底背景：

$$I_{i,b} = I_{B_2} + [(I_{B_1} - I_{B_2}) \times \text{BFAC}_P] \tag{10.11}$$

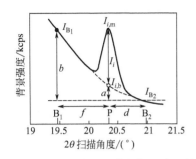

图 10.6 用含分析元素的标准或试样测量的强度估计峰底背景

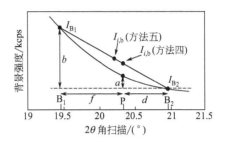

图 10.7 背景估计方法四和方法五

该方法未考虑背景分布的弯曲情况。如图 10.7 所示，计算的峰底背景高于真值，且偏离比较明显。

计算分析线峰底背景的方法五，以背景的线性分布为基础，用分析峰两侧等距的偏置背景测量值计算分析线的峰底背景，不需测量空白标准。其计算公式为：

$$I_{i,b} = \frac{I_{B_1} + I_{B_2}}{2} \tag{10.12}$$

用这种方法计算的峰底背景尽管偏高，但由此引起的误差仍可接受。

计算分析线峰底背景的方法六，是 Feather 和 Wills 于 1976 年提出的方法，适用于痕量分析。该方法需要测量一组质量吸收系数（MAC）具有一定变动范围的空白标准，以测量的分析线峰底背景（$I_{i,b}$）与多个无干扰偏置点的背景测量强度（I_B）拟合作图，计算拟合曲线的斜率和截距：

$$I_{i,b} = mI_B + C \tag{10.13}$$

式中，m 为斜率；C 为截距。实际样品的分析线峰底背景 $I_{i,b}$ 可用单点背景的测量强度或光管靶线的康普顿散射强度（I_B）按以上公式计算。这种计算方法特别适用于能量色散光谱分析或同时式波长色散光谱仪等难以或不可能测量分析线峰临近背景的情况（如图 10.8 所示）。

计算分析线峰底背景的方法七，是以一组质量吸收系数（MAC）具有一定变动范围的空白标准的峰底背景测量强度（$I_{i,b}$）对质量吸收系数的倒数（1/MAC）拟合作图，是一种以方法六为基础改进的方法（图 10.9 所示）。用质量吸收系数（MAC）已知的空白标准，确定最佳拟合曲线的斜率（m）和截距（C）。然后按式（10.14）计算质量吸收系数（MAC）已知样品的分析线峰底背景 $I_{i,b}$。

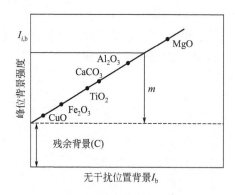 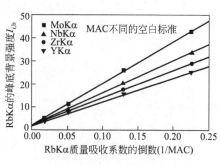

图 10.8　Feather & Wills 法估计背景（方法六）　　图 10.9　另一种估计背景的 Feather & Wills 法（方法七）

$$I_{i,b} = m \times \frac{1}{\text{MAC}} + C \tag{10.14}$$

该方法的准确度不如方法六，但其优点是所有测量均在峰位进行，无需测量偏置背景。

用方法七计算分析线的峰底背景时，可用康普顿散射峰或无干扰单点背景的测量值计算多个分析线通道的峰底背景。这种方法在分析 10～20 倍检测限浓度水准的痕量元素时，可获得准确的分析结果。实际分析中，背景位置有可能受光谱的重叠影响。也就是说，不仅分析峰受到光谱的重叠影响，其背景位置也可能受到光谱的重叠影响。如测定元素 Mo 和 Pb 时，峰位及其背景点必须同时进行光谱重叠校正。

10.2.2　降低背景的若干方法

一般来说，背景随分析线波长、样品的化学组成、基体的质量吸收系数、激发参数及样品的物理形态等多种因素而变。为了提高分析方法的灵敏度及准确度，必须采取适当措施，降低背景，提高峰/背比。降低背景的常用方法有：①光管初级辐射的连续谱强度随靶材原子序数的降低而减弱。因此，在不影响样品激发的前提下应尽量选择原子序数较低的靶材，选择较低的激发电压和功率，以降低初级辐射连续谱的强度。②提高激发效率，选择使用适当的滤光片，降低散射背景；在确保激发效率的基础上，通过初级滤光片降低分析线的峰底背景。③制备轻基体粉末样品时，添加适当的重吸收-稀释剂，提高样品基体的平均原子量，降低散射背景。④在能量色散 X 射线光谱分析中，可利用二次靶的偏振原理，消除初级辐射连续谱的散射背景；在波长色散光谱仪中，分光晶体是一种自然偏振器，对样品散射的初级辐射高度偏振，而样品元素发射的特征 X 射线是一束非偏振的自然光。因此，通过晶体的偏振作用可有效降低散射背景的影响。

10.3 光谱干扰的来源

与光学发射光谱相比，X射线光谱具有光谱简单、谱线数量少、干扰影响小等特点，一旦出现光谱重叠干扰，处理方法很多。X射线光谱分析中，常见两种干扰形式：①波长干扰，干扰线与分析线的波长或与高次线的波长（$n\lambda$）相近，从而导致谱线的重叠干扰；②能量干扰，干扰线与分析线光子的脉冲幅度分布接近或相同，导致脉冲高度分布的重叠，产生干扰。

10.3.1 光谱干扰的类别

(1) 波长干扰　波长干扰的主要来源：①X射线管靶线或杂质线的相干或非相干散射线；②光谱仪光路器件的发射线；③样品杯及其支撑体发射的特征X射线；④样品组成元素的特征谱线及重元素的高次衍射线等。例如图10.10所示的CaKα三级线与轻元素MgKα线的重叠。

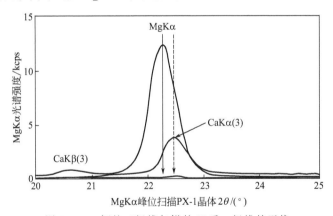

图 10.10　钙的三级线与镁的K系一级线的干扰

(2) 能量干扰　能量干扰的主要来源：①晶体荧光的发射。晶体组成元素受激发产生的特征X射线，称为晶体荧光。晶体组成元素发射的荧光对样品分析可能构成干扰。晶体荧光通常以散射背景的形式出现。图10.11表示晶体荧光的能量干扰实例：使用TlAP晶体测量MgKα特征谱线时，由晶体发射的TlM系辐射以背景形式干扰分析，使MgKα的峰底背景在原有背景基础上额外增高。表10.1表示可能产生晶体荧光的几种分光晶体。②逃逸峰。使用脉冲高度分析器时，不仅需要考虑分析线与干扰线脉冲高度分布的重叠，而且需要考虑分析线与其他元素逃逸峰的重叠。图10.12表示充氩探测器探测第四周期中的钾（K）至铜（Cu）诸元素时出现的主峰及逃逸峰。一般说来，脉冲高度分析器能让能量为E的X射线光子脉冲通过，也能让能量为$E^* \approx E + E_{det}$的X射线光子脉冲通过。E_{det}是探测气体原子或闪烁晶体中碘的特征X射线光子能量。如果能量为

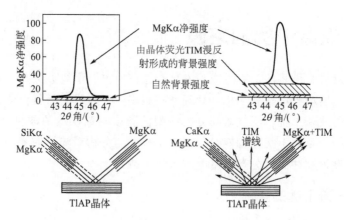

图 10.11 MgKα 引起的晶体荧光（使用 TlAP 晶体）

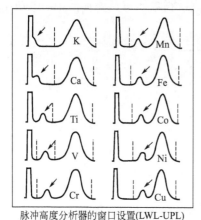

图 10.12 使用 Ar-CH$_4$ 探测器时各元素逃逸峰的相对位置

E^* 的 X 射线光子引起的逃逸峰，其平均脉冲高度与能量为 E 的分析线光子的平均脉冲高度相同时，则相互发生干扰。例如使用充氪（KrKα，$E=12.6\text{keV}$）的正比探测器时，脉冲高度分析器能让 CuKα（$E=8.04\text{keV}$）光子的脉冲通过，也能让 RhKα（$E=20.2\text{keV}$）光子的脉冲通过。RhKα 光子引起的逃逸峰能量为 7.6keV，其脉冲高度分布与 CuKα 光子的脉冲高度分布重叠。又如能量色散光谱分析中，使用高纯 Si 半导体探测器时，对于能量高于 SiK 系吸收限的入射光子如 TiKα 或 TiKβ，半导体材料 Si 受到高能辐射的激发产生 Si 的 K 系荧光，形成逃逸峰。在测定样品中的微量 Si 时，这种逃逸峰将干扰 Si 的准确测定。上述两种光谱干扰的严重程度主要取决于光谱线的强度及其与干扰峰的距离；显然，分析线强度越高，干扰线强度越低，且离分析线越远，干扰就越小。

表 10.1 几种发射荧光的分光晶体

晶体	$2d$/Å	适用范围	晶体荧光
Ge	6.532	Hf，Ta（L 线） Cl，S，P（K 线）	GeK 和 L 系线
TlAP	25.9	Mg～O	TlM 系线
LSM	～30	Mg～O	WM 系和 CK 系线
LSM	～50	Mg～O	SiK 和 WM 系线

X 射线光谱中，五级以上高次衍射线、伴线及 M、N 系特征谱线通常只对强度很弱的分析线起干扰作用。波长干扰大体可归纳为如下四种情况。①周期表中邻近或次邻近元素的同系一级线间的干扰；第四周期中 22 号钛至 27 号钴邻近元素间 $Z_{K\alpha}$ 与 $(Z-1)_{K\beta}$ 线的重叠；第五周期中 43 号锝（Tc）以后邻近元素的 Kα 线间相互重叠；第六周期中 80 号汞（Hg）以后邻近元素的 $L\alpha_1$ 线重叠；第五周期 37 号铷（Rb）至 42 号钼（Mo）间 $(Z-2)_{K\beta}$ 与 $Z_{K\alpha}$ 线重叠；45 号铑（Rh）至 49 号铟（In）间 $(Z-1)_{L\beta_1}$ 与 $Z_{L\alpha_1}$ 线重叠等。上述谱线的重叠，波长差均在 0.03Å 的范围内。②不同线系一级线的相互重叠。如 AsKα 与 $PbL\alpha_1$、AlKα 与 BrLα 间的重叠；WLα 与 NiKβ 的重叠等。③轻元素的 K 系线与重元素高次衍射线的重叠，如 NiKα 与 YKα 的二级线、PKα 与 CuKα 的四级线、AlKα 与 CrKβ 的四级线间的重叠等；在分析含轻、重元素的多组分样品时，这类干扰十分繁杂。④L 系一级线与较轻元素的 K 系高次线的重叠，如 $HfL\alpha_1$ 与 ZrKα 的二级线，$TaL\alpha_1$ 与 NbKα 的二级线间的重叠。这些元素的 $L\beta_1$ 与 Kβ 的二级线间也发生同类重叠。

10.3.2 消除干扰的方法

消除干扰的方法很多，其中包括：①更换分析元素的其他无干扰谱线；②改变激发条件，抑制或降低干扰线的激发效率，提高分析线的激发效率；③选择具有最佳分辨率的晶体及准直器，提高对邻近谱线的分辨率；④使用脉冲高度分析器，消除轻元素一级线与重元素高次线的重叠；⑤选择衡消滤光片，保留分析线，消除或降低干扰线的影响；⑥采用实验或数学校正方法，校正谱线的重叠影响。

上述处理方法对干扰的校正效果主要取决于分析线与干扰线的相对强度、位置、激发条件差异、计算方法的精度及可更换谱线的数量等因素。上述各种方法归纳起来，大致可分成实验处理与数学校正两种方法。

(1) 实验处理

① 激发分离法 以选择适当的光管靶材、滤光片或激发条件等，选择激发分析线，抑制或降低干扰线的激发。使分析线与干扰线分离的方法：a. 提高分析线的激发效率，消除靶线干扰；b. 用波长稍大于干扰元素吸收限而短于分析元素吸收限的靶线，择优激发分析线，抑制干扰线的激发；c. 选择适当的光管电压，择优激发分析线，抑制干扰线；d. 当干扰线能量高于分析线时，选择低于干扰元素激发电位，高于分析元素临界激发能量的工作电压，高效激发分析线而不激发干扰线。能量色散 X 射线光谱分析中经常采用仅激发分析线，不激发干扰线的选择激发方法。

② 二次靶激发 在三维光学能量色散分析系统中，通常采用仅激发分析元素不激发干扰元素的二次靶单色辐射激发源。能量色散光谱仪常用的二次靶大致

可分为荧光靶、散射靶（巴克拉靶）及布拉格衍射靶三种类型。a. 荧光靶。为使分析元素产生高效激发，靶线能量应高于分析元素特征线系的临界激发电位，低于干扰元素的临界激发能。常用的荧光靶由金属、金属氧化物或卤素化合物等材料构成，如 Al、Ti、Mo、CeO_2、CaF_2、KBr 等；荧光靶的偏振作用可有效抑制初级辐射引起的光谱背景，提高分析线的峰/背比。b. 巴克拉靶通常由轻元素的化合物制成，对光管初级辐射（靶特征线及连续谱）具有极强的散射作用。这种靶用初级辐射的散射线作为激发源。散射靶自身产生的特征辐射由于能量低强度弱不参与样品激发。散射靶通常用铍（Be）、碳化硼（BC_4）、高取向热解石墨（HOPG）及氧化铝（Al_2O_3）等作为靶材。在高于 30keV 的能量范围内 Al_2O_3 靶的散射效率最高，这种靶适用于原子序数在 45~80 间重元素的 K 系特征光谱的激发。c. 布拉格靶，也称衍射靶，位于 X 光管与样品间。按布拉格衍射原理调整靶体，使光管靶线在衍射靶的特定方向（90°）上产生高强度衍射，然后利用这种自然偏振的单色辐射激发样品。常用高取向热解石墨（HOPG）或 LiF200 晶体作为衍射靶。这种靶适宜作为 11 号 Na 至 25 号 Mn 之间各元素的高效激发源。

③ 滤波消减法　利用初级滤光和次级滤光方法消除干扰。在光管与样品间设置的滤光片称为初级滤光片，起初级辐射的滤光作用；在晶体与探测器间设置的滤光片称为次级滤光片，起荧光辐射的滤光作用，消除次级干扰线。初级或次级滤光片适用于以下情况：a. 来自光管靶材及其杂质的干扰线，可通过初级滤光片的滤光作用，使其强度降低到可忽略不计的程度。而初级激发辐射的有效部分强度无明显变化。b. 对来自样品但与分析线波长相距较远的干扰线，可选择适当的次级滤光片，消除其影响。c. 如果分析线与干扰线波长几乎相同，可选择吸收限介于两谱线间的次级滤片，滤去波长较短的干扰线。当轻元素的一级线与重元素的高次线发生重叠时，可用脉冲高度分析器处理；也可选择具有高度消光作用的晶体处理高次干扰线，例如 Ge 111 晶体具有消除偶次线的消光作用。

(2) 数学处理方法　实验方法无法消除的光谱干扰，可用数学校正的方法获得分析线的净强度。用数学校正方法消除干扰，必须满足如下要求：①用空白标准计算背景校正系数，准确估计分析线峰底的背景强度，然后用适当的干扰标准计算干扰校正系数（LO）；②所有谱线的重叠校正必须以强度为基础，用迭代方法计算真实的谱峰净强度，用迭代法计算重叠校正系数时，可按任意次序进行；③根据痕量分析的要求计算重叠校正系数时，每个分析元素至少需要使用两个以上干扰标准；每个干扰标准的元素组合不存在相互干扰，并与实际样品的状态相近。含一种以上基体或干扰元素而不含分析元素的样品称为干扰标准。一般情况下，干扰标准各组成元素的浓度约为 $500×10^{-6}$~$3000×10^{-6}$。在痕量分析中，仅当分析线峰位干扰线的净强度超过分析线峰底背景统计偏差的四倍（净峰强度>4S）时，计算的干扰校正系数才具有确定的意义。这表明该重叠系数不是由于分析峰位背景强度的波动所引起。因此,重叠校正系数的有效值是按分析线峰位干扰线净强度与峰底背景统计偏差的比例关系计算的。凡重叠校正系数的有效值≤4S 时,均视为无效。干扰校正的数学方法通常分为以下五种类型。

① 空白试样法　首先在分析线峰位测量空白标准和干扰标准,计算分析线峰位干扰线的净强度,然后从待测试样的分析线总强度中扣除干扰线强度,获得分析线净强度。但用这种方法获得的分析线峰位的干扰量是随空白标准的基体而变的,准确度较差。

② 比例强度法　用专用的干扰标准计算干扰校正系数。以 SrKβ 线对 ZrKα 的光谱重叠为例(图 10.13),首先用 Sr 的干扰标准测量 SrKα、ZrKα 及相应的背景强度;然后计算峰底的背景强度、SrKα 及 ZrKα 的净峰强度。ZrKα 的表观净峰强度实际上等于 ZrKα 位置上干扰线 SrKβ 的强度。干扰校正系数就是分析峰位干扰线的强度与干扰元素的非干扰线(SrKα)的强度之比,该系数按式(10.15)计算:

$$\text{IFAC}_{Sr,Zr} = \frac{\text{ZrK}\alpha(\text{SrK}\beta)\text{的表观强度}}{\text{SrK}\alpha \text{ 的净强度}} \quad (10.15)$$

如图 10.13 所示,当分析线受到干扰时,用干扰元素的非干扰线净强度与干扰系数的乘积表示分析峰位产生的干扰量。例如 Sr 对 Zr 的干扰。干扰元素的非干扰线为 SrKα;$Zr_{net(1)}$ 和 $Sr_{net(1)}$ 分别为 ZrKα 和 SrKα 扣除背景后的净强度;$Zr_{net(2)}$ 为 ZrKα 扣除 SrKβ 干扰后的净强度:

$$Zr_{net(2)} = Zr_{net(1)} - Sr_{net(1)} \text{IFAC}_{Sr,Zr} \quad (10.16)$$

式中,$\text{IFAC}_{Sr,Zr}$ 为 Sr 对 Zr 的干扰校正系数;$Sr_{net(1)} \text{IFAC}_{Sr,Zr}$ 为分析峰位 SrKβ 引起的干扰量。

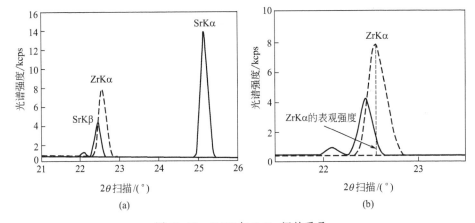

图 10.13　SrKβ 与 ZrKα 间的重叠

③ 迭代校正法　痕量分析中,为获得准确的净峰强度,必须准确校正分析线的峰底背景;若不能用多元回归法计算分析峰的干扰,则必须用迭代法计算干

扰校正系数。在多重干扰的情况下，光谱重叠的校正顺序非常重要，例如 RbKβ 对 YKα 的干扰；YKβ 对 NbKα 的干扰。在校正 Y 对 Nb 的干扰前，必须首先校正 Rb 对 Y 的干扰，否则 Nb 的净峰强度会受 Y 过度校正的影响。用迭代法校正光谱的重叠影响时，其校正顺序不再重要。如图 10.14 所示，两元素的谱线相互重叠（例如 Ce 和 Nd）时，必须用迭代法进行校正。其校正步骤为：

a. 首先进行背景校正。用石英作为空白，测量分析峰及背景强度，计算背景校正系数 BFAC（如表 10.2 所示），然后计算净峰强度：

$$Ce_0 = I_{Ce} - Bkg_{Ce} \tag{10.17}$$

$$Nd_0 = I_{Nd} - Bkg_{Nd} \tag{10.18}$$

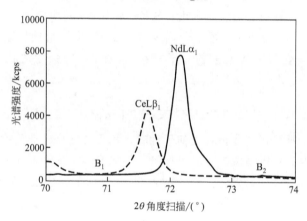

图 10.14　相互重叠的干扰校正

表 10.2　背景校正系数

样品	位置	时间/s	背景强度/kcps	背景校正系数（BFAC）
石英	Bkg1	100	0.0174	
	CeLβ	200	0.0170	0.56667
	NdLα$_1$	200	0.0155	0.51667
	Bkg2	100	0.0126	

b. 计算重叠校正系数。用干扰标准 CEINT 和 NDINT，通过迭代法计算干扰系数：

$$Ce_1 = Ce_0 - Nd_0 NdFAC - Ce_3 = Ce_0 - Nd_2 NdFAC \tag{10.19}$$

$$Nd_1 = Nd_0 - Ce_0 CeFAC - Nd_3 = Nd_0 - Ce_2 CeFAC \tag{10.20}$$

和

$$Ce_2 = Ce_0 - Nd_1 NdFAC - Ce_4 = Ce_0 - Nd_3 NdFAC \tag{10.21}$$

$$Nd_2 = Nd_0 - Ce_1 CeFAC - Nd_4 = Nd_0 - Ce_3 CeFAC \tag{10.22}$$

干扰校正系数 CeFAC 及 NdFAC 的计算结果示于表 10.3。

表 10.3　用干扰标准计算谱线的重叠校正系数

标准样品	谱线	测量时间/s	测量强度/kcps	背景强度/kcps	谱线净强度/kcps	IFAC 校正系数
CEINT	Bkg1 CeLβ$_1$ NdLα$_1$ Bkg2	100 200 200 100	0.0273 0.4114 0.0344 0.0175	0.0254 0.0231	0.3860 0.0113	CeFAC=0.02927
NDINT	Bkg1 CeLβ$_1$ NdLα$_1$ Bkg2	100 200 200 100	0.0241 0.0434 0.6897 0.0189	0.0244 0.0222	0.0190 0.6675	NdFAC=0.02846

④ 多元回归法　光谱重叠是由分析线附近其他谱线引起的。如果两种光谱信号通过分光晶体的波长分辨或探测器的能量分辨均无法完全分开,邻近谱线就可能使分析线强度升高。在检查分析线峰位时应查明可能存在的光谱干扰并加以标注。谱线重叠可根据样品中干扰元素的浓度或强度进行校正。如果标准样品中干扰元素的浓度未知,则可根据干扰元素的非干扰线测量强度进行校正。标准样品及试样均应测量干扰元素的非干扰线强度。干扰校正系数可在计算校准参数时,通过多元回归方法同时计算。计算的重叠校正系数始终应是正值,因为干扰只能增强分析线的强度。如果分析线及其邻近的背景位置均受重叠影响,计算的重叠校正系数可能出现负值。在这种情况下,应考虑重新选择背景位置。以浓度为基础计算的重叠校正系数通常在 0~0.1 范围内。由于谱线的重叠校正系数是一种经验系数。因此,在计算校准参数时,应选择使用经典的经验系数校正模型:

$$W_i = E_i I_{净,i} \left(1 + \sum_j \alpha_{i,j} W_{i,j}\right) \tag{10.23}$$

式中,$\alpha_{i,j}$ 为基体元素 j 对分析线的影响系数;W_i 为分析元素的质量分数,%;$W_{i,j}$ 为基体元素 j 的质量分数,%;$I_{净,i}$ 为分析线的净强度(校正了背景的影响);E_i 为校准曲线的斜率。在计算谱线的重叠校正系数时,通常使用的回归模型为:

$$Lo(r) = \sum_j Lo(C)_j C_j \tag{10.24}$$

或

$$Lo(r) = \sum_j Lo(R)_j R_{j校正} \tag{10.25}$$

式中,$R_{j校正}$ 为校正了背景的干扰元素非干扰线的净强度;$Lo(C)$ 及 $Lo(R)$ 分别表示以浓度和强度为基础的重叠校正系数。如果计算过程中未进行背景校正,则计算重叠校正系数的回归模型为:

$$C + Lo(C) = D + E[R - Lo(R)](1 + M) \tag{10.26}$$

式中,D 表示回归曲线的截距,%;E 表示回归曲线的斜率,%/kcps;M 表示基体校正项：

$$M_i = \sum_{j=1}^{N} \alpha_{i,j} Z_j + \sum_{j=1}^{N} \frac{\beta_{i,j}}{1+\delta_{i,j}C_i} \times Z_j + \sum_{j=1}^{N}\sum_{k=1}^{N} \gamma_{i,j,k} Z_j Z_k \quad (10.27)$$

$Lo(C)$ 表示以浓度为基础的重叠校正系数，%；$Lo(R)$ 表示以强度为基础的重叠校正系数，kcps。

⑤ 谱峰剥离法　波长色散光谱分析中使用正比计数器及闪烁计数器时，由于能量分辨率较差，难以分辨邻近谱线的脉冲高度分布。探测器的能量分辨率随元素的原子序数减小而降低。因此，元素 i 分析线的脉冲高度分布与元素 j 谱线的脉冲高度分布重叠时，元素 j 谱线的部分强度对元素 i 谱线的脉冲高度分布峰位产生贡献。每种元素的谱线形成的平均脉冲高度（即脉冲高度分布的峰位）可用数学方程表示。若有多重谱线重叠时可构成一组方程。该方程组可写成：

$$I_i = I_{i,i} R_i + \sum_{1}^{j} R_j I_{j,j} I_{j,i} \quad (10.28)$$

式中，I_i，$I_{i,i}$ 分别表示样品及纯元素 i 谱线的峰位净强度；$I_{j,j}$ 表示纯元素 j 的谱线峰位净强度；$I_{j,i}$ 表示在元素 i 的谱线峰位测得元素 j 的谱线净强度；R_i 和 R_j 分别表示相对强度 $I_i/I_{i,i}$ 和 $I_j/I_{j,j}$。从重叠的脉冲高度分布中分离出单个脉冲分布的方法称为谱峰的解叠、褶积或剥离，统称为解谱。如图 10.15 所示，实线表示三邻近谱线的脉冲高度分布（A、B、C）；按高斯分布，其峰位的相对强度分别为 4.5、2.0 和 2.5；虚线表示三个重叠的脉冲高度分布的合成分布，即从样品测量观察到的分布曲线。在合成曲线上 A，B，C 三点的测量强度分别为 6.06、6.25、4.30。最简单的解叠方法是，假定每个脉冲高度分布均呈高斯形正态分布，用标准偏差 σ 表示两邻近元素谱线的分离程度。对虚线表示的高斯分布峰位、1σ 及 2σ 处的相对强度分别为 1.00、0.607、0.135；相应的元素（A）、邻近元素（B）及次邻近元素（C）峰位的相对强度分别为 1.00、0.607、0.135；根据这种假设，可建立一组联立方程：

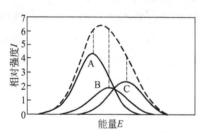

图 10.15　样品中邻近元素谱线的脉冲高度分布

$$\begin{aligned} I_A &= R_A + 0.607 R_B + 0.135 R_C = 6.06 \\ I_B &= 0.607 R_A + R_B + 0.135 R_C = 6.25 \\ I_C &= 0.135 R_A + 0.607 R_B + R_C = 4.30 \end{aligned} \quad (10.29)$$

式中，I_A、I_B、I_C 分别表示样品的测量强度（图 10.15 中用虚线表示），均为三元素脉冲分布的贡献之和；R_A、R_B、R_C 分别表示样品测量的相对强度，用测量值解方程，其解分别为 4.56、2.06、2.50，与最初给定的数据十分吻合。

10.4 灵敏度 S

X 射线光谱分析的灵敏度可按两种方式定义。以分析线测量强度（计数率）随分析元素浓度的变化率或按分析线的净强度等于背景强度平方根三倍所对应的分析浓度定义测量的灵敏度。若以强度随浓度的变化定义，则灵敏度与定量校准曲线的斜率相关，即用校准曲线斜率的倒数或单位浓度对应的计数率表示灵敏度：

$$C_i = D_i + E_i R_i; \quad E_i = \frac{C_i - D_i}{R_i} = \frac{1}{S}; \quad S = \frac{1}{E_i} \quad (10.30)$$

式中，D 表示校准曲线的截距；R 表示分析线的净强度或计数率；E 表示校准曲线的斜率；S 表示分析的灵敏度，kcps/%。

10.4.1 检测下限

检测限的定义方式很多，普遍采用的定义是，分析线的净强度等于背景强度平方根三倍所对应的分析浓度；统计学定义的检测下限为，分析线净强度等于背景强度标准偏差三倍所对应的浓度。检测下限是决定方法分析水准的指标。按 IUPAC（国际纯粹与应用化学联合会）的推荐，检测下限按统计学定义的方式表示，即背景强度（空白）值标准偏差三倍对应的分析浓度。

对于样品的不同形态，其表达方式不同。对于无限厚、有限厚及丝状不规则样品，分别以浓度（%或 mg/L）、面密度或质量厚度（mg/cm²）及质量（μg）表示。图 10.16 表示一弱峰与连续背景重叠的扫描图。从图可见，在预定时间内测量的背景累积计数为 100，其标准计数偏差为 $\sigma_N = \sqrt{100} = 10$；背景计数在 $100 \pm 3\sigma$（±30）以内的概率为 99.7%；若取 95% 的置信极限（2σ）时，$2\sigma = 2\sqrt{2}\sigma_B \approx 3\sigma_N$，则在相同的计数时间内，弱峰的累积计数必须超过背景计数的 $3\sigma_N$，即累积计数为 130，该计数所对应的浓度称为检测限。检测限（LLD）随计数时间而变，分析线及背景强度的测量时间越长，检测限（LLD）就越低（如图 10.16 及图 10.17 所示）。检测限是指一定置信水准下可检出的最低浓度（C_L），其计算公式为：

$$C_L = K \frac{S_B}{m} \quad (10.31)$$

通常 $k = 3\sigma$
$$C_L = 3 \frac{S_B}{m}$$

如果谱线的净计数大于 $3S_B$，则可检出该元素的置信水准为 99.7%。若检出限以计数率（cps）表示，可采用更实用的公式计算：

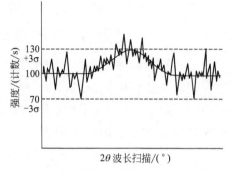

图 10.16　最低检测极限定义

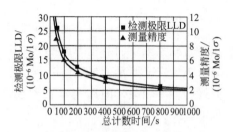

图 10.17　最低检测极限 LLD 及分析精度与计数时间（s）的关系

$$\text{LLD} = \frac{3}{m} \times \sqrt{\frac{R_B}{T_B}} \quad （置信度95\%） \tag{10.32}$$

$$\text{LLD} = \frac{6}{m} \times \sqrt{\frac{R_B}{T_P + T_B}} \quad （置信度99.7\%） \tag{10.33}$$

光谱强度若以 kcps 表示，其检测限为：

$$\text{LLD} = \frac{3}{m} \times \sqrt{\frac{R_B}{1000 T_B}} \quad （置信度95\%）$$

痕量元素分析线的计数误差计算公式为：

$$\sigma = W \frac{\sqrt{R_P/T_P + R_B/T_B}}{R_P - R_B} \tag{10.34}$$

式中，R_P 为分析峰的总计数率，cps；R_B 为背景的净计数率，cps；T_P 为分析峰的计数时间，s；T_B 为背景的计数时间，s；m 表示单位浓度（10^{-6}）的净计数，cps（即 cps/10^6）；W 表示痕量元素的浓度，10^{-6}。通常，分析线峰位与背景的测量时间相同，即 $T_P = T_B$。因此，以 6σ 作为检测限的测定依据。

背景的净强度概念（R_B）表示峰位总强度减去分析峰的净强度。这一概念对于使用上述计算公式十分重要。也就是说，背景净强度不仅需要考虑背景本身，而且还需要考虑峰位的光谱干扰。否则可能导致计数误差及检测限的计算错误。必须注意不同样品中不同元素的计数误差及检测限（LLD）随质量吸收系数（MAC）及分析元素浓度而变动。理论上，每个样品中每个元素的计数误差及检测限（LLD）应单独计算。在定性分析时，通常采用检测下限表示分析元素的检测限。对于无限厚样品，灵敏度是指单位浓度下 X 射线光子的计数。灵敏度越高，单位浓度下测得的计数就越高。检测限是指一定置信水准下可检出的最低浓度（LLD）。

10.4.2　定量下限

在定量分析时，通常用定量下限表示分析元素的最低测定浓度。所谓定量下限是指分析元素能准确定量的最低浓度。定量下限应大于检测下限,通常规定检测下限三倍的值为定量下限。此值随分析精度的要求而变。因此,定量下限应是在标准偏差要求的置信水准范围内可准确测定的最低浓度。

参考文献

[1] Bertin E P. Principles and Practice of X-Ray Spectrometric Analysis: 2nd ed. New York: Plenum, 1975.
[2] Birks L S. X-Ray Spectrochemical Analysis: 2nd ed. New York: Interscience, 1969.
[3] Birks L S. In: Handbook of Spectroscopy. Vol I. Robinson JW, ed. Cleveland OH: CRC Press, 1974: 1-254.
[4] Brunetto M G, Riveros J A. X-Ray Spectrom, 1984, 13: 60.
[5] Cauchois T, Senemaud C. International Tables of selected Constants. 18. Wavelengths of X-Ray Emission Lines and Absorption Edges. Oxford: Pergamon Press, 1978: 67.
[6] Chang W Z, Wittry D B. Microbeam Anal, 1994, 3: 24.
[7] Jenkins R. An Introduction to X-Ray Spectrometry. London: Heyden, 1978.
[8] Jenkins R, De Vries J L. Practical X-Ray Spectrometry: 2nd ed. New York: Springer-Verlag, 1967.
[9] Kuczumow A. X-Ray Spectrom, 1982, 11: 112.
[10] Kuczumow A. X-Ray Spectrom, 1984, 13: 16.
[11] Kuczumow A. Spectrochim Acta, 1988, 43B: 737.
[12] Bertin E P. X射线光谱分析导论. 高新华, 译. 北京: 地质出版社, 1983.
[13] Willis J P, Duncan A R. Workshop on advanced XRF Spectrometry. PANalytical B V Almelo, 2008.

第11章
定性与半定量分析

11.1 概述

X射线荧光光谱定性分析的目的是确定样品中存在哪些元素或化合物并粗略估计其属主量、次量及痕量的成分等级；定量分析的目的是确定样品中各化学成分精确的浓度。1913年莫塞莱在研究各种元素的特征X射线时发现，一组频率为 ν 或波长为 λ 的同名特征X射线，与样品中组成元素的原子序数 Z 间存在如下关系：

$$\lambda = \frac{1}{K(Z-\sigma)^2} \tag{11.1}$$

$$\nu = Q(Z-\sigma)^2 \tag{11.2}$$

或

$$Z^2 \propto E \tag{11.3}$$

式中，Q 为比例常数；σ 为屏蔽常数；Z 为元素的原子序数；E 为特征X射线的能量，keV；ν 为辐射频率；λ 为特征辐射的波长，nm。这种频率或波长与原子序数的关系称为莫塞莱定律，它是X射线光谱定性分析的理论基础。许多情况下，人们只需要了解样品的基本组成，不需要做精确的测定。无论波长色散或能量色散光谱分析，均以莫塞莱定律为定性分析的理论依据。无论采用何种方式，一组光谱就相当于一个未知元素的指纹。如果样品中有多种元素共存，就有可能发生光谱的相互重叠。必须防止元素的定性指认错误。如果激发某元素的K系特征X射线，则必须关注其Kα和Kβ两条主要谱线，以验证识别的真伪。如果发现谱线重叠，则可用同系线的高次衍射线或不同线系的谱线获得正确的识别。L系光谱用于原子序数40以上元素的定性识别，主要以查找Lα、Lβ及Lγ线验证元素识别的正确性。M系谱线也可用于元素识别，但与K系或L系主线不同的是，M系谱线起源于原子的外层轨道或分子轨道，谱线的分布及其强度稳定性差。因此，在定性分析时尽量不予使用。

在波长色散光谱分析中，样品组成元素发射的特征 X 射线光谱须通过分光晶体与探测器（$\theta/2\theta$）的联动扫描予以采集。各种波长的特征 X 射线经晶体分光后按布拉格衍射规则分布在空间不同方位（$\lambda \propto 2\theta$）。如果将布拉格衍射定律与莫塞莱定律结合，则可得出原子序数 Z 与特征谱线衍射角（2θ）间的对应关系：

$$Z=\sqrt{\frac{m}{k \times 2d\sin\theta}}+\sigma \tag{11.4}$$

詹金斯（Jenkins）等人（1979）建议根据 Z-2θ 关系用计算机控制以扫描方式采集光谱数据。这对于低原子序数元素的光谱扫描具有特殊的意义。

在能量色散 X 射线光谱法中，由样品元素发射的特征 X 射线光子同时进入探测器，并转变成与其能量成正比的脉冲，经整形放大及模数转换后由多道分析器储存在相应的能道中并由计数电路测量。根据原子序数 Z 与各元素特征线能量的对应关系实现定性分析。与波长色散法相比，能量色散光谱的采谱方法简单快捷。无论波长色散或能量色散光谱，采谱后的定性过程基本相同。样品光谱的采集是定性分析的关键步骤。波长色散光谱的定性分析过程，首先根据全谱扫描的要求，选择合理的仪器参数及扫描测量参数，系统采集样品组成元素特征 X 射线的光谱数据并记录成便于处理的谱图。然后以莫塞莱定律为依据，按公认的识别原则，用人工或自动方式执行定性分析步骤。用 2θ-λ 或 λ-Z 等标准光谱对照表执行寻峰、识别、匹配及定性标注等分析步骤。其基本的识别原则如下。①首先检查识别 X 光管靶线的相干与非相干散射主线、同系伴随线及高次衍射线，并予以特殊标注。例如 RhKα、RhK$\beta_{1,3}$、RhLα_1、RhL$\beta_{1,3}$、RhLγ 等。②从扫描谱图中的最强未知峰开始，识别其波长或能量、所属线系（K 或 L），搜索其他伴随线及高次衍射线，标注可能的归属元素。③按同系伴随线的相对强度关系搜索、识别同系其他谱线，如 Kα、Kβ 或 Lα、Lβ、Lγ 等是否存在及强度相对关系是否正确。④根据采谱使用的激发条件及晶体条件，确认可能存在的线系（K、L、M）是否正确。⑤根据最初标注的可能元素、线系及同系谱线的相对关系确认标注元素存在的真实性；然后从次强未知线开始，重复上述步骤直至谱图中所有谱峰均得以识别。在现代光谱仪的定性分析软件中，设置了完善的全谱采集程序及谱峰自动识别的定性程序，成功取代了早期的人工操作；大多数定性分析软件均以基本参数法为基础，在定性分析的基础上为样品成分的筛选分类提供近似的定量分析结果。这种分析软件的实用意义在于以下几方面。①对任何未知样品，在无任何预示信息的情况下，可快速提供样品组成的主次成分及近似的定量数据。无需精确测量及复杂的样品制备，也不需要提供标准样品。这对于新材料剖析、失效分析及犯罪现场的侦破等提供了一种简便有效的工具。②可为制定精确的定量分析方法提供样品的基本信息，减少不必要的前期准备。③为 X

射线物相鉴定提供可靠的参考信息，简化物相分析的鉴别过程。因此，无标样X射线荧光定性与半定量分析方法是一种实用的重要工具。与其他原子光谱法相比，X射线荧光光谱法具有简单、快速、准确及非破坏等特点。无论波长色散或能量色散光谱分析，其定性分析的过程基本相同，大致包括样品的全谱信息采集、寻峰检索、谱峰识别、元素指认等基本步骤；所不同的是能量色散法的解谱处理过程比较复杂。为避免光管靶线及杂质线对定性过程的影响，在设置采谱扫描程序时，相关波段或能区设置了适当的滤光片等采谱条件。在能量色散光谱定性分析过程中，通过软件的智能化解谱功能有效地消除共存元素复杂的谱线重叠影响，获得准确的元素识别结果。

11.2　光谱的采集与记录

波长色散光谱仪通过晶体及探测器的联动扫描，实现 ^{8}O～^{92}U 间所有元素特征谱线的全谱采集与记录。根据光谱的激发、色散、探测及分析要求确定光谱采集的最佳条件。完美的全谱采集扫描程序应由激发、扫描、脉冲处理及测量等多种参数构成，其中光谱仪的配置参数包括 X 光管靶材、晶体类型、滤光片材质及规格、准直器规格、通道光栏（光罩）及探测器类型等。X 光管初级辐射是样品元素的激发源，其靶材、几何结构及 Be 窗厚度、激发电压、电流等参数是基本参数程序涉及的重要参数。光管初级辐射中靶线、杂质线、康普顿散射线等辐射可能干扰样品光谱的识别，影响分析结果。在编辑采谱程序时应采取特殊的抑制措施。周期表中从氧（O）至铀（U）间各元素光谱的波长或能量覆盖范围很宽，仅使用一种条件采集所有元素的光谱数据是不可能的。必须根据各种元素特征谱线所处的波段及能量范围，选择相应的仪器部件及测量参数。各谱线所属能量范围大致可分为高能（短波）、中能（中波）及低能（长波）三段。在汇编采谱测量程序时，就激发条件而言，高能谱线应选择高激发电压；低能谱线应选择相应的低电压；就分光晶体而言，高能区谱线分布密集，应选择高分辨晶体；低能区由于特征线的荧光产额低，谱峰的发散度大，应选择晶面间距与其波长相应的高强度晶体；波长色散光谱仪通常配置适合于高能、低能及中间能量的三种探测器，即闪烁探测器、封闭式气体探测器及流气式正比探测器。为适应各种能量谱线的发散度要求，光路中通常设置三种不同规格的准直器，以改善分光效果；为降低高能区微弱谱峰的背景影响，可选择使用滤光效率适当的滤光片，改善分析的灵敏度。在现代波长色散光谱仪配备的定性分析软件中，通常采用两种不同的采谱方式：一种是以全程扫描与特殊谱线（痕量元素及高浓度基体谱线）的定点测量相结合的方式获取 ^{8}O～^{92}U 间所有元素发射的光谱数据；另一种是以多种元素的分析线峰及若干特殊背景的全谱定点测量方式采集各种元素发射的分析线光谱及背景信息。在全谱扫描采集方式中，为获得所有元素光谱的最佳采

表 11.1　定性分析采谱扫描程序的仪器配置、激发及扫描测量参数

序号	Kα线	能量范围/keV	Lα线	能量范围/keV	晶体	准直器/μm	探测器	滤光片/μm	起点 2θ/(°)	终点 2θ/(°)	步长 2θ/(°)	总时间/s	时间步/s	速度[(°)/s]	电压/kV	电流/mA
1	Te-Ce	12~19			LiF 220	150	Scint.	无	14	18.6	0.04	18.4	0.16	0.25	60	50
2	Mo-I	12~19			LiF 220	150	Scint.	无	17	29.9	0.05	41.28	0.16	0.3125	60	50
3	Nb-I				LiF 200	150	Scint.	Cu(400)	12	21.99	0.03	53.28	0.16	0.1875	60	50
4	Kr-Te	12~19	Ra-Am	13~15	LiF 220	150	Scint.	Al(750)	26.6	42	0.05	61.6	0.2	0.25	60	50
5	Zn-Rb	8~14	Ra-U	13~15	LiF 220	150	Scint.	Al(200)	37	62	0.05	62.5	0.125	0.4	60	50
6	V-Cu	4.5~9	Pr-W	8~14	LiF 220	150	Flow	无	61	126	0.05	208	0.16	0.3125	50	60
7	K-V	2.01~2.7	In-Ce	5~8.5	LiF 200	150	Flow	无	76	146	0.05	140	0.16	0.5	24	125
8	P-Cl	1.4~1.9	Zr-Ru	2.04~2.56	Ge 111	300	Flow	无	91	146	0.08	88.01	0.16	0.625	24	125
9	Si-Si	1.4~1.9	Rb-Rb	1.4~1.82	PE 002	300	Flow	无	104	115.04	0.1	44.16	0.24	0.25	24	125
10	Al-Al	0.5~1.5	Br-Br	1.4~1.82	PE 002	300	Flow	无	133.5	147.06	0.06	54.24	0.24	0.25	24	125
11	O-Mg	0.5~1.5	V-Se	0.5~1.5	PX1	300	Flow	无	20.5	62.5	0.1	168	0.4	0.25	24	125

注：Scint. 表示闪烁探测器；Flow 表示气体正比化探测器。

集效果，采用分段扫描与重点谱线及若干特定背景的定点测量结合，获得最优化的光谱数据。以帕纳科公司的 Omnian 定性扫描程序为例，按高能至低能的顺序设置 11 个采谱扫描段，每段选择一定的扫描范围、部件配置、激发参数及扫描测量参数。其中一段为光管靶线的相干与非相干散射峰的专用扫描段，用于计算未知基体化合物及其他轻元素基体的浓度和校正轻基体中重元素高能辐射的几何效应（楔子效应）及有限厚度效应等的影响。表 11.1 列出了扫描程序各扫描段的采谱条件。图 11.1 表示某扫描段采集的部分元素的光谱数据。

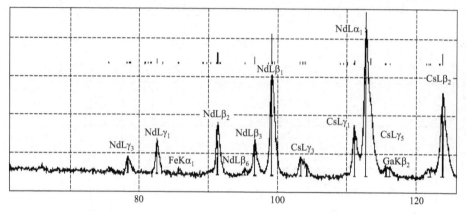

图 11.1　扫描程序采集的部分元素的光谱信息

另一种光谱采集程序是以 $^8O \sim ^{92}U$ 间多种元素特定谱线及若干公用背景的定点测量方式采集各种元素的光谱及背景信息。热电的 UniQuant 程序就属于这种采集方式。该程序以常规分析中的定点测量方式为基础，最多设定 79 种元素的 117 条均匀散布在整个光谱范围内的独立谱线和相关波段的若干特定背景（8 点）。这种定性采谱方式也称有序分步扫描方式。这种方法依赖于光谱仪的定位精度，可克服全程扫描时间长和痕量谱线采谱时间不足的缺点。为使所有定点测量的谱线均能获得最佳的测量条件，这种采谱程序按波长或能量顺序分成 6 个扫描组，各组分别设定其最佳测量参数，共函盖 117 条谱线及 8 个背景点的全谱测量条件。表 11.2 列出了 6 组定点测量的采谱条件。表中 DU 表示复合型探测器，由流气正比计数器与封 Xe 探测器串联组成，适用于第 3 组元素的探测。用表中第 2 组采谱条件测量 NbKα 和 ZrKα 时，计数率可能超过 3000kcps，探测器将出现饱和堵塞现象。因此，必须添加黄铜（0.1mm）滤光片降低计数率；分步扫描定点测量采谱方法的主要特点是：①以均匀散布在整个光谱范围内的 79 种元素、117 条谱线及 8 个背景的分步扫描方式代替全程连续扫描，可节省时间，提高统计精度；②按波长或能量次序分组设定所有特定的谱线及公用背景，选择最佳采谱条件，可获得最佳的光谱数据。

表 11.2　定点测量采谱参数及测量条件

组号	波长范围/Å	光谱线	电压/kV	电流/mA	滤光片	准直器/mm	晶体	探测器
1	0.387～0.710	BaKα-MoKα	60	40	Cu(300)	0.15	LiF 220	闪烁(SC)
2	0.748～1.374	NbKα-HfLβ	60	40	无	1.15	LiF 220	闪烁或流气(FC)
3	1.424～2.561	LuLβ-CeLα	60	40	无	1.15	LiF 220	复合(DU)或流气
4	2.567～6.211	BaLβ-YLβ	40	60	无	1.15	Ge 111	流气(FC)
5	6.863～18.307	SrLα-FKα	30	80	无	0.5	TlAP	流气(FC)
6	23.62	OKα-BeKα	30	80	无	0.5	PX xx	流气(FC)

在能量色散光谱分析中，也有类似的定性与半定量分析软件，如 Epsilon3 通用型能量色散光谱仪配备的 Omnian 定性与半定量分析软件包，应用于物料筛选、失效分析等领域，涉及的物料包括固体、粉末压片、熔融物、松散粉末、非规则器件及溶液等。该软件可用光管靶线的康普顿散射确定未知化合物如高分子烃基体化合物（CH_2）的浓度。由于能量色散光谱多元素同时分析的特点，定性与半定量分析过程快速简便。为使 Na 至 U 范围内各元素获得最佳的分析效果，其采谱程序也按能量递减的顺序分成五个能区，每个能区选择各自最佳的参数及测量条件。该程序的采谱条件示于表 11.3。图 11.2 显示用该程序采集的光谱数据。

表 11.3　能量色散光谱定性分析采谱测量条件

条件类别	滤光片	光路介质	探测器	测量时间/s	背景范围	能量范围/keV	背景拟合	感兴趣区 ROI
Omnian	Ag	空气	SDD(常规)	60	1	0.8～24	24	全部
Omnian1	Cu(300)	空气	SDD(常规)	120	1	0.8～24	24	全部
Omnian2	Al(200)	空气	SDD(常规)	60	1	0.8～7.5	24	全部
Omnian3	Al(50)	He	高分辨	180	1	0.8～7.5	20	全部
Omnian4	无	He	高分辨	180	1	0.4～5.2	12	全部

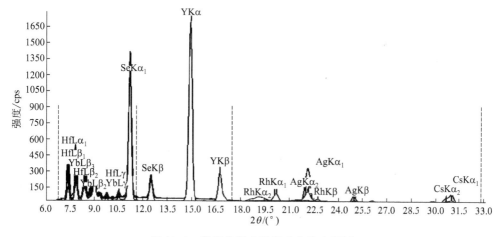

图 11.2　能量色散光谱仪采集的光谱图

11.3 谱峰的识别与定性分析

在现代 X 射线光谱仪中，定性与半定量分析软件的自动化及智能化程度很高。可自动执行谱峰搜索、匹配及识别标注等步骤，实现快速定性分析；在采集的谱图中寻找和确认谱峰位置、拟合背景及计算谱峰净强度的过程称为谱峰的搜索；用谱线库中标准谱线与确定峰位的谱峰比对称为谱峰匹配或配对；通过谱峰的配对，确定谱线名称、所属线系及可能元素。这种配对确认过程称为定性分析。当存在谱线重叠时，同一峰位可能出现几种配对结果。在这种情况下，通过人工干预或智能化谱处理程序可获得正确的判断，例如 PbLα 和 AsKα 几乎完全重叠，可通过另一组非重叠的谱线 PbLβ 和 AsKβ 的匹配确定元素 Pb 和 As 存在的真伪。谱峰的识别过程包括谱峰平滑、检索、谱峰拟合配对及元素指认标注等 4 个处理步骤。

11.3.1 谱峰的平滑

光谱的平滑处理是寻峰及谱峰匹配过程中常用的信息处理方法。通过平滑处理可有效排除或抑制光谱计数的统计涨落，使采集的原始光谱峰形变得更平滑清晰易于识别，有效抑制背景的影响。平滑处理在能量色散光谱的定性分析中尤其重要。对于重叠在连续背景上的微弱小峰，通过平滑处理能有效排除或抑制计数率的统计涨落，提高谱峰积分的统计精度。常用的平滑处理方法有平均移动法、低强度数字统计筛选法及多项式拟合筛选法等。所谓平均移动就是从某测量光谱 y 开始，通过计算每个中心通道（i）左右通道计数的平均值，获得平滑的光谱 y^*，其数学表达式为：

$$y_i^* = \bar{y}_i = \frac{1}{2m+1} \sum_{j=-m}^{+m} y_{i+j} \qquad (11.5)$$

显然，这种方法的平滑作用由筛选宽度 $2m+1$ 确定；当 y_i 不变时，测量光谱经简单的平滑处理和平均计算，可使平均数据的标准偏差降低至原值的 $1/\sqrt{2m+1}$。但这种平滑方法可能使光谱的峰形发生变化。寻峰运算时设定的平滑点数称为平滑系数，一般取奇数（1,3,5…），评估中点一侧的识别点数如取 3 点，就表示寻峰程序用 7（3+1+3）个平滑点进行谱峰的平滑计算。每个峰的平滑点越多，步长越小，平滑的精度就越高。图 11.3 表示谱峰用移动平均筛选法平滑处理后产生的峰形变化（分别取 9 点，17 点，25 点），原始峰的宽度（FWHM）为 9 个通道。另一种称为低强度数字统计筛选法是 Rayan 等人提出的平滑处理方法，它可防止谱峰出现底部扩展，峰谷消退的现象，排除光谱噪声的影响，对于高背景上微弱小峰的平滑处理非常有效。第三种平滑处理方法称为 S-G 多项式拟合筛选法，由 Savitsky 等人提出，是以间隔很小的大量实验数据与

r 次多项式拟合为基础处理统计涨落，进行谱峰的平滑处理。多项式平滑筛选法排除噪声的效率较低，但谱峰形状畸变小。图 11.4 比较了不同平滑方法的处理效果，其中以平均移动筛选法效果最好。

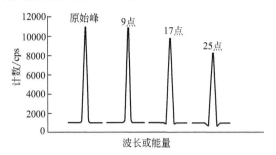

图 11.3　用移动筛选法平滑处理后原始峰的峰形变化

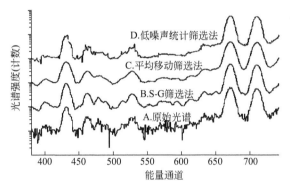

图 11.4　三种平滑筛选方法的平滑效果比较

11.3.2　谱峰的检索

光谱峰各种检索（Search）运算方法的主要差别在于原始光谱的变换方式不同。有些方法使用光谱的一次导数及二次导数进行平滑处理。如图 11.5 所示的二次导数法，用 x 轴上一次导数的符号变化和二次导数的最小值检测谱图中原始光谱的谱峰。其他方法则用近似峰形筛选法，进行原始谱的卷积处理。谱峰检索是定性识别的重要步骤之一。光谱峰的检索过程通常包括：①变换原始光谱形态，排除连续谱，分离局部重叠的特征谱峰，方便目标峰的准确定位；②验证谱峰最大值的有效性，然后进行谱峰定位；③确定原始光谱中特征谱峰的精确位置。寻峰程序通常使用多项式二次导数运算方法（Savitsky-Goly）进行光谱特征峰的搜索检测。用这种方法检测原始光谱中的谱峰时会形成一组包含谱峰峰位、峰宽、净强度、背景强度及解谱等数据的列表。计算的谱峰宽度就是谱峰负二次导数区的宽度（即拐点间的距离），这一宽度近似等于谱峰的半高宽（FWHM）。寻峰程序的搜索参数包括：最大最小峰宽、最大最小峰底宽、阈值范围、平滑系数及谱峰重叠因子等。所谓最小峰宽，是指寻找谱峰时需要的最小设定宽度；最

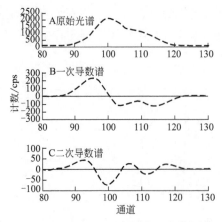

图 11.5　原始谱的一次导数和二次导数寻峰
A—由双线组成的原始谱；B—用 5 点 S-G 筛选法
平滑处理的一次导数谱；C—二次导数谱

大峰宽是指寻找谱峰时需要的最大宽度设定值。宽度小于最小设定值或大于最大设定值的谱峰均不予认定；最小峰底宽是计算背景强度及谱峰强度时使用的参数。最小峰底宽度必须大于扫描起始时相遇的最窄峰的底部宽度，否则所计算的背景强度将包括峰的部分强度；每个待检峰的底部宽度可用插值法在最大与最小宽度间插值获得，是背景的计算参数。阈值范围参数在剔除不需要的谱峰时使用，其值由谱峰二次导数计算的峰面积乘以峰高或峰宽确定。阈值范围越小，发现的峰越多，一般设定为 0.75。平滑系数是指寻峰计算中使用的测试点数，一般取奇数进行寻峰计算。重叠因子（F）是判断光谱重叠的参数。假设位置 1 是宽度为 W_1 的谱峰 $P1$，位置 2 是宽度为 W_2 的谱峰 $P2$。如果 $P1+FW_1>P2-FW_2$，则两峰发生重叠。当 $P1<P2$ 时，重叠因子 $F=0$，两峰不发生重叠。通常推荐的重叠因子为 2。上述寻峰参数通常作为寻峰的默认参数。重叠因子具有确定谱处理方法的功能。通常有三种处理方法供选择：①不解谱；②仅处理谱峰的重叠；③剥离所有谱峰，并获得各自独立的峰形。为了提高分析速度，默认设置为不解谱。通常假定独立谱峰呈现高斯分布形状，但实际获得的谱峰，其形状受噪声及扫描步长的影响。为使这种影响最小化，原始光谱必须经过平滑处理，通常用 S-G 筛选法进行平滑处理。

11.3.3　谱峰的识别（匹配）

采集的原始光谱，寻峰后进行谱峰配对及元素指认，直至获得最终的定性结果。谱峰配对的作用是使最强线 A 及次强线 B 的匹配不进入"不允许元素"或"不允许谱线"的设定范围。从铍（Be）至 K 系最后元素钡（Ba），检索识别元素的最强线。最强线 A 必须出现在规定的匹配误差范围内。如果此元素的 K 系线未满足匹配误差的要求，则应作为未发现而被剔除。如果最强线 A 出现在匹配误差范围内，则继续搜索次强线 B。如果 A 和 B 两条线均出现在规定的匹配误差范围内，且两峰的强度比小于或等于标准库中相应谱线的强度比乘以归一因子，则表示该元素的匹配指认成功并被接受。谱峰配对的误差范围可定义为：谱峰位置与标准谱库中相应谱峰位置的绝对偏差小于或等于峰宽乘以最大误差因子。谱峰配对的具体判别规则是：①谱线类型，以最强线 A 和次强线 B 开始匹配；元素配对时可能出现"B 线未测量""A 线受重叠"、扫描波段内"B 线未发现"或强度太低等三种情况。②强度比，按指定的同系线相对强度关系，进行谱线的匹配。③设定不允许元素和不允许谱线；在整个扫描范围内，被指认的元素或谱线不应出现在此设定范围内。④设定 K 系谱线的"最后元素"，通常默认 Ba 为 K 系谱线的最后元素。⑤外部输入元素用"已知元素"表示；通常表示扫描测量未包含在整个能量范围内。

谱峰匹配的基本步骤如下。①检查谱峰的线系及可能归属元素。确定可能存在的线系及元素。首先寻找可能元素的最强线，并确定该元素是否存在。Be（铍）至 K 系线的最后元素（默认为 Ba），用 Kα 一级线匹配；Ba 以上重元素，用 Lα 一级线匹配。如发现某元素的最强线，则将该元素添加到发现元素的列表中；如在扫描段内未发现最强线，则应排除该元素及其所有可能的伴随谱线。②指认线系。如发现指认的线系，即可令其谱线与谱峰匹配。以最强线的强度为依据，估计该线系中次强线及其他伴随谱线的强度期望值。对某元素的所有谱线进行此项估计。如果某谱线的强度太低，则不予标记。③检查组合谱线。检查单线结构的谱线及双线结构的谱线，例如，$K\alpha_1$、$K\alpha_2$ 和 $K\alpha_{1,2}$；如发现分立峰，则以 $K\alpha_1$、$K\alpha_2$ 标记；如仅发现 $K\alpha_1$ 或 $K\alpha_{1,2}$，则以 $K\alpha_{1,2}$ 标记。这种方法同样适用于 $L\alpha_1$ 和 $L\alpha_2$，$M\alpha_1$ 和 $M\alpha_2$ 及 $K\beta_1$ 和 $K\beta_3$ 等谱线。④检查交叉条件，协调匹配的一致性。如果在某一扫描段未发现某元素的较强谱线，则在另一扫描段上应剔除其较弱谱线，并在不同的扫描段进行同样的检查。如果未发现某元素的主线，则应剔除该元素的所有谱线。如果只发现某元素的伴线，未发现任何其他谱线，则应剔除该伴线。如果未发现主要谱线的一级线，则应取消其高次衍射线。⑤精细匹配。依据同系谱线的相对强度关系，进行精细匹配。如果多种元素指认同一个谱峰，则仅保留最强线的匹配。⑥元素谱线兼并。如果一种元素的多条谱线指认同一谱峰，则这些谱线应兼并为一条线与谱峰匹配。

最大误差因子（Max Error Factor）就是每条谱线的理论峰位与观察峰位间由于不确定性产生的偏差，起因于谱仪调整、谱峰识别及化学形态等差异。最大误差因子（2θ 绝对偏差范围）决定配对时谱峰与标准峰的拟合范围。若某谱线位于谱峰误差范围内，则可指认发现该谱线。

归约因子就是确定同系谱线间相对强度偏差的归一化因子。在谱峰精细配对时，可用它来确定同系谱线间相对强度固定关系的偏差大小，决定元素是否存在。例如由于吸收限的影响，使同系谱线的理论相对强度与实际相对强度产生偏差。如 $K\alpha_1$ 线的相对强度为 100%；$K\beta_{1,3}$ 线的相对强度为 20%。当 $K\alpha_1$ 的测量强度为 500kcps 时，$K\beta_{1,3}$ 线的强度应为 100kcps；当归约因子为 10 时，该元素 $K\beta_{1,3}$ 线的测量强度至少应达到（100/10）10kcps。归约因子是验证指认元素是否存在的重要指标。在一定的测量条件下，谱线的理论峰位与观察峰位存在系统偏差时，建议用"扫描偏差因子"（Scan Offset）进行调整，使谱线的理论峰位与观察峰位合理匹配。

11.3.4 元素标注

在峰检索和匹配确定后，应执行谱峰的标注（Labelling）。谱线的理论位置应与匹配峰的距离十分接近。但仍然受一定的制约。标注时必须遵循一定的匹配规则：①强度较弱的谱线必须在强度较高的谱线后标注，若未发现 Kα 线而发现 Kβ 的二级线，则不能标注 Kβ 线；②高次线应按匹配参数规定的反射级数标注；③对扫描谱图中的每个峰，应首先标注最高强度的谱线，例如首先标注 AlKα，然后标注与其重叠的伴线 AlSKα；④光路中未加滤光片时，靶线应按光管靶线标注；若用滤光片且其吸收超过靶线强度的 90% 时，应按类似靶元素的谱线标注。必须注意，指认谱线的强度必须高于背景强度标准偏差三倍以上，并按匹配参数规定的最低强度标准进行指认。

11.4 半定量分析

半定量分析是以分析线测量强度与纯元素谱线强度的比较为基础的，用样品中分析线的测量强度 $I_{A,X}$ 与纯元素谱线强度 $I_{A,A}$ 的比值确定比较准确的元素浓度 W_A（质量分数）：

$$W_A \approx I_{A,X}/I_{A,A} \tag{11.6}$$

光谱分析早期采用的方法比较简单。通常用组成已知的参考样品或纯元素的光谱强度与待测样品分析线的强度比较，估计样品中组成元素的浓度。詹金斯（Jenkins）曾经提出一种半定量分析方法，用校正了背景的峰高（波长色散）或净峰面积（能量色散）准确计算分析结果。该方法用加权平均的荧光产额 ω 及激发因子 F 进行分析线的强度校正，计算归一化强度：

$$I_{校正} = \frac{I_{测量}}{\omega' \times F} \tag{11.7}$$

式中，ω' 表示荧光产额 ω 与激发概率 g 的乘积；F 表示激发因子，由以下公式计算：

$$F = (V - \phi)^{1.6} \tag{11.8}$$

表 11.4 列出了该方法测定铝合金的一组分析数据。在轻重元素共存的情况下，计算高浓度 Al 的浓度时，样品中约含 2.6% 的 Mg 未测量，使 Al 的浓度偏高，但作为半定量分析结果，可以接受。

表 11.4　铝合金主要成分的半定量分析估计

元素	谱线	ω	g	ω'=ωg	F	$I_{测量}$/cps	$I_{校正}$/cps	质量分数/%（计算）	质量分数/%（真实）
Al	Kα	0.026	0.94	0.024	156	2370	633	93.3	89.3
Cu	Kα	0.425	0.88	0.375	85	1140	35.8	5.3	5.7
Zn	Kα	0.458	0.88	0.403	79	310	9.7	1.4	1.6

上述两种典型的定性与半定量分析程序充分考虑了各种元素的激发、能量或波长范围、样品组成、颗粒度、均匀性、表面状态及基体组成等影响因素。以基本参数法（FP）为基础，结合某些特殊的实验技术，获得了更多的校正功能。例如以康普顿散射为依据，解决样品有限厚度、轻基体中高能辐射的几何效应及各种未知化合物的基体影响等问题，提高了分析质量。归纳起来，这两种典型程序的共同特点是：①在定性分析的基础上，以基本参数法为定量分析的理论依据，假定样品的组成均匀、致密、表面平整光滑、样品无限厚；②用参考样品的理论强度与测量强度的最小二乘法拟合，计算仪器的校准因子，用迭代方法计算未知浓度；③对于特殊成分，特别是痕量元素及主量基体元素，采用定点测量的方法，提高测定的灵敏度及准确度；④对于非无限厚试样，用基本参数法校正厚度对测定结果的影响；⑤用基本参数法或康普顿散射法校正轻基体中重元素高能辐射的几何影响。

X光管靶的康普顿散射是一种非弹性散射，其强度与样品基体相关。图11.6表示光管靶线的康普顿散射强度随烃基体化合物（CH_2）浓度呈简单的线性变化关系。在用Omnian程序分析塑料、玻璃、熔融物、油类等轻基体样品时，利用这种关系计算未知的轻基体化合物的浓度，通过准确校正基体影响，提高分析结果的准确性。

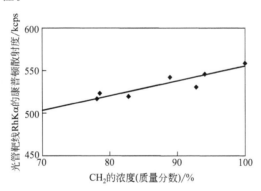

图11.6　光管靶线的康普顿散射强度与烃基体化合物浓度的线性关系

如图11.6所示，为了设定可靠的康普顿散射（$RhK\alpha$-C）校准并满足统计分析的要求，所使用的校准样品必须覆盖多种基体化合物并具有足够的$RhK\alpha$-C散射强度；以塑料（PE）样品为例，用康普顿散射法计算烃基体化合物（CH_2）的浓度时，取厚度分别为1.9mm、3.8mm、5.7mm、7.6mm、9.5mm、11.4mm、13.3mm、15.2mm的8种塑料样品，测定其中的微量杂质。用计算的烃基体化合物（CH_2）浓度校正基体影响。从表11.5所列数据可见，计算的烃基体化合物（CH_2）浓度随样品厚度增加而降低（如图11.7所示）。康普顿散射（$RhK\alpha$-C）测量强度低于计算强度，这是由于轻基体样品中高能辐射受光路的几何影响所致。由于光路几何效应的影响，使光管辐射无法辐照整个样品，随辐

表 11.5　塑料样品的分析结果

塑料样品号	1	2	3	4	5	6	7	8
质量/g	2.02	4.04	6.05	8.08	10.1	12.12	14.14	16.16
厚度/mm	1.9	3.8	5.7	7.6	9.5	11.4	13.3	15.2
$S/10^{-6}$	587	580	589	613	534	588	582	604
$Cl/10^{-6}$	925	969	968	976	935	959	925	939
$Cr/10^{-6}$	115	105	117	109	106	115	102	109
$Zn/10^{-6}$	1256	1245	1245	1264	1275	1273	1266	1282
$Br/10^{-6}$	797	787	777	774	763	753	754	764
$Cd/10^{-6}$	151	117	118	10	116	86	96	98
$Sn/10^{-6}$	74	84			105	82		10
$Hg/10^{-6}$	19	17	16	18	20	17	13	16
$Pb/10^{-6}$	146	149	147	152	99	149	145	93
$CH_2/\%$	107.68	103.82	100.28	96.49	92.45	89.03	87.26	84.52

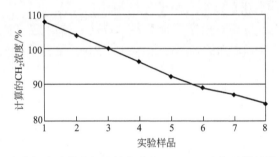

图 11.7　康普顿法计算的烃基体化合物（CH_2）浓度随样品厚度的变化

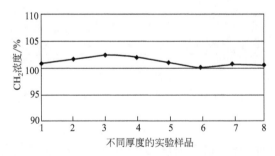

图 11.8　经几何效应（FVG）校正的烃基体化合物（CH_2）浓度随样品厚度的变化

射穿透深度的增大，非激发区的体积增大，致使样品中的荧光发射区呈楔子形分布。这种样品辐照空间缺损的现象称为荧光辐照区的几何效应或楔子效应。这是康普顿散射法计算基体化合物浓度不稳定的主要原因。分析程序中设置了楔子效应的校正方法。表 11.6 列出了经过几何效应校正的计算结果。图 11.8 表示校正几何效应后计算浓度与样品厚度变化的关系。这种校正通常只对轻基体样品有效，而且必须与样品有限厚度校正结合进行。康普顿散射法常用的有效参数为：

归一化前的总和（SUM）、计算强度与测量强度间的标准偏差（RMS）、氧化系数（表示氧的理论强度与测量强度的偏差）及康普顿效率系数（表示康普顿计算强度与测量强度的偏差）。康普顿效率系数等于 RhKα-C 的理论强度（kcps）与 RhKα-C 的测量强度（kcps）之比；总和（SUM）小于 100 表示丢失元素或测量强度低于理论强度，可能由于几何效应（FVG）引起；氧化系数等于氧的理论强度与测量强度之比，氧化系数小于 1 表示定量分析结果中的氧低于实际存在量；康普顿系数小于 1 表示定量结果中的轻元素浓度低于实际存在的浓度；RMS>0 表示 FP 法计算的理论强度与实际测量的强度偏差大于 1；在塑料或油品分析中，康普顿系数为 0.9（<1.0），表示计算的烃基体化合物（CH_2）浓度低于实际存在的浓度；康普顿系数等于 1.0，表示计算的化合物浓度与实际浓度非常接近。

表 11.6 经几何效应校正的塑料样品分析结果

塑料样品号	1	2	3	4	5	6	7	8
质量/g	2.02	4.04	6.06	8.08	10.1	12.12	14.14	16.16
厚度/mm	1.9	3.8	5.7	7.6	9.5	11.4	13.3	15.2
$S/10^{-6}$	880	867	880	917	871	878	868	900
$Cl/10^{-6}$	613	641	640	645	616	632	609	618
$Cr/10^{-6}$	13	12	12	13	12	12	13	12
$Zn/10^{-6}$	1285	1305	1320	1352	1353	1350	1352	1365
$Br/10^{-6}$	740	755	769	779	774	773	776	790
$Cd/10^{-6}$	156	126	134	130	144	112	130	139
$Sn/10^{-6}$	92	108		85	76	69	90	63
$Hg/10^{-6}$	25	24	23	25	28	24	19	22
$Pb/10^{-6}$	131	138	139	145	138	143	140	140
$CH_2/\%$	100.84	101.56	102.34	102.06	101.06	100.11	100.64	100.51

另一种无标样分析软件（UniQuant），为提高定量分析的准确度，引进了实际分析中遇到的若干影响因素，并设置了相应的校正措施。

(1) 楔子效应（Wedge Effect） 如图 11.9 所示，光管辐射以 60°掠射角射入样品深处；探测器在与样品表面 45°的方向接收来自样品辐照区的荧光 X 射线束，并通过直径为 25mm 的椭圆形光阑，形成深度约 14.6 mm 的楔子形辐照区。对于无限厚金属样品，其整个体积均产生荧光发射，这是因为测量深度离样品表面仅 10～100μm，不存在这种几何影响；对于轻基体样品如油、水、聚合物、玻璃及熔融物等，测量其中的短波高能谱线（如 BaKα…ZrKα）时，根据基本参数程序的估计，辐射的楔入深度可能大于样品厚度，测量的辐射区呈楔子形状。因此，在执行强度与浓度换算时必须用楔入深度（mm）校正这种几何影响。原则上，对于所有谱线均存在这种影响。然而由于样品的散射情况及谱线的

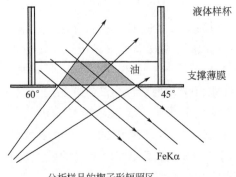

图 11.9　轻基体样品深层的几何影响——楔子效应

波长不同，楔入样品的有效深度随谱线波长的变短而增大。辐射能量越高或波长越短，样品基体越轻，楔入深度就越大。测定轻基体中的长波或低能谱线时，由于辐射深度浅，不存在几何效应的影响。经典的强度计算公式通常是以辐照区为圆柱状的假定为基础，因此，计算时可能引入系统误差。1989 年首次建立 UniQuant 程序时，确认定量分析的系统误差是由楔子效应所致。最初，在 UniQuant 程序中，将样品高度限制在 5mm 以内，以降低轻基体中高能辐射的几何影响。随后又规定样品质量，并假定楔子最低部分的形状近似于圆柱形。当轻基体样品厚度小于 1mm 时，重元素高能谱线的楔子效应影响明显增大。例如测量油中的 PbLβ 线时，测量强度的相对误差约为 20%；用 UniQuant 程序时，对于每个测量通道必须设定各自楔入样品的深度。样品罩具及初级准直器光阑决定样品的测量空间（图 11.10）。由校准获得的仪器灵敏度系数（Kappa）仅适用于离样品表面最近表层的分析，对于离表面 1~2mm 的深度不再适用。因此，这种系数（Kappa）仅适用于测量样品表面附近原子的辐射。对于轻基体样品如油、水及塑料等，探测器测量的辐射主要来自样品深处原子的贡献。楔入深度的影响十分严重，必须予以校正。

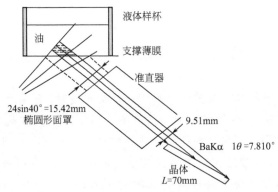

图 11.10　样品的实际测量空间

(2) 阴影效应 对于诸如金属屑、钻屑、粉末等晶状颗粒物，其荧光强度受所谓阴影效应的严重影响。如图 11.11 所示，测量的荧光辐射与入射到样品表面的初级辐射几乎成 90°夹角。如果晶状颗粒物呈球状，探测器观察的样品辐照部分呈半月形，接收荧光的有效面积小于支撑物的表面积。在这种晶

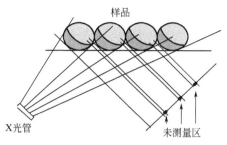

图 11.11 晶状颗粒物产生的阴影效应

粒状样品上测量的强度必然低于同种平板状样品的测量强度。用 UniQuant 计算浓度时，假定样品中所有元素均已测量。由于阴影效应，归一化前各浓度的总和低于 100%，所有元素谱线强度的降低倍数相同。计算的所有元素或化合物的浓度也降低相同的倍数。通过归一化可消除这种阴影效应产生的影响。由于强度与浓度间无严格的比例关系，UniQuant 程序在用迭代方法计算浓度时，每次迭代必须进行归一化。

(3) 金相织构效应（Metallurgical Effects） 金相织构效应是一种与矿物效应类似的基体效应。所有金属都是由微小的晶状物构成。由于组成样品的各晶状物对分析线辐射的吸收差异导致分析线强度的变化，称为金属间的织构效应。如果所有晶状物与大块样品具有相同的组成，则不存在任何影响。然而，在大块物料的组分范围内，晶状物会形成不同的织构。这种织构效应对于低能辐射产生的影响比较严重，分析线辐射的能量越低、测量深度越浅，织构影响越严重。UniQuant 程序以假定辐射受组分均匀样品的吸收为基础。如果测量深度大于晶粒度，则样品类似于一种均匀体。这种吸收差异产生的误差很小。UniQuant 程序利用有效质量吸收系数计算每条分析线的测量深度。深度为 $0\sim x$ cm 的薄层对分析线总强度的贡献为：

$$1-e^{-\mu\rho x}$$

当厚度 $x=1/\mu\rho$ 时，$\mu\rho x=1$；样品表面以下薄层 x 对总强度的贡献为：

$$1-e^{-1}=1-\frac{1}{e}=0.632=63.2\%$$

当厚度加倍（$2x$）时，对总强度的贡献为：

$$1-e^{-2}=1-\frac{1}{e^2}=0.865=86.5\%$$

式中，x 用微米为单位时，计算更方便。测量深度的计算公式为：

$$x=\frac{1}{\mu\rho}(\text{cm})=\frac{10000}{\mu\rho}(\mu\text{m})$$

式中，x 表示对总强度产生 63% 贡献所对应的测量厚度。

(4) 化学位移（Chemical Shift） X 射线光子的能量等于原子内层轨道间电

子跃迁的能量差。例如 SiKβ 由 M 壳层向 K 层跃迁产生。但是 Si M 壳层电子的能量决定于 Si 原子与氧原子的化学键。Si 与 O 间的结合与外层电子相关，其中包括分子轨道间的结合。从 SiO_2 的 SiKβ 扫描发现，SiKβ 的波长大于 Si 原子发出的波长；SiKα 的情况则相反。如图 11.12 所示，从 SiO_2 的扫描图还发现 Si 的伴线 SiSKβ。由 SiKα 的化学漂移可见，Si 原子 L 轨道的电子也受化学价键的影响。

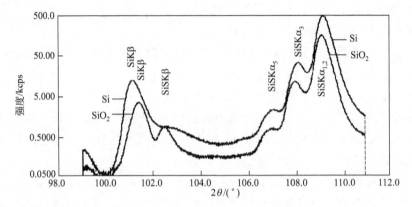

图 11.12　化学键对 SiKβ 线的影响

实验观察 SiKβ 与 SiKα 彼此相向位移，用简化的原子与分子模型不可能预测这种位移的方向。另一扫描记录图（图 11.13）与图 11.12 比较，仅强度坐标的刻度不同。对于重元素的 K 系谱线，由于其 L、M 壳层离支配化学状态的外层轨道太远，这种漂移影响可忽略不计。实际应用中，这种化学位移对于硫以下轻元素存在一定的影响。

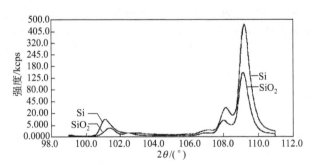

图 11.13　化学键对 SiKα 线的影响

参考文献

[1] Bertin E P. Principles and Practice of X-Ray Spectrometric Analysis：2nd ed. New York：Plenum，1975.
[2] Birks L S. X-Ray Spectrochemical Analysis：2nd ed. New York：Interscience，1969.
[3] Cauchois T，Senemaud C. International Tables of Selected onstants 18. Wave lengths of X-Ray Emission Lines

and Absorption Edges. Oxford: Pergamon Press, 1978: 67.
[4] Fitzgerald R, Gantzel P. Energy Dispersion X-Ray Analysis: X-Ray and Electron Probe Analysis. ASTM Spec Techn Pub 485. Philadelphia: ASTM, 1971.
[5] Jenkins R, De Vries J L. Practical X-Ray Spectrometry: 2nd ed. New York: Springer-Verlag, 1967.
[6] Tertian R, Claisse F. Principles of Quantitative X-Ray Fluorescence Analysis. London: Heyden, 1982.
[7] Rene E Van Grieken, Andrzej A Markowicz. Handbook of X-Ray Spectrometry: 2nd Ed. New York Basel: Marcel Dekker Inc, 2001.
[8] Willis J P, Duncan A R. Basic concepts and instrumentation of XRF Spectrometry, 2010.
[9] 谢忠信,赵宗玲,张玉斌,等.X射线光谱分析.北京:科学出版社,1982.
[10] Bertin E P. X射线光谱分析导论.高新华,译.北京:地质出版社,1983.
[11] Willis J P, Duncan A R. Workshop on advanced XRF Spectrometry. PANalytical B V Almelo, 2008.
[12] Jenkins R, in An Introduction to X-ray Spectrometry. London: Heyden, 1974.
[13] Uniquant PC software for XRF spectrometry, Omega Data System by The Netherland, 1999.
[14] Super Q User's Guide Philips, 1995.

第12章
定量分析——实验校正法

12.1 概述

定量分析是将样品元素分析线的测量强度转换成元素浓度的过程。对于无限厚的样品,分析线强度仅与分析元素浓度相关。当样品组成比较简单时,这种关系基本呈现一种理想的线性关系:

$$R_{i,M} \propto f(W_i) \tag{12.1}$$

对于组成复杂的样品,由于基体效应的存在,样品元素发射的分析线强度与元素浓度间的定量关系十分复杂,其数学表达式为:

$$I_i = \frac{K_i I_0 W_A (\lambda_i - \lambda_0)}{\dfrac{\mu_m(\bar{\lambda})}{\sin\phi_1} + \dfrac{\mu_m(\lambda)}{\sin\phi_2}} = \frac{K_i W_A}{\bar{\mu}_i} \tag{12.2}$$

式中,I_i,I_0,W_A,λ_i,λ_0 分别为分析线、初级辐射入射线强度,分析元素的质量分数,分析线及入射的初级辐射线波长;$\bar{\mu}_i$,$\mu_m(\bar{\lambda})$,$\mu_m(\lambda)$,$\sin\phi_1$,$\sin\phi_2$ 分别为分析元素的平均质量吸收系数,基体对有效波长的质量吸收系数及入射线和出射线的几何因子;K 为常数。

分析线强度与浓度的定量关系受到多种因素的制约,必须用实验或数学方法处理。因此,定量分析方法可分为实验校正和数学校正两类方法,本章只讨论定量分析的实验校正方法。常用的实验校正法有:标准校准法、加入内标标准法、散射内标法、二元比例法、基体-稀释法、薄膜法等。

12.2 标准校准法

X射线荧光光谱定量分析是一种以标准为参考的相对方法。所用的参考标准应与待测样品具有类似的化学组成及物理-化学状态。其类似性表现在:①样品的物理形态；②化学组成及浓度范围；③样品的颗粒度、密度、均匀性及表面光洁度等物理特征。

以化学组成及浓度范围与待测试样类似的一组参考标准，通过最小二乘法拟合，建立各组成元素分析线的测量强度与相应浓度的校准曲线，实现定量分析。这种分析方法通常称为标准校准法或外标法，其校准曲线如图12.1所示。

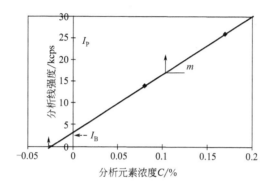

图 12.1　典型的外标法校准曲线

当样品存在基体效应时，如果分析元素的浓度散布范围窄，标准样品与待测试样的组成及状态相似，则校准曲线仍然呈现近似的线性关系，其近似程度与样品基体的复杂程度相关。用这种方法进行定量分析时，通常可获得准确的分析结果。校准曲线与强度坐标交点处的光谱强度称为残余背景 I_B。外标法的数学表达式为：

$$I_P = mC + I_B \tag{12.3}$$

式中，I_P 为分析线的峰位强度；I_B 为背景强度（残余背景）；m 为校准曲线的斜率，也称校正因子；C 为分析元素的浓度。校正因子 m 的数学表达式为：

$$m = \frac{I_P - I_B}{C} \tag{12.4}$$

校正因子或曲线斜率可用单位浓度分析线的计数率表示（kcps/%）。一般来说，当分析浓度很低、基体影响很小时，这种校准曲线通常为一条直线。但当样品主成分的浓度散布范围很宽、基体效应十分复杂时，校准曲线可能出现弯曲，呈现非线性变化关系。浓度范围越宽，基体影响越严重，非线性弯曲越严重，在绘制非线性校准曲线时，需要使用更多的标准样品，曲线越弯曲需要的标准样品数越多。因此，外标法是一种基本的定量分析方法。仅适用于浓度范围较窄、基体变化较小、样品组成比较简单的主量或次量元素分析。

12.3　加入内标校准法

内标法是一种以分析元素的特征 X 射线与另一种性能相似元素的特征线作

为比较，补偿样品基体对分析线强度的吸收-增强效应、物理状态差异等影响的实验校正方法。由于内标元素对基体的吸收、增强及激发特征与分析元素完全相似，分析线与内标线的强度比等于分析元素与内标元素的浓度比：

$$I_A/I_{I,S}=C_A/C_{I,S} \tag{12.5}$$

式中，I_A 和 $I_{I,S}$ 分别表示分析线及内标线的测量强度；C_A，$C_{I,S}$ 分别表示分析元素及内标元素的浓度。加入内标法用标准样品的分析线与内标线的净强度比（$I_A/I_{I,S}$）对分析元素的浓度 C_A 作图，建立校准曲线实现定量分析。这种校准曲线具有理想的线性关系，能有效补偿基体的吸收-增强效应、颗粒度、密度、表面缺陷、溶液液性等样品状态差异及样品制备产生的影响，从而获得准确的分析结果；内标的补偿作用主要取决于分析元素与内标元素特征的类似程度。关于内标的使用及选择原则，大致归纳如下：①加入内标法适用于分析浓度低于5%～10%的次量及痕量元素分析；②内标元素的加入量应与样品中分析元素的实际存在量等效；③以与分析元素原子序数相差 ± 1 的邻近元素为最佳内标；④分析线和内标线与其吸收限的相对关系应保持一致，互不发生干扰；⑤原始样品中不能含有选定的内标元素。分析元素和内标元素的谱线与基体元素的吸收限波长间存在四种组合状态（图 12.2）。每种组合中分析线与内标线的位置可以互换。这四种组合状态为：图（a）分析元素、内标元素的谱线十分接近，且位于两种基体元素吸收限的同一侧，每种基体元素对分析线及内标线的吸收-增强影响基本相同。这是分析元素与内标元素最理想的搭配，适合于原子序数（Z）在 23 以下的分析元素，选择原子序数为 $Z\pm 1$ 的元素作为原子序数为 Z 元素的内标，并以其 Kα 特征线作为内标线。图（b）分析元素、内标元素的谱线与基体元素吸收限的相对位置以及基体对分析元素和内标元素的影响与图（a）基本相同，但分析线位于分析元素和内标元素的吸收限之间，分析元素与内标的这种搭配是一种非理想的组合。图（c）分析元素与内标元素的谱线位于基体及内标元素吸收限的两侧，基体对分析元素谱线产生强烈的吸收，但对内标线的吸收十分微弱。分析元素与内标元素的这种组合不可采纳。图（d）基体元素的谱线位于内标元素与分析元素的吸收限之间；分析元素对基体谱线产生强烈吸收，而内标元素对基体谱线的吸收微弱。分析元素受基体谱线的强烈激发，产生严重的增强

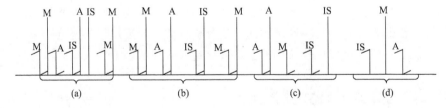

图 12.2　内标元素的选择（分析元素 A、基体 M、内标元素 IS 的谱线和吸收相对关系）
(a) 分析线内标线的理想搭配；(b) 可采用的搭配；(c) 不可采纳；(d) 不可采纳

影响。这种组合同样不可采纳。分析线与内标线强度受基体的影响必须一致,影响程度基本相同,这种内标才具有良好的补偿作用。原子序数与分析元素相差 1~2 的元素通常能满足内标的选择要求。分析元素与内标元素的谱线应尽量采用相同的线系及衍射级别。波长接近或相同的不同线系,在浓度相同的情况下谱线强度应保持基本相同,否则不能互为内标。另外,分析元素与内标元素对初级辐射及基体荧光辐射应具有大致相同的质量吸收系数。上述内标选择原则适用于原子序数低于 23 的各种元素;原子序数为 $Z-1$ 的元素能强烈吸收原子序数低于 22 的 Z 元素的 Kα 辐射。因此,选择原子序数为 $Z+1$ 元素作为原子序数为 Z 元素的内标比较合适。原子序数为 $Z+1$ 的元素的谱线能增强原子序数为 Z 元素的 K 系谱线,但在轻元素范围内,这种增强效应十分微弱。另外在较轻的元素中,无论选择原子序数为 $Z+1$ 或 $Z-1$ 的元素作为原子序数为 Z 元素的内标,总有一个吸收限位于分析元素与内标元素的谱线之间。若用 L 系谱线作为 K 系谱线的内标,在很多情况下是成功的,反之亦然。例如用 YKα(0.83Å)线作为 ULα_1(0.91Å)谱线的内标,非常有效。但这种内标的选择方法应尽量避免。L 系波长与分析元素 K 系谱线相同的元素,其原子序数比分析元素大得多。因此,它们对于初级辐射及二次辐射的质量吸收系数差别很大。K 系线波长与分析元素 L 系谱线波长相同的内标元素,其状况与前者类似。若用不同线系的谱线作为内标,K 系谱线的强度为 L 系线的 5~10 倍。因此,这种选择方法只有特殊情况才使用。基体的吸收-增强效应严重性越小,选择内标的必要性也就越小。在用稀释法或薄膜法时,不必使用内标。归纳起来,内标法的主要优点是:通过简单的实验处理能有效地补偿或校正样品基体对分析线的吸收-增强效应及仪器漂移产生的误差;局部补偿样品密度、溶液性质及体积差异等影响。对于基体的吸收-增强效应,内标的补偿效果随分析元素浓度的降低或样品稀释倍数的加大而提高。

与加入内标类似的内控标准法,其内控元素是以固定浓度加入试样及标准样品中的,以分析元素与内控元素谱线的强度比作为校准函数,建立校准曲线。与内标元素不同,内控元素与样品中分析元素不一定具有相同的激发性能,可同时作为样品中其他多种元素的内控标准。溶液分析中常用这种方法补偿溶液的体积、密度、温度、溶液性质变化及表面状态变化产生的影响;对于溶液原始基体的变化也有一定的补偿作用;薄膜样品分析中,也可用内控标准补偿试样量差异的影响。

这里以铁矿石中全铁分析为例,说明加入内标的优越性。用常规分析方法(包括粉末法)测定铁矿中的全铁时,其分析结果基本上不能满足质量控制的要求。其主要原因在于:①严重的矿物效应及基体影响不能得到有效校正;②铁矿石的全铁浓度是评定矿石品位的主要成分,分析精度要求高,即使采用熔融法,由于诸多因素的存在,测定全铁(TFe)的准确度仍然不达标;③用熔融法制备铁矿样品,测定矿中的全铁时,通过高温熔融使矿物的复杂结构变成一种理想的非晶态玻璃体，有效消除了矿物效应的影响；通过熔剂的高倍稀释，明显降低共存元素间的吸收-增强影响。但在这种基体极轻的玻璃体中，由于铁是浓度最高的主量元素，辐射能量高，其穿透深度随基体平均原子量的降低而增大，使样品中 $FeK\alpha$ 辐射的有效激发区产生严重畸变，导致严重的几何（楔子效应）影响，使全铁的分析结果产生严重的误差。这种几何影响随基体平均原子量的变小越趋严重。为了确保铁矿中铁的分析质量，通常采用传统的湿法化学分析取代X射线荧光分析。有关铁矿分析的国际及国家标准均采用这种处理方法。为了解决轻基体中重元素测定的几何效应问题，在熔融法的基础上，用加入内标的方法测定铁矿石中的全铁，以补偿几何效应的严重影响。通过分析线与内标线的强度比，消除轻基体对高能辐射的几何影响；同时消除由于样品制备引起的表面状态及屏蔽效应等的影响。按内标选择原则，以铁的邻近元素钴作为内标，合理选择分析线与内标线组合，以获得最佳补偿效果。表12.1表示分析线与内标线的组合效果比较。实验证明，以 $FeK\beta_{1,3}$ 为分析线，$CoK\alpha$ 为内标线的组合方式由于 $FeK\beta$ 线的波长（1.76Å）与 $CoK\alpha$ 的波长（1.79Å）最接近。这种组合对几何效应、基体的吸收-增强效应及样品表面状态差异等影响的行为完全相似，可获得最佳的补偿效果。从表12.1中的数据可见：以 $FeK\beta_1$ 为分析线；$CoK\alpha$ 为内标线的1号组合，校准曲线的线性拟合最佳，数据点的离散度最小，标准偏差值为0.24。以 $FeK\alpha$ 为分析线，$CoK\alpha$ 为内标线的2号组合，校准曲线拟合较好，各数据点的离散度小，其标准偏差值为0.36。通常情况下，应以这种搭配为内标的最佳选择。以 $FeK\alpha$ 为分析线，$CoK\beta_1$ 为内标线的4号组合，由于FeK系吸收限出现在 $CoK\beta_1$ 与 $FeK\alpha$ 间，曲线的拟合效果最差，标准偏差值为0.78，这组搭配是不可取的。第5组数据是未加内标的校准曲线数据。图12.3为1号组合的校准曲线，线性十分理想。必须指出，第四周期22号元素Ti至29号元素Cu间，原子序数为 $Z-1$ 的元素的 $K\beta_1$ 线与原子序数为 Z 的元素的 $K\alpha$ 线几乎完全重叠。如果原始样品中原子序数为 Z 的元素（内标）不存在，则分析元素（原子序数为 $Z-1$）的 $K\beta_1$ 线与内标线 $ZK\alpha$ 的组合效果最佳；如果样品中存在内标元素（原子序数为 Z），则这种组合绝对不可取。

表12.1 分析元素与内标元素谱线的各种组合效果比较

组号	分析线			吸收限	内标线			标准偏差	品质因素 (K)
	名称	波长/Å	能量/keV	波长/Å	名称	波长/Å	能量/keV		
1	$FeK\beta_1$	1.757	7.02	1.734	$CoK\alpha$	1.79	6.89	0.24	0.03
2	$FeK\alpha$	1.937	6.37		$CoK\alpha$	1.79	6.89	0.36	0.05
3	$FeK\beta_1$	1.757	7.02	1.734	$CoK\beta_1$	1.621	7.62	0.56	0.08
4	$FeK\alpha$	1.937	6.37		$CoK\beta_1$	1.621	7.62	0.78	0.11
5	$FeK\alpha$	1.937	6.37					0.62	0.085

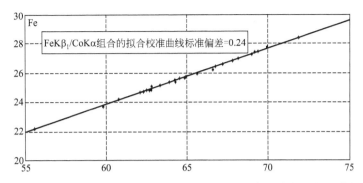

图 12.3　以 $FeK\beta_1$ 为分析线、$CoK\alpha$ 为内标线的加入内标法校准曲线

12.4　散射内标法

散射内标法是用样品散射的初级辐射（散射背景或散射靶线）作为内标，以分析元素的谱线强度或净强度与散射靶线或背景的强度或净强度比与分析元素浓度拟合建立校准曲线，补偿基体的吸收效应、颗粒度、密度、样品表面状态等差异的影响。以下辐射通常可作为散射内标使用：①分析线峰位附近的散射背景；②连续谱驼峰中特定波长的高强度散射线；③光管靶线的非相干散射线；④靶的相干与非相干散射叠谱等。鉴于分析峰邻近散射背景的计数率较低，可选择连续谱驼峰中特定波长的高强度散射背景作为内标，容易满足统计精度要求。驼峰特定波长选择合适，可获得满意的补偿效果。总体而言，散射内标法仅适用于轻基体样品中原子序数大于 26 的痕量重元素分析；散射内标法对基体产生的增强效应无补偿作用。从计数率考虑，该方法主要用于轻基体样品中铁以后的痕量元素分析。

12.4.1　散射背景比例法

散射背景比例法是以分析线与散射背景的强度比与分析元素浓度拟合建立校准曲线，实现定量分析的方法。假定 A 为痕量元素，相应的质量吸收系数随基体而变，但分析线强度与散射背景的强度比基本保持不变。这表明散射背景比例法对于基体的吸收具有良好的补偿作用。如图 12.4 所示，基体 Fe 的变动对 $NiK\alpha$ 线和驼峰中特定波长（0.6Å）具有相同的影响。如图所示，矿物中铁的浓度变化范围为 10%～60%，Ni 的浓度不变。这种波长作为 $NiK\alpha$ 线的内标使用时，对于吸收效应具有明显

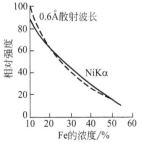

图 12.4　分析线 $NiK\alpha$ 与 0.6Å 散射背景对基体的反应

的补偿效果。特定波长背景的散射强度为：

$$I_{B,\lambda,SC} \propto \frac{I_{coh}}{2(\mu/\rho)_\lambda} + \frac{I_{incoh}}{(\mu/\rho)_\lambda + (\mu/\rho)_{\lambda-\Delta\lambda}} \tag{12.6}$$

式中，I_{coh} 表示相干散射强度；I_{incoh} 表示非相干散射强度；$(\mu/\rho)_\lambda$ 表示试样对波长 λ 的质量吸收系数；$(\mu/\rho)_{\lambda-\Delta\lambda}$ 表示试样对波长 $(\lambda-\Delta\lambda)$ 的质量吸收系数；$\Delta\lambda$ 表示入射波长 λ 发生非相干散射时波长的位移。初级辐射激发试样产生的分析线强度为：

$$I_A \propto \frac{1}{(\mu/\rho)_{\lambda_{Pri}} + (\mu/\rho)_{\lambda_i}} \tag{12.7}$$

式中，$(\mu/\rho)_{\lambda_{Pri}}$ 和 $(\mu/\rho)_{\lambda_i}$ 分别表示试样对初级辐射和分析线的质量吸收系数。强度计算公式中涉及的质量吸收系数均与元素的原子序数相关，随原子序数 Z 而变化。因此，基体成分的变化导致强度变化。相干与非相干散射强度与样品有效原子量的关系为：

$$I_{coh} + I_{incoh} \propto Z^{(1\sim 2)} \tag{12.8}$$

由于

$$(\mu/\rho) \propto Z^{-4}$$

分析线的强度：

$$I_A \propto Z^{-4}$$

分析线与散射背景的强度比为：

$$I_A/I_{B,\lambda,SC} \propto Z^{-(1\sim 2)} \tag{12.9}$$

由此可见，分析线与散射背景的强度比与原子量的关系远不如分析线或散射线强度灵敏，因此，分析线与散射背景的强度比与基体成分的变化基本无关。这充分体现了散射背景比例法的补偿作用。如果分析线主要由初级辐射的连续谱激发，则分析线和散射背景的强度受光管电压的相似影响；同样，分析线与散射背景的强度受样品位置及光管电流的影响也十分相似，因此，散射背景比例法对仪器激发参数变动也具有明显的补偿效果。分析线与散射背景的波长大致相同时，其强度比基本上与基体无关。图 12.5 说明驼峰特定波长散射背景的补偿作用。矿物中铁的浓度变动范围为 10%~60%，采用散射背景比例法测定痕量 Ni。如图 12.5 (a) Ni 的常规校准曲线所示，NiKα 线受基体 Fe 的影响非常严重。如图 12.5 (b) 所示，以分析线 NiKα 与波长 0.6Å 驼峰散射背景的强度比与浓度建立校准曲线，与 NiKα 的常规校准曲线相比，其数据点离散度小，线性关系明显改善。这表明散射背景比例法对基体影响的补偿效果，补偿效果的优劣在于分析线与散射背景 (0.6Å) 对基体反应的相似程度。

12.4.2 散射靶线比例法

散射靶线比例法是散射背景比例法的一种特例，是以分析线与光管靶康普顿散射线的强度比作为校准函数，建立校准曲线，实现定量分析。散射靶线比例法

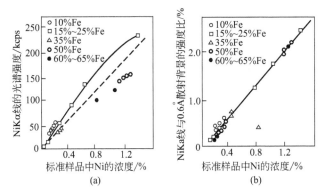

图 12.5 散射背景比例法校正 Fe 对 NiKα 的吸收-效应的效果

的使用条件是：①样品基体以吸收效应为主；②光管靶线以非相干散射（康普顿散射）为主；③分析线波长位于样品主要基体元素吸收限的短波侧（图 12.6）。如果用靶的相干散射线作为内标，则其强度计算公式可写成：

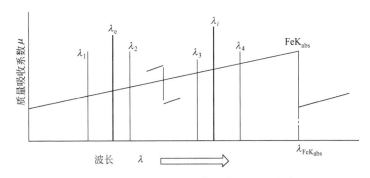

图 12.6 分析线与主要基体元素吸收限的关系

$$I_{B,\lambda,SC} \propto I_{coh}/[2(\mu/\rho)_\lambda] \tag{12.10}$$

靶的相干散射强度 I_{coh} 正比于原子序数 Z^2；质量吸收系数 (μ/ρ) 正比于原子序数 Z^4；因此，$I_{B,\lambda,SC}$ 正比于原子序数 Z^{-2}。显然，靶的相干散射线波长与分析线波长越接近，对于基体的吸收、样品的颗粒度及其他影响越相似，分析线与内标线搭配越理想，补偿效果越好。这种方法对于基体的增强效应无补偿作用。散射内标法在岩石等地质试样的痕量分析中经常使用。这里列举了岩矿试样中痕量元素 Cu、Zn、Zr 的测定。痕量分析的特点是分析线的强度很低，峰位强度与背景强度十分接近。为了获得准确的分析结果，背景强度与分析线峰位强度必须保持相同的统计精度；必须根据分析线所在范围背景分布的特点，选择合理的背景测量方法，采用多点背景的多项式拟合方法计算峰底背景。在测定轻基体中痕量重元素时除考虑背景影响外，还必须考虑来自样品及光管痕量杂质元素的干扰。本例以分析线与靶康普顿散射峰（RhKα-C）的强度比建立校准曲线。表

12.2列出了痕量元素 Cu、Zn、Zr 的散射靶线比例法与经典的校准曲线法校准结果比较。图 12.7 表示痕量元素 Zn 的散射靶线比例法与经典校准法的校准曲线，通过简单的实验方法有效校正了基体的吸收效应及其他矿物效应的影响，其校正效果远比经典的数学校正方法好。

表 12.2　散射靶线内标法与经典法校准结果的比较

元素	谱线	D	E	RMS	K
Cu 散射法	Kα	−0.0007	0.4949	0.0004	0.0012
Cu 经典法	Kα	−0.0042	0.0145	0.0030	0.010
Zn 散射法	Kα	0.0002	0.4688	0.0008	0.0022
Zn 经典法	Kα	−0.00135	0.0070	0.0010	0.0077
Zr 散射法	Kα	0.00070	0.04537	0.0011	0.0011
Zr 经典法	Kα	0.00075	0.00060	0.0037	0.0102

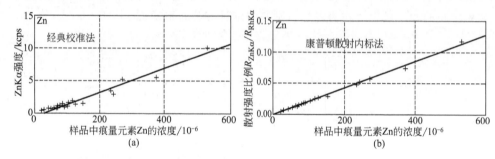

图 12.7　岩矿样品中痕量元素 Zn 的散射内标与经典校准曲线的比较

12.5　二元比例法

A 和 B 两种元素的浓度发生交互变化的二元系样品或主要基体保持恒定，其余两元素浓度发生交互变化的三元系样品，用标准样品建立校准曲线时，一种元素的分析线强度不仅与其自身浓度相关，并随另一元素的浓度而变。二元比例法是以标准样品中两种元素 A 和 B 的分析线净强度为基础，建立两元素的分析线强度比与相应浓度比的双对数校准曲线 [lg(I_A/I_B)-lg(C_A/C_B)]。其中 I 及 C 分别代表分析线的净强度及浓度。与常规的 I-C 校准方法相比，二元比例法的优点是分析线强度对浓度变化的灵敏度高。此外，无论 I-C 曲线如何偏离线性，基体的吸收-增强效应严重性如何，这种对数曲线始终保持良好的线性关系；二元比例法对于样品表面状态如缩孔、裂纹、磨痕等差异及样品的不规则状态灵敏度极低。在很多情况下，标准样品不需要与分析试样具有完全相同的物理形态。二元比例法的唯一缺点是当 C_A/C_B、I_A/I_B 的比值趋于 0 或无穷大时，就不再适用。二元比例法对于如下三类样品最适用：①仅有两种元素组成的二元系样品，例如铅-锡合金、钨-铼合金、铋-锡合金、铌-锡合金等；②主要基体元素恒定不变，其余两种元素浓度发生交互变化的三元系样品，如铟和镓的砷化物；③极轻的基体与两种原子序数大于 19 的重元素组成的三元系样品，如铬和银的混合氧化物。二元比例法校准曲线示于图 12.8。

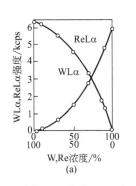 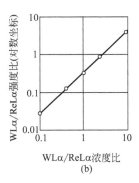

图 12.8　常规 I-C 曲线（a）与二元比例法对数校准曲线（b）的比较

12.6　基体-稀释法

所谓基体-稀释法就是通过添加适当的稀释剂使试样与标准样品获得相似基体的方法。通过酸碱溶解或熔剂熔融，使试样和标样成为一种理想的均匀体。稀释后的分析线强度 I_L 与分析元素浓度 C_A 间基本上呈现线性关系。基体-稀释法通过这种方式修正吸收-增强效应、样品非均匀性及颗粒度效应等对分析线强度产生的影响。假定分析元素 A 受初级辐射等效波长 λ_{Pri} 的激发，其激发效率可用以下数学公式表示：

$$\frac{I_L}{I_{0,\lambda_{Pri}}} = P_A \frac{C_A (\mu/\rho)_{A,\lambda_{Pri}}}{\sum C_i [(\mu/\rho)_{i,\lambda_{Pri}} + A(\mu/\rho)_{i,\lambda_L}]} \qquad (12.11)$$

式中，I_L 表示分析线强度；$I_{0,\lambda_{Pri}}$ 表示初级辐射强度；C_A 表示分析元素浓度；C_i 表示基体元素 i 的浓度；P_A 表示激发因子；A 为光谱仪几何因子；$A = \sin\phi/\sin\varphi$；$(\mu/\rho)_{A,\lambda_{Pri}}$ 表示分析元素 A 对初级辐射的质量吸收系数；$(\mu/\rho)_{i,\lambda_{Pri}}$ 表示基体元素 i 对初级辐射的质量吸收系数；$(\mu/\rho)_{i,\lambda_L}$ 为基体元素 i 对分析线的质量吸收系数。激发因子 P_A 等于元素 A 的荧光产额 ω_A、跃迁概率 g_L 和元素 A 吸收限的陡变率 r_A 的乘积：

$$P_A = \omega_A g_L (r_A - 1/r_A) \times \frac{d\Omega}{4\pi} \qquad (12.12)$$

由式（12.11）可见，在激发参数和光谱仪几何因子一定的条件下，分析线的激发效率主要取决于样品的组分及质量吸收系数。由于基体变化会引起质量吸收系数的变化，例如样品中某主要基体元素 i 的成分发生 ΔC_i 的变化，其质量吸收系数则发生相应的变动，直接影响分析线的激发效率。如果浓度 C_i 很低，ΔC_i 变化虽然很大，但其影响仍可忽略；如果基体元素 i 对初级辐射、分析线的质量吸收系数 $(\mu/\rho)_{i,\lambda_{Pri}}$ 和 $(\mu/\rho)_{i,\lambda_L}$ 的影响与样品的平均质量吸收系数无明显差异，则分析线的激发效率不受影响；如果基体元素 i 的浓度 C_i 很高，ΔC_i 变化较大，相应的质量吸收系数变动也大，这种变动会明显影响分析线的激发效率。适当选择一种基体稀释添加剂，使基体元素浓度变化引起的质量吸收系数变化达到可忽略的程度，即可消除或有效降低基体变化对分析线激发效率的影响。在控制基体稀释剂的添加时，如果稀释剂的质量吸收系数 $(\mu/\rho)_{i,\lambda_{Pri}}$ 和 $(\mu/\rho)_{i,\lambda_L}$ 远低于样品的平均吸收系数，则应加大添加量；如果稀释剂的质量吸收系数 $(\mu/\rho)_{i,\lambda_{Pri}}$ 和 $(\mu/\rho)_{i,\lambda_L}$ 高于样品的平均吸收系数，则应减少添加量，使基体变化引起的质量吸收系数变化降低到最低限度。由于添加稀释剂能改变试样中各组成元素的浓度，其添加量在达到控制基体吸收的情况下，应以不过度降低分析线强度为准。散射内标法对基体的增强效应无补偿能力，而基体-稀释法不仅能补偿吸收效应对强度的影响，而且能补偿增强效应对分析线强度的影响。使用低吸收稀释剂的主要目的是降低或消除样品的非均匀性及颗粒度效应的影响；使用高吸收稀释剂的目的主要是降低吸收-增强效应对分析线强度的影响。因此，在添加基体稀释剂时，必须根据样品的实际情况兼顾使用稀释剂。基体稀释法具有两种不同的类型：①稀释剂直接与样品混合，以改变样品的原始形态（溶液或熔融法）；②按稀释剂及原始样品的相对吸收系数大小，分为高吸收及低吸收两种方法。常用的滤纸片、微孔滤膜、离子交换树脂或离子交换膜等方法均称为低吸收稀释法。基体稀释法的根本宗旨是将所有样品的基体吸收稀释到大致相同的程度，而稀释后分析线强度必须满足统计精度要求。低吸收剂的优点是稀释时分析线强度的降低速率远低于其浓度的降低速率；重吸收剂的优点是稀释剂对分析线的吸收比对初级辐射的吸收更明显，对分析线的吸收校正更有效。熔融法、吸收缓冲法、基体掩蔽溶液法等方法，通常使用低吸收稀释剂。粉末法中常用焦硫酸钾、氧化钡、硫酸钡、氧化镧及钨酸等重吸收添加剂。其中氧化镧是一种理想的重吸收稀释剂。

12.7　薄膜法（薄试样法）

在薄膜类样品中，由于初级辐射或二次辐射穿透样品经历的路径极短，吸收极低；每个原子的吸收与激发与其他原子基本无关。对于厚度一定的均匀薄膜，分析线的强度与分析元素浓度成正比关系；对于组分一定的薄膜样品，其分析线强度与薄膜的厚度成正比。在分析含一种以上元素的薄膜时，分析线强度与浓度或厚度间的线性关系，可作为薄膜无吸收-增强效应影响的依据；也可作为组分已知的薄膜测量厚度的依据。但薄膜的厚度必须受到一定的限制。如图 12.9 所示，分析线强度与薄膜厚度间的关系可分成若干区段。初级辐射和分析线在极薄的样品中衰减极少，强度与厚度呈线性关系；随薄膜厚度增大，初级辐射与分析线辐射的衰减增大，特别是初级辐射中的长波辐射，受到优先吸收，强度与厚度间的非线性程度趋于严重，分析线强度的增加速率越来越低；当薄膜超过某一厚度（即无限厚）时，分析线强度不再随厚度的增加而增加，这种使分析线强度不再变化的厚度称为临界厚度或无限厚度。临界厚度可用如下公式计算：

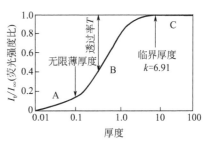

图 12.9　荧光强度比与厚度的关系

$$(I_t/I_\infty)_i = 1 - \exp[-(\mu/\rho)\rho t_i] \tag{12.13}$$

或

$$\lg[1-(I_t/I_\infty)_i] = -\overline{(\mu/\rho)}\rho t_i \tag{12.14}$$

式中，I_t 和 I_∞ 分别表示厚度为 t 薄膜及无限厚样品中分析线的强度；ρ 表示薄膜的密度，g/cm³；t_i 表示薄膜的厚度，cm。在样品的无限（临界）厚度处，$I_t/I_\infty = 1$。由于薄膜样品对不同元素分析线的吸收系数不同，薄膜的临界厚度或无限厚度也不同。$m(\mu/\rho) \leqslant 0.1$ 的样品可定义为薄膜或薄试样，其中 m 表示单位面积内样品的质量（g/cm²）或称质量厚度；(μ/ρ) 表示样品对初级辐射及分析线的总质量吸收系数。薄膜法的特点：①当厚度一定时，分析线强度与浓度呈线性关系；②薄膜样品中无基体的吸收-增强效应；③有效消除或降低颗粒度的影响；④分析线强度与样品量相关，散射背景在很宽的范围内恒定不变。事实上有些样品本身就以薄膜形态存在，例如蒸发膜、镀（涂）层、腐蚀层、升华沉积层及吸附滤纸片、离子交换树脂等。定量分析中，对于有限厚度样品，采用实验方法校正基体的吸收-增强效应影响比较适宜。大块样品可通过真空蒸发、轧制或腐蚀等方式处理成薄膜。当有限厚度样品越接近无限厚度时，分析线强度与浓度的相关性越密切，几乎不受厚度的影响。有限厚薄膜的标准样品，可采用真空蒸发、电解沉积及溶液沉淀等方法制备。利用 X 射线的吸收原理测定金属薄膜、薄片、表面电镀层及表面涂层的厚度，是 X 射线荧光分析早期的应用项目。通常采用基底线衰减法测定，该方法操作简单，不损坏样品。薄膜厚度的测定将在第 16 章中详细论述。

参考文献

[1] Birks L S. X 射线光谱分析. 高新华译. 北京：冶金工业出版社，1973.
[2] 谢忠信，赵宗玲，张玉斌，等. X 射线光谱分析. 北京：科学出版社，1982.
[3] Bertin E P. X 射线光谱分析导论. 高新华，译. 北京：地质出版社，1984.
[4] Bertin E P. Principles and Practice of X-Ray Spectrometric Analysis. New York：Plenurn，1975.
[5] Compton A H, Allison S K. X-Ray in Theory and Experiment. New York：D. Van Nostrand，1935.

[6] Tertian R, Claisse F. Principles of Quantitative X-Ray Fluorescence Analysis, London: Heyden & Son, 1982.

[7] Jenkins R, Gould R W, Gedcke D. Quantitative X-Ray Spectrometry. New York: Marcel Dekker, 1981.

[8] René E Van Grieken, Andrzej A Markowicz. Handbook of X-Ray Spectrometry: Second Edition, Revised and Expanded, 2001.

[9] Chang W Z, Wittry DB. Emission Lines and Absorption Edges. Oxford: Pergamon Press, 1978.

[10] Jenkins R. An Introduction to X-Ray Spectrometry. London: Heyden, 1974.

[11] Jenkins R, De Vries J L. Practical X-Ray Spectrometry: 2nd ed. New York: Springer-Verlag, 1967.

[12] Kuczumow A, Helsen J A. X-Ray Spectrom, 1989.

[13] Gilfrich J V. In: Handbook of Spectroscopy. Vol I. Robinson JW, ed. Cleveland, OH: CRC Press, 1974.

[14] Jenkins R, Gould R W, Gedcke D. Quantitative X-Ray Spectrometry. 2nd ed. New York: Marcel Dekker, 1995.

[15] Lachance G R, Claisse F. Quantitative X-Ray Fluorescence Analysis: Theory and Application. Baffins-lane, UK: Wiley, 1995.

[16] Birks L S. X-Ray Spectrochemical Analysis: 2nd ed. New York: Interscience, 1969.

第13章
定量分析——数学校正法

13.1 概述

定量分析中基体效应是分析误差的主要来源,是必须解决的关键问题。由于基体效应的存在,分析线强度与元素浓度间的关系变得更复杂。基体效应已在第9章中详细论述,第12章已详细论述了基体效应的实验校正方法。这里仅讨论基体效应的数学校正方法。

13.2 数学校正法

以数学解析方法校正基体的吸收-增强效应,实现分析线强度与元素浓度准确换算的方法称为数学校正法,其中包括经验系数法、理论影响系数法及基本参数法。这些方法都是以样品具有无限厚度,表面光滑平整、颗粒度及组分均匀分布为前提。早在20世纪50年代Sherman等人就开始进行数学校正方法的研究;70年代后,随着X射线光谱理论研究的深入和仪器自动化,计算机及软件技术的迅速发展,数学校正方法得到了广泛的应用。Criss及其同事早在1968年就提出了基本参数法,这种方法是一种具有特殊应用价值的数学校正方法。

13.2.1 经验系数法

数学校正方法以组合多种物理参数的数学模型为基础,通过理论或经验方法校正基体对分析线光谱强度的吸收-增强影响,这种方法称为影响系数校正法。影响系数可分为理论系数及经验系数两类。经验系数法无需数学证明,即可确定分析线强度受样品基体的影响。经验系数法使用的影响系数是依据一组标准样品的分析线强度和已知的浓度数据,通过多元线性回归的统计方法计算获得。其校正效果依赖于标准样品的数量、质量及其代表性。标准样品的数量越多,覆盖的浓度范围越宽，校正效果越好。这种方法需要的标准样品数量主要取决于需要计算的影响系数的数量及统计精度的要求。一般说来，所需使用的标准样品数可按 $3(k+2)$ 的规则确定，其中 k 表示需要计算的影响系数项。常用于基体校正的数学模型有如下 6 类。

① 拉羌斯-齐勒尔（Lachance-Traill）模型，简称 L-T 模型；由拉羌斯等人（1964）提出，以校正吸收效应为主。可从初级荧光理论强度的计算公式导出，其表达式为：

$$C_i = R_i \left(1 + \sum_{j \neq i}^{n} \alpha_{ij} C_j \right) \tag{13.1}$$

② 德杨（de Jongh）模型，简称 DJ 模型，是以校正吸收效应为主的数学模型，对于吸收效应具有比较理想的校正效果。校正系数既可用多元回归法计算求得，也可用理论方法计算。这种模型的数学表达式为：

$$C_i = (D_i + E_i R_i)\left(1 + \sum_{j \neq i} \alpha_{ij} C_j \right) \tag{13.2}$$

式中，D_i 为校准曲线的截距；E_i 为校准曲线的斜率；R_i 为分析线强度；α_{ij} 为经验影响系数或理论影响系数。

③ 克莱斯-昆廷（Claisse-Quintin）模型，简称 CQ 模型。它是以浓度为基础的校正模型，以校正增强效应为主。其校正系数既可用一组标准样品的分析线强度与相应浓度的多元回归法求得；也可通过理论计算获得。校正基体高次荧光效应使用的校正系数 α_{ijk} 只能用多元回归法计算，无理论系数。这种模型的数学表达式为：

$$C_i = R_i \left(1 + \sum_{j \neq i} \alpha_{ij} C_j + \sum_{i \neq j} \alpha_{iij} C_j^2 + \sum_{i \neq j \neq k} \alpha_{ijk} C_j C_k \right) \tag{13.3}$$

④ 拉斯堡里-海因里奇（Rasberry-Heinrich）模型，简称 RH 模型，是浓度型校正模型。适用于校正吸收-增强效应。吸收校正系数 α_{ij} 可通过多元回归法求得，也可用理论方法计算；增强效应校正系数 β_{ij} 只有经验系数，无理论系数。该模型的数学表达式为：

$$C_i = R_i \left(1 + \Sigma \alpha_{ij} C_j + \Sigma \frac{\beta_{ij}}{1 + C_i} C_j \right) \tag{13.4}$$

式中，α_{ij} 为吸收影响校正系数；β_{ij} 为增强效应校正系数。

⑤ 路考斯-土思-裴尼（Lucas-Tooth-Pyne）模型，简称 LP 模型，强度型校正模型。对于浓度未知的校正项，可通过其强度计算校正系数。这种方法适用于浓度变化范围较小或校正元素浓度未知的情况。校正系数可通过多元回归方法求得，由于以强度（计数率）为校正基础，不能提供理论系数。其数学表达式为：

$$C_i = D_i + E_i \frac{R_i - \Sigma L_{i,j} R_j}{R_{\text{int,rat}}} (1 + \Sigma \alpha_{i,j} R_j) \tag{13.5}$$

⑥ 飞利浦模型，简称 PH 模型，是 CQ、DJ、LP、RH 模式的组合形式，可

以强度（计数率）或浓度为基础进行校正。校正系数 α_{ij} 可通过多元回归法计算获得，也可用理论方法计算；但 β 和 γ 系数只有经验系数，不能用理论方法计算。其数学表达式为：

$$C_I = D_I - \sum L_{i,1} Z_1 + E_i \frac{R_i}{R_{\text{int,rat}}}$$

$$\left[1 + \sum \alpha_{i,j} \frac{Z_j}{100} + \sum \beta_{ik} \frac{Z_k}{100 + C_i} + \sum_{m,n} \gamma_{i,m,n} \frac{Z_m Z_n}{10000} \right] \tag{13.6}$$

式中，Z 既可代表元素的浓度，也可代表分析线强度。

以上校正模型适用于主量、次量及痕量元素分析的基体影响校正。在痕量元素分析时，通常不分析样品的主要成分。当主量成分已知时，可使用影响系数校正基体影响。当样品主要成分未知时，常用质量吸收系数（MAC）法进行基体吸收效应的校正。

经验系数法校正方法是一种计算机程序，校正过程中仅依据一组标准样品的分析元素浓度和分析线强度，通过多元回归法计算经验影响系数。不要求提供任何物理及仪器参数。这种方法可将测量中产生的所有影响纳入计算的影响系数。因此，这种方法计算的系数，只有数学统计意义，而无任何物理意义。在用经验系数法校正基体影响时，合理选择校正项十分关键。校正过程中涉及两个基本程序，其数学表达式为：

$$C_i = \sum_{k=0}^{2} a_{ik} R_i^k + R_i \sum m_{ij} R_j \sum b_{ij} R_j \tag{13.7}$$

$$C_i = \sum_{k=0}^{v} a_{ik} R_i^k (1 + \sum f_{ij} C_j) + \sum g_{ij} C_j \tag{13.8}$$

式（13.7）和式（13.8）中的系数由符号 a、b、f、g、m 表示；分析元素用 i 表示；基体元素用 j（$j \neq i$）表示。C_i、R_i、C_j、R_j 分别表示分析元素和基体元素的浓度及强度；以上两个表达式是按实际分析思路推导的，但也可加入物理参数进行严格推导。这种数学模型也可按理论方法校正基体影响。利用已知的标准数据，通过多元回归方法计算以上公式中的所有系数。这种计算方法的优点是只需要将基体元素 j 引进公式，即可进行基体影响的有效校正，获得良好的分析结果。式（13.7）中仅含分析元素及基体元素的谱线强度；校正中对于不需要分析的基体元素及需要分析但不起重要作用的元素，仅需通过其测量强度进行校正。不加鉴别地让所有基体元素都参与校正或均不参与校正，都不可能获得最佳的校正效果。因此，确定基体元素在校正计算中的作用及是否参与校正时，必须遵循一种选择标准。这是经验系数校正方法的关键。校正计算时，用校正后的剩余方差（或称残差）来判断校正效果的优劣，其数学表达式为：

$$R_C^2 = \frac{\sum (C_{\text{chem}} - C_{\text{calcul}})^2}{n - p} \tag{13.9}$$

式中，C_{chem} 为标准样品中分析元素的浓度；C_{calcul} 为标准样品中分析元素的计算浓度；n 为标准样品数；p 为计算的影响系数个数。若将不必要的基体元素引进式（13.7）和式（13.8），则从剩余方差公式 R_C 的分母可见：自由度（$n-p$）变小。若浓度散布不明显，则剩余方差 R_C 变大；这是由于引入不必要或过多的校正项所致；因此，在选择校正项时，要首先考虑对分析线影响大，浓度散布范围宽的基体元素作为校正项引入校正。对于浓度高但散布范围小或浓度低的基体元素，可不予考虑；对分析线辐射强度的影响虽不明显，但浓度散布范围宽的基体元素，应考虑作为校正项引入校正。分析线的总强度可表达为：

$$R_i = \frac{K_1 C_i + K_2 \sigma_i + K_3 C_i \sum \mu_{ji} C_j}{\mu_i} \tag{13.10}$$

式中，K_1 和 K_2 为真实的常数；K_3 也可作为近似常数；C_i 为分析元素的浓度；μ_i 为样品对分析线辐射的质量吸收系数；σ_i 为样品对分析线辐射的散射系数；μ_{ji} 为分析元素对基体元素 j 辐射的质量吸收系数；C_j 为基体元素 j 的浓度。在式（13.10）中，第一项表示分析线的净强度；第二项为背景强度；第三项为二次荧光对总强度的贡献，正比于浓度 C_i 和 C_j，也正比于基体辐射受分析元素 i 的吸收。基体元素 j 的浓度变化对分析线强度的具体影响可通过质量吸收系数及质量散射系数进行计算：

$$\mu_i = \mu_{ii} C_i + \sum \mu_{ij} C_j \tag{13.11}$$

$$\sigma_i = \sigma_{ii} C_i + \sum \sigma_{ij} C_j \tag{13.12}$$

通过式（13.10）对基体元素 j 的浓度 C_j 微分，并与式（13.11）、式（13.12）结合可得：

$$\frac{\Delta R_i}{\Delta C_j} = \frac{1}{\mu_i} \times (K_2 \sigma_{ij} + K_3 C_i \mu_{ji} - R_i \mu_{ij}) \tag{13.13}$$

以上各式中的 μ_i、C_i、R_i、σ_i 可视为常数；新的常数可写成：$\frac{K_2}{\mu_i} = K_4$；$\frac{K_3 C_i}{\mu_i} = K_5$；$\frac{R_i}{\mu_i} = K_6$。由式（13.13）可得：

$$\left. \begin{array}{l} \Delta R_i = P_u + P_s + P_a \\ P_u = K_4 \sigma_{ij} \Delta C_j \\ P_s = K_5 \mu_{ji} \Delta C_j \\ P_a = K_6 \mu_{ji} \Delta C_j \end{array} \right\} \tag{13.14}$$

式中，P_u 表示背景项；P_s 表示二次荧光（增强）影响项；P_a 表示吸收影响项。从式（13.14）可见，每个判据中均含有因子 ΔC_j，表明基体元素的浓度散布范围是影响分析线总强度的重要因素；将 ΔC_j 作为浓度 C_j 与所有基体元素浓度 C_j 平均值 C_{jm} 的绝对偏差 D_{jm}；因此，可得出如下形式的标准判据：

$$\left.\begin{array}{l}P_\mathrm{u}=K_4\sigma_{ij}D_{jm}\\P_\mathrm{s}=K_5\mu_{ji}D_{jm}\\P_\mathrm{a}=K_6\mu_{ij}D_{jm}\end{array}\right\} \qquad (13.15)$$

$$D_{jm}=\frac{1}{n}\Sigma\mid C_{jm}-C_j\mid\ ;C_{jm}=\frac{1}{n}\Sigma C_j$$

用经验系数法校正基体影响时，用以上标准判据进行计算，并代入式(13.14)，可导出强度偏差（ΔR_i）最大，对校正影响最重要的基体元素。由于标准判据中的常数 K_4、K_5、K_6 均为未知项，必须分别考虑背景、二次荧光及吸收项对校正的重要性，并加以分类。由于三个判据均含同类常数，因此，可将判据简化为如下更简单的形式：

$$\left.\begin{array}{ll}P_\mathrm{u}=\sigma_{ij}D_{jm} & 背景影响项\\P_\mathrm{s}=\mu_{ji}D_{jm} & 二次荧光项\\P_\mathrm{a}=\mu_{ij}D_{jm} & 吸收影响项\end{array}\right\} \qquad (13.16)$$

按标准判据式（13.16）计算的值越大，表示该基体元素在相应校正中的作用越大；其校正效果可通过剩余方差 R_C 检验。概括起来，在使用经验系数校正方法时，首先从标准系列中粗略观察各成分的浓度散布范围及其散布速率。散布范围越宽，散布速率越大，对校正的作用就越大；其次从周期表定性观察，基体元素离分析元素越近，对分析线的吸收或增强的可能性越大，影响就越大，应作为校正项引入；然后根据上述选择判据，对校正项作出准确的判断和选择。经验系数法的优点是，可将参数选择、分析条件的确定、样品自然状况及制备过程产生的所有影响纳入校正系数；但这种系数只有数学上的统计意义，无明确的物理意义，不能转移使用。如果校正项选择合理，必定具有良好的校正效果；如果校正项选择不当，便会出现校正过度或校正不足等现象。在校正过程中，标准样品的数量越多，计算的校正系数越准确，效果越好。

以水泥生料样品的分析为例，使用经验系数法校正基体影响时，用选择判据确定参与校正的基体元素。水泥生料的化学成分包括 43% CaO、14% SiO_2、3% Al_2O_3、3% Fe_2O_3、0.5% SO_3、1.5% MgO、0.5% K_2O、0.1% Na_2O；如表 13.1 所示，选择 18 个标准样品建立校准曲线。在进行经验系数校正时，以分析元素 Si 为例，根据校正项选择判据及表 13.1 中的数据 C_{jm} 和 D_{jm} 确定应进入校正的基体元素。表 13.2 列出了校正分析线 SiKα 时选择的校正项。从表 13.1 中浓度散布（D_{jm}）观察：Ca、Fe、Al 对分析元素 Si 产生的背景影响较大。从表 13.2 中的 P_a 项可见，基体元素 Ca、Al、Fe 对 Si 的吸收影响大；从 P_E 项可见 Ca 的初级荧光对 Si 具有一定的增强影响。因此，在进行 Si 的校正时，基体元素 Ca、Fe、Al 必须作为校正项引入 Si 的校正中，这无疑会明显降低校准结果的剩余方差，起到有效的校正作用。

表 13.1　水泥生料标准样品的化学成分

项目	CaO/%	SiO$_2$/%	Al$_2$O$_3$/%	Fe$_2$O$_3$/%	SO$_3$/%	MgO/%	K$_2$O/%	Na$_2$O/%
1	49.04	6.22	1.35	0.81	0.54	1.44	0.313	0.093
2	42.02	14.45	2.78	2.65	0.60	1.23	0.403	0.109
3	42.36	14.50	2.71	2.57	0.62	1.16	0.422	0.097
4	42.08	15.86	2.80	1.78	0.49	1.10	0.353	0.083
5	39.66	16.52	4.52	2.65	0.43	1.23	0.717	0.151
6	39.81	16.43	4.41	2.64	0.56	1.27	0.693	0.177
7	42.02	13.91	3.14	2.60	0.56	1.32	0.400	0.116
8	45.12	10.24	2.40	1.94	0.60	1.42	0.371	0.107
9	41.04	16.51	3.31	2.32	0.61	1.09	0.404	0.097
10	39.58	17.87	3.08	3.29	0.69	0.97	0.460	0.095
11	38.23	17.29	3.18	6.04	0.55	1.18	0.476	0.075
12	49.93	5.65	1.11	0.62	0.50	1.62	0.281	0.083
13	41.99	13.99	2.84	2.61	0.80	1.26	0.482	0.100
14	42.51	14.04	2.79	2.55	0.72	1.38	0.524	0.127
15	42.47	14.42	2.81	2.15	0.72	1.23	0.524	0.140
16	41.98	13.58	2.67	4.32	0.46	1.14	0.571	0.107
17	41.06	14.92	2.86	3.45	0.52	1.24	0.491	0.102
18	41.24	14.52	3.31	2.89	0.67	1.33	0.497	0.147
C_{jm}	42.34	13.90	2.89	2.660	0.591	1.256	0.466	0.111
D_{jm}	1.93	2.23	0.522	0.743	0.0789	0.111	0.0822	0.0210

表 13.2　分析元素 Si 的选择判据数据

基体元素	D_{jm}	μ_{ij}	μ_{ji}	P_a	P_s
Ca	1.938	1140	175	2200	338
Al	0.522	3300	—	1723	—
Fe	0.743	2150	117	1597	87
S	0.0789	540	1950	43	154
Mg	0.111	2800	—	311	—
K	0.0822	980	740	81	61
Na	0.0210	2250	—	47	—

13.2.2　理论影响系数法

　　理论系数校正方法是通过理论参数方程获得校正系数（理论影响系数）并辅之以少量标样进行仪器校准的方法。这种方法兼有经验系数法和基本参数法的优点，校准仪器，建立校准曲线时无需使用大量标准样品。计算的理论影响系数具有明确的物理意义，真正表示基体元素对分析线荧光强度的影响。这种方法不会出现经验系数法中经常出现的校正过度或校正不足的现象。这种影响系数是可以在不同仪器间转移使用的。在现代仪器提供的分析软件中普遍配备这种方法的计算程序。1953 年，Sherman 首先建议用一种因子表示在有限的组成范围内一种元素对另一种元素荧光强度的影响，并提出一种基本方程：

$$C_i = R_i(C_i + K_{ij}C_j + K_{ik}C_k) \tag{13.17}$$

该方程是一组适用于任何数量元素的对称方程，代表一种典型的校正运算。例如一种三元系样品，该方程可写成：

$$\left.\begin{array}{l} C_i = R_i(C_i + K_{ij}C_j + K_{ik}C_k) \\ C_j = R_j(C_j + K_{jk}C_k + K_{ji}C_i) \\ C_k = R_k(C_k + K_{ki}C_i + K_{kj}C_j) \end{array}\right\} \tag{13.18}$$

一旦方程中的回归系数或校正系数 K 已知，即可计算出各组成元素的浓度。该方程的优点是可直接用代数方法求解；若方程右侧以表观浓度 R_i、R_j、R_k 表示浓度的一级近似，则可采用迭代法间接求解。由于方程中各浓度项齐次但不确定。因此，加入一个附加方程：

$$C_i + C_j + C_k + \cdots + C_n = 1 \tag{13.19}$$

即可获得唯一解。计算基体校正的方程有几种不同的表达方式，每种方式具有一定的特点，经变换，各种算法是等效的。采用如下表达式时，对于理论研究具有一定的优越性：

$$C_i = R_i \left(C_i + \sum_{j \neq i} K_{ij}C_j \right) \tag{13.20}$$

$$C_i + \sum_{j \neq i} C_j = 1 \tag{13.21}$$

其中系数 K 始终是正数，表示质量吸收系数的比值。将式 (13.20) 和式 (13.21) 合并可得 LT 模型：

$$C_i = R_i \left(1 + \sum_{j \neq i} \alpha_{ij}C_j \right) \tag{13.22}$$

式中的 α_{ij} 与 K_{ij} 具有如下关系：

$$\alpha_{ij} = K_{ij} - 1$$

Lanchance 等人将理论系数法分成两种不同的类型：一种是利用组成已知或假定已知的标准样品，首先计算理论强度，然后计算理论影响系数，并用于校正，这种方法称为基本影响系数法；另一种方法是利用少量已知的基本参数，通过校正方程推导出理论影响系数。基本影响系数适用于吸收校正。理论影响系数法使用的校正模式与经验系数法基本相同。各种校正模式中涉及增强效应或高次荧光效应时，基本上采用经验系数法或基本参数法进行校正。

13.2.3 基本参数法

经验系数法中出现的表观不一致性主要源于校正系数的异常偏差。这种偏差不是方法固有的，而是源于获得校正系数的方法。鉴于经验系数法的某些不确定性，Criss 和 Birks 等人于 1968 年首次进行 X 光管初级辐射光谱分布的测定并提出了另一种数学校正方法，即基本参数法。基本参数法是依据样品组分的近似假设，用初级辐射光谱分布、质量衰减系数、荧光产额、吸收陡变比及仪器几何因子等基本物理常数组成的基本参数方程计算荧光理论强度，通过数学运算，使分析线的理论强度与测量强度达到一致，最终获得样品的真实成分。基本参数方程中的分析线强度主要包括初级荧光及二次荧光强度，由于高次荧光对总强度的相对贡献小而被忽略。基本参数法使用的质量吸收系数及荧光产额等参数是通过计算或测量获得的，具有不可忽略的误差；X 光管初级辐射的光谱分布随光管不断老化可能发生漂移。为消除这些误差，基本参数方程中，测量的分析线光谱强度及计算的理论强度均用相对强度表示，通常用试样与多元素标样或纯元素光谱的强度比表示。假定样品中分析元素 i 的分析线相对强度为：

$$R_i = \frac{I_{i(x)}}{I_{i(100)}} = \left[\frac{I_{i(x)}}{I_{i(s)}}\right]_{meas} \times \left[\frac{I_{i(s)}}{I_{i,100}}\right]_{calc} \tag{13.23}$$

式中，I_i 为包括初级荧光 I_i^P 和二次荧光 I_i^S 的分析线总强度；以上公式所用符号的下标 i、x、s 分别表示分析元素、试样及标准样品；$\frac{I_{i(x)}}{I_{i(100)}}$ 表示试样中分析元素与纯元素光谱的强度比；$\left[\frac{I_{i(x)}}{I_{i(s)}}\right]_{meas}$ 表示测量的试样与多元素标样分析元素光谱的强度比；$\left[\frac{I_{i(s)}}{I_{i,100}}\right]_{calc}$ 表示计算的多元素标样与纯元素光谱的强度比；$I_{i(100)}$ 表示纯元素 i 的分析线强度，其次级荧光强度应为 0。实际应用中常用多元素标准样品代替纯元素。基本参数法的运算中，利用标准样品的测量数据通过数学运算，连续调整样品的组分，最终使理论强度与测量强度达到一致，并以相应的浓度作为样品的真实成分。这种方法在实际应用中，由于直接通过理论方程的代数运算不能得到谱线强度与元素浓度的显函数形式，只能采用数学迭代方法计算各组成元素的浓度。常用的迭代方程为：

$$C_i' = \frac{R_i^M}{R_i} C_i \tag{13.24}$$

式中，C_i 为本次迭代的分析元素 i 的估计浓度；C_i' 为下次迭代的分析元素 i 的估计浓度；R_i 为与本次估计浓度对应的理论相对强度；R_i^M 为测量的相对强度。基本参数法计算样品元素浓度的迭代步骤为：①将试样中各元素分析线的测量强度归一化并以此为基础，计算分析元素的初始含量；②根据估计的初始含量计算相应的理论相对强度；③用迭代方程对分析元素含量进行二次估计；④将所有迭代的分析元素含量 C_i' 归一化；⑤计算期望的新理论相对强度 R_i；⑥通过迭代比较计算的相对强度与测量的相对强度，判定是否需要继续迭代，直至迭代值

的偏差满足精度要求为止。最后迭代得到的近似值即为真正的元素含量。一般来说，迭代 3～4 次即可达到所要求的精度。其收敛条件为：$|W_n^i - W_i(n-1)| \leqslant 0.1\%$；迭代的收敛条件应根据仪器因子及计数统计误差等因素确定。原则上，基本参数法不受回归法的浓度范围限制；它是以组成分布均匀、致密、无粒度影响、表面平滑的无限厚试样作为假定条件的。用于计算理论强度的基本参数方程中包括初级荧光和二次荧光强度项。计算初级荧光理论强度的数学表达式为：

$$P_{i,s} = qE_iC_i \int_{\lambda_e}^{\lambda_{abs,i}} \frac{\mu_{i,\lambda} I_\lambda d\lambda}{\mu_{s,\lambda} + A\mu_{s,\lambda_i}} \tag{13.25}$$

$$A = \frac{\sin\psi_1}{\sin\psi_2}$$

式中，$P_{i,s}$ 为初级荧光强度；A 为光谱仪的几何因子，ψ_1，ψ_2 分别为初级辐射的入射角和分析线辐射通过初级准直器的出射角；E_i 为激发因子，由荧光产额（ω_K）、K 系激发概率 $\left(\dfrac{r_K - 1}{r_K}\right)$ 及 K 系中 Kα 线的发射概率（即谱线分数）$g_{K\alpha}$ 的乘积确定：

$$E_i = \frac{r_K - 1}{r_K} \omega_K g_{K\alpha} \tag{13.26}$$

在初级荧光强度公式中，C_i 为分析元素的浓度；$\mu_{s,\lambda}$ 和 μ_{s,λ_i} 分别为样品对初级辐射波长 λ 及分析线波长 λ_i 的质量吸收系数。Criss 等人用加和方式取代积分方式，因此，计算荧光理论强度的公式可改写成：

$$P_i = G_i C_i \sum_{\lambda_{min}}^{\lambda_{abs,i}} \frac{F_{i,\lambda} I_\lambda \Delta\lambda_{\mu_{i,\lambda}}}{\mu_s^*} \tag{13.27}$$

样品中分析元素的二次荧光是由基体元素的初级荧光激发产生的，某基体元素 j 的初级荧光波长位于分析元素吸收限短波侧附近是产生次级激发的必要条件。Gillam 和 Heal 等人在推导二次荧光强度公式时，假定样品受单色辐射的激发。采用光管辐射的多色激发时，经 Sherman、Shiraiwa、Fujino 等人的处理和简化后，获得二次荧光强度的计算公式：

$$S_{ij} = \frac{1}{2} qE_iC_i \int_{\lambda_0}^{\lambda_{abs,i}} E_jC_j \frac{\mu_{i,\lambda_j}}{\mu_{s,\lambda_j}} L_0 \frac{\mu_{j,\lambda} I_\lambda d\lambda}{\mu_{s,\lambda} + A\mu_{s,\lambda_i}} \tag{13.28}$$

二次荧光强度计算公式也可采用加和方式代替积分方式。经适当的转换，二次荧光强度的计算公式可改写成：

$$S_{ij} = G_i C_i \sum_{\lambda_0}^{\lambda_{abs,i}} \frac{F_{j,\lambda} I_\lambda \Delta\lambda \mu_{i,\lambda}}{\mu_s^*} \times (e_{ij,\lambda} C_j) \tag{13.29}$$

在初级荧光及二次荧光理论强度计算公式的推导过程中，涉及多色激发的情况时，通常采用等效波长进行强度计算。在基本参数法校正计算中，三次荧光效应通常忽略不计。

13.3　X射线荧光理论强度的计算

样品受 X 光管初级辐射激发，各组成元素发射自身的特征 X 射线或荧光 X 射线。经初级准直器的辐射，以平行光束的形式投射到分光晶体表面，入射光束通过晶体衍射产生有序色散，按波长顺序散布在空间不同的位置，并由探测器跟踪探测。实际应用中，初级辐射的连续谱及靶的特征 X 射线共同参与样品的激发。初级荧光（或一次荧光）由初级辐射直接激发产生；以铁为例，其激发的基本规则是，只有波长短于 FeK 系吸收限波长的初级辐射才能有效激发 Fe 的 K 系荧光辐射 FeKα 及 FeKβ。如图 13.1 所示，入射的初级辐射中波长 λ_0 至铁的 K 系吸收限波长 $\lambda_{K_{abs},Fe}$ 间的辐射均参与 Fe 的初级荧光激发，其余部分则无激发作用。二次荧光（或次级荧光）由波长短于分析元素吸收限的基体元素初级荧光激发产生。二次荧光通常与原子序数高于分析元素的基体元素相关；例如 FeNi 合金中的 Fe 和 Ni，同时受入射的初级辐射激发，分别产生初级荧光 FeKα 及 NiKα；由于初级荧光 NiKα 的能量高于 Fe 原子的 K 系激发能，元素 Fe 受 Ni 的初级荧光 NiKα 激发产生 FeKα 次级荧光。显然，三次荧光由基体中波长短于分析元素吸收限的次级荧光激发产生。初级荧光是分析元素荧光总强度的主要贡献者；其次是次级荧光；三次荧光的贡献最少，通常可忽略不计。理论影响系数法及基本参数法，均须通过浓度已知的标准样品计算相应谱线的理论强度。在理论系数校正方法中，根据计算的理论强度及标样浓度，选择适当的校正模型计算理论影响系数，校正基体影响，获得未知样品的分析结果；在基本参数法中，根据计算的理论强度，通过迭代方法使理论强度与相应的测量强度逐步逼近，最终获得准确的分析结果。因此，事先计算分析线的理论强度是这些方法的首要条件。在计算初级及次级荧光的理论强度时，必须假定样品表面平整、组分分布均匀及样品无限厚；假定强度为 I_λ 的初级辐射，以 ψ_1 的角度平行入射到样品表面；样品的荧光辐射以 ψ_2 角经准直器出射（图 13.2）；按理论公式计算的荧光理论强

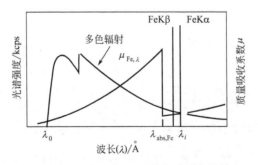

图 13.1　以 Fe 为例，初级荧光的激发规则

[$\mu_{Fe,\lambda}$ 表示 Fe（铁）对初级辐射 λ 的质量吸收系数]

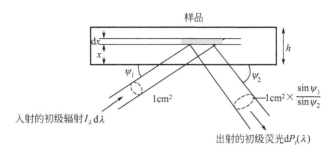

图 13.2 初级荧光辐射理论强度计算说明

度是不含背景及光谱重叠的净强度。因此，测量强度应是校正背景及光谱干扰的净强度。

(1) 初级荧光理论强度的计算 关于初级荧光理论强度的计算公式，许多著作已推导过。如图 13.2 所示，假定光谱分布为 I_λ 的初级辐射光束，以角度 ψ_1 平行入射到厚度为 h、元素 i 浓度为 C_i 的样品表面，并观察到荧光辐射以准直器规定的 ψ_2 角出射，辐射线束的光谱强度以单位截面的光子数或计数率表示。以 Kα 的发射为例，假定 P_i 为初级荧光的总强度；在波长 λ 和 $\lambda+d\lambda$ 的光谱范围内，由入射辐射激发体积元 x 与 $x+dx$ 中元素产生的初级荧光的贡献 dP_i 取决于如下因子：

① 入射到样品表面体积元内波长为 λ，强度为 I_λ 的初级辐射受光路 $x/\sin\psi_1$ 衰减后的强度为：

$$a = I_\lambda \exp\left(-\mu_{s,\lambda}\rho \frac{x}{\sin\psi_1}\right) d\lambda \tag{13.30}$$

式中，$\mu_{s,\lambda}$ 是样品对波长 λ 的质量吸收系数；ρ 为样品的密度。

② 入射的初级辐射在体积元内受样品吸收（光电吸收）的部分：

$$\mu_{s,\lambda}\rho \frac{dx}{\sin\psi_1} \tag{13.31}$$

其中质量吸收系数为 $\mu_{i,\lambda}$ 分析元素 i 所吸收的部分仅仅为 $C_i \frac{\mu_{i,\lambda}}{\mu_{s,\lambda}}$，因此体积元中受元素 i 吸收的部分为：

$$b = C_i \mu_{i,\lambda} \rho \frac{dx}{\sin\psi_1} \tag{13.32}$$

③ 入射辐射被吸收的光子数乘以激发因子 E_i 即为元素 i 发射的 Kα 荧光。激发因子是 K 系激发概率、Kα 发射的谱线分数及 Kα 光子射出原子的概率（ω_K）三者的乘积，即：

$$E_i = \frac{r_K - 1}{r_K} \omega_K g_{K\alpha} \tag{13.33}$$

式中，$\frac{r_K - 1}{r_K}$ 为 K 系辐射的激发概率；$g_{K\alpha}$ 为 K 系中 Kα 光子的发射概率

（即谱线分数）；ω_K 为发射的 $K\alpha$ 光子逸出原子的概率（荧光产额）。

④ 荧光辐射向各个方向的发射是均匀的，进入准直器的部分辐射为：

$$c = \frac{\mathrm{d}\Omega}{4\pi} \tag{13.34}$$

式中，$\mathrm{d}\Omega$ 为准直器限定的立体角。

⑤ 由准直器方向接收的荧光辐射 λ_i 就是样品辐射受光路衰减后的透过分数：

$$d = \exp\left(-\mu_{s,\lambda_i}\rho\,\frac{x}{\sin\psi_2}\right) \tag{13.35}$$

式中，μ_{s,λ_i} 是样品对荧光辐射 λ_i 的质量吸收系数。

⑥ 在调整单位截面内初级荧光强度时必须使用的附加因子：

$$e = \frac{\sin\psi_1}{\sin\psi_2} \tag{13.36}$$

因此，体积元内初级荧光的贡献 $\mathrm{d}P_i$ 是上述各因子 a、b、c、d、e 之乘积，这里首先定义：

$$q = \frac{\sin\psi_1}{\sin\psi_2} \times \frac{\mathrm{d}\Omega}{4\pi} \tag{13.37}$$

整理上述各项乘积后得：

$$\mathrm{d}P_i(\lambda,x) = qE_iC_i\,\frac{\rho}{\sin\psi_1}\mu_{i,\lambda}I_\lambda \mathrm{d}\lambda \exp\left[-\rho x\left(\frac{\mu_{s,\lambda}}{\sin\psi_1}+\frac{\mu_{s,\lambda_i}}{\sin\psi_2}\right)\right]\mathrm{d}x \tag{13.38}$$

x 从 0 至 h 积分，得到入射辐射中 $I_\lambda \mathrm{d}\lambda$ 部分激发引起的初级荧光发射强度：

$$P_{i(\lambda)} = qE_iC_i\left\{1-\exp\left[-\rho h\left(\frac{\mu_{s,\lambda}}{\sin\psi_1}+\frac{\mu_{s,\lambda_i}}{\sin\psi_2}\right)\right]\right\}\frac{\mu_{s,\lambda}I_\lambda \mathrm{d}\lambda}{\mu_{s,\lambda}+\frac{\sin\psi_1}{\sin\psi_2}\mu_{s,\lambda_i}} \tag{13.39}$$

对波长 λ 有效范围 λ_0 至 $\lambda_{\mathrm{abs},i}$ 积分，可得初级荧光的总强度或积分强度：

$$P_i = qE_iC_i\int_{\lambda_0}^{\lambda_{\mathrm{abs}}}\left\{1-\exp\left[-\rho h\left(\frac{\mu_{s,\lambda}}{\sin\psi_1}+\frac{\mu_{s,\lambda_i}}{\sin\psi_2}\right)\right]\right\} \times \frac{\mu_{i,\lambda}I_\lambda \mathrm{d}\lambda}{\mu_{s,\lambda}+\frac{\sin\psi_1}{\sin\psi_2}\times\mu_{s,\lambda_i}} \tag{13.40}$$

式 (13.40) 是样品厚度为 h 初级荧光强度的一般表达式。必须考虑两个限制条件。当样品厚度 h 为无限厚时，式中的指数项与 1 相比可忽略不计；定义几何因子为：

$$A = \frac{\sin\psi_1}{\sin\psi_2}$$

则初级荧光强度的数学表达式 (13.40) 可简化为：

$$P_i = qE_iC_i\int_{\lambda_0}^{\lambda_{\mathrm{abs}}}\frac{\mu_{i,\lambda}I_\lambda \mathrm{d}\lambda}{\mu_{s,\lambda}+A\mu_{s,\lambda_i}} \tag{13.41}$$

实际分析中，由于样品厚度 h 通常大于几毫米，其测量强度可作为无限厚试样发射的强度。这对该表达式是非常重要的。在有些情况下厚度小于 1mm，仍然视为无限厚试样使用。

当样品厚度 h 很小，分析线未到达饱和深度时，式（13.40）中的 $1-\exp(-\varepsilon)$ 项近似于 ε。因此，初级荧光强度公式可改写为：

$$P_i = \frac{qE_i}{\sin\psi_1} \times \rho h C_i \int_{\lambda_0}^{\lambda_{\text{abs}}} \mu_{i,\lambda} I_\lambda \, d\lambda \tag{13.42}$$

样品单位面积内荧光元素的质量（质量厚度）m_i 为：

$$m_i = \rho h C_i \tag{13.43}$$

定义：

$$G_i = \frac{qE_i}{\sin\psi_1} \int_{\lambda_0}^{\lambda_{\text{abs},i}} \mu_i I_\lambda \, d\lambda \tag{13.44}$$

G_i 为常数，其值取决于分析元素及测试条件，但与样品无关。因此，式（13.42）可改写成

$$P_i = G_i m_i \tag{13.45}$$

该式表明初级荧光强度与浓度间存在一种直接关系。但计算结果表明，这种直接关系仅适用于厚度低于数百至数千埃（Å）的极薄样品。

在样品无限厚条件下，计算初级荧光强度时，应在初级辐射最短波长至荧光元素相应吸收限间的所谓有效波长范围积分或求和。为了方便起见，可用加和方式取代初级荧光强度公式中的积分。在转换前首先做如下定义：

$$\mu_s^* = \mu_s' + \mu_s''$$
$$\mu_s' = \mu_{s,\lambda} \csc\psi_1$$
$$\mu_s'' = \mu_{s,\lambda_i} \csc\psi_2$$
$$\mu_i^* = \mu_i' + \mu_i''$$
$$G_i = E_i \frac{d\Omega}{4\pi} \times \csc\psi_1 \tag{13.46}$$

经过转换后，初级荧光强度的计算公式为：

$$P_i = G_i C_i \sum \frac{I_\lambda \Delta\lambda \mu_{i,\lambda}}{\mu_s^*} \tag{13.47}$$

（2）二次荧光理论强度的计算　二次荧光理论强度的数学表达式是由 Gillam 和 Heal 等人首先推导的，假定样品受单色辐射的激发。随后 Sherman、Shiraiwa 和 Fujino 等人对更复杂的多色激发做了处理。其推导过程由图 13.3 说明。

与初级荧光相比，次级荧光涉及的几何因子差别更大。为简单起见，以一种能激发元素 i、波长为 λ_j 元素 j 的 $K\alpha$ 初级荧光辐射为例，离样品表面距离为 x 的体积元 D 是 j 元素初级荧光的发射源，其强度为 J；可计算该辐射到达离样品表面距离为 y 的 Y 平面的强度。如果 J 是发射源 D 的强度，达到离 D 发射源距离为 r 的 Y 平面任一点时的强度为：

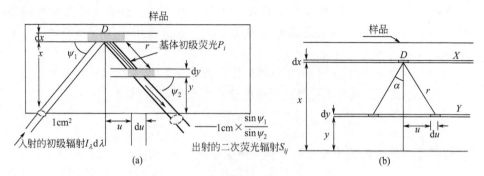

图 13.3　二次荧光辐射理论强度计算

$$\frac{J}{4\pi r^2}\exp[-\mu_{s,\lambda_j}\rho r] \tag{13.48}$$

在体积元 D 的辐射圆锥与 Y 平面相交形成的半径为 u，宽度为 du 的圆环上，入射的初级荧光总强度应为：

$$\frac{J}{4\pi r^2}\exp[-\mu_{s,\lambda_j}\rho r]\times 2\pi u\cos\alpha \tag{13.49}$$

初级荧光受环内荧光元素 i 吸收的光子分数为：

$$C_i\mu_{i,\lambda_j}\rho\frac{dy}{\cos\alpha}$$

假定 $r=(x-y)/\cos\alpha$；$u=(x-y)\tan\alpha$，则受环形体积内元素 i 吸收的初级荧光的光子数为：

$$dN=\frac{1}{2}JC_i\mu_{i,\lambda_j}\rho dy\tan\alpha\exp[-\mu_{s,\lambda_j}\rho(x-y)/\cos\alpha]d\alpha \tag{13.50}$$

整个 Y 平面内元素 i 吸收初级荧光的光子数为：

$$dN_y=\frac{1}{2}JC_i\mu_{i,\lambda_j}\rho dy\int_{\alpha=0}^{\alpha=90°}\tan\alpha\exp[-\mu_{s,\lambda_j}\rho(x-y)/\cos\alpha]d\alpha \tag{13.51}$$

令 $t=1/\cos\alpha$，则：

$$dN_y=\frac{1}{2}JC_i\mu_{i,\lambda_j}\rho dy\int_1^\infty\frac{1}{t}\exp[-\mu_{s,\lambda_j}\rho(x-y)t]dt \tag{13.52}$$

定义：

$$U(x,y)=\int_1^\infty\frac{1}{t}\exp[-\mu_{s,\lambda_j}\rho(x-y)t]dt$$

则式（13.52）变成：

$$dN_y=\frac{1}{2}JC_i\mu_{i,\lambda_j}\rho U(x,y)dy \tag{13.53}$$

式（13.53）适用于平面内任一点 D；用 x 处元素 j 发射的初级荧光强度 J_x 代替 J，可得到 X 平面发射的波长 λ_j 在 Y 平面内受元素 i 吸收的光子总数。按上述推导：

$$J_x = E_j C_j \frac{\rho}{\sin\psi_1} A(x) dx$$

式中：

$$A(x) = \int_{\lambda_0}^{\lambda_{\text{abs},j}} \mu_{j,\lambda} \exp\left(-\mu_{s,\lambda}\rho \frac{x}{\sin\psi_1}\right) d\lambda$$

因此，X 平面内发射的波长为 λ_j 的光子在 Y 平面内受 i 元素吸收的光子数为：

$$dN_{x,y} = \frac{1}{2} E_j C_j \frac{\rho^2}{\sin\psi_1} C_i \mu_{i,\lambda_j} U(x,y) A(x) dx dy \qquad (13.54)$$

在出射角 ψ_2 的方向上，用 $dN_{x,y}$ 与激发因子 E_i、准直因子 q 及衰减因子相乘，可得到元素 i 发射的二次荧光，令

$$B(y) = \exp\left(-\mu_{s,\lambda_i}\rho \frac{y}{\sin\psi_2}\right)$$

因此，二次荧光强度为：

$$dS_{x,y} = \frac{1}{2} q E_i C_i E_j C_j \frac{\rho^2}{\sin\psi_1} \mu_{i,\lambda_j} U(x,y) A(x) B(y) dx dy \qquad (13.55)$$

当样品厚度为 h 时，对 x 及 y 所有可能组合的范围积分，可得到整个样品中元素 i 的二次荧光强度：

$$S_{ij} = \frac{1}{2} q E_i C_i E_j C_j \frac{\rho^2}{\sin\psi_1} \mu_{i,\lambda_j} \int_{x=0}^{x=h} \int_{y=0}^{y=h} U(x,y) A(x) B(y) dx dy \qquad (13.56)$$

当样品为无限厚时，式（13.56）可变成：

$$S_{ij} = \frac{1}{2} q E_i C_i \int_{\lambda_0}^{\lambda_{\text{abs},j}} E_j C_j \mu_{i,\lambda_j} L \frac{\mu_{j,\lambda} I_\lambda d\lambda}{\mu_{s,\lambda} + A\mu_{s,\lambda_i}} \qquad (13.57)$$

式中：

$$L = \frac{\ln\left(1 + \frac{\mu_{s,\lambda}/\sin\psi_1}{\mu_{s,\lambda_j}}\right)}{\mu_{s,\lambda}/\sin\psi_1} + \frac{\ln\left(1 + \frac{\mu_{s,\lambda_i}/\sin\psi_2}{\mu_{s,\lambda_j}}\right)}{\mu_{s,\lambda_i}/\sin\psi_2} \qquad (13.58)$$

为简化计算，定义：

$$\alpha = \frac{\mu_{s,\lambda}/\sin\psi_1}{\mu_{s,\lambda_j}}; \quad \beta = \frac{\mu_{s,\lambda_i}/\sin\psi_2}{\mu_{s,\lambda_j}}; \quad L_0 = L\mu_{s,\lambda_j}$$

因此，二次荧光强度公式变成：

$$S_{ij} = \frac{1}{2} q E_i C_i \int_{\lambda_0}^{\lambda_{\text{abs},j}} E_j C_j \frac{\mu_{i,\lambda_j}}{\mu_{s,\lambda_j}} L_0 \frac{\mu_{j,\lambda} I_\lambda d\lambda}{\mu_{s,\lambda} + A\mu_{s,\lambda_i}} \qquad (13.59)$$

式中：

$$L_0 = \frac{\ln(1+\alpha)}{\alpha} + \frac{\ln(1+\beta)}{\beta}$$

式（13.59）与初级荧光强度计算公式类似，能激发元素 i 二次荧光的若干基体元素的初级荧光，对二次荧光强度 S_{ij} 均能产生贡献。因此，二次荧光强度的总和应使用 S_{ij}^* 表示，在具有若干增强元素（j、k、l 等）的情况下，二次荧

光的总强度应为：
$$S_i = \sum S_{ij}^* \quad (13.60)$$

（3）三次荧光理论强度的计算　分析元素 i 的三次荧光是由基体中元素 k 初级荧光激发的元素 j 的二次荧光激发产生的。三次荧光贡献的计算与二次荧光理论强度的计算方式相同，但应着重考虑样品中位于 x、y、z 方向的 X、Y、Z 三个面的各种组合，其中 X 是第三元素 k 的初级荧光发射源；Y 是元素 j 的二次荧光发射源；Z 是分析元素 i 的三次荧光发射源。这种推导由于包含对 x、y、z 的三元积分而非常繁杂，这里省略元素 i 三次荧光 T_{ijk} 的推导。图 13.4 表示，k 元素初级荧光激发 j 元素的二次荧光 $S_{j,k}$，用 j 元素的二次荧光 $S_{j,k}$ 激发 i 元素三次荧光的推导过程。这里仅给出三次荧光理论强度的计算公式：

$$T_{ijk} = \frac{1}{4} q E_i C_i \int_{\lambda_{\min,\lambda}}^{\lambda_{\mathrm{abs},k}} E_j E_k C_j C_k \mu_{i,\lambda_j} \mu_{j,\lambda_k} F \frac{\mu_{K,\lambda} I_\lambda}{\mu_{s,\lambda} + A\mu_{s,\lambda_i}} \mathrm{d}\lambda \quad (13.61)$$

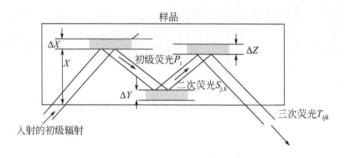

图 13.4　三次荧光理论强度计算

在基体影响的校正过程中，三次荧光对总强度的贡献微小，通常予以忽略。以下简略归纳初级荧光、二次荧光及三次荧光理论强度的计算公式。

① 初级荧光理论强度的计算公式：

$$P_i = q E_i C_i \int_{\lambda_0}^{\lambda_{\mathrm{abs}}} \frac{\mu_{i,\lambda} I_\lambda \mathrm{d}\lambda}{\mu_{s,\lambda} + A\mu_{s,\lambda_i}}$$

$$q = \frac{\sin\psi_1}{\sin\psi_2} \times \frac{\mathrm{d}\Omega}{4\pi}（准直因子）；\quad E_i = \frac{r_K - 1}{r_K} \omega_K g_{K\alpha}（激发因子）$$

② 二次荧光理论强度的计算公式：

$$S_{ij} = \frac{1}{2} q E_i C_i \int_{\lambda_0}^{\lambda_{\mathrm{abs},j}} E_j C_j \frac{\mu_{i,\lambda_j}}{\mu_{s,\lambda_j}} L_0 \frac{\mu_{j,\lambda} I_\lambda \mathrm{d}\lambda}{\mu_{s,\lambda} + A\mu_{s,\lambda_i}}$$

$$L_0 = \frac{\ln(1+\alpha)}{\alpha} + \frac{\ln(1+\beta)}{\beta}$$

用样品中基体元素初级荧光同系谱线激发分析元素二次荧光时，其总强度等于该元素每条谱线激发的二次荧光强度之和：

$$S_i = \Sigma S_{ij}^*$$

③ 三次荧光理论强度计算公式：

$$T_{ijk} = \frac{1}{4} q E_i C_i \int_{\lambda_{\min\lambda}}^{\lambda_{\text{abs},k}} E_j E_k C_j C_k \mu_{i,\lambda_j} \mu_{j,\lambda_k} F \frac{\mu_{k,\lambda} I_\lambda}{\mu_{s,\lambda} + A\mu_{s,\lambda_i}} d\lambda$$

④ 荧光元素 i 受激发产生的荧光总强度等于初级荧光、二次荧光及三次荧光强度的总和：

$$r_i = P_i + S_i + T_i$$

⑤ 分析元素 i 的荧光相对强度可用纯元素样品或相似标样计算：

$$R_i = (P_i + S_i + T_i)/P_{i100}$$

⑥ 三次荧光由共存元素 j 的二次荧光激发产生，强度较低，通常予以忽略。

(4) 等效波长　在推导荧光强度的基本公式时，首先采用单色激发进行计算，然后考虑多色激发的复杂情况。为了计算方便，人们试图以一种单色辐射取代初级辐射的整个光谱分布，从而引入了有效波长或等效波长的概念。寻求一种能表示初级辐射光谱分布的单一波长是不可能的；但寻求一种可作为多色辐射光谱分布加权平均的等效波长是可行的；计算样品发射的初级荧光强度的基本公式为：

$$P_{i,s} = q E_i C_i \int_{\lambda_e}^{\lambda_{\text{abs},i}} \frac{\mu_{i,\lambda} I_\lambda d\lambda}{\mu_{s,\lambda} + A\mu_{s,\lambda_i}} \tag{13.62}$$

等效波长概念是在用相对强度取代绝对强度的定量分析实践中提出的。Sherman 参照初级荧光强度的基本公式讨论等效波长概念时，曾建议用均值理论估计多色辐射的光谱分布，有人提出，将积分中值定理应用于总积分函数，使初级荧光强度计算公式等值于以下公式：

$$P_{i,s} = q E_i C_i \frac{\mu_{i,\lambda_a} I_{\lambda_a}}{\mu_{s,\lambda_a} + A\mu_{s,\lambda_i}} (\lambda_{\text{abs},i} - \lambda_0) \tag{13.63}$$

其中参数 λ_a 为真正的等效波长；然而，这种波长与平均的荧光强度相对应，无特殊的物理意义。为了明确等效波长概念及其性质，特做如下讨论。按式 (13.63) 计算，纯元素的初级荧光强度为：

$$P_{i,100} = q E_i \int_{\lambda_0}^{\lambda_{\text{abs}}} \frac{\mu_{i,\lambda}}{\mu_{i,\lambda} + A\mu_{i,\lambda_i}} d\lambda \tag{13.64}$$

初级荧光强度计算公式 (13.63) 也可改写成：

$$P_{i,s} = q E_i C_i \int_{\lambda_0}^{\lambda_{\text{abs}}} \frac{\mu_{i,\lambda} + A\mu_{i,\lambda_i}}{\mu_{s,\lambda} + A\mu_{s,\lambda_i}} \times \frac{\mu_{i,\lambda} I_\lambda}{\mu_{i,\lambda} + A\mu_{i,\lambda_i}} d\lambda$$

并定义参数 $g(\lambda)$：

$$g(\lambda) = \frac{\mu_{i,\lambda} + A\mu_{i,\lambda}}{\mu_{s,\lambda} + A\mu_{s,\lambda_i}} \tag{13.65}$$

因此，初级荧光强度公式可写成：

$$P_{i,s} = qE_iC_i \int_{\lambda_0}^{\lambda_{abs}} g(\lambda) \frac{\mu_{i,\lambda} I_\lambda}{\mu_{i,\lambda} + A\mu_{i,\lambda_i}} d\lambda \tag{13.66}$$

由于等效波长函数 $g(\lambda)$ 是在 $\lambda_0 \sim \lambda_{abs}$ 范围内定义的，应用积分中值定理可得：

$$P_{i,s} = qE_iC_ig(\lambda_e) \int_{\lambda_0}^{\lambda_{abs}} \frac{\mu_{i,\lambda} I_\lambda}{\mu_{i,\lambda} + A\mu_{i,\lambda_i}} d\lambda \tag{13.67}$$

与式（13.64）结合可得：

$$P_{i,s} = C_ig(\lambda_e) P_{i,100} \tag{13.68}$$

其相对强度为：

$$R_i = \frac{P_{i,s}}{P_{i,100}} = C_ig(\lambda_e) \tag{13.69}$$

由此可见，波长 λ_e 是一种特定的波长，以这种波长的辐射激发样品时，所得的相对强度与常规测量的相对强度 R_i 等效，即以波长为 λ_e 的初级辐射激发样品所获得的强度 R_i 与多色辐射激发的强度是相同的。因此，这种波长称为初级辐射的等效波长。对于组成一定的样品，等效波长是恒定的；当样品组分发生变化时，等效波长随样品组成而变。激发过程中，如果光管靶材的特征辐射不起主要作用，则等效波长 λ_e 约为受激元素吸收限波长的 2/3；如果光管靶材特征辐射的波长位于受激元素吸收限短波侧，起主要激发作用时，等效波长 λ_e 与靶材特征辐射的波长等效。通常以多元素组成的标准样品取代纯元素标准计算相对强度；如果以组分 r 的浓度为 C_i'、荧光强度为 $P_{i,r}'$ 的样品作为参考标准，取代纯元素标准，推导获得的荧光强度比为：

$$r_i = \frac{C_i}{C_i'} g'(\lambda_e') \tag{13.70}$$

$$g'(\lambda) = \frac{\mu_{r,\lambda} + A\mu_{r,\lambda_i}}{\mu_{s,\lambda} + A\mu_{s,\lambda_i}} \tag{13.71}$$

与用纯元素标准计算强度比时使用的等效波长 λ_e 相比，所定义的等效波长 λ_e' 也随样品组分而变。强度比 r_i 与相对强度 R_i 间具有如下比例关系：

$$R_i = r_i R_{i,r} \tag{13.72}$$

由此可见，无论用纯元素或组成复杂的参考标准计算相对强度是无关紧要的。前面已经证明等效波长 λ_e 与样品的组分变化及初级辐射的光谱分布相关，其变动取决于式（13.65）定义的函数 $g(\lambda)$。该函数也可用有效质量吸收系数写成：

$$g(\lambda) = \frac{\mu_i^*}{\mu_s^*} \tag{13.73}$$

以一组分按比例变化的二元体样品为例，假设分析元素 $C_i = x$；基体元素 $C_j = 1-x$；基体元素 j 为纯吸收体，则函数 $g(\lambda)$ 可写成：

$$g(\lambda,x)=\frac{\mu_i^*}{x\mu_i^*+(1-x)\mu_j^*} \tag{13.74}$$

当 $x=0$ 时，函数 $g(\lambda)$ 变成：

$$g(\lambda,0)=\frac{\mu_i^*}{\mu_j^*} \tag{13.75}$$

式（13.74）和式（13.75）合并可得：

$$g(\lambda,x)=\frac{g(\lambda,0)}{xg(\lambda,0)+(1-x)} \tag{13.76}$$

式（13.75）可写成：

$$g(\lambda,0)=\frac{\mu_{i,\lambda}+A\mu_{i,\lambda_i}}{\mu_{j,\lambda}+A\mu_{j,\lambda_i}} \tag{13.77}$$

从图 13.5 可见，函数 $g(\lambda,0)$ 无疑是波长 λ 的单调增函数。式（13.76）表明，当 x 为任意给定值时，$g(\lambda,x)$ 函数也随波长 λ 的增大而增大；从图 13.6 可见，当 x 趋于 1 时，$g(\lambda,x)$ 函数也趋于 1，因此，随 x 值的增大，$g(\lambda,x)$ 随波长变动的曲线斜率降低。从 $g(\lambda,x)$ 函数曲线可以推测吸收的正负及其差异。无论荧光元素为正吸收或负吸收，等效波长 λ_e 总是随荧光元素浓度的增大而向短波移动。等效波长的这一性质是绝对的，且与荧光强度的权重向短波移动的事实相关。

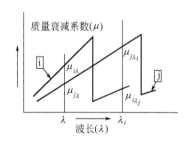

图 13.5　分析元素 i 与基体元素 j 的质量衰减系数

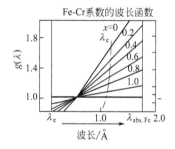

图 13.6　铁硅系统中铁的 $g(\lambda)$ 函数

参考文献

[1] Birks L S. X 射线光谱分析. 高新华, 译. 北京：冶金工业出版社，1973.
[2] 谢忠信, 赵宗玲, 张玉斌, 等. X 射线光谱分析. 北京：科学出版社，1982.
[3] Lachance G R, Claisse F. Quantitative X-Ray Fluorescence Analysis Theory and Application. New York：John Wiley & Sons, 1998.
[4] Tao G Y, Zhuo S J, Jia Norrish K, et al. X-Ray Spectrom, 1988, 17：357-366.
[5] Heinrich K J F. Mass Absorption Coefficients for Electron Probe Microanalysis. MD：National Bureau of Standards, Gaithersbury, 1987.
[6] Bertin E P. Principles and Practice of X-Ray Spectrometric Analysis. New York：Plenum, 1975.
[7] Lucas-Tooth H J, Pyne C. Metallurgia, 1961, 64：149-152.
[8] Shiraiwa T, Fujino N. X-Ray Spectrom, 1974, 3：64.

[9] Shiraiwa T, Fujino N. Adv X-Ray Anal, 1968, 11: 95-104.
[10] Rousseau R M. X-Ray Spectrom, 1984, 13 (3): 115-125.
[11] Tertian R, Claisse F. Principles of Quantitative X-Ray Fluorescence Analysis, London: Heyden & Son, 1982.
[12] Lucas-Tooth H J, Pyne C. Adv X-Ray Anal, 1964, 7: 523-541.
[13] Lachance, G R Introduction to alpha cofeeicients. Corporation Scientifique Claisse, 1987.
[14] Lachance G R, Claisse F. Quantitative X-Ray fluorescence analysis. theory and application. New York: John Wiley & Sons, 1995.

第14章
样品制备

14.1 概述

与湿法化学分析不同,X射线荧光光谱分析是一种相对分析方法,必须与参照样品或标准样品比较,才能获得准确的分析结果。由于现代仪器自动化程度高,软件智能化及人为误差小等原因,基体效应及样品制备已成为分析误差的主要来源。消除基体效应的方法,已在第12、第13章详细论述。本章主要讨论样品的各种制备方法、特点、辅助设备及适用范围。

X射线荧光光谱分析中,样品制备的目的是通过适当的方法将原始试样处理成一种成分分布均匀、表面平整、有整体代表性、规格合适,能直接送入仪器测量的样品。制备方法应根据样品的类型特征及分析的质量要求确定。制备方法的重现性、准确度、简易性及制备成本是考核样品制备方法的指导原则。对于波长色散、能量色散及非色散X射线光谱分析,样品的制备方法及制备要求是基本一致的。一种理想的样品制备方法应具有如下特点:①制备的样品具有整体代表性;②样品的化学组成分布均匀;③样品表面平整、光滑,具有可重复性;④满足所需分析各元素的无限厚度要求。适用于X射线荧光光谱分析的样品形态有固体、粉末、液体、固溶体及薄膜等种类。

14.2 固体样品的制备

固体样品如金属、矿石、岩石、矿物、玻璃、陶瓷、塑料、木材、橡胶等原始块状物,可以其原始形态或加工成规则状固体进行分析,也可制备成粉状、削状、熔融物或溶液状样品加以分析。对于未经加工的大块固体材料,可切取其中大小合适的小块,经适当的表面加工,用于仪器测量。对于钢铁、合金等金属样品,由于分析要求严格,通常需经切割、表面研磨、清洗和抛光等加工处理,制成表面规则的样品。考虑到表面光洁度对 X 射线荧光强度的影响，样品表面需用砂纸、绒布或氧化铈类抛光粉进行精细抛光，制成无磨痕的光滑表面，以消除纹路取向差异引起的屏蔽效应。测量样品中的轻元素低能谱线如 AlKα 或 SiKα 线时，表面光洁度必须达到 $10\sim50\mu m$ 的量级。测量重元素的短波谱线时，表面光洁度要求可适当降低；对于软质、韧性或延展性强的有色金属及其合金，禁止使用研磨、抛光等表面处理方法，应采用电解抛光或火花腐蚀等方法进行表面抛光处理，但这种方法可能损伤样品的某些成分。因此，在加工有色金属及其合金样品时，首先用切割方法取出大小合适的样块，然后用车、铣、刨等机械方式加工表面，防止表面污染；对于玻璃、陶瓷等固体类样品，其表面可采用研磨、抛光等方式处理。固体样品的表面粗糙度对样品元素的谱线强度会产生不同程度的影响，是导致分析误差的重要原因。表面粗糙度的影响随分析线的波长而变，谱线波长越长，影响越严重。固体样品的表面划痕、磨痕及抛光纹路对分析线强度的影响称为屏蔽效应，是产生分析误差的另一重要因素。当纹路或磨痕的取向平行于入射辐射与荧光辐射构成的平面时，光谱强度不受任何影响；当磨痕及纹路取向垂直于入射线与荧光出射线构成的平面时，分析线的测量强度会受到严重的屏蔽影响。现代光谱仪中专设了样品的自旋装置，通过样品的自旋，有效消除表面划痕、磨痕及抛光纹路的屏蔽影响（如图 14.1 所示）。用氧化铝、氧化硅及氧化铈等磨料进行钢、合金及钢制品的表面处理时，磨料残留物可能污染和干扰样品中硅、铝及稀土元素的准确测定。铸造和轧制的金属表面极不均匀，含有氧化层、杂质及夹杂物等，使表面结构粗糙、晶粒粗大、形成缩孔等，影响分析线强度的准确测量。在处理此类样品的表面时，应防止由于氧化或腐蚀等作用损伤样品中夹杂物等组分，使分析结果偏低，甚至使表面失去整体代表性。金属样品受热时可能使其中某些成分向表面优先扩散或氧化；易挥发成分可能直接升华而影响分析质量。

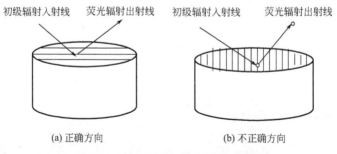

图 14.1　平行磨痕、抛光纹路的取向

炼铁或炼钢过程中要求用固体法进行高炉生铁和铸造生铁的直接测定。生铁或铸铁在急速冷却过程中会形成白口化。因此，生铸铁的表层有"白口"与"灰口"之分。所谓"白口"和"灰口"是指铁件的断口状态。"白口铁"的断口呈白色、有金属光泽、晶粒微小;"灰口铁"的断口呈灰色、无金属光泽、晶粒粗大。"白口铁"由铁水急冷形成,灼热的铁水在极短时间内迅速固化,其中碳和硫大多呈现铁的碳化物或硫化物状态。白口铁的晶粒细小,化学成分分布均匀;铁水缓慢冷却固化,会形成"灰口铁",其结构疏松,晶粒粗大,化学成分分布不均匀。光电直读光谱以电弧或火花放电方式激发样品,由于灰口铁导电性差,火花难以激发。对于 X 射线荧光分析,尽管不存在激发问题,但灰口铁的化学成分不均匀,样品的整体代表性差,无法获得准确的分析结果。生铁的白口化程度由表面至样品深处递减。为提高生铁的白口化程度,必须采取若干特殊措施:①使用以铜为底模的钢制浇铸模具,提高急冷的导热效率;②一次完成浇铸,防止铸件产生裂纹或断裂;③采用粒度坚硬,黏结牢固的砂布、砂纸、沙盘或砂轮打磨样品表面,去除表面硬化层。禁止使用切割方式制备样品表面,以保护样品的白口层(2～3mm)。

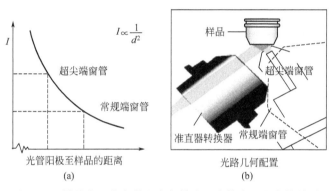

图 14.2　样品表面的光谱强度与样品至光管窗口距离的关系

测量固体样品时,必须严格控制样品表面至 X 光管窗口的距离。如图 14.2 所示,样品表面接收的初级辐射强度与光源至样品表面距离的平方成反比:

$$R(\mathrm{kcps}) = f(1/d^2)$$

当样品表面的平整度或粗糙度不同时,由于距离差异及屏蔽效应,直接影响样品发射的分析线强度的稳定性。缩短 X 光管与样品的距离可使样品表面 X 射线的辐照强度呈平方规律增加。因此,样品杯的加工精度直接影响光谱强度的准确测量,如图 14.3 所示,样品杯侧环至杯底的距离(X),直接决定样品表面至光管窗口的距离。这一距离的加工必须非常精密准确。据实验观察,样品基准高度的定位误差为 $\pm 100\mu m$ 时,样品表面初级辐射的强度误差受反平方律的制约。从理论上,这种定位误差引起的强度误差将超过 $\pm 1\%$。为了缩小这种误差,必须提高加工精度。此外,当 X 光管倾斜放置时,样品表面测量强度的变化并不遵循反平方律。实验

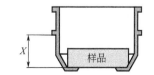

图 14.3　样品杯加工精度与样品表面光谱强度测量精度的关系

证明，在这种条件下，样品基准高度的微小变化，可使光谱强度的变动小于0.1%。因此，在现代光谱仪的设计中，光管窗口是倾斜设置的。

众所周知，固体样品的表面粗糙度是影响强度测量的主要误差因素。由图14.4可见，Al-Si 合金中 SiKα 的光谱强度随表面粗糙度的增大而降低，但在青铜中 SnKα 的辐射强度随粗糙度变化影响不明显。实验证明，表面粗糙度一定时，分析线的测量强度随波长增大而降低；当谱线强度一定时，波长越长，对样品表面的粗糙度要求越高。金属、陶瓷或玻璃样品加工后，测试面必须清洗。通常可用湿洗和干洗两种方法清洗。陶瓷圆片用高纯溶剂清洗，否则溶剂挥发后会残留污染。固体样品可用车床、铣床或磨床加工或用金刚石抛光。其表面的最大粗糙度决定于砂轮片的粒度或切削速度。切削速度越快，粒度越粗，表面粗糙度就越大。用细砂纸加工，由于时间长，样品易受热产生交叉污染。用同一片砂轮研磨组分差异很大的不同样品时，特别容易产生交叉污染。

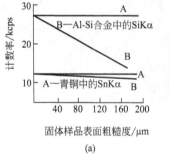
(a)

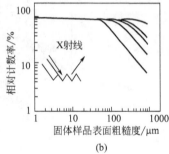
(b)

谱线	λ/nm	μ/ρ
MoKα	0.071	22
CuKα	0.154	45
FeKα	0.194	73
PbLα	0.118	125
AlKα	0.843	315

图 14.4　表面光洁度或粗糙度对光谱强度的影响

14.3　粉末试样的制备

粉末试样包括①矿物、矿石、岩石、炉渣、水泥、陶瓷、玻璃等物料的粉碎物；②金属锉屑、切屑、钻屑及车屑；③各种金属氧化物；④溶液的沉淀物或残渣；⑤土壤及水系沉积物；⑥灰化、烘干或冻干的有机物及生物材料；⑦各类中间合金及熔融粉碎物。粉末试样可进入仪器测量的状态分为松散状、压块或薄膜状三种类型。粉末样品自身存在的问题是：①严重的吸湿性及易与空气中的氧或二氧化碳发生化学反应；②粉末颗粒的内聚力及黏附性；颗粒越细，黏附性越强，与器件的附着力越大，越容易发生粘连（如钛白粉），难以制备成合格的样品；③组分的均匀性、颗粒度及矿物效应。为制备合格的样品，必须克服上述问题的影响。

粉末样品中，组成元素的分析线强度不仅取决于元素或化合物的浓度，而且与颗粒度等因素相关。分析线的强度随粒度减小而升高；使粉末细化到组成元素的分析线强度不再发生变化时的粒度,称为临界粒度。这种临界粒度随分析线的波长而变,波长越短,相应的临界粒度越大。

粉末样品中各组分间的矿物效应及织构效应是由于不同物相组成的晶粒差异所引起的。如图 14.5 所示,样品中的 Si 以 SiO_2 及 $Si_X Al_Y O_Z$ 的形式存在于两种不同的物相中。在这两种物相中 Si 的浓度相差很大。Al 的光谱信息仅来自组成为 $Si_X Al_Y O_Z$ 的

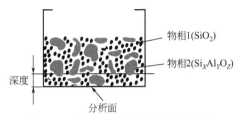

图 14.5　粉末样品中的物相组织差异

物相 2;Si 的特征 X 射线光谱信息则来自物相 1 和物相 2,受到的吸收影响则完全不同。由于物相 1 对 Si 的 K 系特征辐射完全透明,几乎不发生吸收;而物相 2 中 Si 的 K 系特征辐射受到 Al 的强烈吸收。因此,$SiK\alpha$ 的特征线强度 I_{SiO_2} 与两相中 SiO_2 的浓度及各相的体积相关;$AlK\alpha$ 的特征线强度 $I_{Al_2O_3}$ 仅与 Al_2O_3 的浓度及所在相的体积相关;在这种仅一相含 Al_2O_3,两相含 SiO_2 的两种物相(SiO_2 和 $Si_X Al_Y O_Z$)组成的物料中,$SiK\alpha$ 在两相中的灵敏度截然不同。这种影响在金属中非常少见,而在矿物中则非常普遍,而且特别严重。因此,不能仅根据分析线的测量强度估计元素的浓度,还必须准确校正矿物效应对分析线强度的影响。

在分析矿物类样品时,必须考虑试样与标准样品矿物组成的类似性。标准物质与待测物料的状态不可能完全相似。收集一系列与待测样品矿种及产地接近的样品,经湿法化学分析定值后作为标准建立校准曲线,这是解决矿物效应影响的有效方法。另外的方法是,首先选择一组与实际样品品种类似的国家标准或国际标准,通过熔融法建立校准曲线,进行定量分析,然后以此类以熔融法定值的样品作为粉末法的标准,建立校准曲线,实施样品的分析。

对于粉末样品的非均匀性影响,可采用不同的制备方法予以解决。通过研磨方式使颗粒度细化,改善样品均匀性,这种方法虽简单、可靠、经济,但十分费时;熔融法是解决样品均匀性、消除矿物效应、物相组成差异及颗粒度等物理影响的最佳方法;其优点是可用纯氧化物配制合成标准,克服标准样品的来源困难,解决样品种类及浓度覆盖范围问题。通过高温熔融破坏样品的原始状态及结晶构造,变成一种理想的非晶态固溶体。通常用硼酸盐或其混合物作为熔剂。

鉴于 X 射线的穿透特性,在样品制备过程中,通常涉及透射深度、有效层厚度及无限厚度等概念。从表 14.1 所示数据可见,辐射的穿透深度主要取决于待测谱线的波长或能量;取决于样品对辐射的吸收能力。当样品的厚度小于穿透深度时,测量的光谱信息不仅来自样品本身,而且还来自样品的支撑体或样品杯;如果样品厚度不稳定,将导致严重的测量误差;当接受的光谱信息既取决于

样品组成元素的浓度,又取决于样品的厚度时,表明样品未达到无限厚度。为克服辐射穿透样品时厚度不足的问题,更换谱线是解决样品厚度不足最简单的方法。如果样品厚度未满足某辐射透射深度的要求,可将该元素的辐射换成能量较低的另一条谱线,例如将 SnKα(25.19keV,穿透深度为 $2500\sim4000\mu m$)线换成 SnLα($3.44keV$;穿透深度为 $12\sim800\mu m$)低能谱线。表 14.1 列出了若干不同辐射能量在不同物料中的透射深度。所谓有效厚度,就是指样品发射的分析线达到最大强度 99.9% 时的样品厚度。有效厚度表征物质抵御辐射的本领,决定于物质对辐射的质量吸收系数;穿透深度是指辐射穿透样品的最大深度,表示辐射的穿透性能。关于无限厚度概念,在 9.3.3 中已加以论述。

表 14.1　几种辐射在不同物料中的透射深度　　　　单位:μm

基体	MgKα(2.5keV)	CrKα(5.41keV)	SnKα(25.19keV)
铅	0.6	4	50
黄铜	0.7	20	170
铁	0.9	30	260
氧化铁	1.6	60	550
二氧化硅	7.0	100	8000(8mm)
玻璃熔珠	12	800	50000(5cm)
水	14	900	50000(5cm)

14.3.1　松散粉末的制备

有些粉末样品由于其内聚力小,黏性差,难以压成片或团块,只能以松散形式装在特殊制备的以聚酯薄膜或聚丙烯薄膜为杯底的塑料杯内,并置于特殊的样品杯进行测量。松散样品在下照式氦气光路仪器中测量时最安全,若杯底能形成厚度均匀的辐照面,则可获得良好的测量结果。松散粉末若在上照式氦气光路中测量,必须使用特制的样品杯,才能获得平整的辐照面。

14.3.2　粉末压片

原始状粉末样品在压片前必须经干燥处理,除去样品中的吸附水及残留溶剂等。无机粉末一般须经 $105\sim110$℃ 干燥数小时或过夜。焙烧的目的是除去样品中的结晶水或将样品转化为稳定的氧化物。对于植物类样品,经烘干研磨等处理后压成圆片状试样。若样品量不足,可加入适量载体,研磨混匀后压片。添加处理的目的是根据样品的松散性、团粒性等特征及原始样品量,添加适量稀释剂、黏结剂或其他载体,保证压片的厚度及质量。对于内聚力差、难以成团的粉末样品,压片时可添加适当的黏结剂,增强样品的团聚性;对于颗粒太细、黏性太强的粉末(如钛白粉),为防止其与模具粘连,可加入适量的微晶纤维素之类的缓冲剂或分散剂,以获得表面平滑,聚合牢固的试片。对于颗粒坚硬，难以磨细的松散粉末，可添加适量的氧化铝或碳化硅等惰性助磨剂，以使粉末粒度细化并具有一定的团粒性。为降低样品基体的吸收-增强影响，可添加一定比例的氧化镧一类重吸收稀释剂，改变原始基体的平均原子量。分析中常用的黏结剂有：碳酸锂、硼酸、铝粉、硬脂酸、草酸、淀粉、硝化纤维素、微晶纤维素、聚乙烯醇、巴西棕榈蜡、石蜡、肥皂、滤纸或纸浆等；常用的重吸收稀释剂有：氧化镧、钨酸、氧化钡、硫酸钡及焦硫酸钾等；常用的惰性研磨剂有：氧化铝及碳化硅等。

使用添加剂时，如果样品中各组分的粒度与添加剂基本相同，则可以干粉形式直接与样品混合研磨；如果各种粉末的粒度粗细和形状不一致，混合前必须分别加以处理，然后混合研磨。颗粒松散、内聚力差的粉状样品压片时通常需要添加适量的黏结剂，使粉末均匀聚合，压成一种稳定的圆片。样品与黏结剂混合研磨时，黏结剂在样品颗粒周围形成一层包膜，使样品颗粒团聚在一起。黏结剂的作用：①使内聚力很低的粉末制成结实的压块；②组分、颗粒度、密度不均匀的样品通过研磨，可获得均匀性良好的压片；③以适当的压力，可制成组分分布均匀、堆积密度一致、表面平滑、结合牢固的圆片。

制备粉末样品时，混合研磨过程非常重要。通常采用手工或机械方式，用干法或湿法进行研磨。所谓湿法研磨，就是在样品中加入适量的酒精、乙醚或乙胺醇等有机溶剂的研磨方法。对于金属粉末或化学性质活泼的物料，研磨应在惰性气体保护下进行，以防止物料氧化。

众所周知，样品元素的荧光强度随颗粒度的减小而提高，这是由于样品表面空隙度减小所致。同样原因，样品中两物相之一的颗粒度减小时，产生的荧光强度高于颗粒度不变的另一相中同种元素的荧光强度。当颗粒度细化到一定程度，荧光强度开始恒定。为确定粉末样品的最佳研磨时间，可设计一种简易的实验。取一种样品置于磨罐中研磨，按 20s、40s、60s、100s、200s、300s 研磨的时间次序分别取样，在相同条件下压片；用分析线的计数率对不同研磨时间作图，观察分析线计数率随研磨时间的变化。分析线计数率变化最小时对应的研磨时间即为最佳研磨时间（如图 14.6 所示）。

常用的黏结剂添加比例（添加剂：样品）为 1：5 或 1：10，根据样品材料的内聚力强弱而定。从图 14.7 可见，当黏结剂加入量相等时，相对强度随分析线辐射波长的加长降低；对于同一辐射波长，分析线的辐射强度随黏结剂质量加大而下降。黏结剂的加入对样品具有一定的稀释作用，会影响分析的灵敏度，对波长长、能量低的轻元素分析线影响较大。因此，在分

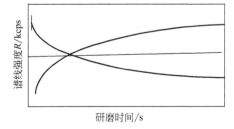

图 14.6　分析线光谱强度与研磨时间的关系曲线

析轻元素时，应控制黏结剂的加入量。黏结剂可以溶液方式加入，例如压片时滴入一定量松香丙酮溶液（200g/L），由于丙酮很容易挥发，对样品几乎无稀释作用。

图 14.7 表示黏结剂的加入不仅对样品产生稀释影响，而且产生一定的吸收影响。例如 MgKα 线和 CaKα 线，当黏结剂的加入量为 25% 时 MgKα 线的相对强度下降大于 40%；CaKα 线的相对强度约下降 10%。因此，黏结剂对分析线强度的影响随辐射能量的增大而减小。图 14.8 表示压片时压力和颗粒度与分析线强度间的关系。当压力一定时，分析线的计数率（kcps）随颗粒度减小而升高；颗粒度越小强度越高。当颗粒度大小一定时，测量的分析线计数率随制片压力的增加而提高，压力越大，计数率越高；当压力升高到一定程度时，测量的计数率不再上升，并趋于恒定。这种使测量计数率不变的压力称为临界压力。在粉末压片时，应使用临界压力以上的压力制片。

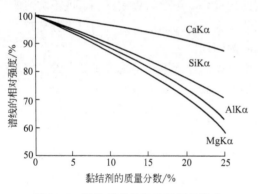

图 14.7　黏结剂对分析线强度的影响

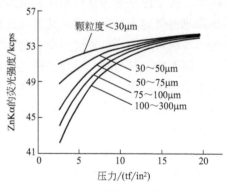

图 14.8　压力和颗粒度对分析线荧光强度的影响（$1tf/in^2 = 1.54 \times 10^7 Pa$）

使用铝杯压制粉末样品时，为获得表面平整和结实的圆片，需预先在杯底加入适量的衬垫，然后加入适量样品进行压片，但必须保持足够的样品量，以满足分析线的穿透深度及无限厚要求。硼酸是常用的衬底材料。但在用 X 射线荧光光谱法测定铝电解质的分子比时，为准确测定其中的氟化铝及氧化铝，压片时必须使用如低压聚乙烯粉作为无氧衬垫，以防止干扰氧的准确测定。

14.4　熔融法

在以硅酸盐为主体的矿物类样品中通常存在三种不同的颗粒效应：①两物相中只有一相含分析元素，但两相对分析线的质量吸收系数相同；这种粒度影响称为颗粒度效应；②分析元素仍存在于一相，但两相的质量吸收系数（MAC）差别较大，分析线强度不仅取决于粒度大小，而且取决于两相的相对吸收。这种粒度效应称为矿物效应，属于比较复杂的粒度影响；③样品中两相均含分析元素，且两相对分析线具有不同的质量吸收系数（MAC），这种粒度效应称为矿物学效应，是最复杂的粒度影响。熔融法是消除这类影响的最佳方法。

用 X 射线荧光光谱法分析各种矿物类样品的主量成分时，通常采用熔融法制备样品。通过硼酸盐的高温熔融及高倍稀释，使复杂的多晶样品转变成一种理想的非晶态固熔体，有效消除矿物效应的影响，降低基体的吸收-增强影响。这种方法被公认为一种最精确的制样方法，最早由 Claisse 提出，随后得到了广泛应用。其优点是，能使样品组分、颗粒度及密度不均匀的材料变成一种组分、密度和粒度完全一致的均匀体；使物相复杂、组织结构差异很大的多晶物质变成一种无物相差异的非晶态玻璃体，从而消除各种复杂多变的矿物效应的影响。其唯一的缺点是由于熔剂的高倍稀释，影响轻元素及痕量元素的测定灵敏度。

熔融法的基本操作过程可简要归纳为：破碎取样、研磨、按比例称取样品及熔剂、添加氧化剂预氧化（600℃）、高温熔融（1100℃）、铸片冷却固化等步骤，如图 14.9 所示。用熔融机制备玻璃片时，熔融过程均由计算机按预定程序自动操作。熔融效果取决于包括稀释比，熔剂的酸碱性，熔融温度，时间，预氧化剂类别，坩埚、浇铸皿材质及冷却固化时间等多种参数的合理选择。

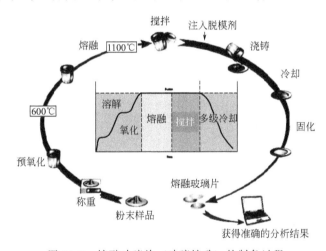

图 14.9　熔融玻璃片（玻璃熔珠）的制备过程

在选择样品与熔剂的稀释比时，应考虑熔剂的饱和及结晶等问题；有些样品需要熔剂的高倍稀释，才能完全溶解。稀释比过高会影响元素的分析灵敏度；稀释比过低使样品溶解不完全。例如石灰石及铁矿石由于稀释比过小会产生析出或再结晶等问题；制备 Cu 矿及 Cr 矿等样品时，由于稀释倍数过低，熔体与坩埚产生严重粘连等。通常使用的比例为 1∶6 或 1∶10（样品∶熔剂）。选择熔剂时，不仅要考虑样品的溶解度，熔剂类型的选择也非常重要。样品与熔剂的酸碱性必须匹配。根据中和反应的原则，酸性氧化物必须选择碱性熔剂；碱性氧化物必须选择酸性熔剂，以此合理搭配。

在选择样品与熔剂的搭配时，还需考虑样品熔融的玻璃化效果。硼酸盐与样品反应形成稳定玻璃的概率随玻璃化组分及硼酸盐的酸度指数而变。对于单氧化物，酸度指数（AI）是指氧与金属原子数之比（O/M）；对于复合氧化物，酸度指数是指化学式中的氧原子与金属原子的个数比。例如四硼酸锂（$Li_2B_4O_7$）的酸度指数为 1.17（7/6）；偏硼酸锂（LiM）的酸度指数为 1.00（2/2）；混合熔剂 LiT∶LiM（50∶50）的酸度指数为 1.11；混合熔剂（LiT∶LiM=65∶35）的酸度指数为 1.13。对于由多种氧化物组成的样品，其酸度指数的计算方法：①将样品各组分的质量分数转变成摩尔分数；②分别计算各氧化物中氧及金属原子的物质的量；③计算样品的酸度指数（O/M）。以水泥样品为例，各组分的质量分数分别为 25％SiO_2、65％CaO、5％Al_2O_3、3％Fe_2O_3、2％SO_3，其金属摩尔质量分别为：28g/mol、40g/mol、27g/mol、56g/mol、32g/mol，氧的摩尔质量为 16g/mol；各氧化物的摩尔分数分别为 0.146％、1.161％、0.049％、0.019％、0.025％；水泥样品总氧原子的物质的量为 2.275mol；总的金属原子物质的量为：1.738mol；水泥样品的酸度指数为：2.275/1.738=1.3。区分氧化物酸碱性的界限为：酸度指数大于 1.2 的氧化物为酸性氧化物；酸度指数小于 1.1 的氧化物为碱性氧化物。各种元素的氧化物在硼酸盐熔剂中的溶解特性呈现一定的规律。从周期表可见，B、Si、P、As、Sb、O、S、Se 和 Te 等元素位于周期表中第ⅢA～ⅥA族。这些元素均可玻璃化，均能溶于硼酸盐熔剂。对于玻璃化概率很低的组成，如纯熔剂的熔珠，总会产生结晶。当氧化物熔于硼酸锂熔剂中时，其酸度指数是熔剂及氧化物酸度指数的平均值。例如 SiO_2 溶于四硼酸锂中，酸度指数为 1.21（1∶9）；溶于偏硼酸锂时，酸度指数为 1.05；溶于混合熔剂（LiT∶LiM=34∶66）时，酸度指数为 1.16；氧化物在熔剂中的溶解度取决于酸度指数。对于过渡元素，特别是氧化铬及氧化铜，在硼酸盐熔剂中的溶解度很低，熔融过程中对坩埚的腐蚀和黏附严重。从溶解度的关系图可见，在整个周期表中，几乎所有元素的氧化物都可熔于硼酸盐熔剂，只是溶解度存在差异。

14.4.1 经典熔融法

在经典的熔融方法中，常用的熔剂有无水四硼酸钠、无水四硼酸锂、无水偏硼酸锂及各种比例的混合物。无水四硼酸钠（$Na_2B_4O_7$）是强碱（NaOH）与弱酸（HBO_3）的反应生成物，化学组成为 27％Na_2O，73％B_2O_3；熔点 742℃，呈碱性，易与酸性物质发生化学反应，是早期使用的熔剂。无水四硼酸锂（$Li_2B_4O_7$）是弱碱（LiOH）与弱酸（HBO_3）的反应生成物，其熔点 917℃，化学组成为 17.7％Li_2O，82.3％ B_2O_3；呈弱酸性，与碱性物质相容性好，熔融后几乎不产生结晶，性能优良。无水偏硼酸锂（$LiBO_2$）呈碱性，熔点 849℃，化学组成为：30.0%Li_2O，70%B_2O_3；易与酸性氧化物相容，流动性好，但冷却时易结晶，不能单独使用。硼酸盐的混合物主要由四硼酸锂与偏硼酸锂按不同比例混合而成，其化学组成及熔点介于两者之间，具有良好的熔融性能，不易产生结晶或破裂；四硼酸钠及偏磷酸钠，是早期使用的熔剂，除熔融含铬氧化物材料外，目前已很少使用。熔融法在实际应用中，应根据样品的酸碱性，选择相应的熔剂。对于富含 Si 和 Al 酸性氧化物的样品，通常选择呈碱性的，以偏硼酸锂（$LiBO_2$）为主成分的混合熔剂（35% $Li_2B_4O_7$ + 65% $LiBO_2$）；对于富含 Ca 及 Mg 两性氧化物的样品，选择四硼酸锂或以四硼酸锂为主的呈弱酸性的混合物（67% $Li_2B_4O_7$ + 33% $LiBO_2$）为熔剂；对于 Fe、Mn 等矿类样品通常选择呈弱酸性的四硼酸锂（$Li_2B_4O_7$）作为熔剂，也可选择相应的混合熔剂。上述矿类样品如需分析硼，则可选择偏磷酸盐作为熔剂。熔剂的溶解度随颗粒度减小、稀释比加大及熔融温度升高而提高；有些情况下，样品在熔点时溶于熔剂，但冷却时可能产生结晶而析出。因此，熔融物倾入浇铸碟后应迅速冷却固化，以防止产生再结晶、粘连甚至破裂。在 Cu 矿和 Cr 矿样的熔融过程中，经常出现此类情况。为防止玻璃体与器皿的粘连，浇铸后必须以极快的速度冷却。为解决玻璃片与器皿的剥离问题，通常只需在样品中添加少量 LiBr、NH_4Br 或 NH_4I 等脱模剂，不仅使玻璃片的剥离效果好，而且在熔融过程中会增强熔体的流动性，便于排除熔体中产生的气泡。

如上所述，熔融过程中样品的酸碱度是影响其溶解度的重要因素。化学反应中根据能量最低原理，样品与熔剂的酸碱性应合理匹配。所谓溶解度即氧化物在一定量熔剂中溶解的饱和量。如果样品与熔剂酸碱匹配，其熔融物冷却后必然会形成一种均匀、透明的玻璃体。有时溶解度也可以每 6g 熔剂能溶解氧化物的最大质量（g）表示，这一定义是根据熔融操作的实际情况确定的。

图 14.10 为四硼酸锂熔剂的玻璃化率，说明了样品与熔剂酸碱度间的匹配性能。这种匹配具有如下明确的规律：①碱性氧化物的酸度指数（O/M 原子比）

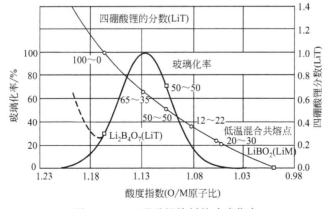

图 14.10 四硼酸锂熔剂的玻璃化率

小于或等于1时，与呈弱酸性的四硼酸锂相匹配，溶解度高，熔融效果好，易玻璃化。②金属氧化物的酸度指数（O/M原子比）大于1.25时，与偏硼酸锂含量为50%～65%的混合熔剂相匹配，溶解度高，熔融效果好。③样品与熔剂的比例大于1∶3时，富含SiO_2、Al_2O_3或SO_3的样品，易溶于偏硼酸锂；当混合熔剂中偏硼酸锂的含量大于35%时可使硫保持在熔融物中。④过渡元素随熔剂的酸度不同呈现不同的价态，熔剂的碱性越强，过渡元素的氧化态越高，熔融效果越好。以碱性氧化物为主的样品，选择四硼酸锂酸性熔剂，其溶解度高，熔融效果好；以酸性氧化物为主的样品，选择以偏硼酸锂为主，呈碱性状态的混合熔剂，熔融效果好。石英（SiO_2）是典型的酸性氧化物，其酸度指数为2，在酸度指数为1的碱性熔剂偏硼酸锂（LiM）为主的混合物中，溶解度高于其他氧化物。过渡元素氧化物在熔融过程中的行为可根据酸碱中和的原理选择最佳熔剂。以上讨论熔剂的选择，仅限于典型的氧化物。实际分析中，经常遇到含非氧化性化合物的样品，即这种样品中含有大量还原性物质。还原性物质在高温下不溶于硼酸盐，具有强烈的腐蚀作用。非氧化性物质主要包括铁合金、硫化物（各种硫精矿）、氮化物、碳化物以及亚氧化物（Cu_2O）等；如果样品中存在还原性物质时，熔融前必须进行预氧化处理，使还原性物质转化成氧化物，这是非常关键的步骤。如果忽略这一问题，样品中的还原性物质在高温下将与铂金坩埚发生合金化反应，形成热膨胀系数完全不同的合金，导致铂金坩埚加热或冷却时破裂。此外，有些化合物如硫化物在熔融前未完全氧化，则可能大量挥发。硫有SO_2及SO_3两种氧化物形态。SO_2极易挥发，还原性强；SO_3不易挥发。为防止挥发现象的出现，应选择适当的氧化剂，通过预氧化将低价硫的氧化物转变成最高价硫氧化物SO_3；严格控制熔融温度不超过1000℃。硫的氧化物属于酸性物质，对碱性熔剂偏硼酸锂（$LiBO_2$）或以偏硼酸锂为主的混合熔剂亲和力较强，熔融效果好。熔融法在装入样品及熔剂时，必须按熔剂-样品-氧化剂-熔剂的顺序装入铂金坩埚，以防止高温下坩埚受样品的损伤而龟裂，如图14.11所示。在预氧化阶段，样品尚未熔融时，坩埚不能摆动，以防止样品溢出坩埚。在样品完全氧化、开始升温时摆动坩埚，确保熔剂与样品两相混合。这种放置物料的方法，在预氧化过程中可确保氧化剂与样品充分接触，从而提高预氧化的速度及效率，这

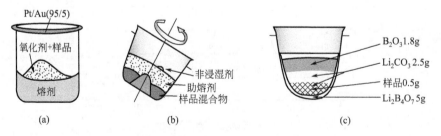

图14.11　为防止腐蚀，铂金坩埚中各种物料的填充次序

里必须指出，实际分析中使用的氧化剂通常分成：高温、低温、低效及混合四类。钠（Na）、钾（K）及锶（Sr）的硝酸盐为高温氧化剂，在高温状态下起氧化作用；锂（Li）和铵（NH_4）的硝酸盐为低温氧化剂，只能在低温状态下起氧化作用；锂（Li）和钠（Na）的碳酸盐系低效氧化剂，在氧化过程中仅起辅助的氧化作用，效率比较低；根据用途不同，混合氧化剂由不同氧化剂按不同配比混合而成。其具有多种不同的配方，大致分为强氧化及常效氧化两类。过氧化钠（Na_2O_2）及过氧化钡（BaO_2）等强氧化剂常用于铁合金及生铸铁类粉状材料及其他还原性物料的预氧化处理；铁合金是由铁与某种合金元素冶炼而成，通常为二元合金；由铁与两种以上主量元素组成的合金称为复合铁合金，是炼钢过程中调节合金成分必备的材料。其特点是合金主成分含量很高，其他元素含量低；脆而易裂，不宜切削加工，不易取得具有整体代表性的固体表面。这类样品的物相组织比较复杂，并随冶炼条件而变。用粉末压片法分析，除颗粒度、非均匀性影响外，还存在严重的物相间织构效应的影响，分析结果的准确度很差。若采用熔融法制备铁合金样品，由于所有合金成分均为还原性元素，事先必须使用合适的强氧化剂，通过充分的预氧化处理，将其完全转化成氧化物，才能通过高温熔融，破坏合金的物相结构，变成一种均匀的非晶态玻璃体，从而获得准确的分析结果。顺便指出，用熔融法制备铁合金样品时，如图 14.11 所示，样品、预氧化剂、熔剂在坩埚中的布置十分重要，坩埚在放置样品前必须预先在其内壁制作一层四硼酸锂玻璃保护层，以完全隔绝样品和坩埚的接触。表 14.2 列出了铁合金熔融法的样品制备条件，仅供参考。常用的混合氧化剂配方为：60% $NaNO_3$+20% KNO_3+20% $Sr(NO_3)_2$，表中列举了各种合金使用氧化剂的用量。

表 14.2 各种铁合金预氧化熔融法样品制备条件

合金品种	样品与熔剂的混合比例/g						熔剂重/g	预氧化		熔融	
	样品重	$NaIO_4$	$Sr(NO_3)_2$	氧化剂	Na_2CO_3	$Li_2B_4O_7$	$Li_2B_4O_7$	温度/℃	时间/min	温度/℃	时间/min
BFe	0.25	0.05		1.25	2.00	1.25	4.75	850	6	1100	4
CrFe	0.25	0.10		1.25	2.25	1.00	4.50	850	10	1100	4
MnFe	0.25	0.05	1.25		2.00	1.50	350	850	6	1100	4
MoFe	0.25	0.05		1.25	1.50	1.25	4.25	850	6	1100	4
NbFe	0.25	0.05		1.25	2.00	1.25	3.75	850	7	1100	4
SiFe	0.25	0.05	1.25		3.50	1.25	3.75	850	7	1100	4
SiCaFe	0.25	0.05		1.25	2.50	1.25	1.25	850	6	1100	4
SiMnFe	0.25	0.05		1.25	1.50	1.50	3.50	850	6	1100	4
PFe	0.25	0.05		1.25	1.25	1.25	3.75	850	6	1100	4
TiFe	0.25	0.05	0.50		2.50	1.25	3.75	850	6	1100	4
VFe	0.25	0.05	1.25		1.50	1.25	4.25	850	6	1100	4
WFe	0.25	0.05		1.25	1.50	1.25	4.25	850	6	1100	4

混合熔剂：60% $NaNO_3$+20% KNO_3+20% $Sr(NO_3)_2$

其中几种盐类的混合物称为常效氧化剂。为了加快样品在熔剂中的溶解速度，可适当使用一些添加剂如 LiF、B_2O_3 及 Li_2CO_3 等化合物。添加 LiF 是为了增强熔体的流动性、降低熔融温度（约降低 100℃）；添加 B_2O_3、H_3BO_3、Li_2CO_3 的目的是调整熔剂中 Li 与 B 的比例，调整熔剂的酸碱性及熔融温度，提高熔融效果；由于熔体的流动性差，易黏附或浸润坩埚，应适当添加如溴化锂（LiBr）、溴化铵（NH_4Br）、碘化钾（KI）或碘化铵（NH_4I）等卤素化合物，以增强熔体的流动性及剥离效果。这种添加剂称为非浸润剂或脱模剂，其作用是减小熔体与坩埚间的表面张力，增强熔体的流动性。在熔融物的浇铸固化过程中，非浸润剂会在玻璃体表面形成一层类似肥皂的包膜起润滑作用，改善玻璃熔珠的剥离性能，防止玻璃体与坩埚或浇铸皿间的粘连。为了降低基体影响，可添加适量的重吸收剂如镧（La）、铈（Ce）及钡（Ba）的氧化物，改变样品基体的平均原子量及原始基体的性质。由于新生代软件中对于基体效应的数学校正模型已十分完善，这种实验处理方法已很少使用。这里必须强调，采用熔融法制备铁合金样品时，具有较大的风险，处理不当极易损坏坩埚，尽量避免使用。熔融法十分有利于内标元素的加入与应用。由于卤族元素在高温下具有很强的挥发性，熔融过程对这种添加剂会产生一定的影响；另外，卤族元素的光谱线可能会与样品中某些元素的分析线重叠。因此，必须严格控制熔融条件，尽量降低样品中脱模剂残留量的波动。图 14.12 表示碘及溴的挥发特性。其挥发量随熔融温度及时间而变动。

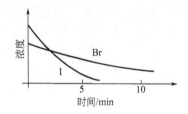

图 14.12 脱磨剂的挥发特性

脱磨剂的用量一般为 20～50mg，通常配制成溶液，在熔融前加入样品；或将卤化物与适量黏结剂混合压制成小片，在熔融的关键阶段加入熔体，起调节熔体流动性及剥离作用。

在用熔融法制片的操作过程中，熔融片经常会出现一些质量问题。如玻璃片突然破裂、失去透明度（失透）、产生再结晶等现象。图 14.13（a）显示熔融玻璃体的冷却固化曲线和结晶曲线，表示冷却速度对玻璃体固化的影响。实际上，冷却固化曲线比较稳定；结晶曲线稳定性差，且随熔融玻璃体的成分变动。因此，必须快速冷却，使玻璃体的冷却曲线远离结晶曲线。观察图中冷却曲线与结晶曲线的相互关系可见，熔融玻璃体在冷却过程中的物理状态变化。偏硼酸锂（LiM）的冷却曲线离结晶曲线时间坐标的原点最近，四硼酸锂（LiT）向右偏离，四硼酸钠（NaT）向右偏离最多。偏离越多，越不易结晶；曲线 1 称为熔融玻璃体的结晶曲线，表示熔融体从液态至固态，结晶温度与冷却固化时间的关系，随玻璃体成分的变化而左右移动；对于纯硼酸钠，曲线右移最多，最不易结晶；对于偏硼酸锂，曲线左移最多，最容易结晶；四硼酸锂居中。熔体浇注时，浇注碟的温度应保持在 400～450℃ 之间。曲线 2 表示熔融玻璃体铸模后在碟内维持高温退火，时间长温度变化缓慢，与结晶曲线交叉，玻璃体开始快速结晶产生应力而破裂，玻璃体类似于偏硼酸锂容易出现这种情况。与曲线 2 相比，曲线 3 由于玻璃体组成 Li/B 比例不当，玻璃化程度不足而稍向右移，并在较低的温度与结晶曲线相遇，冷却过程中开始结晶，出现白斑、失透、粘模甚至破裂，少许变动玻璃体的成分，可避免产生结晶。曲线 4 表示熔剂的 Li/B 匹配适当，玻璃化正常，可在空气中快速冷却，不必进行退火处理。曲线 5 表示冷却速度过快，产生极强的内应力，而导致固化的玻璃体破裂；维持适当的退火时间，对于消除内应力是十分有益的。由此可见，熔融玻璃体在冷却过程中，出现质量问题的基本原因已十分明确。在熔融体的冷却过程中必须注意严格控制冷却固化速度。熔融物从液态至固态的冷却过程必须遵循一定的相变规律。严格控制熔融过程的每个环节，按正常速度浇铸、冷却和固化。图 14.13（b）表示偏硼酸锂（LiM）、四硼酸锂（LiT）及四硼酸钠（NaT）三种玻璃体的结晶曲线。

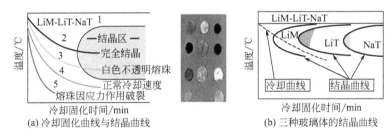

图 14.13 熔融体的冷却曲线与结晶曲线

14.4.2 熔融设备

制备玻璃片的高温熔融炉有三种加热方式：①燃气方式，以丙烷为加热气体，其特点是燃烧完全，温度高，升温快；②电加热，以硅碳棒为加热元件，最高温度 1300℃，加热均匀可控，热区的温度分布比较均匀；③高频感应炉，通过高频线圈与坩埚感应的方式加热，这种方式升温快、操作安全，使用方便。熔融反应一般需要 1000℃ 以上的高温。早期常使用煤气灯或马弗炉加热，制备熔融片。当前已基本采用自动化程度较高的熔融炉。熔融炉的加热方式及使用的设备大致可分为以下四种。①马弗炉。完全依靠手工操作。用这种操作方式时，操作人员必须具备熟练的操作技巧和经验，才能获得重现性良好的熔片。熔融操作时，每隔 5min 取出坩埚摇动搅拌一次，以均化熔体，排除气泡。每一熔融周期至少摇动搅拌三次，然后铸模，冷却固化。这种方式尽管比较落后，但使用比较灵活，预氧化方便。制片的重现性视操作人员的熟练程度而定。制片的效率取决于马弗炉的炉膛大小及配备的坩埚数量；炉膛越大，容纳坩埚的数量越多，操作效率越高。但熔片过程产生的人为误差较大。②硅碳棒加热炉。目前国内已生产多种硅碳棒加热熔样炉，其技术水平、自动化程度及质量正在不断提高。一般每

(a) 双头全自动电热熔融炉　　(b) 四头半自动电热熔融炉　　(c) 国产四头硅碳棒加热熔融炉

图 14.14　硅碳棒电热熔融炉

炉可同时熔融 4~6 个样品，采用人工或自动铸片方式。图 14.14 介绍三种硅碳棒电热熔融炉，其中图 14.14（a）是荷兰帕纳科公司产的全自动电热熔融炉，一次可完成两个样品的熔融片制作，冷态至冷态全自动操作；图 14.14（b）是澳大利亚产四头半自动电热熔融炉，人工铸片。目前已有国产化的电热熔融炉［图 14.14（c）］，自动化程度正在逐步提高。制片过程及各种熔融参数均由电脑控制，熔融温度稳定，熔融效果良好，制片质量稳定；一次最多可熔融 4~6 个样品。③燃气式熔融炉。这种熔融方式是通过高热燃料加热实现高温熔融的。丙烷是最常用的清洁、高效燃料。但这种熔融方式的控温精度稍差。其温度的稳定性取决于燃气流量及气压的稳定性。使用燃气炉时，坩埚必须处于安全的氧化性火焰中，应避免接触还原性火焰，防止损坏坩埚。图 14.15 列出了两款燃气式熔融炉，燃烧气体均为丙烷。④高频感应炉。高频感应炉的工作原理是，依靠铂金坩埚与感应圈间的高频或中频感应加热。坩埚在高频振荡的电磁条件下，感应发热使样品熔融。这种熔融方式具有速度快，能耗低，操作舒适安全等特点。由于发热靠坩埚材料的原子振动实现，温度控制不如硅碳棒电热熔融炉稳定。因为高频感应温度随坩埚形状、尺寸、重量及其在感应圈中的相对位置而异，难以准确地控制。图 14.16 列出了数种机型。高频加热方式，升温速度快、能耗低、安全。

(a) 加拿大Claisse公司三头式燃气炉　　(b) 加拿大Claisse公司六头式燃气炉

图 14.15　燃气（丙烷）式熔融炉

(a) 德国HERZOG　　(b) 荷兰帕纳科MiniFuse型　　(c) 法国PerX3型

图 14.16　单头高频感应加热熔融炉

就温度控制的重现性而言，单头方式优于多头加热方式。电加热方式的熔融速度快慢可控、成本低、安全、温度均匀，控制准确；燃气加热方式，熔融速度快慢可控，但耗气量大，采用多头熔融时必须严格控制各燃气头间气体流量的一致性，以确保熔片的一致性。无论采用哪种加热方式，所用坩埚及浇铸器皿的材料是相同的。表14.3列出了坩埚材料的性能数据。通常用 Pt/Au（5%）合金制成坩埚及浇铸碟，其耐热温度为1660℃；这种 Pt/Au（Zr, Y）材料的温度、晶粒组织稳定，具有一定的硬度，耐腐蚀，使用寿命长，浇铸碟不易变形。样品表面是碟底影像的反映，碟底的平滑度直接影响样品表面的平整度及分析结果的精度。目前有两种流行的坩埚材料：Pt/Au 和 Pt/Rh 两种合金材料，其使用性能有所不同。特殊情况下还可使用玻璃碳坩埚。使用这种坩埚时，浇铸后无任何残留物，不会发生粘连。但使用寿命较短，每个坩埚通常能制备5～10个熔融片。

表 14.3　坩埚材料性能比较

性能	Pt	Pt-10Rh	Pt-5Au	Au
密度/(g/cm^3)	21.45	19.99	21.33	19.32
熔点/℃	1770	1850	1660	1064
电阻率（0℃）/$\mu\Omega$	9.85	18.400	18.50	2.06
耐温系数（0～100℃）/℃$^{-1}$	0.0039	0.0017	0.0021	0.004
退火硬度/HV	40	90	90	26
最佳抗拉强度（20℃）/(N/mm^2)	125	300	345	120
抗拉伸（20℃）/%	40	35	24	42
耐玻璃浸润（玻璃1200℃等效接触角"E"）	26	45	83	

铂金坩埚及浇铸碟使用以后必须清洗干净以防污染。常用稀盐酸、熔剂及柠檬酸超声等方法清洗。采用稀盐酸清洗时，将坩埚置于存有1:5稀盐酸溶液中适当加热清洗，然后用蒸馏水洗净，烘干；这种清洗方法适于坩埚残留物较多的情况；使用超声清洗方法时，以2mol/L的稀盐酸或10%的柠檬酸溶液作为清洗液，在50～60℃的温度下进行清洗。使用盐酸溶液清洗时，严防清洗液中混入硝酸根。

14.4.3　离心浇铸重熔技术

上节主要讨论岩石、矿物、土壤、炉渣、水泥及耐火材料等以氧化物为主体的硅酸盐、碳酸盐类物料的熔融制备，对于含非氧化性成分的样品，采用熔融法时应首先用预氧化技术，将非氧化性元素转变成氧化物，然后进行熔融制片。以还原性物料为主体的样品如各种铁合金、稀土硅铁、稀土镁硅铁合金及其他中间合金，采用粉末法分析无法获得准确的分析结果。近年来，在钢铁及有色金属等行业的自动化分析系统中，为解决生铁、铁合金、稀土硅铁、稀土镁硅合金及其他中间合金的样品制备问题，采用一种高频感应离心浇铸的重熔技术，以纯铁或有色金属为载体，在真空或氩气保护下，通过高频加热重熔，将碎屑状、非均匀、无规则的各种铁合金、生铁、稀土铁合金、有色金属及其他中间合金制备成致密、均匀、物相组织一致、表面平整的固体样品，稍加处理即可用于光电直读光谱及 X 射线荧光光谱测定。这种方法的优点是速度快、操作简单、重复性好、结果准确。以铬铁合金为例，由于存在严重的相间织构效应、颗粒效应及其他非均匀性影响，无法采用粉末压片法直接分析。采用离心浇铸高频感应重熔方法非常合适。用这种方法制取的块状样品，能有效克服粉状铁合金样品的颗粒效应及物相织构效应等的影响。样品制备过程简单、快速、精密、准确。分析结果与化学分析结果比对，完全能满足常规分析要求。

高频感应离心浇铸重熔技术，通过高频线圈与金属样品感应产生的电流加热样品。感应电流在金属中的穿透深度取决于熔融的材料和工作线圈施加的频率。由于铁磁材料具有较大的电流穿透深度，感应加热的热效率高。热效率可根据 Kretzmann 的近似公式进行计算：

$$n_{th} = \frac{1}{1 + \frac{D}{d}\left(1 + 6.25\frac{\delta_2^2}{d^2}\right)\sqrt{\frac{\rho_1}{\mu\rho_2}}} \tag{14.1}$$

式中，n_{th} 为热效率；D 为感应圈的直径；d 为工作区直径；δ_2 为工作区的穿透深度；μ 为工作区的导磁性；ρ_1 为感应圈的电阻率；ρ_2 为工作区的电阻率。

为了在电导率良好的非铁磁金属中获得同样的电流穿透深度，必须选择较低的频率。由于电导率极高的非铁磁性材料加热电阻极小，为获得与铁磁材料相同的加热效果，必须具有极强的电磁场。为使一种导电性良好的金属导体具有极高的感应加热效果，必须设计一种特殊的感应加热器，采用具有特殊性能的振荡电路，产生极高的电压，并具有相应的电流流入感应圈，这种感应圈是按准串联谐振变频器设计的，由特殊的电源变压器驱动。离心浇铸高频感应重熔炉（图14.17）由真空、高频发生器、感应圈、坩埚、测温、离心铸模及控制系统组成。采用先进的感应加热系统，确保合金浇铸前快速熔化和均化成分。采用光学红外测温和热电偶测温技术，用精密的红外光学高温计测量温度。熔化使用的坩埚由

(a) 感应圈　(b) 感应圈及坩埚　(c) 坩埚-铸模离心机构　(d) TCE5型离心浇铸重熔炉

图 14.17　离心浇铸高频感应重熔炉核心部件示意图

特殊的陶瓷耐火材料制成，感应加热时，感应线圈的升降由气动装置驱动。离心浇铸装置的浇铸臂位于支点转动轴向的一端，有利于离心机旋转时使浇铸方向始终指向铸模。浇铸臂设置配重装置，其旋转由马达驱动；最大离心转速、速度调整、浇铸温度及其他工艺参数均汇编在使用的计算机程序中。操作面板简单、操作方便，仅用一按键控制浇铸过程。在触摸屏上完成浇铸程序的汇编，实现操作过程的监控。采用先进的 TOPCAST 感应加热系统；在感应线圈与电源之间设置安全保护，确保操作安全。采用自适应控制技术控制操作。使用数字技术使设备操作灵活可靠。用光纤通信技术增强设备的抗干扰能力。一些常用合金熔融使用的坩埚及相关条件已汇编在预定的程序中。对于首饰合金、牙科合金、工业合金、金、银、铂、钯、钢、铬、钴、铝、钛等物料的重熔浇铸参数也预先设置在相应的程序中。

14.5 液体试样的制备

液体在许多方面几乎成为一种理想的样品类型。如果所有元素均存在于溶液中，显然这种样品是一种不存在颗粒度等物理影响的均匀体。制备标准样品非常容易，可获得理想的定量分析结果。这种方法的主要弊端是由于稀释的原因，在分析轻元素时，分析线辐射透过样品杯窗口时强度严重衰减而难以分析。另外必须注意，液体或熔融样品的稀释倍数并不等于分析线强度的衰减倍数，这是两个不同的概念。以 Cu 为例，样品按 100∶1 稀释，但强度仅按 2.5∶1 衰减。液体样品的测定大致分为直接法、富集法及滤纸片法等。

14.5.1 溶液法

液体试样必须置于特殊的样品杯中，然后进入光谱仪测量，这种液体样品杯是用一种能经受 X 射线辐照的薄膜封底构成的，液体样品必须在惰性气体或氮气保护下测量，由于真空状态会使液体沸腾而严重破坏仪器，绝对禁止使用。氦气状态是测量液体的最佳选择。液体样品如何满足无限厚要求是影响测量结果的关键问题。液体通常由轻基体组成，辐射的穿透深度可能超过样品的厚度。为了满足液体样品测量的无限厚要求，应选择元素的低能辐射作为分析线，并在低电压下操作。此外，液体杯中容纳的溶液质量或体积必须保持一致。因此，分析液体的测量条件必须符合如下要求：①光谱仪的光路必须保持在氦气状态；②选择溶液中能满足无限厚要求的最重元素的低能谱线作为分析线；③准确称量样杯中溶液的质量及体积，计算相应的密度，并保持一致；④液体杯封底薄膜与液体试样无浸润作用，不发生化学反应，能保持长时间稳定（如图 14.18 所示）。为检查液体杯底薄膜的渗漏，可在装有液体的杯底垫一片吸附滤纸，进行检漏。杯底薄膜的厚度决定辐射的透过率及防漏能力。其厚度越薄，辐射的透过率越好，但

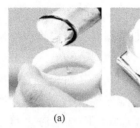

图 14.18　液体杯中定量加入溶液

容易泄漏。常用的几种薄膜含有不同的杂质。其中聚酯膜（Mylar；$C_{10}H_8O_4$）中含有 Ca、P、Zn、Sb 等元素；聚丙烯膜中含有 Al、Ti、Fe、Cu、Si 等杂质；聚酰亚胺（Kapton）薄膜非常纯净。尽管从图 14.19 可查找薄膜的透过率，但选择时尚需考虑其他影响因素，例如：薄膜越厚，越难穿孔；有些薄膜可能无法长时间承受样品重量等。

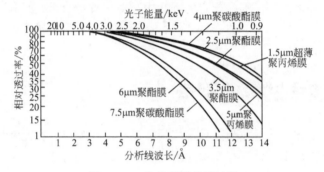

图 14.19　各种薄膜的透过率

液体分析常用的方法有：标准加入法、稀释法、共沉淀法及离子交换法等。对于液体分析而言，标准样品非常容易制备。因此，在用 X 射线荧光分析液体时，几乎不用标准加入法；在分析高浓度元素时，可能会采用稀释方法降低基体影响。分析油中的添加剂专门采用这种方法。共沉淀方法是一种适用于痕量元素分析的最佳方法。将少量样品（<1g）溶于适当的溶剂中，添加适当的共沉淀元素，以分离基体或干扰元素。使用共沉淀法时，需在液体样品中添加某种化学试剂，与样品元素形成沉淀，然后测定过滤的沉淀物。这种方法的优点是能使分析元素与其他元素分离。其允许的预浓缩因子很大，相应的检测极限很低。在分析 Br 时，通过共沉淀使高浓度的 K 和 Na 与其他元素分离，以此消除基体影响。共沉淀方法的另一优点是可以固体方式进行分析，仪器无需使用氦气系统。

14.5.2　离子交换法

用吸附一定量液体的离子交换树脂或滤纸，进行直接分析。这种方法与共沉淀法类似，允许的预浓缩因子很大，检测极限很低；也可以固体方式直接分析，不需要氦气系统。离子交换树脂既适用于阴离子形态，也适用于阳离子形态。这种树脂呈现颗粒状、液体、薄膜、片状或渗透型滤纸等多种形态。由于其对初级辐射具有极低的质量吸收系数（MAC），可获得很高的分析线强度，但散射背景较高。

从图 14.20 可见，不同的溶液性质及酸度对初级辐射（0.6Å）的散射强度差异非常明显。平均原子量越大，与水的差异越大，各种酸的行为差别就越大。因此，在分析液体样品时保持酸度恒定非常重要。测量低浓度元素时，分析误差决定于背景高低。不测量背景，无法获得精确的分析结果。测量液体样品时，如果仪器无氦气系统，也可

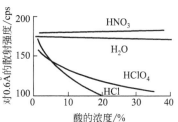

图 14.20 各种酸的浓度对初级辐射散射强度的影响

用其他预浓缩方法测量，其检测极限极低。这些方法有：①微量滤纸片法；②蒸发斑痕法；③蒸发残渣熔融法等。液体分析的沾污可能来自样品制备或取样设备；也可能来自尘埃或样品制备使用的化学试剂或交叉污染。液体分析中出现的样品损失可能来自操作中的非定量转移（称重、稀释等）或样品的传递损失。

参考文献

[1] Bertin E P. In principles and Practice of X-Ray Spectrometric Analysis. Plenum, New York, 1970, 16.
[2] Tertian R, F Claisse. Principles of Quantitative X-Ray Fluorescence Analysis. New York: John Wiley, 1982.
[3] Bertin E P. Principles and Practice of X-ray Fluorescence Analysis: 2nd Edn. New York: Plenum, 1975.
[4] Berks L S. X-Ray Spectrochemical Analysis: 2nd ed. NY: Interscince, 1969.
[5] Anzelmo J, Seyfarth A, Arias L. Approaching a universal sample preparation method for XRF analysis of powder materials. Adv X-Ray, 2001.
[6] Jenkins R. An introduction to X-Ray Spectrometry. London: Heyden, 1974.
[7] Bertin E P. Anal Chem, 1964, 32: 826.
[8] van Zyl C. Rapidpreparation of yobust pressed powder briquettes containing a Styrene and wax mixture as binder. X-Ray Spectrom, 1982, 11: 1.
[9] Lachance G R, Claisse F. Quantitative X-Ray Fluorescence Analysis: Theory and Application. Baffins lane UK: Wiley, 1995.
[10] James P Wills, Andrew R Duncan. A practical guide with worked examples. PANa lytical B V Almelo The Netherland, 2007.
[11] Rene E Van Griken. Handbook of X-Ray Spectrometry Revised: 2nd edition. New York-Basel: Marcel Dekker Inc, 2001.
[12] 谢忠信，赵宗玲，张玉斌，等.X射线光谱分析.北京：科学出版社，1982.
[13] Bertin E P. Introduction to X-Ray Spectrometry New York: Plenum, 1978.
[14] Bertin E P. X射线光谱分析导论.高新华，译.北京：地质出版社，1983.
[15] Willis J P, Duncan A R. Workshop on advanced XRF Spectrometry. PANalytical BVAlmelo, 2008.
[16] Fernand Claisse, Jimmy S. Blanchette Physics and Chemiistry of Borate Fusion For X-ray Fluorescnce Spectroscopists. Fernand Claisse Inc, 2004.
[17] 克莱斯，布兰切特.硼酸盐熔融的物理与化学.卓尚军，译.上海：华东理工大学出版社出版，2006.
[18] Tertian R, Claisse F. Principles of Quantitative X-Ray Fluorescence Analysis. London: Heyden, 1982.
[19] James P Willis. Glass beads by borate fusion for Sample prepration. The Analytical X-ray Co, 2010.

第15章

应用实例

15.1 痕量元素分析

15.1.1 概述

痕量元素分析中,分析线峰底背景、光谱重叠及基体影响的校正与物料中主要成分的分析截然不同。本节介绍的痕量分析方法在测定物料中检测限(LLD)至 $3000\mu g/g$ 的元素时可获得准确的结果;在样品类型及组分变化十分复杂的条件下测定浓度水准低于 $\mu g/g$ 级的痕量元素时,仍能获得可靠的结果。其要点在于:①峰底背景的测定,以多个空白标准测量分析线峰位及偏置点背景,以强度为基准计算背景校正系数,以插值法计算分析线的峰底背景。②用多个空白标准或干扰标准,测量分析线峰位的干扰线强度及干扰元素的非干扰线强度,以强度为基准,计算样品基体干扰线对分析线的加权平均校正系数。③用空白标准测量光管靶线及杂质线的强度,以杂质线与靶线的强度比计算杂质线的重叠校正系数,这种计算方法适于杂质线与靶线间无主元素吸收限时使用(如Cu);另外,也可以光管杂质线的净强度与其质量吸收系数(MAC)的回归(如CrK)计算重叠校正系数。④鉴于痕量元素的分析线强度主要受基体的吸收影响,采用质量吸收系数(MAC)法校正基体对痕量元素的影响。所用质量吸收系数(MAC)可用光管靶线的康普顿散射法计算,也可通过标准样品主元素的浓度计算。如果分析线受主要元素吸收限的影响,可用跨主元素吸收限的质量吸收系数(MAC)进行校正(Nesbitt 等人提出,1976)。经典方法通常用影响系数或基本参数(FP)法校正基体影响,当主要成分未知时,经典方法就无法校正跨Fe和Ti吸收限的Co、Mn、Cr、V、Ba、Sc、La、Ce、Pr、Nd、Sm等痕量元素的基体影响。

15.1.2 背景及光谱重叠的校正方法

为获得分析线的净强度,必须准确校正分析线的峰底背景,校正基体谱线及光管杂质线的重叠影响。

（1）分析线峰底背景的校正　经典方法最多使用 4 个背景点，以 2θ 位置为基准，用多项式拟合方法计算分析线的峰底背景。如图 15.1 所示，4 个背景点的拟合曲线为三次多项式；3 个背景点的拟合曲线为二次多项式；两个背景点的拟合曲线为线性多项式，用峰位与背景点 2θ 位置的比例关系进行内插，计算峰底背景。从图 15.2 的背景曲线可见，背景强度与基体质量吸收系数的关系并不是恒定不变的。由于单点背景计算误差大，痕量分析法通常使用两个背景点的强度计算背景校正系数。如图 15.3（a）所示的背景校正是以空白标准的测量强度为基准，按拉格朗日方程计算校正系数。背景校正系数的计算公式为：

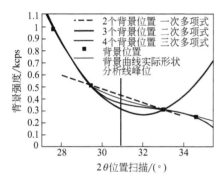

图 15.1　不同次数的多项式背景拟合曲线及背景实际形状

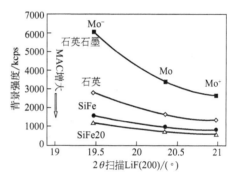

图 15.2　背景强度随基体及质量吸收系数的变化

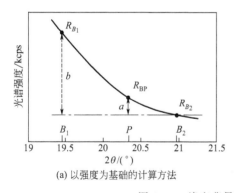

(a) 以强度为基础的计算方法

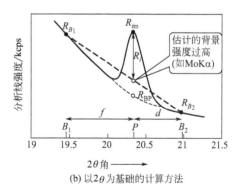

(b) 以 2θ 为基础的计算方法

图 15.3　峰底背景的两种不同计算方法

$$\text{BFAC}_1 = \frac{R_{BP} - R_{B_2}}{R_{B_1} - R_{B_2}} = \frac{a}{b} \quad (15.1)$$

$$\text{BFAC}_2 = 1 - \text{BFAC}_1 \quad (15.2)$$

式中，R_{BP} 表示峰位的背景强度；R_{B_1} 表示背景点 B_1（B−）的测量强度；R_{B_2} 表示背景点 B_2（B+）的测量强度。计算时考虑了背景的实际形状，对组分差异较大的样品非常适用。以下计算公式是用干扰标准、标准样品及实际试样计

算的峰底背景 R_{BP}：

$$R_{BP}=R_{B_1}\text{BFAC}+R_{B_2}(1-\text{BFAC}) \tag{15.3}$$

图 15.3（b）表示用经典方法以位置（2θ）为基准，按拉格朗日方程计算的背景系数：

$$\text{BFAC}_1=\frac{P-B_2}{B_1-B_2}=\frac{2\theta_P-2\theta_{B_2}}{2\theta_{B_1}-2\theta_{B_2}}=\frac{d}{f+d} \tag{15.4}$$

$$\text{BFAC}_2=1-\text{BFAC}_1 \tag{15.5}$$

分析线峰底背景的计算公式为：

$$R_{BP}=R_{B_1}\times\text{BFAC}_1+R_{B_2}\times\text{BFAC}_2 \tag{15.6}$$

经典方法用多项式拟合非线性（弯曲）背景时，尽管拉格朗日法的计算背景与多项式拟合背景相同，但由于以谱线位置（2θ）为基准，计算背景与真实背景的系统偏差大。如图 15.4（a）所示，用经典方法校正背景的校准曲线通常不通过原点，浓度可能出现负值。如图 15.4（b）所示，以强度为基准校正背景的校准曲线必定通过原点，浓度不会出现负值。痕量分析中基于分析线峰底背景与基体质量吸收系数、无干扰点背景强度及光管康普顿散射靶线强度间的线性关系，有三种计算分析线峰底背景的方法，通过单点背景的一次测量，可计算多组分析线的峰底背景［如图 15.5（a），（b）所示］。这种方法对于难以测量（能量色散）或不可能测量（同时式波谱仪）分析峰邻近背景的情况非常适用。设有靶线康普顿散射（RhKα-C）通道的同时式光谱仪中，可利用康普顿通道强度计算多组分析线的峰底背景。由于背景测量的不确定性，这种方法仅限于检测限（LLD）10～20 倍以上的痕量元素分析。这种背景计算方法具有两种计算方式。①如图 15.5（a）所示，用空白标准测量的单点背景强度计算多组分析通道的背景强度，称为强度-强度（Rate-Rate）法。这种计算方式适用于波长色散光谱仪及具有背景通道或康普顿散射通道（RhKα-C）的多道光谱仪。②如图 15.5（b）所示，用空白标准测量的分析线峰底背景与基体质量吸收系数倒数的关系计算分析线峰底背景，这种方法称为强度-质量吸收系数法（Rate-1/MAC）。这种方法

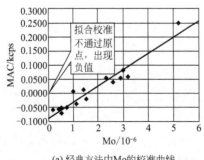
(a) 经典方法中Mo的校准曲线

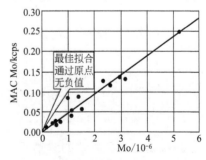
(b) 专用痕量分析法中Mo的校准曲线

图 15.4　两种不同计算方法的校准曲线

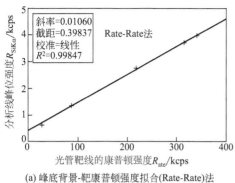 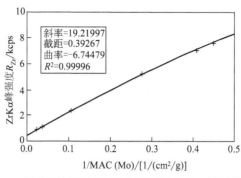

(a) 峰底背景-靶康普顿强度拟合(Rate-Rate)法　　(b) 分析线背景与质量吸收系数拟合法(Rate-1/MAC)

图 15.5　F&W 背景校正法

通常适用于检测限 5～10 倍以上的痕量元素测定。用光管康普顿峰散射靶线（RhKα-C）强度可计算诸如 Mo、Nb、Zr、Y、Sr、U、Rb、Th、Pb、As、Ga、Hf、Zn、Ta、Cu 和 Ni 等分析通道的峰底背景，大量节省背景的测量时间，并弥补多道仪器专设背景的困难。康普顿散射靶线由于强度高，统计误差小，是最合适的背景参比通道。但这种方法仅限于分析通道与参比通道间无主元素吸收限干扰时使用。岩石类样品中 Fe 是原子序数最高的主量元素，因此，该方法适用于原子序数≥28（Ni）的元素的 K 系线和原子序数≥72（Hf）的元素的 L 系线使用。如图 15.5（b）所示，使用背景强度与质量吸收系数倒数的拟合方法（Rate-1/MAC）时无须设置专用的背景通道，但需要计算相应的质量吸收系数（MAC）或计算跨主元素吸收限的质量吸收系数（MAC）；需要一组质量吸收系数具有一定变化范围的空白标准（3～4 个）。

（2）分析线的光谱重叠校正　　在 Mo～Pb 的元素范围内，不仅分析线峰位受到重叠影响，背景位置也受到类似的影响。校正分析线峰位的光谱重叠时，背景位置也要做相应的校正。图 15.6 表示 Zr 与 Sr 的光谱重叠情况。ZrKα 受 SrKβ 线的重叠影响。经典方法用标准样品的分析线强度或浓度的多元回归法计算重叠校正系数，计算的系数可能出现异常，而且需要大量标准样品。由于测量的不确定性，所获得的校正系数难以保证其可靠性。痕量分析法，以谱线的净强度为基准，用多个干扰标准的测量数据计算干扰元素（j）对分析线重叠的平均校正系数（$IFAC_{ij}$）。所用的干扰标准均含 5～6 种元素，元素间互不干扰。分析线峰位重叠线的净强度必须超过峰底背景标准偏差 4 倍以上，计算的校正系数才认为有效。如果一个分析通道包含多个校正系数（$IFAC_{ij}$）

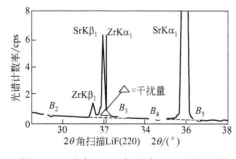

图 15.6　元素 SrKβ 与元素 ZrKα 的重叠

则用其平均值进行校正。X 光管靶元素光谱中除靶线外，通常还有 Zn、Cu、Ni、Fe、Cr 等杂质元素的谱线。这些谱线对样品中相关痕量元素的测定会产生干扰。因此，痕量分析方法中，不仅校正基体谱线的重叠影响，而且还校正光管杂质线的重叠影响。如图 15.7 所示，校正光管杂质线的干扰时，可采用两种方法：①用多个空白标准测量的杂质线强度与靶相干散射线强度比的平均值拟合，计算光管杂质干扰的校正系数（$TFAC_j$），这种方法适合于光管杂质线与靶线的相干散射峰间无主元素吸收限时使用；②用光管杂质线的净强度与杂质线（如 Cr）质量吸收系数的倒数（1/MAC）拟合，计算重叠校正系数。

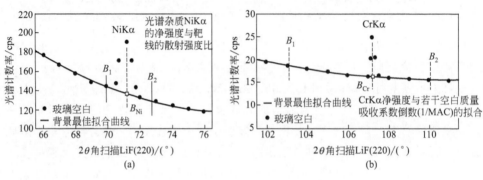

图 15.7　光管杂质元素 Ni 和 Cr 的干扰及校正

15.1.3　基体影响的校正

痕量分析中，基体影响以吸收效应为主。通常采用三种校正方法：①当主要基体元素成分已知时，可用基本参数法（FP 法）、理论影响系数法和经验系数法校正。②当主元素化学成分未知时，用质量吸收系数（MAC）法校正基体对痕量元素的吸收影响；这种方法仅限于原子序数在 21（Sc）以上元素的 K 系线及原子序数在 55（Cs）以上元素的 L 系谱线的校正。③以光管康普顿散射靶线或无干扰点背景强度为内标的散射内标法校正基体的吸收影响，这种方法仅限于 Fe 以后，各元素分析线波长与内标通道波长（RhKα-C）间无主元素吸收限干扰时使用。

当标准样品或试样的主要成分已知时，经典方法通常用基本参数法（FP 法）或影响系数法校正基体影响。如果样品的主要成分未知，则只能用分析线的净强度与康普顿散射靶线的强度比进行校正。痕量分析方法中，可用跨吸收限的质量吸收系数法校正基体对上述元素的吸收影响。校正所需的质量吸收系数（MAC）可用标样测量的光管康普顿散射靶线强度或主元素浓度计算。质量吸收系数（MAC）法通常是痕量分析方法校正基体影响的默认方法，适用于样品中 Sc 至 U 间所有痕量元素的准确测定。为用跨吸收限的质量吸收系数（MAC）校正基体影响，需要引进"特定波长范围"的概念。这种特定的波长范围可定义为，光管康普顿散射靶线与样品第一主元素吸收限间的波长及两主元素吸收限间的波长。如图 15.8 所示，在以 Fe 和 Ti 为主元素的地质样品中 Mo、Sr、Ni、Co、Cr、Sc 等元素为跨 Fe 和 TiK 吸收限的痕量元素，必须使用跨吸收限的质量吸收系数法校正基体影响。例如测定地质样品中的痕量元素 Mo 时，以基体对 MoK 系特定波长的"初级"质量吸收系数（MAC_{Mo}）与光管康普顿散射靶线（RhK-C）的强度拟合，校正基体的吸收影响，并假定此波长与康普顿散射靶线（RhK-C）波长间无主元素吸收限存在。如图 15.9 所示，用质量吸收系数（MAC_{Mo}）与光管靶康普顿散射峰（RhK-C）强度的倒数（即 MAC_{Mo} 与 $1/RhK$）拟合，校正基体的吸收影响。由于质量吸收系数（MAC_{Mo}）表征样品基体对该波长范围辐射的行为特征，也可用于校正该波长范围内其他元素谱线的基体影响。例如可用 MoK 系波长的质量吸收系数（MAC_{Mo}）校正元素 Sr 和 Ni 谱线的基体影响。由于基体对 NiK 系波长的质量吸收系数（MAC_{Ni}）与主元素 FeK 系吸收限相关，也可用于校正基体对 Sr 和 Mo 辐射的吸收影响。

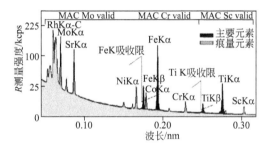

图 15.8 跨 Fe 和 Ti 的 K 系吸收限的痕量元素

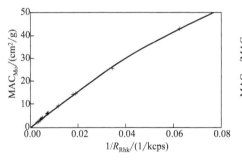

图 15.9 MAC_{Mo} 与康普顿散射靶线强度倒数（$1/RhK$）关系校正基体影响

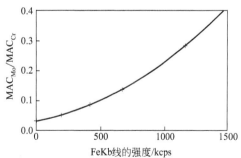

图 15.10 MAC_{Mo}/MAC_{Cr} 与 FeKβ 计数率或强度的关系

基体对跨主元素吸收限（如 Fe）的某特定波长（如 CrKα）的质量吸收系数（MAC_{Cr}）正比于"初级"质量吸收系数（MAC_{Mo}）与主元素浓度或谱线强度的组合影响，这种跨主元素吸收限的质量吸收系数（MAC_{Cr}）称为"次级"质量吸收系数。如图 15.10 所示，本例用"初级"质量吸收系数（MAC_{Mo}）和"次级"质量吸收系数（MAC_{Cr}）的比值（MAC_{Mo}/MAC_{Cr}）与主元素谱线（FeKβ）的强度（选择与吸收限更近的主元素谱线）拟合，校正基体对跨吸收限痕量元素的吸收影响。由于 Cr 的质量吸收系数（MAC_{Cr}）表示 FeK 与 TiK 两吸收限波长范围内基体的特征，因此也可用于校正基体对该波长范围内所有其他元素的吸收影响，例如校正元素 Co 和 Cr 的基体影响。跨吸收限校正必须按短波至长波的顺序进行。如图 15.11 所示，谱线 ScKα 由于跨 TiK 吸收限，其质量吸收系数（MAC_{Sc}）正比于 CrK 系质量吸收系数（MAC_{Cr}）与 TiKβ 线强度的组合影响。由于 Sc 跨 Fe 和 Ti 的吸收限，校正时必须测量 FeKβ 或 TiKβ 谱线。

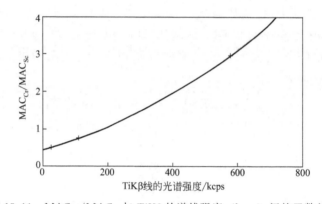

图 15.11　MAC_{Sc}/MAC_{Cr} 与 TiKβ 的谱线强度（kcps）间的函数关系

15.1.4　校准曲线

在校准仪器，建立校准曲线前，应首先用背景校正系数（BFAC）计算分析线的峰底背景；用重叠校正系数（TFAC 系数）校正光管杂质线的重叠干扰；用基体干扰校正系数（$IFAC_{ij}$）校正基体谱线对分析线的重叠影响，获得分析线的净强度。以标准样品分析线的净强度与其浓度拟合，建立校准曲线。当主元素浓度已知时，可用基本参数（FP）法、影响系数法或质量吸收系数法校正基体的吸收影响；当主元素浓度未知时，可通过光管康普顿散射靶线与分析线的强度比校正基体的吸收影响，或用康普顿散射靶线计算的质量吸收系数（MAC）进行校正。必要时还可使用跨主元素吸收限的方法校正基体的吸收影响。痕量分析方法建立校准曲线时，使用专用的校准标样。这些专用标准的主要成分为：75% SiO_2，20% Al_2O_3，5% Fe_2O_3，总量超过 99.99%；其中痕量元素的浓度在 500～4000μg/g 范围内。专用标准的制备条件是：称取 12g 标准样品，添加 3g 黏结剂混匀，然后压片。黏结剂的配方为：9g 聚乙烯粉（EMU120FD）与 1g 石蜡混合配制。待测样品的制备与标准样品的制备方法相同。

为获得真实的峰底背景、基体谱线的重叠校正系数、光管杂质线的重叠系数及质量吸收系数（MAC），在以专用校准标样建立的校准曲线基础上，适当添加若干国际及国家级标准样品，通过背景、基体谱线重叠、光管杂质线重叠及质量吸收系数（MAC）的动态调整，使所添加的标准样品与专用标准达到最佳线性拟合，从而获得峰底背景、基体元素和光管杂质线重叠及质量吸收系数的最佳校正值。以调整的校准曲线执行痕量元素的定量分析。图 15.12 表示痕量元素校准曲线的调整过程，其调整步骤为①用专用标准建立基本校准曲线；②以基本校准曲线为基准，加入若干国际、国家级标准点；③调整预定的峰底背景，使添加标准与基本校准曲线拟合；④调整预定的光管杂质及基体元素重叠系数，改善添加标准与基本曲线的拟合精度；⑤调整质量吸收系数，改善校准曲线的线性拟合精度，以获得最佳共线精度。表 15.1 列出了痕量分析结果与保证值的比较。从结果可见，大多数痕量元素的检测极限（LLD）能达到 $<1\mu g/g$ 的水准。以强度为基础校正背景、基体谱线及光管杂质线的干扰，以质量吸收系数或跨吸收限的质量吸收系数（MAC）校正基体影响，是痕量元素测定方法的基本特点，是获得准确、可靠结果的关键。

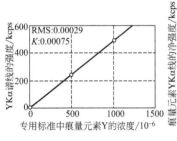
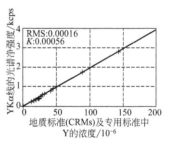

(a) 仅使用痕量分析专用标准的校准曲线

(b) 在固定专用标准基础上添加若干国家标准的曲线

(c) 经背景、干扰、质量吸收系数及光管杂质干扰调整后的校准曲线

图 15.12　痕量分析法标准曲线的调整过程

表 15.1　痕量分析结果与保证值得比较　　　　　单位：$\mu g/g$

元素	指定值	测量值	元素	指定值	测量值
Mb	2.3	2	Cu	61.6	53
Zr	55	56	Ni	13	13
Y	21.6	21	Co	24.4	27
Sr	105	104	Cr	27.7	30
Pb	2.05	1.8	V	222	221
Ca	13.6	14	Ba	131	135
Zn	74.4	80	Sc	32.7	32

15.2 宽范围氧化物分析

15.2.1 概述

诸如矿物、矿石、岩石、土壤、水系沉积物、炉渣、水泥、耐火材料、陶瓷、玻璃等硅酸盐及碳酸盐类物料，化学组成及矿物结构非常复杂。用粉末法直接测定其中的主次氧化物成分时，难以获得准确的分析结果。本节介绍一种测定硅酸盐及碳酸盐类物料中宽范围氧化物的通用方法。这种方法的主要特点是：①以硼酸锂或其混合物为熔剂，通过高温熔融，使矿物结构复杂的多晶物质变成简单的非晶态玻璃体，从而消除各类矿物效应的影响；通过熔剂的高倍稀释，有效降低基体的吸收-增强效应。②用人工合成方法配制多元素氧化物的合成标样，取代实际的化学定值标准。③以基本参数法为基础，校正基体的吸收-增强效应，准确测定硅酸盐及碳酸盐类物料中的主量及次量化合物浓度。

15.2.2 方法要点

测定硅酸盐及碳酸盐类物料中主次量氧化物浓度时，通常采用以下校准模型：

$$C_i = (D_i + E_i R_i)(1+M) \tag{15.7}$$

其中基体影响的校正项 $(1+M)$ 为：

$$1+M = 1 + \sum_{j=1}^{n} \alpha_{i,j} Z_j + \sum_{j=1}^{n} \frac{\beta_{i,j}}{1+\delta_{i,j} Z_i} \times Z_j + \sum_{j=1}^{n}\sum_{k=1}^{n} \gamma_{i,j,k} Z_j Z_k \tag{15.8}$$

式中，Z 为计数率或浓度；n 为样品的组成元素数；α 为吸收效应的校正系数；β 为增强效应的校正系数；δ 为微分校正系数；γ 为交叉影响校正系数；i 表示分析元素；j 和 k 表示基体元素。由于采用熔融法制备样品，基体效应明显减弱，产生高次荧光的交叉影响可忽略不计。因此，基体校正项 $(1+M)$ 可简化为：

$$1+M = 1 + \sum_{j=1}^{n} \alpha_{i,j} C_j$$

式中，$\alpha_{i,j}$ 系数可用理论方法或经验方法获得；C_j 表示基体氧化物的浓度。

在以基本参数（FP）法为校正基础的校准模型中，基体影响的校正项可表达为：

$$[1+M]_i = \frac{R_0/C_0}{R_i/C_i} \tag{15.9}$$

式中，R 是基本参数模型（FP）计算的分析线理论强度；C 表示氧化物的浓度；i 表示分析元素；R_0/C_0 为归一化因子，可用纯元素氧化物计算获得；校准过程中每个标准样品均需计算 R_i/C_i 因子；测定未知样品时，每次迭代必须计算新的归一化因子（R_i/C_i）；与常规方法相比，基本参数校准模型的基体校正项 M 是归一化的。校准曲线的斜率 E 及基体校正项 M 无可比性，但标准偏差（RMS）、相对计数误差（RE）、回归因子（K）是可比的。

校正模型的选择主要取决于分析要求和预定浓度范围能否获得预期的效果。如果标准样品与待测样品十分相似，选择常规方法不仅可以获得准确的结果，而且可简化基体的校正项 M。对于某些特定波长，若样品未达到无限厚度，但标准样品与待测样品的厚度始终保持一致，也可选择常规校正方法。基本参数（FP）法的优点是，校准可扩展至标准样品限定的浓度范围之外；仅需使用少量标准设定校准曲线。这些标准不要求与待测样品完全相似。

15.2.3 合成标准的配制

通常用高纯氧化物或基准试剂配制合成标准，这些试剂使用前必须按表 15.2 所示的预处理条件进行严格处理。配制每个标准样品时，以 1.0000g 总量计算各组分相应的称样量，其中氧化物若以其他化合物形式加入，必须按相应的换算系数准确计算实际称样量。表 15.3 表示氧化物合成标准各组分的散布范围。标准样品可按表中各氧化物的浓度变化范围设计配制，该方法最多配制 20 个与实际样品组成类似的合成标准。用于硅酸盐及碳酸盐类样品中 21 种氧化物浓度的测定。

表 15.2 各氧化物预处理条件

化学试剂	纯度	预处理条件	化学试剂	纯度	预处理条件
Na_2O	分析纯	110℃烘箱烘 8h	Cr_2O_3	光谱纯	1000℃马弗炉煅烧 8h
MgO	光谱纯	1250℃马弗炉煅烧 2h	MnO_2	光谱纯	110℃烘箱烘 8h
Al_2O_3	光谱纯	1000℃马弗炉煅烧 8h	Fe_2O_3	光谱纯	110℃烘箱烘 8h
SiO_2	光谱纯	1000℃马弗炉煅烧 8h	ZnO	光谱纯	110℃烘箱烘 8h
$(NH_4)_3PO_4$	分析纯	110℃烘箱烘 4h	$Sr(NO_3)_2$	分析纯	110℃烘箱烘 8h
Li_2SO_4	分析纯	110℃烘箱烘 4h	Y_2O_3	光谱纯	1000℃马弗炉煅烧 8h
K_2CO_3	分析纯	110℃烘箱烘 4h	ZrO_2	光谱纯	1000℃马弗炉煅烧 8h
CaO	光谱纯	1000℃马弗炉煅烧 8h	$BaCO_3$	分析纯	110℃烘箱烘 8h
TiO_2	光谱纯	1000℃马弗炉煅烧 8h	HfO_2	光谱纯	1000℃马弗炉煅烧 8h
V_2O_5	光谱纯	110℃烘箱烘 4h			

15.2.4 样品制备

用熔融法制备标准样品及待测样品时，首先应根据样品及熔剂的酸碱性及其溶解性能选择熔剂，经比较，选择四硼酸锂或其混合物为熔剂；选择硝酸锂（$LiNO_3$）或硝酸氨（NH_4NO_3）为预氧化剂，使易挥发成分或还原态成分获得充分的氧化。以卤素化合物如溴化锂（溴化氨）或碘化锂（碘化氨）作为脱模剂，用于调节熔体的流动性及表面张力，改善玻璃体的剥离性能。具体的样品制备条件是：称取 1.0000g 样品与 10.0000g 混合熔剂置于铂/金坩埚混合均匀；然后加入 1.5～2.0g 预氧化剂及 5～10 滴 LiI 或 LiBr 的饱和溶液；在 600℃ 温度下预氧化 5min；然后以 1150℃ 高温熔融 12min，熔融期间坩埚以一定的速度摆动，以均化熔体，排除气泡。熔毕后快速浇铸、速冷及固化，制成平整光滑的玻璃圆片。对于含硫量较高的样品，应选择 1050℃ 或更低的温度熔融，以降低硫的挥发。标准样品与待测样品的制备条件相同。

表 15.3　氧化物合成标准样品各组分的散布范围　　单位：%

名称	Na_2O	MgO	Al_2O_3	SiO_2	P_2O_5	SO_3	K_2O
含量	0～58	0～78	0～78	0～80	0～40	0～59	0～40
名称	CaO	TiO_2	V_2O_5	Cr_2O_3	Mn_3O_4	Fe_2O_3	NiO
含量	0～80	0～40	0～10	0～10	0～80	0～80	0～12
名称	CuO	ZnO	SrO	ZrO_2	BaO	HfO_2	PbO
含量	0～8	0～10	0～20	0～45	0～45	0～10	0～10

15.2.5　分析测量条件

所有氧化物的分析线都必须精确校正背景及谱线重叠的影响，以计算精确的分析线净强度。分析线背景，有偏置背景和公用背景两种。通常情况下，选择分析线的偏置点作为背景；特殊情况下选择预设的公用背景（如 Bg1，Bg2）。为节省时间，对于轻元素的分析线及重元素的低能分析线（L 系），如 Mg、Al、Si、Na、S、P、Sr、Zr 等元素，分别使用公用背景 Bg1（波长 7.59Å）和 Bg2（波长 14.796Å），计算分析线的峰底背景；对于 Fe、Mn、Cr 等高浓度元素的分析线，通常选择 Cr 的偏置背景（CrBg1）作为公用背景。除 Pb、Ba、Zr 及 Sr 选择 L 系谱线作为分析线外，其他所有元素均以 Kα 线作为分析线。分析线的峰底背景可按以下公式计算：

$$R_{i(b)真} = R_{i(b)测} a + b \tag{15.10}$$

式中，$R_{i(b)真}$ 表示分析线峰底的背景强度；$R_{i(b)测}$ 表示偏置点实测的背景强度；a，b 称为背景校正因子。背景强度 $R_{i(b)测}$ 用单元素氧化物的熔融片测量。从分析线峰位总强度 $R_{i,(P)}$ 中减去峰底背景 $R_{i(b)真}$ 即可获得分析线的净强度 R_i。用定时计数法测量时，为满足统计精度要求，分析线及背景的测量时间必须按最佳分配方式确定。对于浓度为 100% 的分析线，以收集 $4×10^6$ 的总计数为基准，按计数误差公式计算计数的相对标准偏差及分析误差。根据分析线的实测灵敏度及相应浓度的分析误差，计算分析线及背景的测量时间。表 15.4 列出了分析浓度（%）、相对计数误差（CSE/%）及相应的分析误差。计数误差及相对计数误差的计算公式分别为：

$$\text{CSE}(\%) \leqslant 0.005\sqrt{C}$$

$$\text{RE}(\%) = \frac{0.005}{\sqrt{C}} \times 100\%$$

表 15.4　浓度、相对计数误差及分析误差的换算关系

浓度/%	相对计数误差/%	误差 $\pm 2\sigma$	浓度/%	相对计数误差/%	误差 $\pm 2\sigma$
100	0.05	±0.10	5	0.224	±0.022
50	0.071	±0.07	2	0.354	±0.014
20	0.112	±0.045	1	0.5	±0.010
10	0.158	±0.032	0.5	0.707	±0.007

例如：浓度 $C_i = 20\%$；计数误差 $\text{CSE} = 0.005\sqrt{20} = 0.02236\%$；相对计数误差 $\text{RE} = \frac{0.005}{\sqrt{20}} \times 100\% = 0.112\%$；分析误差 RES＝20%±0.045%。根据谱线的测量灵敏度及分析误差要求，计算分析线及背景的测量时间。当浓度低于 0.1% 时，这种换算关系不再适用，可按检测极限的要求计算分析线及背景的测量时间。表 15.5 列出了各元素分析线可能遇到的光谱重叠。轻元素的分析线可能受重元素的低能线干扰，这些低能线的波长或能量与轻元素分析线的能量相近或与其背景位置接近。参与曲线校准的分析线必须是准确校正背景及谱线重叠的净强度。光谱重叠的校正方法在第 10 章相关章节已详细论述。

表 15.5　样品中各成分分析线的光谱重叠情况

分析化合物	干扰元素	分析化合物	干扰元素
Na_2O	Al,Mg,Sr,Zr,Ni,Zn	Mn_3O_4	Fe,Cr,Ba,Zr
MgO	Si,Al,Ca,Na,Sr	Fe_2O_3	Mn
Al_2O_3	Ba	NiO	Zr
SiO_2		CuO	Ni
P_2O_5	Sr,Zr,Cu	ZnO	Cu
SO_3	Zr,Pb	HfO_2	Zr,Cu,Zn,Pb
K_2O	Ca	$ZrO_2(L\alpha)$	P
CaO	K	Y_2O_3	
TiO_2	Sr,Ba	SrO	Si,Cr,Zr,Pb
V_2O_5	Ti,Ba	BaO	Ti,V,Zn
Cr_2O_3	V,Ba	PbO	Sr

15.2.6　方法验证

为验证合成标准及基本参数校正的准确度，通常采用公认的 K 因子法，通

过标准偏差 S 及 K 因子加以验证。S 与 K 因子的关系为：

$$S = K\sqrt{(C+W)} \tag{15.11}$$

式中，S 为标准偏差；C 为浓度；K 为品质因子；W 为权重因子。ISO 国际标准和英国 BS 标准规定：测定钢铁材料中合金元素的 K 因子应在 0.01～0.1 之间；测定硅酸盐类物料中化合物的 K 因子应在 0.02～0.07 之间。本方法选择若干不同品种的国际标准及国家标准进行验证。通过 X 荧光分析值与保证值的比较，以相关曲线的 D、E、RMS 及 K 值验证实验方法的准确度。图 15.13 列举了 Fe_2O_3 和 P_2O_5 两种氧化物荧光值与标准值的比较。Fe_2O_3 的比较结果：$D=0.019$，$E=1.000$，$K=0.066$，RMS$=0.043$，浓度范围为 0～40%；P_2O_5 的比较结果：$D=0.005$，$E=1.006$，$K=0.02$，RMS$=0.059$，浓度范围为 0～40%。验证表明，荧光分析值与标准值一致性符合 E 和 D 值分别为 1.000 ± 0.005 和 0.000 ± 0.01；K 值为 0.02～0.07 的标准要求。K 和 RMS 的计算公式分别为：

$$K = \sqrt{\frac{\sum(C_C-C_i)^2/(C_C+w)}{n-1}} \tag{15.12}$$

$$\text{RMS} = \sqrt{\frac{\sum(C_C-C_T)^2}{n-1}} \tag{15.13}$$

选择了若干不同类型的样品测定其中的主次量氧化物浓度，通过 X 荧光分析值与化学保证值的比较，验证方法的准确度。表 15.6 列出了验证样品的 X 荧光测量值与保准值的比较。结果表明，在使用熔融法的条件下，用人工合成方法配制的合成标准与化学定值标准完全等效；以基本参数法为基准的校准方法适用于硅酸盐类物料中各主、次量化合物的准确测定。该方法的工作思路也适用于混合稀土氧化物或稀土矿物类材料中稀土氧化物及非稀土化合物的准确测定。

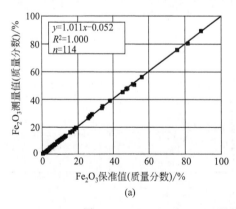
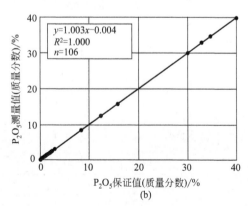

图 15.13　Fe_2O_3 和 P_2O_5 两种化合物的荧光值与标准值的比较

表 15.6 若干硅酸盐材料测量值与保准值的比较

测试样品		磷酸盐	炉渣	硅砖	铝土矿	镁砂	铁矿石
MgO/%	测量值	0.3	7.04	0.04	0.13	62.48	0.25
	保准值	0.4	7.13	0.06	0.12	61.8	0.28
Al_2O_3/%	测量值	0.52	1.73	0.89	88.74	12.38	0.54
	保准值	0.55	1.72	0.85	88.80	12.3	0.5
SiO_2/%	测量值	2.09	14.37	96.08	4.94	2.96	16.84
	保准值	2.09	14.69	95.9	4.98	3.01	16.92
P_2O_5/%	测量值	32.71	12.4	0.03	0.23		2.45
	保准值	32.98	12.3		0.22		2.44
Fe_2O_3/%	测量值	0.24	12.04	0.78	1.92	7.18	75.72
	保准值	0.23	12.1	0.79	1.9	7.23	75.69
CaO/%	测量值	51.46	44.52	1.7	0.1	1.59	3.27
	保准值	51.76	44.83	1.75	0.08	1.54	3.31
TiO_2/%	测量值	0.03	0.69	0.16	3.09	0.11	0.02
	保准值	0.03	0.7	0.17	3.11	0.13	0.03

15.3 油类分析

15.3.1 概述

工业用油类样品通常是指矿物油、润滑油、液压油、燃料油、冷却油、汽油、柴油等。高分子碳氢化合物及氧是此类样品的主要基体，其中高分子链烃类化合物（CH_2）约占质量分数的 80%～100%；氧（O）占 0～20%；硫（S）占 0～4%；B～Pb 痕量元素 0～500μg/g；润滑油中还包括 0～3% 的 Mg、P、S、Ca、Zn 等元素。不同种类油样的密度差异很大，通常在 0.7～1.2g/mL 的范围内变动。X 荧光光谱法不能直接测定高分子链烃类化合物中碳（C）和氢（H）的浓度，也不能准确测定氧（O）的浓度。用常规 X 射线荧光光谱法测定油中的重金属杂质元素时，由于基体极轻，几何效应非常严重。

本节介绍一种以基本参数法为基础的通用型定量分析方法。用这种方法测定油中的痕量杂质时，仅需用一种燃料油和生物燃料组成的标准建立校准曲线，即可用于各种油类样品中痕量元素的准确测定。无需考虑样品类型、样品的体积或密度变化等问题。

15.3.2 方法要点

油类样品高分子链碳氢基体化合物浓度、含氧量及密度等因素是影响痕量元素测定的三大难点。图 15.14 表示光管靶线的康普顿散射强度与烃基体化合物浓度的线性关系。本方法用这种线性关系确定烃基体化合物（CH$_2$）的浓度；氧是油类样品的另一种主量基体，对油中杂质元素的谱线产生明显的吸收影响，是导致分析误差的重要因素，本法用平衡法计算油中的含氧量。样品密度可在样品重量恒定的条件下，通过测定样品的体积而确定。用上述方法获得的烃基体化合物浓度、含氧量及油样密度，完

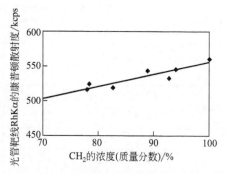

图 15.14　光管靶线的康普顿强度与烃基体化合物（CH$_2$）浓度的线性函数关系

全满足痕量分析中基体（M）影响校正的要求，无需使用其他方法测定。

分析线强度与元素浓度校准关系的数学表达式为：

$$C = D + ERM \tag{15.14}$$

式中，C 为分析元素的浓度；D 为校准曲线的截距；E 为校准曲线的斜率；M 为基体校正项，由样品的烃基体化合物浓度、含氧量及样品密度组成。理想情况下，油类样品中杂质元素的分析线强度（计数率）与其浓度应呈简单的线性关系 [图 15.15 (a) 所示]，但由于基体大幅度变动，校准曲线发生严重弯曲。真实的校准曲线如图 15.15 (b) 所示呈弯曲形状；经基本参数（FP）法的基体影响校正后，校准曲线如图 15.15 (b) 的虚线所示，呈现理想的线性关系。假定油、水或塑料等轻基体样品是由平行于表面的多层薄膜堆积而成。由于样品杯面罩及初级准直器面罩的影响，样品的荧光发射区随辐射能量的增大或波长变短呈现如图 15.16 所示的楔子形区。元素越重，谱线波长越短，荧光发射

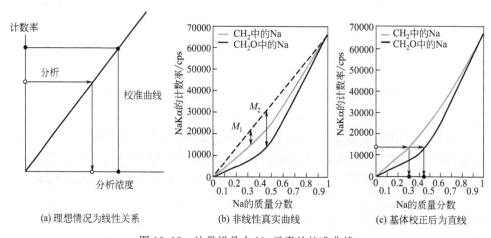

图 15.15　油类样品中 Na 元素的校准曲线

区的几何效应（楔子效应）越严重；经典的强度计算公式是以样品荧光辐射区呈圆柱形的假定为基础的，未考虑荧光辐射区形状变化产生的强度损失。因此，测量产生的系统误差是由几何效应所引起。辐射的穿透深度越深，影响越严重。

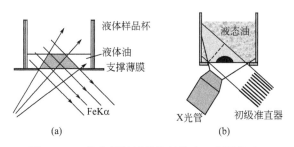

图 15.16　荧光辐照区的几何效应（楔子效应）

这种影响可用基本参数（FP）校准模型处理。校正后的光谱强度应为：

$$R_{校正} = R_{无楔子效应} - R_{楔子效应损失} - R_{非探区损失} \tag{15.15}$$

图 15.17 表示 SnKα 的光谱强度随其楔入样品的深度而变。几何效应校正后，谱线强度随辐射深度变化的曲线与实际测量的曲线形状一致。图 15.18 表示两种含氧量及烃基体化合物浓度不同的汽油和乙醇样品的校准曲线。校正前两条曲线不重合，校正了基体效应、几何效应及样品密度差异的影响后，两条曲线合成一条理想的直线。若用经典方法分析汽油和乙醇样品中的硫，必须使用两种不能共线的校准曲线。这表明分析汽油与乙醇的混合样品中的硫时，基体不同需要使用多条校准曲线。用通用方法测定汽油与乙醇任意混合的样品时，由于校正了几何效应及基体效应的影响，只需使用一条公用的校准曲线，即可获得准确的分析结果。测定润滑油中的磨耗金属时，经典方法中氧含量

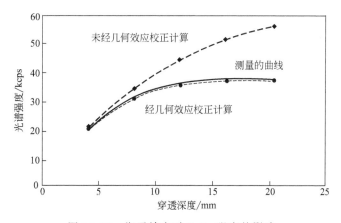

图 15.17　楔子效应对 SnKα 强度的影响

通常作为"零"处理；不考虑烃基体化合物的影响。通用方法首先通过康普顿散射法计算烃基体化合物的浓度，用差减法计算氧含量；用重量法测定样品密度。用基本参数法校正几何效应及基体效应的影响。表15.7列出了通用方法、经典方法与化学法的结果比较。通用方法的分析结果与化学结果十分接近。

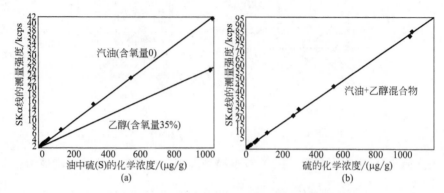

图15.18　传统多线校准与油品方法的单线校准

表15.7　通用方法分析结果与保准值的比较

磨耗金属	Na /10^{-6}	Mg /10^{-6}	Al /10^{-6}	Si /10^{-6}	Ca /10^{-6}	V /10^{-6}	Cr /10^{-6}
经典方法	256	270	271	3	25	47	143
通用方法	317	336	337	8	31	60	184
化学法	314	316	322	0	31	63	188

磨耗金属	Fe /10^{-6}	Zn /10^{-6}	Sn /10^{-6}	Pb /10^{-6}	CH_2 /%		O /%
经典方法	143	54	189	28	99.8		0
通用方法	183	65	191	31	84.7		15.2
化学法	187	63	188	31			

以分析润滑油中磨耗金属Sn为例，传统方法由于样品重量及含氧量不同，校准曲线不能重合（如图15.19所示）。通用方法建立的校准曲线，由于经过含氧量及密度校正，与样品的重量及含氧量无关，分析不同的油样时只用一条校准曲线[如图15.19（b）所示]，而且不需要再校准。

15.3.3　结论

通用方法的特点是：①用空白溶剂测量的康普顿散射靶线（RhKα-C）强度与基体化合物的校准关系确定油样中高分子链烃基体化合物（CH_2）的浓度；②用平衡法计算样品含氧量；在测量浓度标准及空白油样前首先称重定容，计算

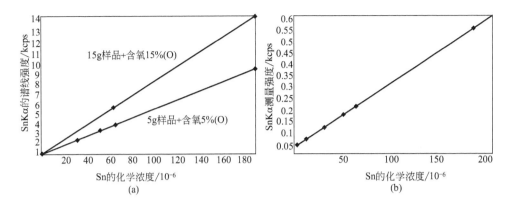

图 15.19 传统方法的多线校准（样品量及含氧量不同）(a) 和通用方法的单线校准 (b)

样品的密度；③用空白标准及浓度标准，建立 Na～Pb 间所有元素的校准曲线；④用基本参数模型及康普顿散射法校正轻基体对高能谱线的几何影响及由基体化合物、含氧量和样品密度差异引起的基体影响；⑤测量未知样品前，首先称重定容，计算样品密度，以校正密度影响。

为了保持良好的分析效果，应使用高透过率薄膜作为液体杯的杯底。测量样品时，为防止产生沉淀，应首先测量轻元素。通常情况下，油类标准与常规油样含氧量不同。通用方法只需通过平衡法计算含氧量，无需用其他方法测定。以基本参数（FP）法校准为基础的通用方法只需使用一组公用的校准曲线，即可测定废油、原油、燃料油、生物燃料油及各种混合油样中的痕量元素。

15.4 钢铁与合金分析

15.4.1 概述

各种耐热、耐腐蚀、耐磨及时效性能特殊的钢种及钴基、镍基、铁基合金是石油、化工、航空、航天、机械制造及超级发动机等生产与科研的重要原料。光学发射光谱分析仅适用于碳素钢、中低合金钢等材料的中低含量合金成分的测定；X射线荧光光谱法，由于分析范围宽和基体影响的校正模型完整、准确而广泛用于特殊钢、合金及各种工程材料的质量控制分析。本节介绍一种测定钢与合金多种成分的通用方法。该方法是以基本参数（FP）法校正为基础，用多种国际标准、国家标准及若干特种材料建立校准曲线的校准方法，并以预选的若干设定标准，确保校准数据在不同仪器间转移使用。表 15.8 列出了该方法分析的合金元素校准范围。通用方法最多可测定 21 种合金元素的化学成分。

表 15.8　通用方法中各种合金成分的校准范围

元素	浓度范围/%	元素	浓度范围/%	元素	浓度范围/%
Al	0.01~9	Mn	0.01~20	Nb	0.01~6
Si	0.01~2	Fe	0.01~99	Mo	0.01~30
P	0.01~0.1	Co	0.01~60	Hf	0.01~2
Si	0.01~0.1	Ni	0.01~82	Ta	0.01~3
Ti	0.01~4	Cu	0.01~33	W	0.01~20
V	0.01~4	Y	0.01~0.9	Re	0.01~9
Cr	0.01~30	Zr	0.01~0.7	Pt	0.01~0.3

15.4.2　方法要点

通用方法以铁基、镍基及钴基合金为基础，采用多种国际标准、国家标准及成分特殊的材料建立校准曲线，实现仪器校准。常用的校正模型为：

$$C_i = D_i + E_i R_i (1+M) \tag{15.16}$$

$$1+M = 1 + \sum \frac{\alpha_{i,j} C_j}{100} + \sum \frac{\gamma_{i,j} C_j^2}{10000} + \sum L_{i,j} C_j \tag{15.17}$$

式中，C 为分析元素的浓度，%；i 为分析元素；j 为基体元素；D 为校准曲线的截距，%；E 为校准曲线的斜率（kcps/1%）；R 表示分析线的净强度，kcps；$1+M$ 为基体影响的校正项；$\alpha_{i,j}$，$\gamma_{i,j}$ 为基体校正系数；$L_{i,j}$ 为分析线的重叠校正系数，只有经验系数，无理论系数。

以基本参数（FP）法为基础的校准模型是一种以 X 射线物理学为基础的数学校正方法。其校正效果明显优越于传统的理论影响系数或经验系数校正方法。基本参数模型适用的浓度范围及样品类型很宽。其数学表达式可写成：

$$C_i = D_i - \sum_j L_{i,j}^C C_j + E_i (R_i - \sum_j L_{i,j}^R R_j)(M_i + \sum_{i,j,k} \gamma_{i,j,k} C_j C_k) \tag{15.18}$$

式中，i 为分析元素；j 为基体元素；C_i 为分析元素的浓度；D_i 为校准曲线的截距；E_i 为校准曲线的斜率；R_i 为分析线的净强度；$\gamma_{i,j,k}$ 为元素 j，k 对元素 i 的交叉影响系数；L 为以浓度或强度为基础的光谱重叠校正系数；M_i 为基本参数校准模型使用的基体校正项。基本参数模型以实际测量条件为依据计算理论强度。仪器校准及基体影响的校正同时进行。光谱重叠校正系数（$L_{i,j}$）是与所用仪器相关的经验校正系数，在校准数据转移使用时必须重新计算。基本参数校准模型的浓度校准范围很宽，甚至可扩展到标准样品限定的范围之外。在设定校准时仅需使用 2~3 个标准样品，而且这些标准不必与待测样品完全类似。在第四代基本参数模型中，高次荧光项仍然忽略不计。因此，除 M 项外，仍包含交叉影响的经验校正项。在新一代基本参数模型中，将包含由交叉效应引起的高次荧光及由靶线多重散射引起的高次荧光校正。

15.4.3 分析测量参数

基本参数校准模型中，分析线强度必须是校正了背景和谱线重叠影响的净强度。为节省测量时间，诸如 Ni、Fe、Co 等主量元素可不校正背景；然而 Cu、Pt、Re、Ta、Y 等元素必须精确校正背景的影响；Nb、Zr、Y 等元素可用 Nb 的偏置背景作为公共背景；Ta、Re、W、Hf 等元素则可用 WLα 线的偏置背景作为公共背景；若需要测定低浓度 Ni、Co、Fe 等元素时，可用 FeKα 的偏置背景作为公共背景。轻元素的分析线通常用特定的公用背景（如 Bg1、Bg2、Bg3）进行校正。

关于分析线及背景的测量时间，其确定方法可参见 15.2.5 中的相关方法。为减少光谱干扰，在测量 V～Rh 间各元素时，务必使用分辨率较高的 LiF 220 晶体；测量铜、钽、铂等元素时可分别选择 $CuK\beta_1$、$TaL\beta_1$ 和 $PtL\beta_1$ 作为分析线。表 15.9 列出了各元素分析线的光谱重叠情况。有些元素的分析线受到严重的干扰；有些元素的分析线位置干扰并不严重，但其背景位置的干扰比较严重。为了获得准确的分析线净强度，分析线位置及其相关的背景位置必须同时进行干扰校正。

表 15.9 分析通道的光谱重叠

分析通道	干扰元素	分光晶体 2d	准直器 /μm	激发条件 kV	mA
MoKα	Zr	LiF 220	150	60	50
NbKα	Y	LiF 220	150	60	50
ZrKα	Nb	LiF 220	150	60	50
YKα	Nb	LiF 220	150	60	50
PtLβ	Mo、Nb、Ta、W	LiF 220	150	60	50
TaLβ	Cu、W、Hf	LiF 220	150	60	50
CuKβ	Hf、Re、W、Ta	LiF 220	150	60	50
ReLα	Cu、Ni、W	LiF 220	150	60	50
WLα	Cu、Ni、Ta	LiF 220	150	60	50
HfLα	Cu、Ni、Ta、W	LiF 220	150	60	50
NiKα	Co、Cu	LiF 220	150	60	50
CoKα	Fe、Hf	LiF 220	150	60	50
FeKα	Mn、V	LiF 220	150	60	50

续表

分析通道	干扰元素	分光晶体 2d	准直器 /μm	激发条件 kV	mA
MnKα	Cr,Fe	LiF 220	150	60	50
CrKα	Mn,V	LiF 220	150	60	50
VKα	Ti	LiF 220	150	60	50
TiKα		LiF 200	150	50	60
SKα	Cu,Mo,Nb,W	Ge 111	300	24	125
PKα	Cu,Mo,Nb,W	Ge 111	300	24	125
SiKα	W	PE002	300	24	125
AlKα	Cr,Ti	PE002	300	24	125

15.4.4 方法准确度的验证

通用方法的校准计算与基体影响校正同时进行，其校准数据仅通过6枚设定标准的测量在不同仪器间转移使用，但光谱重叠校正系数（L）及高次荧光校正项属于经验系数，与所用仪器相关，必须在新的仪器条件下重新测量和计算。为考核通用方法的准确度，可选择若干标准样品作为待测样品。以K因子法验证其准确度。标准偏差与分析浓度的关系式如式（15.11）$S=K\sqrt{(C+W)}$所示。如果方法准确，则E（斜率）和D（截距）值应分别为：1.000 ± 0.005和0.000 ± 0.01。对于金属分析，K值应在$0.001\sim0.1$之间。表15.10表示方法准确度的验证的结果，K值在$0.002\sim0.07$之间。

表15.10 合金通用方法校准数据的准确度

元素	测量时间/s	RMS	K值	元素	测量时间/s	RMS	K值
Al	20	0.036	0.056	Cu	60	0.06	0.027
P	24	0.002	0.007	Zr	16	0.002	0.005
Si	16	0.003	0.003	Nb	16	0.01	0.016
Ti	12	0.036	0.03	Mo	16	0.095	0.036
V	16	0.026	0.026	Hf	44	0.038	0.029
Cr	40	0.106	0.036	Ta	36	0.016	0.027
Mn	16	0.053	0.022	W	40	0.176	0.076
Fe	40	0.197	0.069	Re	30	0.002	0.007
Co	46	0.06	0.029	Pt	30	0.003	0.009
Ni	40	0.395	0.06	Y	16	0.001	0.003

15.5 痕量元素的能量色散 X 射线荧光光谱分析

15.5.1 概述

用能量色散 X 射线荧光光谱法测定硅酸盐中的痕量元素时，在主要成分已知的情况下可采用经验系数法、理论影响系数法及基本参数法校正基体影响；当主要基体成分未知时，通常采用康普顿散射内标法或质量吸收系数法校正基体的吸收效应、粒度效应及非均匀性等影响。本节介绍的方法用于测定岩石中的 Ni、Cu、Zn、Rb、Sr、Y、Zr、Nb 和 Ba 等痕量元素。该方法的特点是以松散的粉末标准建立校准曲线，以康普顿散射内标法校正基体的吸收效应、粒度效应、非均匀性及样品密度差异等影响；并用标准样品的测量数据验证方法的准确度。

15.5.2 仪器及实验条件

使用 Kevex 能量色散 X 射线荧光光谱仪，兼用初级激发与二次靶激发。测定样品中 K、Ca、Ti、Fe、Ni、Cu 和 Zn 等元素时，用锗（Ge）二次靶作为样品的激发源；测定样品中 Rb、Sr、Y、Zr 和 Nb 等元素时，用银二次靶（Ag）作为激发源；用钆（Gd）二次靶激发 BaKα 线。由于二次靶的偏振特性，散射背景极低，灵敏度很高。对于 Mg、Al、Si 等主要轻元素则用铑靶的初级辐射为激发源，具体的激发条件如表 15.11 所列。用最小二乘法拟合的谱处理方法计算各元素分析线的峰底背景。痕量元素如 Ni、Rb、Sr 和 Ba 等的分析线不受光谱重叠的影响，校正背景后即可获得净峰面积或积分强度。痕量元素如 CuKα 与 NiKβ；YKα 与 RbKβ；ZrKα 与 SrKβ；NbKα 与 YKβ 间光谱重叠十分严重，由于 Si(Li) 探测器分辨率的原因，必须通过谱处理方法加以校正。

表 15.11 岩石样品中各元素的激发条件

元素	激发源	激发条件/(kV/mA)	测量时间/s
Mg,Al,Si	Rh 靶光管	5.0/0.5	100
K,Ca,Ti,Fe,Ni,Cu,Zn	Ge 二次靶	35/0.4	200
Rb,Sr,Y,Zr,Nb	Ag 二次靶	40/2.0	400
Ba	Gd 二次靶	60/2.0	500

15.5.3 方法要点

本方法采用松散粉末直接测量。取适量研磨至 300 目左右的松散粉末，直接装入直径为 2.54cm 以 6.4μm 聚酯膜为杯底的铝质圆筒形槽内不称重，置于特殊的样品杯内直接测量。矿粉样品的基体影响以吸收效应为主，可利用光管靶线的康普顿散射强度与基体质量吸收系数间的比例关系予以校正。测定松散粉末中的痕量重元素时，通常用光管的康普顿散射靶线或某特定背景与分析线的强度比与分析元素浓度拟合，建立校准曲线。这种方法称为散射内标法，能有效校正松散粉末的密度、颗粒度、均匀性、样品厚度及基体的吸收影响，测定 Fe 以后的痕量重元素十分有效。为提高痕量元素分析线的激发效率，选择适当的二次靶作为激发源。用能量稍高于分析元素吸收限的二次靶高能靶线激发样品，提高激发效率。地质样品中大多数痕量元素的分析线能量高于主量元素的吸收限能量。因此，使用以 Ag 靶、Gd 靶及 Ge 靶的康普顿散射或康普顿散射与瑞利散射的叠峰为内标的散射辐射法是非常适宜的。

图 15.20 分别表示 Ge 靶康普顿散射与瑞利散射的叠峰强度及 Ag 靶康普顿散射强度与样品质量吸收系数的函数关系。当样品主要成分浓度未知时，可通过这种关系计算样品的质量吸收系数，然后用于校正基体的吸收影响，提高痕量元素分析结果的准确度。

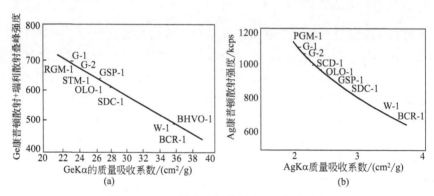

图 15.20　Ge 靶康普顿散射和 Ag 靶康普顿散射与瑞利散射的叠峰及质量吸收系数的函数关系

图 15.21 表示上述靶材的散射谱图。图 15.22 表示 Sr 和 Zn 的散射内标法校准曲线。

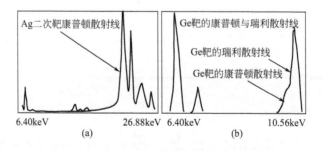

图 15.21　Ag 靶及 Ge 靶光管靶线的散射谱图

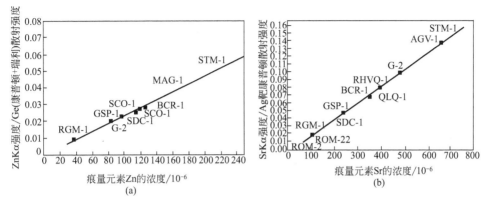

图 15.22 Sr 和 Zn 的散射内标校准曲线

用松散粉末法分析样品中 MgO、Al$_2$O$_3$、SiO$_2$、K$_2$O、CaO、TiO$_2$ 等主要成分的准确度，由于样品密度、均匀性、颗粒度及样品厚度等差异的影响，无法与熔融法相比，但用于基体校正仍然是有效的。表 15.12 列出了两种样品中痕量元素的分析结果与推荐值的比较。从表中结果可见，大部分元素的分析值与推荐值符合良好，个别元素如 Ba，与推荐值偏差较大，其相对标准偏差约为±10%。这种误差可能是由于样品的无限厚度不足等原因所致。由此可见，松散粉末的散射内标法是一种简便有效的实验校正方法。

表 15.12 康普顿散射比例法分析结果与样品推荐值的比较

样品	元素	内标法 /10^{-6}	推荐值 /10^{-6}	标准偏差 (1σ)	样品	元素	内标法 /10^{-6}	推荐值 /10^{-6}	标准偏差 (1σ)
W-2	Ni	66	70.4	2.46	Dnc-1	Ni	248	247	2.46
	Cu	101	106.2	4.88		Cu	104	99.7	4.88
	Zn	74	79.6	2.28		Zn	65	70.1	2.28
	Rb	22	20.9	1.06		Rb	3	4.7	1.06
	Sr	203	192	2.98		Sr	146	144	2.98
	Y	22	23	1.63		Y	17	14.5	1.63
	Zr	100	100	3.74		Zr	11	38.5	3.74
	Nb	9	6.8	0.42		Nb	3	3.19	0.42
	Ba	168	173.6	11.3		Ba	100	117.6	11.3

15.6 高能激发能量色散 X 射线荧光光谱分析

15.6.1 概述

X 射线荧光光谱法，鉴于快速、准确、灵敏、样品制备简单及非破坏等特点，广泛用于土壤、岩石及人类环境等诸多物料中的痕量元素及有害元素分析。土壤是人类活动必需的重要而有限的资源，包括粮食、原材料及能源生产。防止化学污染是土壤可持续管理的唯一要求。污染可能影响土壤的肥力；有毒金属和其他化学物质可通过土壤引入人类的食物链。土壤的污染可能通过工业、采矿的环境沉积或废气排放等间接发生。用于改善土壤肥力的污水、淤泥，无机化肥及工业废弃物可能使土壤污染长期积累。这种污染往往是由于少量元素所引起的。例如 Zn、Cu、Ni、Cd 和 As 等元素，当其浓度高达一定程度，足以抑制植物的生长。

波长色散 X 射线光谱法测定地质样品中 Sc～U 诸元素（除 Rh 至轻稀土元素外）时，检测限均低于 $1\mu g/g$ 的量级。测定 Rh 至轻稀土 La、Ce、Pr、Nd、Sm 等元素时，由于 K 系谱线的激发及探测效率的限制，通常采用 L 系谱线作为分析线，但其检测限不如 Zn～Mo 间各元素。

高能激发能量色散 X 射线荧光光谱分析，由于采用 100kV 的高电压和高探测效率的固体探测器（Ge），上述元素的 K 系谱线获得了高效的激发及探测，采用 K 系谱线作为分析线，有效提高了分析灵敏度，弥补了波长色散光谱法测定重元素的不足。

用高能激发能量色散 X 射线荧光光谱法测定以有机成分或易挥发元素（Hg 和 Tl）组成的生物材料及环境样品中痕量重金属有害元素时，采用低功率高能激发可提高易挥发成分测定的稳定性，防止样品过热损坏其完整性。偏振激发能量色散 X 射线荧光光谱法，由于二次靶的偏振作用，使散射背景降至极低，使影响人体健康的关键元素如 Cd、Ag、Sb 等获得很高的检测灵敏度。

食品及食物源的安全是国家、政府及世界卫生组织等国际组织关注的头等大事，必须确保食物源无病原体感染，同时需要严格监控毒性污染物的排放。毒性污染物通常分成有机和无机两类，其污染源往往涉及人类的起源与发展。无机毒性污染物主要由渗入食物链的重金属元素组成。工业垃圾是主要污染源，其中 Pb、As、Cd、Cu、Mo 等元素对动物会产生局部伤害。摄取浓度极低的 As 和 Hg 就十分危险。这些元素严重影响生物的正常发育和再生循环；Pb 是毒害神经系统知名的毒性元素；Cd 是一种致癌物，对人体健康及环境危害十分严重，必须予以严格监控。

15.6.2 方法要点

根据痕量分析的准确度、精密度及检测限要求（ng/g 或 10^{-9}），用能量色散 X 射线光谱法测定矿物、岩石及土壤等地质样品中的稀土及痕量重金属元素时，应选择二次靶作为样品激发源，以提高痕量元素分析线的激发效率；选择 100kV 的高电压，激发 Ba 以上重元素的 K 系辐射，以此作为痕量元素的分析线，提高谱线的分辨率，防止谱线的重叠影响；利用二次靶的偏振特性，降低散射背景，提高痕量元素的灵敏度，降低检测极限。

X 光管初级辐射或二次靶特征辐射的康普顿散射强度与样品的基体组成相关，散射线与分析线的强度比与痕量元素的浓度呈现一种简单的线性函数关系。这种方法称为散射辐射法或散射内标法，可作为一种简单的实验方法，准确校正基体组成及样品厚度变化对分析线及其背景的影响。测定岩石和土壤中的痕量稀土元素及重金属元素时，可用于校正样品的密度、厚度、颗粒度、均匀性及基体的吸收等影响。

15.6.3 仪器及测量条件

测定地质与生物类样品中痕量重元素时使用的仪器及测量条件如表 15.13 所示。高能偏振能量色散 X 射线荧光光谱仪：Gd 靶 X 射线管，100kV，600W；锗（Ge）探测器及二次靶（最多 15 种）。测定地质及环境样品中的痕量重金属元素时，采用高能激发及二次靶，提高稀土元素及 Ba 以上痕量重元素的 K 系谱线激发效率。波长色散及二维能量色散光谱仪，测定痕量重金属及稀土元素时，只能使用 L 系谱线作为分析线，光谱重叠十分严重。用偏振能量色散光谱仪测定这些元素时，均用 K 系线作为分析线，以提高分辨率及灵敏度。Gd 靶 X 光管的靶线对 Rh～Ba 间各元素的 K 系谱线具有很高的择优激发效率；100kV 高压对 Ba 至稀土元素的 K 系光谱具有特殊的激发效率。图 15.23 表示用散射靶（Barkla）激发稀土元素的 K 系特征谱线。液氮制冷的 Ge 固体探测器探测高能光谱时具有特殊的分辨率。在整个探测范围内均具有接近 100% 的计数效率。该探测器与 100kV 的高能激发源是一种理想的搭配。使用偏振靶激发时，大多数元素可获得优良的检测限。图 15.24 显示高能区能谱与波谱检测限的比较。按 100s 的测量时间计算最低检测限，高能偏振能谱仪的检测限略优于波谱，但能谱仪具有同时接收所有谱线的特点，如按实际测量时间计算检测限，则其最低检测限（LLD）明显低于按 100s 计算的最低检测限。由于能谱仪软件的解谱功能较强，即使光谱重叠情况十分复杂，也能获得比较理想的检测限。

表 15.13 仪器及测量条件

X 光管		探测器		光路	二次靶
类型	侧窗	类型	Ge 固体探测器	三维	Al, Ti, Fe, Ge, Zr, Mo, Ag, Ce_2O_3, Al_2O_3, CsI, BaF_2
阳极	Gd	晶体	$30mm^2$；5mm 厚		
窗口	Be	窗口	Be		
功率	600W，水冷	范围	0.7～100keV		
管压	2.5～100kV	分辨率	≤135eV(2000cps)MnKα		
管流	0.5～24mA	冷却	液氮		

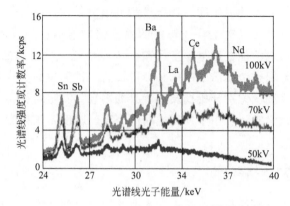

图 15.23　用散射靶（Barkla）激发重元素及稀土元素的 K 系光谱

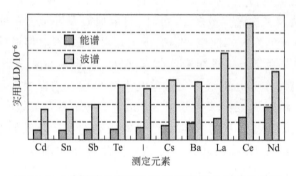

图 15.24　高能激发能谱与波谱高能区检测限的比较

15.6.4　样品制备

用粉末法测定土壤及矿物等样品中的痕量元素时样品制备简单。样品经 110℃ 干燥处理，添加 20% 的石蜡，混合研磨均匀。取大约 12g 混合粉末在 20tf 压力下压成直径为 36mm 的圆片。石蜡既可作为黏结剂使用，又可作为助研剂使用。与土壤样品一样，生物样品也采用压片法，称取 10g 生物类样品，与 2g 石蜡混合研磨均匀后，以 20tf 压力保压 20s，压成直径为 40mm 的圆片。标准样品及待测样品采用相同的制备方法：在测定生物类样品中的痕量有害元素时，选择不同种类的生物标准，建立一组通用的校准曲线，用于测定森林植物、农作物、动物乃至人体组织等各类生物样品中的痕量重金属有害元素。

15.6.5　校准的准确度

表 15.14 列出了地质样品中部分痕量元素校准的准确度（RMS）及分析结果与保证值的对比，以验证高能激发能量色散光谱法的准确度。

表 15.14　地质样品分析结果的准确度

元素	校准范围 /10^{-6}	校准准确度 RMS/10^{-6}	GSD-10		GSD-12		GSS-1	
			保证值	测量值	保证值	测量值	保证值	测量值
Cd	0.03~42	0.58	1.1	0.6	4.0	3.6	4.3	4.5
Sn	0.5~370	0.78	1.4	1.8	54	55	6.1	5.9
Sb	0.04~43	0.79	6.3	6.3	24.3	25.2	0.87	0.48
Cs	0.17~107	1.1	4.6	4.6	7.9	8.8	9.0	8.2
Ba	8.6~1899	2.4	42.7	42.7	206	203	590	588
La	13~90	2.0	15.8	15.8	32.7	32.8	34.0	33.5
Ce	34~242	5.0	38.8	38.8	61	59	70	70
Nd	11.8~92	4.2	13.9	13.9	25.6	26.9	28.0	26.0

用波长色散法测定含易挥发元素（如 Hg、Tl 等）的有机物或脂肪等生物材料时，在高功率 X 射线辐照下，样品由于过热损伤而失去完整性，使分析结果不稳定。用高能偏振能量色散光谱仪测定时，由于功率低，不会损伤样品的组成，测量的稳定性好。测定由低密度有机物组成的生物样品中如 Cd、Ag、Sb 等重要元素时，由于二次靶的偏振特性，散射背景极低，灵敏度极高。当生物样品的基体差异很大时，用二次靶的康普顿散射峰作为内标，可有效校正样品的有限厚度及基体的吸收影响；表 15.15 列出了测定生物样品中痕量元素的校准结果。表 15.16 列出了生物样品中若干重要元素分析结果与推荐值的比较。结果表明，用一组通用的校准曲线分析基体差别很大的生物样品时，测定结果的准确度仍然很高，检测极限仍然很低。

表 15.15　生物样品能量色散分析的校准结果

元素	浓度范围/10^{-6}	RMS/10^{-6}	相关系数
As	0.04~50.0	0.24	0.9999
Ba	17.0~58.0	1.35	0.9975
Cd	0.02~50.0	0.13	1.0000
Cu	2.2~158	0.48	0.9999
Cr	0.37~5.9	0.58	0.9726
Hg	0~50.0	0.42	0.9997
Ni	0.06~4.6	0.52	0.9365
Pb	0.14~47.0	0.34	0.9998
Zn	1.3~190	5.13	0.9964

表 15.16　生物样品中若干重要元素分析结果的准确度　　单位：10^{-6}

元素	GSV-4(茶叶)			NBS1568(稻叶)		
	平均值	RMS	保证值	平均值	RMS	保证值
As	0.5	0.06	0.3	0.5	0.07	0.4
Ba	59.6	0.67	58.0	1.9	0.50	
Cd	<LLD	0.22	0.1	<LLD	0.16	0.0
Cu	18.6	0.26	17.3	1.9	0.19	2.2
Cr	<LLD	0.17	0.08	<LLD	0.14	
Hg	<LLD	0.06		<LLD	0.04	0.01
Ph	4.0	0.17	4.4	0.8	0.08	
Ni	4.8	0.19	4.6	0.8	<0.01	
Zn	27.0	0.26	26.3	19.7	0.36	19.4

最低检测限（LLD）由以下公式计算：

$$\text{LLD} = \frac{3}{S}\sqrt{\frac{r_b}{t_b}}$$

式中，S 为灵敏度，cps·g/μg；r_b 为背景计数率，cps；t_b 为活时间，s。表 15.17、表 15.18 分别列出了地质材料及生物试样中相关元素的检测极限。

表 15.17　高能激发能量色散光谱测定地质样品相关元素的最低检测限

单位：10^{-6}

元素	Cd	Sn	Sb	Cs	Ba	La	Ce	Nd
LLD(100s)	1.2	1.3	1.4	2.1	2.5	3.2	3.5	5.0
实用 LLD(800s)	0.42	0.46	0.49	0.74	0.88	1.13	1.24	1.77

表 15.18　生物样品能谱分析的最低检测极限（按实际测量时间计算）

元素	As	Ba	Cd	Cr	Cu	Hg	Ni	Ph	Zn
LLD/10^{-6}	0.2	1.8	0.6	0.5	0.5	0.2	0.4	0.2	0.3

参考文献

[1] Bertin E P. Principles and Practice of X-Ray Spectrometric Analysis：2nd ed. New York：Plenum，1975.
[2] Birks L S. X-Ray Spectrochemical Analysis：2nd ed. New York：Interscience，1969.
[3] Cauchois T，Senemaud C. International Tables of selected constants，18. Wavelengths of X-Ray Emission Lines and Absorption Edges. Oxford：Pergamon Press，1978：67.
[4] Jenkins R. An Introduction to X-Ray Spectrometry. London：Heyden，1974.
[5] Jenkins R，De Vries J L. Practical X-Ray Spectrometry：2nd ed. New York：Springer-Verlag，1967.
[6] Jenkins R，Gould R W，Gedcke D. Quantitative X-Ray Spectrometry：2nd ed. New York：Marcel Dekker，1995.

[7] Lachance G R, Claisse F. Quantitative X-Ray Fluorescence Analysis: Theory and Application. Baffins Lane, UK: Wiley, 1995.
[8] Tertian R, Claisse F. Principles of Quantitative X-Ray Fluorescence Analysis. London: Heyden, 1982.
[9] James P Wills, Andrew R Duncan. A practical guide with worked examples. PANalytical B V Almelo The Netherlands, 2007.
[10] Rene E Van Griken. Handbook of X-Ray Spectrometry Revised. 2nd ed. New York, Basel: Marcel Dekker Inc, 2001.
[11] 谢忠信, 赵宗玲, 张玉斌, 等. X 射线光谱分析. 北京: 科学出版社, 1982.
[12] Bertin E P. Introduction to X-Ray Spectrometry. New York: Plenum, 1978.
[13] Willis J P, Duncan A R. Workshop on advanced XRF Spectrometry Panalytical B. V. Almelo, 2008.
[14] Section SuperQ Pro-Trace Edition 1 SuperQ Version 3.0 Reference Manual. 2005.

第16章

薄膜和镀层厚度的测定

16.1 概述

关于薄膜、镀层及多层薄膜的厚度测定，通常采用酸浸取化学剥离法（重量法）、光学干涉法、接触电磁法、辉光放电原子光谱法及 X 射线荧光光谱法等方法，其中 X 射线荧光光谱法具有快速、准确、操作简单、不破坏样品，既可测定薄膜厚度，也可测定薄膜的化学组成等优点，是一种有效的快速无损分析方法。

X 射线荧光光谱法由于初级辐射及荧光辐射在薄膜中经历的路程极短，所受的吸收甚小，几乎可忽略不计。薄膜中各元素原子的吸收与发射基本上与其他元素的原子无关。因此，对厚度小于临界值的均匀薄膜、镀层或多层薄膜等样品，其分析线的辐射强度与薄膜元素的浓度或厚度呈现近似的线性函数关系。当其组分恒定时，分析线的强度与薄膜的厚度呈现简单的线性关系。这种线性关系既可作为无吸收-增强效应的依据，也可作为测定已知组成薄膜厚度的方法依据。多数托附式样品通常属于此类薄膜样品。

16.2 薄膜及样品无限厚度的定义

为了区分薄膜与无限厚样品，必须对不同的厚度概念赋予确切的定义。图 16.1 表示样品组成一定时，分析线相对强度（有限厚度与无限厚的强度比）随样品厚度变化的函数关系。图中的曲线基本上可分为无限薄（线性区 A）、有限厚（指数区 B）及无限厚（强度恒定区 C）三种不同的厚度范围。在厚度无限薄（A）的情况下，入射的初级辐射及薄膜元素产生的分析线辐射受样品的衰减极其微小，分析线强度与薄膜厚度呈现理想的线性关系；在有限厚度范围（B）内，初级辐射及分析线辐射受样品的衰减随辐射的穿透深度增加而增大，其中初级辐射的长波部分率先受到吸收，分析线的强度随初级辐射穿透深度的增加缓慢上升，呈现一种复杂的指数关系。当分析线强度达到其总强度的 99.9%（C）时相应的穿透深度称为样品的临界厚度（t_c）。当分析线的相对强度不再随穿透深度而变化时相应的厚度称为样品的无限厚度（t_∞）。关于样品的临界厚度或无限厚度可用朗伯-比尔定律计算获得：

$$\frac{I_t}{I_\infty} = 1 - \exp[-(\mu/\rho)\rho t] \tag{16.1}$$

或

$$\ln[1-(I_t/I_\infty)] = -\overline{(\mu/\rho)}\rho t \tag{16.2}$$

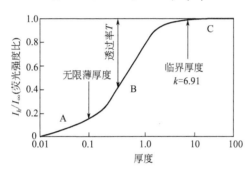

图 16.1　薄膜厚度与分析线辐射相对强度的函数关系

式中，I_t 和 I_∞ 分别表示样品厚度为 t 和无限厚（∞）时分析线的强度；ρ 和 t 分别表示样品的密度和厚度；样品对分析线的质量吸收系数 $\overline{(\mu/\rho)}$ 由下式确定：

$$\overline{(\mu/\rho)} = [(\mu/\rho)_{\lambda,\mathrm{Pri}}/\sin\varphi] + [(\mu/\rho)_{\lambda,A}/\sin\varphi] \tag{16.3}$$

当样品到达无限厚时 $I_t/I_\infty = 1$。在单色激发情况下，厚度为 t（有限厚度）样品的初级荧光强度 I_t 可根据厚度 t 时样品的初级荧光强度表达式计算：

$$P_i = qE_iC_i\int_{\lambda_0}^{\lambda_{\mathrm{abs}}}\left\{1-\exp\left[-\rho t\left(\frac{\mu_{s,\lambda}}{\sin\varphi_1}+\frac{\mu_{s,\lambda_i}}{\sin\varphi_2}\right)\right]\right\}\frac{\mu_{i,\lambda}I_\lambda \mathrm{d}\lambda}{\mu_{s,\lambda}+\dfrac{\sin\varphi_1}{\sin\varphi_2}\mu_{s,\lambda_i}}$$

$$\tag{16.4}$$

经推导，厚度为 h 的有限厚样品的初级荧光强度应为：

$$I_h = \frac{q}{\sin\varphi_1}C_i\left\{1-\exp\left[-\rho h\left(\frac{\mu_{s,\lambda}}{\sin\varphi_1}+\frac{\mu_{s,\lambda_i}}{\sin\varphi_2}\right)\right]\right\}\frac{E_i\mu_{i,\lambda}U_\lambda}{\dfrac{\mu_{s,\lambda}}{\sin\varphi_1}+\dfrac{\mu_{s,\lambda_i}}{\sin\varphi_2}} \tag{16.5}$$

式中，U_λ 是波长为 λ 初级辐射的入射强度；另定义：

$$\overline{\mu}^* = \frac{\mu_{s,\lambda}}{\sin\varphi_1} + \frac{\mu_{s,\lambda_i}}{\sin\varphi_2}$$

和

$$k = \rho h \, \overline{\mu}^*$$

因此,有限厚度 h 样品的荧光强度可简化为:

$$I_h = \frac{q}{\sin\varphi_1} C_i (1 - e^{-k}) \frac{E_i \mu_{i,\lambda} U_\lambda}{\overline{\mu}^*} \tag{16.6}$$

同样,无限厚样品发射的荧光强度为:

$$I_\infty = \frac{q}{\sin\varphi_1} C_i \frac{E_i \mu_{i,\lambda} U_\lambda}{\overline{\mu}^*} \tag{16.7}$$

有限厚度 h 的样品与无限厚样品的荧光强度比为:

$$\frac{I_h}{I_\infty} = 1 - e^{-k} \tag{16.8}$$

当荧光辐射的强度比 $I_h/I_\infty = 0.999$ (≈ 1) 时,样品的厚度称为临界厚度。图 16.1 所示的曲线表明:①当 k 值非常小时,$1 - e^{-k} \approx k$;因此,强度比 $I_h/I_\infty = k$;②计算临界厚度时,$k = 6.91$ 所计算的厚度是临界厚度的最低值:

$$k = \rho h \, \overline{\mu}^* = 6.91 \tag{16.9}$$

$$h = \frac{6.91}{\rho \left(\dfrac{\mu_{s,\lambda}}{\sin\varphi_1} + \dfrac{\mu_{s,\lambda_i}}{\sin\varphi_2} \right)} \tag{16.10}$$

大于临界厚度最低值的样品厚度称为无限厚度。由此可见,当仪器激发条件一定时,临界厚度或无限厚度随仪器的几何因子、激发辐射及荧光辐射的波长或能量而变。$m(\mu/\rho) \leqslant 0.1$ 或 $I_h/I_\infty \leqslant 0.1$ 的样品称为薄膜,其中 m 表示单位面积内样品的质量(g/cm^2);μ/ρ 表示样品对初级辐射及分析线辐射的总质量吸收系数。这种薄膜样品的特点是:当厚度恒定时,分析线强度随浓度基本呈线性变化关系;当其化学组成恒定时,分析线强度随薄膜厚度也呈线性变化关系。在这种薄膜样品中,基体的吸收-增强效应基本消失。此类薄膜既可用于主要成分的测定,也可用于厚度测定。对于小于临界厚度的有限厚度或非无限厚样品,基体的吸收-增强效应不可忽略。当其厚度增加时,分析线辐射受样品的吸收影响;如图 16.1 所示的 B 区就是这种非无限厚区,分析线的荧光强度与样品厚度间由于基体效应而呈现复杂的非线性关系。当厚度趋近临界厚度时,分析线的灵敏度逐渐下降。对于这种有限厚度样品,测定其厚度或化学组成时,必须考虑吸收效应以及由其他元素引起的次级荧光效应的影响。至于三次或更高次荧光效应可忽略不计。对于厚度符合 $m(\mu/\rho) \leqslant 0.1$ 或 $k \leqslant 0.1$ 的多层薄膜,测定各层的厚度或化学组成时,应考虑层间同类元素分析线的影响,同时也必须考虑其他元素引起的次级荧光的影响,并予以适当的校正。多层薄膜情况下,薄膜厚度或化学组成的测定过程较单层薄膜的测定复杂程度有所增加。以下介绍薄膜或镀层厚度测定的基本方法。

16.3　薄膜厚度测定的基本方法

对于化学组成已知的金属镀层及涂层等薄膜样品的厚度测定，通常采用两种方法：一是基于薄膜元素发射强度的发射法；二是基于基底元素荧光强度衰减的吸收法。如果使用化学剥离重量法或光学干涉法制备薄膜的厚度标准，则可通过薄膜发射的分析线强度或基底线的透射强度与薄膜厚度拟合的校准曲线，实现未知薄膜的厚度测定。这种方法尽管简单，但用化学法、光学干涉法或其他方法制备薄膜的厚度标准，要求比较严格，且耗费时间。由于基本参数法的不断改进及相关软件的发展，已广泛使用以基本参数法为基础的校准方法测定薄膜的厚度或化学组成。在讨论镀层元素的发射法及基底线的吸收法原理时，仍使用单色激发，不考虑高次荧光效应等假设条件。

16.3.1　薄膜（镀层）发射法

镀层发射法是依据薄膜中目标元素发射的分析线荧光强度随厚度变化的线性函数关系确定薄膜厚度或质量厚度的方法。这种方法适用于基板上单层薄膜厚度的测定。由公式（16.10）可得：

$$e^{-k} = 1 - \frac{I_h}{I_\infty} \tag{16.11}$$

两侧取自然对数：

$$k = -\ln\left(1 - \frac{I_h}{I_\infty}\right) \tag{16.12}$$

与式（16.7）合并得：

$$m = \rho h = -\frac{1}{\overline{\mu}^*}\ln\left(1 - \frac{I_h}{I_\infty}\right) = \frac{-2.3026}{\overline{\mu}^*}\lg\left(1 - \frac{I_h}{I_\infty}\right) \tag{16.13}$$

令：

$$M = \frac{2.3026}{\overline{\mu}^*} \tag{16.14}$$

薄膜的质量厚度为：

$$m = -M\lg\left(1 - \frac{I_h}{I_\infty}\right) \tag{16.15}$$

薄膜厚度为：

$$h = -\frac{M}{\rho}\lg\left(1 - \frac{I_h}{I_\infty}\right) \tag{16.16}$$

上述表达式适用于任何材料，包括纯元素、合金或化合物。在单色激发或有效波长激发的条件下，对于材料一定的薄膜，参数 M 为常数；用半对数坐标图表示式（16.15）的质量厚度 m 或式（16.16）的薄膜厚度 h 与相对强度 I_h/I_∞ 的关系。在薄膜情况下，h 或 m 与强度比 I_h/I_∞（有限厚度与无限厚度的强度比）呈现良好的线性关系。如图 16.2 所示，Cu（铜）基板的镀 Au（金）薄膜；尽管使用的是初级辐射的多色激发，选择 AuL 系线作为分析线，M 仍然为常数。发射法是由 Liebhafsky 及 Zemany 等首先提出的。这里质量厚度 m 用 g/mm² 表示；薄膜的真实厚度 h 用 μm 表示。这种方法通常适用于基底不含镀层元素的薄膜样品。

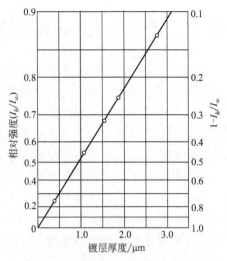

图 16.2　用发射法测定镀 Au 层的厚度

16.3.2　基底线吸收法

基底线吸收法是依据基底线透过薄膜时强度的衰减确定薄膜厚度的方法，是另一种单层镀膜的测定方法，也是由 Zemany 和 Liebhafsky 提出的。这种方法与发射法类似，考虑到入射的初级辐射和基底元素发射的荧光辐射受薄膜的部分吸收。透过薄膜的基底线荧光强度 I_S 与无薄膜基底线荧光强度 I_{S_0} 间的关系确定如下：

$$\frac{I_S}{I_{S_0}} = \exp\left[-\rho h \left(\frac{\mu_{S,\lambda}}{\sin\varphi_1} + \frac{\mu_{S,\lambda_0}}{\sin\varphi_2}\right)\right] \tag{16.17}$$

如同发射法一样，定义：

$$(\overline{\mu}^*)_{i,j} = \frac{\mu_{i,\lambda}}{\sin\varphi_1} + \frac{\mu_{i,\lambda_j}}{\sin\varphi_2} \tag{16.18}$$

然后得到质量厚度（g/mm²）：

$$m = \rho h = -\frac{1}{(\overline{\mu}^*)_{i,j}}\ln\frac{I_S}{I_{S_0}} = -\frac{2.3026}{(\overline{\mu}^*)_{i,j}}\lg\frac{I_S}{I_{S_0}} \tag{16.19}$$

假定：

$$M_{i,j} = \frac{2.3026}{(\overline{\mu}^*)_{i,j}} \tag{16.20}$$

则质量厚度可写成：

$$m = -M_{i,j}\lg\frac{I_S}{I_{S_0}} \tag{16.21}$$

薄膜厚度则可写成：

$$h = -\frac{M_{i,j}}{\rho}\lg\frac{I_S}{I_{S_0}} \tag{16.22}$$

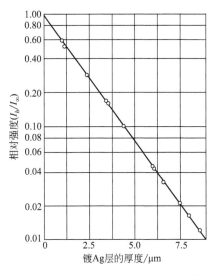

图 16.3　用吸收法测定镀 Ag 层的厚度

与发射法类似，即使在多色辐射激发下，$M_{i,j}$ 仍然保持恒定不变。在厚度 h 的计算公式（16.22）及质量厚度的计算公式（16.21）中，均假定薄膜样品与无限厚样品具有相同的密度。如果两者有差别，可通过光学干涉等其他方法获得薄膜的厚度，求得确切的密度值。图 16.3 表示用吸收法测量铜基板上的镀银层厚度时，CuKα 的相对强度与银层厚度间的半对数关系。在镀层较厚的情况下，也可采用发射-透射法测定薄膜的厚度，即既可用镀层元素的发射线，也可用基底的透射线作为分析线，用校准曲线法测定薄膜的厚度。该方法考虑了薄膜对分析线强度的吸收。这是最早使用的中间厚度薄膜的校准曲线法。

16.3.3　理论校准法

测定薄膜厚度的重量法或光学干涉法是厚度测定的常规方法。用化学剥离法制备的薄膜标准，建立厚度与镀层元素荧光强度的校准曲线，测定镀层或薄膜的厚度。这种方法要求熟练的操作技能。Laguitton 提出的以基本参数校正为基础的理论校准法，若以发射法为基础，其原理是：用厚度为 h，组分 $C_i=1$ 的薄膜的分析线理论强度与无限厚样品分析线的测量强度进行比较。由初级荧光辐射的强度公式（16.5）和式（16.9）可得：

$$I_h = \frac{q}{\sin\varphi_1} \int_{\lambda_0}^{\lambda_{\text{abs},i}} \frac{1-\exp[-\rho h(\frac{\mu_{i,\lambda}}{\sin\varphi_1}+\frac{\mu_{i,\lambda_i}}{\sin\varphi_2})]}{\frac{\mu_{i,\lambda}}{\sin\varphi_1}+\frac{\mu_{i,\lambda_i}}{\sin\varphi_2}} E_i \mu_{i,\lambda} I_\lambda \, d\lambda \quad (16.23)$$

$$I_\infty = \frac{q}{\sin\varphi_1} \int_{\lambda_0}^{\lambda_{\text{abs},i}} \frac{E_i \mu_{i,\lambda} \, d\lambda}{\frac{\mu_{i,\lambda}}{\sin\varphi_1}+\frac{\mu_{i,\lambda_i}}{\sin\varphi_2}} \quad (16.24)$$

用厚度 $h<10\mu m$ 的几种金属材料，以计算的强度比 I_h/I_∞ 作为薄膜厚度的函数。用半对数坐标作图获得强度比与厚度的线性或弯曲的校准曲线，如图 16.4 所示，存在两种可能性，可用等效波长予以说明：①相对强度随厚度的变化用直线表示（如 Mo，测量 MoKα）时，表明入射辐射的行为如同单色辐射一样，等效波长 $\bar{\lambda}$ 无明显变化；②相对强度随厚度变化的曲线向横坐标方向弯曲（如 NiKα），表示等效波长 $\bar{\lambda}$ 随薄膜厚度增加逐步变短，这种波长的变化可能是由于入射辐射受薄膜的进一步衰减所致。计算厚度 h 的荧光强度，用积分中值

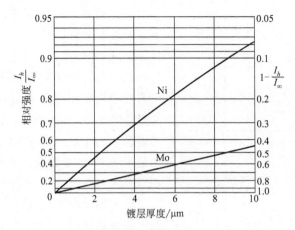

图 16.4　理论荧光强度与薄膜厚度的半对数函数关系

定律，式（16.23）可写成：

$$I_h = \frac{q}{\sin\varphi_1}\left\{1-\exp\left[-\rho h\left(\frac{\mu_{i,\bar{\lambda}}}{\sin\varphi_1}+\frac{\mu_{i,\lambda_i}}{\sin\varphi_2}\right)\right]\right\}\int_{\lambda_0}^{\lambda_{\mathrm{abs},i}}\frac{E_i\mu_{i,\lambda}I_\lambda\,\mathrm{d}\lambda}{\frac{\mu_{i,\lambda}}{\sin\varphi_1}+\frac{\mu_{i,\lambda_i}}{\sin\varphi_2}} \tag{16.25}$$

式（16.25）除含等效波长 $\bar{\lambda}$ 外与式（16.24）类似。式（16.25）与式（16.24）结合可得：

$$\frac{I_h}{I_\infty}=1-\exp\left[-\rho h\left(\frac{\mu_{i,\bar{\lambda}}}{\sin\varphi_1}+\frac{\mu_{i,\lambda_i}}{\sin\varphi_2}\right)\right] \tag{16.26}$$

$\bar{\lambda}$ 是厚度为 h 时的等效波长。上述两种情况均依赖于初级辐射及所包含的荧光辐射。图中原点附近，曲线部分始终近似于直线，相当于准单色激发。

当理论校准以基底线的吸收法为基础时，其处理方法与发射法类似。i 表示薄膜元素；ρh 表示薄膜的质量厚度；j 表示基底中的参比元素；S 表示薄膜的无限厚基底，它可以是纯元素、合金或化合物。来自无覆盖层基底元素 j 的荧光强度为：

$$I_{S_0}=\frac{q_j}{\sin\varphi_1}\int_{\lambda_0}^{\lambda_{\mathrm{abs},j}}\frac{E_j\mu_{j,\lambda}I_\lambda\,\mathrm{d}\lambda}{\frac{\mu_{S,\lambda}}{\sin\varphi_1}+\frac{\mu_{S,\lambda_j}}{\sin\varphi_2}} \tag{16.27}$$

薄膜对基底线荧光辐射的强度具有一定的衰减作用，I_S 表示衰减后基底线 j 的荧光强度：

$$I_S=\frac{q_j}{\sin\varphi_1}\int_{\lambda_0}^{\lambda_{\mathrm{abs},j}}\frac{\exp\left[-\rho h\left(\frac{\mu_{i,\lambda}}{\sin\varphi_1}+\frac{\mu_{i,\lambda_j}}{\sin\varphi_2}\right)\right]}{\frac{\mu_{S,\lambda}}{\sin\varphi_1}+\frac{\mu_{S,\lambda_j}}{\sin\varphi_2}}E_{j,\lambda}I_\lambda\,\mathrm{d}\lambda \tag{16.28}$$

如同发射法的情况一样，使用均值理论：

$$\frac{I_S}{I_{S_0}} = \exp\left[-\rho h \left(\frac{\mu_{i,\overline{\lambda'}}}{\sin\varphi_1} + \frac{\mu_{i,\lambda_j}}{\sin\varphi_2}\right)\right] \tag{16.29}$$

式中，$\overline{\lambda'}$ 为使用基底线吸收法时的等效波长。元素 i 与元素 j 任意组合时，I_S/I_{S_0} 与薄膜厚度 h 间的相关性可用基本参数校正方法精确估计。与理论校准相反，实验校准方法会遇到诸如薄膜厚度的非均匀性及基底表面粗糙度等问题。

16.3.4 测定多层薄膜的基本参数法

多层薄膜是由多种目标元素或合金分别镀布或沉积在基板上的不同薄层构成，每层的厚度或质量厚度及化学组成不同。在多层膜的分析中，既要求获得每层的厚度，又需要获得各层的化学组成信息。多层膜层间元素的互致效应比无限厚样品复杂得多。基本参数法是解析多层膜的最佳方法。

基本参数法是 1968 年 Criss 和 Birks 提出的另一种数学校正方法。由于校正系数的异常偏差导致经验系数法的表观不一致性，其根源在于获得系数的方法。基本参数法是依据样品近似组分的假定，用初级辐射的光谱分布、质量衰减系数、荧光产额、吸收陡变比及仪器几何因子等基本物理常数组成的基本参数方程计算荧光的理论强度，并与测量强度比较获得仪器的校准因子；通过数学迭代方法不断调整样品的组分或厚度，直至理论强度与测量强度完全一致，最终获得样品的真实成分或厚度。基本参数方程中分析线的荧光强度主要包括初级荧光及二次荧光强度，由于高次荧光对总强度的相对贡献小而被忽略。理论强度通过式 (13.25) 计算获得。对于平整均匀的无限厚样品，初级荧光强度的计算公式为：

$$P_{i,S} = qE_i C_i \int_{\lambda_0}^{\lambda_{abs,i}} \frac{\mu_{i,\lambda} I_\lambda \, d\lambda}{\mu_{S,\lambda} + A\mu_{S,\lambda_i}} \tag{16.30}$$

考虑到次级荧光效应，由元素 j 波长为 λ_j 辐射引起的次级荧光强度的计算公式为：

$$S_{ij} = \frac{1}{2} qE_i C_i \int_{\lambda_0}^{\lambda_{abs,j}} E_j C_j \mu_{i,\lambda_j} L \frac{\mu_{j,\lambda} I_\lambda \, d\lambda}{\mu_{S,\lambda} + A\mu_{S,\lambda_j}} \tag{16.31}$$

其中

$$L = \frac{\ln\left(1 + \frac{\mu_{S,\lambda}/\sin\varphi_1}{\mu_{S,\lambda_j}}\right)}{\mu_{S,\lambda}/\sin\varphi_1} + \frac{\ln\left(1 + \frac{\mu_{S,\lambda_i}/\sin\varphi_2}{\mu_{S,\lambda_j}}\right)}{\mu_{S,\lambda_i}/\sin\varphi_2} \tag{16.32}$$

令 $C_i = 1$ 获得纯元素的初级荧光：

$$P_{i,1} = qE_i \int_{\lambda_0}^{\lambda_{abs,i}} \frac{\mu_{i,\lambda} I_\lambda \, d\lambda}{\mu_{S,\lambda} + A\mu_{S,\lambda_i}} \tag{16.33}$$

计算中，用加和取代上述公式中的积分：

$$P_{i,1} = qE_i \sum_\lambda \frac{\mu_{i,\lambda} I_\lambda \Delta\lambda}{\mu_{S,\lambda} A \mu_{S,\lambda_i}} \tag{16.34}$$

$$P_{i,S} = qE_i C_i \sum_\lambda \frac{D_{i,\lambda} \mu_{i,\lambda} I_\lambda \Delta\lambda}{\mu_{S,\lambda} + A \mu_{S,\lambda_i}} \tag{16.35}$$

$$S_{ij} = \frac{1}{2} qE_i C_i \sum_\lambda \left(D_{j,\lambda} E_j C_j \mu_{i,\lambda_j} L \frac{\mu_{j,\lambda} I_\lambda \Delta\lambda}{\mu_{S,\lambda} + A \mu_{S,\lambda_i}} \right) \tag{16.36}$$

为消除某些参数引进的误差，计算过程中测量强度及计算的理论强度均采用相对强度表示。综合上述公式，样品 S 的荧光相对强度计算公式为：

$$R_{i,S} = \frac{P_{i,S} + S_{i,S}}{P_{i,1}} \tag{16.37}$$

$$S_{i,S} = \sum_j S_{ij} \tag{16.38}$$

在符合 $k = \rho h \bar{\mu}^* \leqslant 0.1$ 或 $k < 6.91$ 的有限厚度条件下，当薄膜或有限厚度样品的化学组成已知时，用基本参数法确定薄膜或镀层的厚度是一种简单准确的无损检测方法。最早由飞利浦公司提出的称为 FP-Multi 的薄膜及镀层分析方法是一种以基本参数法为理论依据的计算机程序，通过镀层元素的发射线或透射的基底线的理论强度与测量强度的线性拟合，计算光谱仪的校正因子。然后用数学迭代方法获得薄膜或镀层的真实厚度。当薄膜厚度已知时，也可以同样方式获得薄膜的近似组成。该程序的校准计算过程不需要类似薄膜或镀层的标准样品，仅需以纯元素或相关的无限厚样品作为参考标准。由于计算的未知量数量有限，对于每个计算的未知量（未知浓度或镀层厚度），至少需要一条以上能量差异较大（例如 K 系和 L 系谱线）的有效谱线的净强度。所谓有效谱线是指计数率较高，能满足统计分析要求的谱线。计算涉及的基本参数如初级辐射的光谱分布、激发概率、几何因子、荧光产额、谱线分数及样品分析类型（C 或 d）等。这里 C 表示镀层元素的浓度；d 表示薄膜或镀层的厚度（μm）；I_m 表示分析线测量强度；I_{th} 表示分析线的理论强度；$I_F = I_m / I_{th}$ 表示光谱仪的灵敏度因子（图 16.5）。

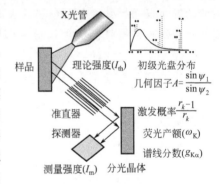

图 16.5　FP-Multi 程序涉及的若干基本参数

由于计算的复杂性，不可能测定组分完全未知的样品。因此，计算过程首先从样品的估计组分开始，以估计的组分作为计算的起点，然后通过迭代运算不断加以更新，直至理论强度与测量强度完全一致。用牛顿最小二乘法进行理论强度与测量强度偏差平方的最小化：

$$\sum_i (R_{m_i} - R_{cal, C_i})^2 \tag{16.39}$$

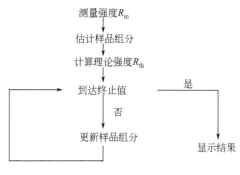

图 16.6 薄膜厚度或化学组成的迭代计算过程

以上数学表达式为理论强度与测量强度偏差的平方和，为使之最小化，首先选择需要计算的镀层化学组成或镀层厚度。然后计算理论强度对上述参数偏微分组成的矩阵，以迭代方式执行矩阵求解，直至表达式出现最小值，从而获得化学组成、厚度或质量厚度。迭代到达终止的条件是：①迭代后组分或厚度的相对变化低于规定极限；②达到最大迭代次数；③最小化参数等于零。图 16.6 表示迭代计算过程。

为执行分析线（目标元素）的校准，首先输入所有变量并进行校准计算。通过线性回归计算校准曲线的截距及斜率。基本校准步骤为：①选择测量；②输入样品的组分；③计算所选谱线（通道）的理论强度 R_{th}，执行理论强度与测量强度的校准计算；④计算校准曲线的截距及斜率；⑤检查校准曲线。这里所谓的校准曲线，即分析线的理论强度与测量强度的最小二乘法拟合曲线。

16.4 应用实例

16.4.1 镀锌板镀锌层质量厚度的测定

镀锌板是一种常规的钢铁产品，通常用常规的校准方法测定镀 Zn 层的厚度或质量厚度。一般使用化学浸取重量法制备所用的薄膜或镀层标样，但制备这种薄膜标样必须十分精细。采用以基本参数法为基础的 X 射线荧光光谱法测定薄膜厚度时，不需使用薄膜标样，只需用纯锌（Zn）及无限厚钢铁样品作为校准标样，以分析线（如 Zn 或 Fe）的理论强度与测量强度拟合建立校准曲线，实现镀层厚度或质量厚度的测定。计算镀层的质量厚度或真实厚度时必须用同一元素能量差别较大的谱线如 Kα 及 Lα 线作为分析线，以提高计算的准确度。为了验证方法的准确性，以纯锌（99.99%）和铁（99.199%）为标准，测定了化学镀层标样的质量厚度，并与标准值进行比较。从表 16.1 结果可见，标样 1 和 2 的镀 Zn 层厚度测量结果与标准值偏差较小，采用 ZnKα 线计算的质量厚度比较准确；由于镀 Zn 层接近无限厚，标样 3 的测量结果与标准值的偏差较大，荧光强度随薄膜厚度的变化幅度变小，灵敏度下降。以上结果说明以基本参数法为基础的测定镀锌钢板（Zn/Fe）镀锌层的方法具有较高的准确度。

表 16.1　纯元素标样校准法测定化学标准的质量厚度与标准值的比较

样品	分析线	标准值/(mg/cm²)	测量值/(mg/cm²)	相对偏差/%
1	ZnKα	9.63	9.46	1.77
	FeKα		9.25	3.95
	ZnKα+FeKα		9.33	3.12
2	ZnKα	14.12	13.9	1.56
	FeKα		13.36	5.38
	FeKα+ZnKα		13.58	3.82
3	ZnKα	38.22	36.87	3.53
	FeKα		35.91	6.04
	ZnKα+FeKα		36.25	5.18

16.4.2　彩涂板镀层厚度及铝锌含量的测定

铝锌彩涂钢板系正反两面热浸铝锌合金的镀层钢板，具有很强的耐腐蚀性和热反射性能，与相同厚度的镀锌、镀铝等彩涂板相比，铝锌彩涂板的使用寿命为其寿命的3~6倍。目前这种铝锌彩涂板以澳大利亚BHP公司生产为主，镀层以铝为主要成分（55%），其专利注册商标为ZINCALUME®。因其用途特别广泛，许多国家和地区都有类似产品的生产线。因此，无论产品的品质控制，商品贸易技术保护措施或合金镀层中Al的化学成分测定，特显其重要性。铝锌彩涂板成品共5层，最里层以冷轧钢板为基板；中间层是基板正反面在热镀池中形成含55%Al的Al-Zn合金镀层；最外层是正反面涂布的油漆层，以增强防腐性能和彩涂板的美感。用X射线荧光基本参数法和电感耦合等离子原子发射光谱（ICP-AES）测定了澳大利亚和中国台湾等生产的多种铝锌彩涂板的镀层厚度及Al、Zn、Fe和Si等组成元素的含量，结果如表16.2所示。

表 16.2　实际样品的分析结果

样品编号	合金层厚度/μm		Al/%		Zn/%		Fe/%		Si/%	
	测定值	计算值	测定值	计算值	测定值	计算值	测定值	计算值	测定值	计算值
1	0.221	0.2064	50.82	54.29	40.91	43.71	2.9	0.48	1.42	1.52
2	0.236	0.2115	49.55	55.34	38.26	42.73	4.44	0.43	1.34	1.5
3	0.242	0.2161	44.02	54.25	35.51	43.77	4.8	0.47	1.23	1.51
4	0.251	0.2173	40.11	53.64	33.12	44.3	5.07	0.5	1.17	1.56
5	0.245	0.2135	42.69	53.97	34.75	43.93	4.54	0.52	1.25	1.58
6	0.267	0.2151	37.69	54.35	30.28	43.66	4.48	0.48	1.05	1.51

16.4.3　镀锡板的镀锡层厚度测定

首先用FP-Multi程序按预定的测量条件，计算一组镀Sn层厚度不同的模拟标样中SnKα、SnLα和FeKα的理论相对强度，然后用计算的相对强度对镀Sn层的厚度作图。在0~2μm镀锡层的厚度范围内，SnKα线的X射线荧光相对强度与厚度呈现良好的线性关系。用 SnLα 和 FeKα 线作为分析线时，校准曲线均不成线性关系，其中 SnLα 校准曲线的曲率最大。选择两个标准样品（Sn2 和 Sn4）作为未知样，分别用 FP-Multi 基本参数法和普通检量线法测定，以 SnKα、SnLα 和 FeKα 三种分析线计算结果。如表 16.3 所示，不管何种计算方法，以 SnKα 为分析线的计算结果明显优于以 SnLα 和 FeKα 为分析线的计算结果。与 FP-Multi 软件预测的结果完全相符。

表 16.3　FP-Multi 程序与检量法测定镀锡层镀布量结果的比较

试样名称		Sn2		Sn4	
厚度给定值/μm		0.815		1.665	
测量谱线		分析结果/μm	相对误差/%	分析结果/μm	相对误差/%
SnKα	FP-Multi	0.812	−0.37	1.647	−1.08
	检量线法	0.817	−0.25	1.619	−2.76
FeKα	FP-Multi	0.799	−1.96	1.67	0.3
	检量线法	0.846	3.8	1.498	−10.03
SnLα	FP-Multi	0.802	−1.6	1.649	−0.69
	检量线法	0.877	7.61	1.381	−17.06

16.4.4　硅钢片绝缘层厚度测定

硅钢片表面盖覆一层适当的绝缘涂层，对提高电工用硅钢片的电磁性能十分有益。硅钢片绝缘涂层通常具有如下特性：①层间电阻高；②耐热性和耐蚀性好，能在高温和腐蚀性环境下稳定工作；③黏附性好，在钢板冲剪或弯曲加工时绝缘层不易脱落；④涂层对冲压模具具有一定的润滑作用，磨损小，加工性能好；⑤对钢板表面具有一定的张力，能减小磁致伸缩引起的噪声；⑥绝缘涂层薄而均匀，具有良好的充填性能。目前使用的绝缘涂层，一种是磷酸-铬酸系涂层，其层间电阻为 5～50（$\Omega \cdot cm^2$）/片；另一种是树脂-铬酸系涂层，其层间电阻与前一种涂层相同。对于取向硅钢，涂布一层氧化镁隔离层，与二氧化硅（SiO_2）生成硅酸镁底层，以便高温退火时防止钢板的黏结。在氧化镁涂层中添加适量氧化钛（TiO_2），可改善钢板的脆性和硅酸镁底层的质量。高温退火时 TiO_2 具有抑制钢中铝破坏二氧化硅层的作用。绝缘涂层采用硅溶胶、磷酸二氢铝和铬酐组成的溶液，经酸洗（5% H_2SO_4）、净水浸泡、烘干、浸涂和烧结烘干形成绝缘涂层。涂布液的密度一般为 1.235 g/cm^3。涂布层厚度为 2～3 μm，质量厚度约 5 g/m^2。测定硅钢的涂层厚度及化学成分，有多种方法。最常用的方法有化学浸取、光学干涉、接触电磁、辉光放电及 X 射线荧光光谱等方法，其中 X 射线荧光光谱（XRF）法既可测定镀层或薄膜的厚度，也可测定镀层或薄膜的化学组成。帕纳科公司提出的 X 射线荧光测厚方法（FP-Multi）是一种以基本参数法为基础的计算机软件，它具有快速、可靠、非破坏、维护方便、使用简单等特点。仅需使用无限厚样品作为校准样品，实现仪器的简单校准，不需要与薄膜或镀层类似的标准样品。

在测定涂层或薄膜的厚度前，首先通过定性扫描选定合适的镀层发射线及基底透射线，并通过半定量分析确定薄膜或镀层的化学组成，作为基本参数法迭代计算的初始值。硅钢的绝缘涂布层含 P、Cr、Ti 等成分，经 X 射线衍射分析鉴定，$MgSiO_3$ 衍射相是涂布层的基底保护层。然后用 FP-Multi 程序测定硅钢片表面涂布层的厚度或质量厚度（g/m^2）。在厚度已知的情况下，近似计算涂布层的化学组成。

由于硅钢片的表面镀层很薄，而且镀布层化学成分以轻元素为主，因此，可选择镀层元素的发射法或基底线吸收法测定镀层的厚度。发射法以 $PK\alpha$ 和 $CrK\alpha$ 为分析线；基底吸收法以 $FeL\alpha$ 为分析线。考虑到基体及镀层对关键谱线的吸收会影响未知样品涂层厚度、密度及化学组成计算的准确度，用实验方法观察和测量了关键谱线的吸收及透过率。图 16.7、图 16.8 分别显示镀层及基底分析线的吸收曲线。通过发射法与基底吸收法实验结果的比较，吸收法测定硅钢片绝缘层厚度的结果与工艺研究结果比较符合。吸收法的分析结果示于表 16.4。用 FP-Multi 程序计算涂层的密度时必须输入初始值。可通过以下公式预先计算涂层的总密度，作为软件计算的初始密度。这样可直接计算出涂层的真实厚度（μm）值。计算总密度的公式为：

$$\rho_{总密度} = \sum W_i \rho_i \tag{16.40}$$

式中，$\rho_{总密度}$ 表示涂布层的总密度；W_i 表示每个化学组成的质量分数；ρ_i 表示每个组分的密度。

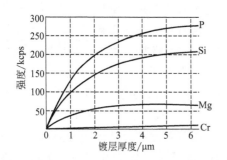 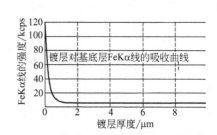

图 16.7 涂层 P、Si、Mg、Cr 的吸收曲线　　图 16.8 涂层样品基底 Fe 线的吸收与透过率

表 16.4　硅钢片绝缘层厚度的基底吸收法测定结果

序号	样品名	Cr/kcps	P/kcps	FeLα/kcps	涂布层厚度/μm	质量厚度/(g/m²)
1	Si01	14.2105	330.293	0.7954	1.133	2.876
2	Si05	18.2162	425.8036	0.4791	1.343	3.365
3	Si14	31.3008	674.7099	0.2659	1.419	3.719

续表

序号	样品名	Cr/kcps	P/kcps	FeLα/kcps	涂布层厚度/μm	质量厚度/(g/m²)
4	Si19	15.4984	351.677	0.7023	1.204	3.025
5	Si21	21.0534	484.5105	0.4407	1.359	3.398
6	Si22	23.0529	526.2521	0.3895	1.402	3.541
7	Si23	25.946	584.2572	0.1877	1.518	3.817

随着大规模和超大规模集成电路及电子器件的高度集成化，多层薄膜测定的基本参数法已广泛应用于半导体工业及玻璃工业的质量控制分析，应用于氧化膜、硅化物薄膜及各种金属膜生产过程的质量控制及薄膜质量的评定，如用于掺硼磷硅玻璃（BPSG）基片上硼磷沉积膜的测定等。X射线荧光光谱法已成为薄膜分析十分重要的工具。

参考文献

[1] Shiraiwa T, Fujino W N. Adv X-Ray Anal, 1969, 12: 446-456.
[2] Mantler M. Adv X-Ray Anal, 1984, 27: 433-440.
[3] Feng L, Cross B J, Wong R. Adv X-Ray Anal, 1992, 35: 703-709.
[4] Huang T C. X-Ray Spectrom, 1991, 20: 29-33.
[5] Mantler M. Analytica Chimica Acta, 1986, 188: 25-35.
[6] de Boer D K G. X-Ray Spectrom, 1990, 19: 145-154.
[7] Willis J E. X-Ray Spectrom, 1989, 18: 143-149.
[8] Zimmermann R H. Adv X-Ray Anal, 1961, 4: 335.
[9] Tertian R, Claisse F. Principles of Quantitative X-Ray Fluorescence Analysis. London: Heyden, 1982.
[10] Carr-Brion K G. Analyst, 1964, 89: 346.
[11] Carr-Brion K G. Analyst, 1965, 90: 9.
[12] Leroux J, Mahmud M. Anal Chem, 1966, 38: 76.
[13] Goldman M, Anderson R P. Anal Chem, 1960, 32: 1137.
[14] Meier H, Unger E J. Radioanal Chem, 1976, 32: 413.
[15] Kieser R, Mulligan T J. X-Ray Spectrom, 1979, 8: 164.
[16] Holynska B, Markowicz. A. X-Ray Spectrom, 1979, 8: 2.
[17] Grieken R V, Markowicz A A. Handbook of X-Ray Spectrometry. New York: Marcel Dekker Inc, 1993: 346.
[18] Markowicz A. X-ray Spectrom, 1979, 8: 14.
[19] Bekkers M H J, van Sprang H A. X-Ray Spectrom, 1997, 26: 122-124.
[20] Willis J E. Adv X-Ray Anal, 1988, 31: 175-180.
[21] Huang T C, Parrish W. Adv X-Ray Anal, 1986, 29: 395-402.
[22] de Boer D K G, Borstrok J J M, Leenaers A J G, et al. X-Ray Spectrom, 1993, 22: 33-38.
[23] Fiorini C, Gianoncelli A, Longoni A, et al. X-Ray Spectrom, 2002, 1: 92-99.
[24] Fan Q. X-Ray Spectrom, 1993, 22: 11-12.

第17章
分析误差与不确定度

17.1 概述

分析结果的准确与否，不仅取决于仪器的测试条件、分析方法和操作技术，而且受统计规律的支配。任何分析过程从开始到获得最终结果均需经若干处理步骤，每一步都可能受到相关因素的影响而产生误差。如果对误差的属性和产生的原因不甚了解，就可能产生错误判断。在 X 射线光谱分析中，同一样品不同操作者，即使样品制备方法和仪器测量条件完全相同，所得结果经常会出现不一致，有时甚至相差很大。就同一个试样同一操作者以相同的条件多次重复测量，所得结果仍可能不一致，而随各次测量结果的平均值形成一种规律性的分布。这就是说，X 射线光谱分析的测量结果受统计规律所支配，产生误差是必然的。误差分析对于评价分析的质量和分析方法的可靠性具有十分重要的意义。分析误差主要来源于诸如计数测量、样品制备、仪器参数设定、校准计算等实验及数据处理。因此，分析人员掌握和应用误差理论及其处理方法是十分必要的。所谓误差是指观测值或计算值与真值间的偏差。真值通常无法测得，但可用实验或理论方法逐步逼近，以确定实验结果与真值的逼近程度和数据的可信度。由于计算机和数值方法在分析化学中应用的日益广泛，在数据处理过程中误差的传递与放大，往往不容忽视。在分析实验中，必须首先排除由操作失误、样品污染以及人为错误引起的交叉错误。由于错误测量或错误计算获得的错误结果比较容易识别，可通过重复测量加以验证和排除。分析实验中存在两类重要误差：①由测量过程中随机波动引起的不确定度；②直接影响准确度的系统误差。为了获得准确的分析结果，应采取相应的措施，降低或消除这两类误差。

17.2 数值分析中的若干基本概念

17.2.1 真值与平均值

真值是指分析元素在某材料总体中的真实含量。所谓总体，是指所研究的某种分析材料的全部。真值必须采用一种理想方法测量才能获得。因此，真值无法确定而只能逼近，人们常用所谓的约定真值来表示。约定真值也可称为指定值、最佳估计值、约定值、参考值或标准值。约定真值可充分地接近真值，有时可代替真值。这种约定真值通常采用多次测量的平均值表示。在不存在系统误差的情况下，可能获得与真值十分接近的数值。因此，真值是无限次测量的平均值。众所周知，测量次数不可能无限，只能用有限次测量的平均值，获得与真值逼近的平均值。平均值可代替真值，但不等于真值。通常情况下平均值可用以下两种方法表示。

（1）算术平均值　一组精度相同的测量值，以其算术平均值为其最佳值。设 X_1，X_2，…，X_n 代表各次测定值，n 代表测量次数，则算术平均值为：

$$\overline{X} = \frac{1}{n}(X_1 + X_2 + \cdots + X_n) = \frac{1}{n}\sum_{i=1}^{n} X_i \tag{17.1}$$

由此得出：

$$\sum_{i=1}^{n} X_i - n\overline{X} = 0 \tag{17.2}$$

将一系列测量值相加，计算其算术平均值。这种计算方法很烦琐，容易发生错误。因此，提出以下简便的平均值计算方法。在一组测量值中任选一测量值 X_a 为临时标准值，各测量值减 X_a 得：

$$\Delta X_1 = X_1 - X_a$$
$$\Delta X_2 = X_2 - X_a$$
$$\cdots$$
$$\Delta X_n = X_n - X_a$$

$$\sum_{i=1}^{n} \Delta X_n = \sum_{i=1}^{n} X_i - nX_a$$

两边同时除以 n 得：$\frac{1}{n}\sum_{i=1}^{n} \Delta X_i = \frac{1}{n}\sum_{i=1}^{n} X_i - X_a$

由此得到：

$$\overline{X} = \frac{1}{n}\sum_{i=1}^{n} X_i = X_a + \frac{1}{n}\sum_{i=1}^{n} \Delta X_i \tag{17.3}$$

例如，测定 SiO_2 时得到四个结果：28.6、28.3、28.4、28.2，设 $X_a = 28.3$，则：

$$\overline{X} = 28.3 + \frac{1}{4}(0.3 + 0 + 0.1 - 0.1) = 28.375$$

（2）加权平均值　同一样品不同方法或不同人员的测量值取平均值时，需要用加权方法计算平均值。加权平均值定义为：

$$\overline{X_W} = \frac{W_1 X_1 + W_2 X_2 + W_3 X_3 + \cdots + W_n X_n}{W_1 + W_2 + W_3 + \cdots + W_n} = \frac{\sum_{i=1}^{n} W_i X_i}{\sum_{i=1}^{n} W_i} \tag{17.4}$$

式中，X_1，X_2，…，X_n 代表不同方法或不同人员的测量值；W_1，W_2，…，W_n 代表各测量值相应的权重。如果不同方法的误差相同，不同人员的水平相同，则权重数可以简化为测量次数。否则必须首先计算权重数，然后计算加权平均值。

17.2.2 精密度和准确度

分析结果的可靠性通常取决于测量的精密度和准确度。简单地说，精密度表示在规定的同一条件下各独立测量值间的离散性。多次测量同一物理量所得结果的离散性可能很小，但并不表明测量值与真值一致。准确度表示测量值与真值间一致的程度。准确度是一种定性概念，可用来定性表示测量值的质量高低。测量结果的重复性表示在相同的测量条件下，对同一被测量连续多次测量所得结果的一致性，可用测量结果的离散性定量表示；测量结果的复现性表示在改变了的条件下，同一被测量测量结果间的一致性。这里变化了的条件包括测量原理、测量方法、测量仪器、测量标准及使用条件等，可改变其中之一或全部改变。因此，在复现性的有效表述中，应说明变化的条件。复现性仍可用测量结果的离散性定量表示。

在 X 射线光谱定量分析中，分析结果是通过试样与标样的分析线测量强度比较而获得的。这种分析结果的精密度通常以相对标准偏差或变动系数表示。相对标准偏差愈小，精密度就愈高。分析结果的精密度与 X 射线强度的测量、样品制备及操作偏差等因素相关，可通过实验方法或由各种偏差总和计算获得。分析结果的准确度通常是通过与标准值的比较而获得，与精密度一样，可用相对标准偏差或变差系数表示。在两种或多种方法比较时，准确度常用相关系数来表示。相关系数（绝对值≤1）愈接近 1，方法愈准确。准确度不仅取决于谱线测量强度的精密度，而且与校准曲线的品质相关。在观察一组测量值时，尽管测量的精密度很高，但不一定准确；相反，准确度好，精密度必然高。

17.2.3 分析误差

在常规分析实验中，分析误差通常分为两类，即再现性误差和方法误差。再现性误差属于随机误差；方法误差属于系统误差。凡是测量的集合是明确而有限时，必然出现随机误差。属于这一集合的变量可定义为某种函数，这种函数称为分布函数。系统误差是由一种或几种固定因素按规律引起的误差。这种误差可认为是测量的一种校正值。分析方法和测量结果的优劣通常用准确度予以评价。标准偏差 S 和相对标准偏差 RSD 通常用来表示测量值与平均值间的离散程度。偏差越小表明观测值的离散度越小。在与标准物质的推荐值进行比较时，也可用标准偏差和相对标准偏差来判断方法或结果的准确与否。标准偏差 S 的计算式为：

$$S = \sqrt{\frac{\sum (x_i - \overline{x})^2}{n-1}} \tag{17.5}$$

$$\overline{x} = \frac{\sum x_i}{n}$$

式中，x_i，n，$\overline{x}$ 分别表示第 i 次测定值，测量次数和算术平均值。相对标准偏差 RSD 为：

$$\mathrm{RSD} = \frac{S}{\overline{x}} \times 100\%$$

17.2.4 分布函数

随机变量的特点是以一定的概率取值，但并不是所有的观测或试验都能以一定的概率取某一个固定值。在重复测量某个物理量时，作为被测量最佳估计的测量结果是一种随机变量（X），其所取的可能值充满某一区间，并非某一固定值。由概率加法定则可得，该测量值落在该区间的概率为：

$$P[a \leqslant X \leqslant b] = P[X < b] - P[X < a] \tag{17.6}$$

显然，求出 $P[X<b]$ 及 $P[X<a]$ 即可。对于任何实数 x，随机事件 $[X<x]$ 的概率是 x 的函数。令 $F(x) = P[X<x]$，显然 $F(-\infty)=0$，$F(+\infty)=+1$，$F(x)$ 称为随机变量 X 的分布函数。因此，分布函数 $F(x)$ 完全决定事件 $P[a \leqslant X \leqslant b]$ 的概率。或者说分布函数 $F(x)$ 完整地描述了随机变量 X 的统计特性。

(1) 离散型随机变量的分布函数　设 $x_1, x_2, \cdots, x_n$ 是离散型随机变量 X 的取值，而 $p_1, p_2, \cdots, p_n$ 是 X 取以上数值的概率，即

$$P(X = x_i) = p_i \qquad (i = 1, 2, \cdots, n) \tag{17.7}$$

概率 P_i 应满足条件 $\sum_{i=1}^{n} p_i = 1$。式 (17.7) 称为离散型随机变量 X 的概率分布。离散型随机变量的分布函数 $F(x)$ 具有以下形式：

$$F(x) = \sum_{x < n_i} p_i$$

因此，任何离散型随机变量的分布函数都不是连续的。

(2) 连续型随机变量的分布函数　假设连续型随机变量 X 取值于区间 (a, b)，则 X 的分布函数 $F(x)$ 对于任意两实数 x_1，x_2（$x_1 < x_2$）有：

$$F(x_2) - F(x_1) = P(x_1 < X < x_2) \geqslant 0 \tag{17.8}$$

即 $F(x)$ 是单调增函数，并假定 $F(x)$ 在 $-\infty < X < \infty$ 间是连续可微分的。这两个假定在实际工作中通常是可以满足的。连续型随机变量与离散型随机变量不同，其分布规律不可能用分布数列表示。为了描绘其概率分布的规律，需要引入一个新的概念，即概率分布密度函数 $f(x)$。显然变量 X 落在 $x \sim (x + \Delta x)$ 区间的概率为

$$P(x < X \leqslant x + \Delta x) = F(x + \Delta x) - F(x)$$

则：
$$\lim_{\Delta x \to 0} \frac{F(x + \Delta x) - F(x)}{\Delta x} = F'(x) = f(x)$$

因此，概率分布密度函数 $f(x)$ 可定义为概率分布函数 $F(x)$ 的导数。并可将分布函数写成：

$$F(x) = \int_{-\infty}^{x} f(x) \mathrm{d}x$$

该式即为常用的概率积分公式。若已知概率分布密度函数 $f(x)$，则随机变量 X 落在某区间 (x_1, x_2) 内的概率 $P(x_1 < X \leqslant x_2)$ 为：

$$P(x_1 < X \leqslant x_2) = F(x_2) - F(x_1) = \int_{x_1}^{x_2} f(x) \mathrm{d}x$$

对于服从正态分布的随机误差，其分布密度函数 $f(x)$ 具有如下形式：

$$f(x) = \frac{1}{\sigma \sqrt{2\pi}} \exp\left(-\frac{\delta^2}{2\sigma^2}\right)$$

式中，δ 为随机误差的可能值；σ 为测量数列的标准偏差。

由于 X 射线的光子发射和产生脉冲的探测过程同属一种统计集合，是一种出现的大量随机事件。如果用多次重复测量的数据作图，通常形成一种平滑的数值分布，与其平均值接近的数值出现频率很高，逐步远离平均值的数值出现次数越来越少。这种数值分布函数称为正态分布的密度函数。样品中 X 射线荧光的发射过程产生大量光子数 N 的事件称为统计集合，完全符合正态（高斯）分布函数的统计规律。这种统计分布规律是 X 射线光谱误差分析的基础。

① 正态（高斯）分布　分析测试的随机误差是由各种不可控制的随机因素综合作用所致。因此，随机误差是一种按概率取值的随机变量。由概率论可知，若随机变量由各种独立的随机因素叠加而成，且每种因素均为微弱的影响，则这种随机变量一般表现为正态分布的函数形式。假定在一定条件下，对某一量值（真值为 μ）进行连续 n 次平行测量，获得一系列结果 $x_1, x_2, \cdots, x_n$，数学上，这组测量值的随机误差按正态分布密度函数表示为：

$$\varphi(x) = \frac{1}{\sigma \sqrt{2\pi}} \exp\left[1\ \frac{1}{2}\left(\frac{x-\mu}{\sigma}\right)^2\right] \tag{17.9}$$

式中，σ 为标准偏差；μ 为总体分布的平均值。高斯在研究误差理论时首先提出正态分布的数学表达式。因此，正态分布又称高斯分布。分布函数是一种抽象的数学模型，其表达式中含有的参数称为分布参数。正态分布函数中含有两个重要参数：数学期望（μ 随机变量的平均值）和方差。对于离散型随机变量，其分布函数（泊松分布）中仅有一个参数，它既等于平均值（数学期望）又等于方差。所谓总体是指随机变量 x 的全体取值。从总体中随机抽取的 $x_1, x_2, \cdots, x_n$ 值称为样本。由于样本是从总体中随机抽取的，因此，样本与总体具有相同的分布。μ 称为正态分布的均值，表示样本值的集中趋势；σ 称为正态分布的标准偏差，表示样本值的离散特性。正态分布概括了随机误差的如下三个基本特点：①绝对值相等的正负误差出现概率相同，在大量等精度测量中，各种误差的代数和趋于零；②绝对值小的误差出现概率大，绝对值大的误差出现概率小；③绝对值超大的误差出现概率极小，表明误差具有一定的极限。在正态分布情况下，连续性随机变量的平均值 μ 可用下式计算：

$$\mu = \frac{\int_{-\infty}^{\infty} x\varphi(x)\mathrm{d}x}{\int_{-\infty}^{\infty} \varphi(x)\mathrm{d}x} = \int_{-\infty}^{\infty} x\varphi(x)\mathrm{d}x \tag{17.10}$$

式中，$\varphi(x)$ 为概率密度。图 17.1 显示正态分布的密度函数（又称高斯分布）。

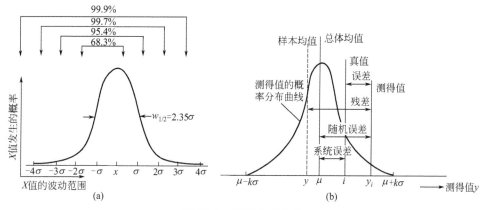

图 17.1　正态分布曲线

② 泊松分布　在 X 射线荧光分析中，由于采用量子探测器测量辐射强度，测量数据往往由一系列不连续的离散型随机变量构成。在这种情况下，实验数值可用泊松分布加以描述。若随机变量 x 只能取整数值：$0,1,2,\cdots,n$，且取某个值的概率决定于公式：

$$P_\mu(x) = \frac{\mu^x \mathrm{e}^{-\mu}}{x!} \tag{17.11}$$

则该随机变量遵从泊松分布的统计规律。所有 x 的取值概率 $P(x)$ 之和，无论 μ 值如何，总是等于 1。

$$\sum_{x=0}^{x=\infty} \frac{\mu^x \mathrm{e}^{-\mu}}{x!} = 1 \tag{17.12}$$

泊松分布的唯一参数 μ，数值上等于随机变量的平均值和方差，即 $M\{x\} = \sigma^2 = \mu$；子样的平均值 $\overline{x}$ 可作为 μ 的估计值。对于离散型随机变量，其平均值为：

$$\mu = \frac{\sum_{i=-\infty}^{\infty} x_i P(x_i)}{\sum_{i=1}^{\infty} P(x_i)} = \sum_{i=-\infty}^{\infty} x_i P(x_i) \tag{17.13}$$

式中，$P(x_i)$ 为离散型随机变量 x 取 x_i 值的概率。图 17.2 表示 $\mu \geqslant 9$ 时泊松分布可用正态分布代替。统计分析需要的概率数值可用式（17.11）计算获得。

17.2.5 计数统计学与测量误差

在概率统计中，把客观世界可能出现的事件分为三种典型的情况：①必然事件，在一定条件下必然出现

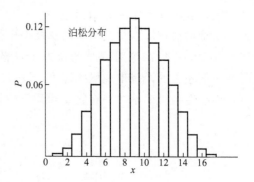

图 17.2 不连续离散型变量的泊松分布

的事件；②不可能事件，在一定条件下不可能出现的事件；③随机事件，在一定条件下可能出现也可能不出现的事件。X 射线光谱分析中，X 射线的发射类似于同位素源发射，属于大量随机事件。随机事件或随机变量不同于其他事件，其自身的特点是，以一定的概率，在一定的区间内取值或取某一固定值，符合正态分布规律。在 X 射线光子流量恒定的情况下，在固定的时间内进行强度重复测量时，每次测量的总计数不同。这种总计数的波动不是因为仪器不稳定，而是由于光子发射的随机性所致。这种总计数的偏差可用泊松定律表示：

$$P(N) = \frac{(\overline{N})^N}{N!} \exp(-\overline{N}) \tag{17.14}$$

式中，$\overline{N}$ 表示多次重复测量的平均计数；$P(N)$ 表示单次测量获得固定计数值的概率。当计数 N 很大时，式（17.14）与高斯分布近似：

$$P(N) = \frac{1}{\sqrt{2\pi}\sqrt{\overline{N}}} \exp\left[-\frac{(N-\overline{N})^2}{2\overline{N}}\right] \tag{17.15}$$

这种表达式通常可写成：

$$P(x) = \frac{1}{\sigma\sqrt{2\pi}} \exp\left[-\frac{(x-\overline{x})^2}{2\sigma^2}\right] \tag{17.16}$$

按照定义，该表达式称为正态分布，其标准偏差为：

$$\sigma = \sqrt{N} \tag{17.17}$$

相对标准偏差或变动系数为：

$$\varepsilon = \frac{\sqrt{N}}{N} = \frac{1}{\sqrt{N}} \tag{17.18}$$

（1）单次测量的计数标准偏差和相对标准偏差　设单次测量的计数为 N，则单次测量的计数标准偏差 S_c 和相对标准偏差 ε 分别为：

$$S_c = \sqrt{N} \tag{17.19}$$

$$\varepsilon = \frac{1}{\sqrt{N}}$$

从图 17.1 所示的正态分布曲线,可计算单次测量获得计数 N 的各种概率,计算结果如下:

计数 N 落在 $\overline{N} - \sqrt{N} < N < \overline{N} + \sqrt{N}$ 范围内的概率为 68.3%(σ);

计数 N 落在 $\overline{N} - 2\sqrt{N} < N < \overline{N} + 2\sqrt{N}$ 范围内的概率为 95.4%(2σ);

计数 N 落在 $\overline{N} - 3\sqrt{N} < N < \overline{N} + 3\sqrt{N}$ 范围内的概率为 99.7%(3σ)。

对于多次测量,计数的标准偏差为平均计数的平方根。值得注意的是,该公式仅在背景强度可以忽略的情况下适用。

(2)谱峰净计数的标准偏差和相对标准偏差　当背景不能忽略时,谱峰强度必须扣除背景。此时计数的标准偏差和相对标准偏差如下式所示:

$$S_c = \sqrt{S_P^2 + S_B^2} = \sqrt{N_P + N_B} \tag{17.20}$$

$$\varepsilon = \frac{\sqrt{N_P + N_B}}{N_P - N_B} \tag{17.21}$$

(3)比率计数法的标准偏差和相对标准偏差　分析未知样品 x 时,为了获得准确的结果,一般需要用标准物质 s 进行比较。当采用简单的相对强度(比率计数)法计算结果时,计数误差将增加:

$$\varepsilon = \sqrt{\left[\frac{N_P + N_B}{(N_P - N_B)^2}\right]_x + \left[\frac{N_P + N_B}{(N_P - N_B)^2}\right]_s} \tag{17.22}$$

(4)重复测量的计数标准偏差和相对标准偏差　分析线的强度较低时,计数误差在整个分析误差中占据较大的份额,拟采取多次重复测量降低平均计数误差:

$$(S_c)_n = \frac{S_C}{n} \tag{17.23}$$

$$(\varepsilon)_n = \frac{\varepsilon}{n} \tag{17.24}$$

事实上重复测量符合上述统计规律。因此,重复测量是降低分析误差的重要途径之一。

(5)误差与计数时间　在 XRF 定量校准过程中,通常需要使用分析线的净强度。特别是痕量元素分析时,准确测定背景强度十分重要。谱线的净强度 I_{net} 是谱线峰位强度与峰底的背景强度之差,即:

$$I_{net} = I_P - I_b$$

式中,I_{net},I_P,I_b 分别表示谱线的净强度、峰位总强度和峰底的背景强度。波长色散可以对谱峰和背景分别计数,并采用不同的测量时间。根据计数统计理论,选择不同的测量方式,具有不同的测量误差。在 X 射线荧光分析中,通常采用定数计时、定时计数和最佳定时计数三种不同的测量方式，分别以 FC、FT、FTO 表示。通过比较，这三种测量方式的标准偏差符合以下关系：

$$S_{FC} > S_{FT} > S_{FTO}$$

最佳定时计数法的标准偏差最小；定数计时法的标准偏差最大。当测量时间相等时，最佳定时计数法测量的重复性最好。最佳定时计数法的标准偏差、相对标准偏差及测量时间分别为：

$$S_{FTO} = \sqrt{\frac{(\sqrt{I_P}+\sqrt{I_B})I_P}{\sqrt{I_P}\,T} + \frac{(\sqrt{I_P}+\sqrt{I_B})}{\sqrt{I_B}\,T}} \tag{17.25}$$

$$\varepsilon_{FTO} = \frac{1}{\sqrt{T_P+T_B}(\sqrt{I_P}-\sqrt{I_B})} \tag{17.26}$$

$$T_P = \sqrt{\frac{I_P}{I_B}}\,T_B$$

且

$$T = T_P + T_B$$

式中，S_{FTO}、ε_{FTO}、T、T_P、T_B 分别表示标准偏差、相对标准偏差、总计数时间、谱峰和背景的计数时间；I_P、I_B 分别表示谱峰强度和峰底的背景强度。

17.3 误差来源及统计处理

随机误差是由于各种不可控制的随机因素综合作用所致。这种误差是一种按概率取值并符合正态分布的随机变量。系统误差通常是指实验结果与可接受参照值间的恒定偏差，是可以消除或减小到最低程度的误差；而随机误差是实验过程中由非系统性波动所致。这种误差可通过实验设备和分析条件予以控制，但无法消除。表 17.1 列出了 X 射线光谱分析中系统误差和随机误差的主要来源。为了消除或减小上述各种误差，必须利用相关的数学工具，判断分析过程中的误差来源，例如进行 F 或 t 检验等。同时还应给出分析结果的不确定度，以便评估数据的质量。

表 17.1 XRF 中系统误差和随机误差的主要来源

随机误差	系统误差
计数误差	样品的粒度大小、不均匀性、表面效应及微观结构、基体效应样品组成元素或化合物的化学形态变化
光管工作电压及电流波动	仪器参数的漂移、测角仪及样品定位误差、分光晶体晶面间距随温度的变化、X 光管窗口污染及老化等
高压发生器的稳定性	分析线的光谱干扰及样品污染或退化
电学系统的不稳定性	仪器的长期稳定性变化

17.3.1 强度计数的标准偏差

实际工作中常用一定时间（T）内测得的累加计数表示光谱强度，其标准偏差为：

$$S_c = \sqrt{N} = \sqrt{IT} \qquad (17.27)$$

若将累积计数换算成单位时间内的计数或计数率 $I = \dfrac{N}{T}$（cps 或 kcps），则强度计数的标准偏差为：

$$S_I = \sqrt{I/T} \text{ 或 } S_I = \sqrt{\dfrac{I}{1000T}} \qquad (17.28)$$

可见累积计数的标准偏差与计数率的标准偏差并不相等，即 $\sqrt{N} = \sqrt{IT}$ 与 $\sqrt{I/T}$ 不相等。

(1) 净强度的计数偏差　设 I_P 为分析线的峰位强度（cps），I_B 为分析线的峰底背景（cps），T_P 为分析线的测量时间，T_B 为背景的测量时间。净强度计数的标准偏差为：

$$S_I = \sqrt{S_P^2 + S_B^2} = \sqrt{\dfrac{I_P}{T_P} + \dfrac{I_B}{T_B}} \qquad (17.29)$$

净强度计数的相对标准偏差为：

$$\varepsilon = \sqrt{\dfrac{I_P}{T_P} + \dfrac{I_B}{T_B}} / (I_P - I_B) \qquad (17.30)$$

(2) 定时计数法的标准偏差　在定时计数的条件下 $T_P = T_B = T/2$，$T = T_P + T_B$，标准偏差为：

$$S_{F,T} = \sqrt{2/T} \times \sqrt{I_P + I_B} \qquad (17.31)$$

相对标准偏差为：

$$\varepsilon_{F,T} = \sqrt{\dfrac{2}{T}} \times \dfrac{\sqrt{I_P + I_B}}{I_P - I_B} \qquad (17.32)$$

(3) 最佳定时计数法计数的标准偏差　实际测量中，常常需要在一定时间内测量一定数量的样品，每个分析元素的测量时间是有限的，而测量的计数偏差与测量时间相关。因此，为了降低测量误差，需要使用最佳定时计数法，合理分配分析线与背景的测量时间。在最佳定时计数法中，总计数时间 $T = T_P + T_B$：

$$\dfrac{T_P}{T_B} = \sqrt{\dfrac{I_P}{I_B}} \qquad (17.33)$$

分析线与背景的测量时间应按如下公式分配：

$$T_P = \dfrac{\sqrt{I_P}\, T}{\sqrt{I_P} + \sqrt{I_B}} \qquad (17.34)$$

$$T_B = \dfrac{\sqrt{I_B}\, T}{\sqrt{I_P} + \sqrt{I_B}} \qquad (17.35)$$

最佳定时计数法的标准偏差为：

$$S_{\text{FTO}} = \sqrt{\frac{(\sqrt{I_P}+\sqrt{I_B})I_P}{\sqrt{I_P}\,T} + \frac{(\sqrt{I_P}+\sqrt{I_B})I_B}{\sqrt{I_B}\,T}}$$

即

$$S_{\text{FTO}} = \frac{1}{\sqrt{T}} \times (\sqrt{I_P}+\sqrt{I_B}) \tag{17.36}$$

相对标准偏差为：

$$\varepsilon_{\text{FTO}} = \frac{1}{\sqrt{T}} \times \frac{\sqrt{I_P}+\sqrt{I_B}}{I_P - I_B} = \frac{1}{\sqrt{T}(\sqrt{I_P}-\sqrt{I_B})} \tag{17.37}$$

17.3.2 最佳计数时间的选择

当分析线强度和背景强度已知时，可根据测量的精度要求，计算测量分析线和背景所需的总时间 T。在规定的时间内，分析线的测量时间 T_P 与背景的测量时间 T_B 应如何分配，才能获得最小的偏差。通过解析可得：

$$S_I = \sqrt{\frac{I_P}{T_P} + \frac{I_B}{T_B}} \tag{17.38}$$

欲使偏差最小，必须对上式微分并使其等于零，即：

$$\frac{T_P}{T_B} = \sqrt{\frac{I_P}{I_B}} \tag{17.39}$$

由式（17.33）可知，当分析线的测量时间与背景测量时间之比等于分析线强度与背景强度比的平方根时，所得净强度的标准偏差最小。例如，已知某谱线的强度 $I_P=10000\text{cps}$，背景强度 $I_B=400\text{cps}$，要求谱线净强度的测量精度（ε_c）小于 0.2%。由式（17.38）可得：

$$\sqrt{T} = \frac{100}{(100-20)\times 0.2}$$

$$T = T_P + T_B = 39$$

$$\frac{T_P}{T_B} = \sqrt{\frac{I_P}{I_B}} = \sqrt{\frac{10000}{400}} = 5$$

$$T_P = 32.5\text{s}; T_B = 6.5\text{s}$$

实际上，分析线和背景的计数时间不一定要精确到 32.5s 和 6.5s，人们通常选取接近于此数值的时间进行测量。例如谱线的测量时间选择 40s，背景测量时间选择 10s，相对标准偏差为：

$$\varepsilon_c = \frac{100}{\sqrt{50}} \times \frac{1}{\sqrt{10000}-\sqrt{400}} = 0.18\%$$

17.3.3 提高精密度与准确度的基本措施

X 射线光谱分析中，影响精密度及准确度的主要误差因素有如下三方面。

①仪器误差。如 X 射线管工作电压与电流的波动致使初级辐射的强度变化；晶体的晶面间距由于机箱温度发生变化而导致谱线峰位漂移；由于探测器工作电压波动导致放大倍数的波动；计数电路的不稳性导致分析线脉冲幅度分布漂移和畸变。②方法误差。例如样品制备或化学处理时，由于称样不准，稀释比不一致，样品混合不均匀，样品组分的损失或玷污等引起测量误差；校准过程中基体效应、背景及光谱干扰校正不当引起校准误差；由试样的粒度、厚度、密度及表面粗糙度差异、液体的膨胀、挥发、辐射分解等物理效应引起测量的不一致等。③操作误差。由于仪器及测量参数选择不当所致。在仪器高度自动化的条件下，人为误差已减小到最低限度。分析方法及样品制备方法的选择，是分析误差的主要来源。随机误差、系统误差及过失误差是影响分析质量的根本原因。根据误差理论，随机误差不可消除，只能按统计规律加以控制，降至最低限度；系统误差是由某种特殊原因所致，查明原因后是可以消除。过失误差在任何实验测量中决不允许存在。

17.4 不确定度及计算

误差是指观察或计算值与真值间的偏差，是一种不可确切知道的理想概念。误差的确切数值是分析结果的修正值。误差通常可分为系统误差和随机误差两类。系统误差是测量值与真值间的一种固定偏差，无法用统计方法处理，直接影响测量值的准确度，只能在查明原因后才能消除。随机误差是不可消除的误差，只能通过实验条件和方法的改进而降低。不确定度是一种以区间形式表示误差值的方法，不能用于修正测量结果。现代分析中通常用不确定度来表示测量结果的误差。不确定度在测量史上属于一种较新的概念，其应用具有广泛性和实用性，通常分为测量不确定度和统计不确定度两类。

17.4.1 测量不确定度

按国家标准 GB/T 27411—2012，测量不确定度可定义为：表征合理地赋予被测量之值的离散性与测量结果相联系的参数。此参数可能是标准偏差指定的倍数或置信区间的宽度。也就是说，不确定度是指测量过程中产生的数值波动，这种数值波动是由于仪器不完备和观测精度不足所引起的。这种不确定度可称为测量不确定度或仪器不确定度，简称不确定度。测量不确定度一般包括很多分量，其中有些分量是由测量序列结果的统计学分布确定，可表示为标准偏差。另一些分量是由经验及其他信息的概率分布确定，也可用标准偏差表示。

通常，测量不确定度通过考察仪器和测量过程，判断测量的可靠性。原则上，由数据内部估计的测量不确定度应与考虑仪器设备和实验过程等外部估计的不确定度一致。若两者不一致，表明实验过程存在不能忽视的问题，应予以解决。若两者一致，则由数据内部计算的标准偏差就是不确定度的估计值。归纳起来，测量不确定度主要来源于：①被测量的定义不完整；②复现被测量的测量方法不完善；③取样代表性差，被测样品不能代表所定义的测量；④对测量过程中环境影响估计不足或对环境的控制不力；⑤测量仪器计量性能（如最大允许误差、灵敏度、鉴别能力、分辨率及稳定性等）的局限性所致；⑥引用的数据或其他参数的不确定性；⑦测量标准或标准物质提供的量值不确定性；⑧测量方法或测量程序采用的近似及假设的合理性不足；⑨相同条件下重复测量的变化等。不确定度的上述来源必须根据实际测量予以分析和评估。

17.4.2 统计不确定度

如果被测物理量来自某种随机过程，例如来自探测器单位时间的脉冲计数。由随机过程产生的波动称为统计不确定度，这种不确定度不是由于仪器的测量精度所致，而是特定时间内收集有限计数时由统计波动所致。对统计波动，可通过理论分析，评估每次观测的标准偏差。由于随机影响产生的不确定度通常可通过重复性实验加以测量，观测值应呈现泊松（Poisson）分布规律。这种不确定度可以被测量值标准偏差的形式定量表示。重复性实验的重复次数通常不超过 15 次。

对于任何可根据某种特定判据分类的数据（直方图或频谱图数据），各二元事件数都遵守泊松分布规律，按统计不确定度规律波动。如果数据遵守泊松分布，则其标准偏差 σ 为：

$$\sigma = \sqrt{\mu} \tag{17.40}$$

相对不确定度：

$$\sigma/\mu = 1/\sqrt{\mu} \tag{17.41}$$

即相对不确定度随计数率的上升而下降。式中 μ 来自总体分布的平均计数率，而每次测量值 x 则是一近似的样本。通常可用 $\sqrt{x}$ 来近似表示单次测量的标准偏差。

17.4.3 误差传递与不确定度

在实际的分析测试过程中，一般都通过光谱强度等物理量的测定，根据一定的关系式计算样品各组分的含量。因此，考虑如何由这些直接测定量的误差计算最终结果的误差，其意义十分重要。假设间接测量值 x 与多个直接测定量 u_1，v_1，u_2，v_2，…，u_i，v_i 具有如下函数关系：

$$x_i = f(u_i, v_i, \cdots) \tag{17.42}$$

若各个直接测量量均可独立测量，且具有各自的标准偏差，则由式（17.42）求得间接变量 x 的标准偏差 σ 可表示为：

$$\sigma_x^2 = \lim(1/N) \sum (X_i - X)^2 \tag{17.43}$$

根据泰勒（Taylor）级数的一次展开式

$$X_i - X \approx (U_i - U)(\delta X/\delta U) + (V_i - V)(\delta X/\delta V) + \cdots$$

$$\sigma_x^2 \approx \lim(1/N)\sum[(U_i - U)(\delta X/\delta U) + (V_i - v)(\delta X/\delta V) + \cdots]^2$$

可得出误差的传递方程：

$$\sigma_x^2 \approx \sigma_u^2(\delta x/\delta u)^2 + \sigma_v^2(\delta x/\delta v)^2 + \cdots + 2\sigma_{uv}^2(\delta x/\delta u)(\delta x/\delta v) \quad (17.44)$$

式中，$\delta x/\delta u$ 为 u 的误差传递系数。如果变量 u 和 v 不相关或二次项可忽略，则：

$$\sigma_x^2 \approx \sigma_u^2(\partial x/\partial u)^2 + \sigma_v^2(\partial x/\partial u)^2 + \cdots \quad (17.45)$$

在协变量可以忽略的情况下，可使用该式评估测量不确定度对最终结果的影响。但在应用最小二乘法进行曲线拟合时，协变量对参数不确定度的影响起不容忽视的作用。

17.4.4 不确定度的计算

设 a、b 为常数，u、v 为变量，则可得到以下不确定度的计算公式，假设 X 射线光谱线的总计数为 $N=200000$，背景计数 $B=2500$，谱线的净计数应为：

$$N_{net} = P - B \quad (17.46)$$

根据

$$x = au + bv$$

这里，$a=1$，$b=-1$，且

$$\sigma_x^2 = \sigma_u^2(\partial x/\partial u)^2 + \sigma_v^2(\partial x/\partial u)^2 + 2\sigma_{uv}^2(\partial x/\partial u)(\partial x/\partial v) \quad (17.47)$$

而 $\partial x/\partial u = a$，$\partial x/\partial v = b$，因此：

$$\sigma^2 = a^2\sigma_u^2 + b^2\sigma_v^2 + 2ab\sigma_{uv}^2$$

在忽略协变量的基础上，可有：

$$\sigma_x^2 = a^2\sigma_u^2 + b^2\sigma_v^2$$

于是：

$$\sigma_x^2 = \sigma_u^2 + (-\sigma_v)^2 = N + B$$

故不确定度为：

$$\sigma_x = \sqrt{(N+B)} = \sqrt{202500} = 450$$

因此，在考虑不确定度的情况下，净计数可以表示为：

Net(净计数) $= (P-B) \pm \sigma_x = (200000-2500) \pm \sqrt{202500} = 197500 \pm 450$

相对不确定度为：

$$\sigma_x/Net = 450/197500 = 0.22\%$$

17.4.5 平均值不确定度的计算

尽管希望测量数据既符合泊松分布，又符合高斯分布，但多数情况下很难区分，故通常假设符合高斯分布。设平均值为 μ：

$$\mu = (1/N)\sum X_i \quad (17.48)$$

并假设各数据点的不确定度相等,即 $\sigma_i = \sigma$,则有:

$$\sigma_\mu^2 = \sigma^2/N \tag{17.49}$$

σ 可由实验测量估算,即:

$$\sigma \approx S = \sqrt{[1/(N-1)\sum(X_i - X)^2]} \tag{17.50}$$

因此,可得到平均值的不确定度计算式:

$$\sigma_\mu \approx S/\sqrt{N} \tag{17.51}$$

由此可见,随测量次数的增加,可减小平均值的标准偏差。但测量数据的标准偏差并不随重复测量的次数而下降。如果各数据点的不确定度不相等 ($\sigma_i \neq \sigma$):

$$\mu = \sum(x_i/\sigma_i^2)/\sum(1/\sigma_i^2) \tag{17.52}$$

则不确定度为:

$$\sigma_\mu^2 = \frac{1}{\sum(1/\sigma_i^2)} \tag{17.53}$$

假定加权因子 W_i 已知,则加权平均值为:

$$\mu = \sum W_i x_i / \sum W_i \tag{17.54}$$

其不确定度为:

$$\sigma_i^2 = (\sigma^2 \sum W_i)/(NW_i) \tag{17.55}$$

17.4.6 统计波动

如果观测值遵循高斯分布,则标准偏差为无约束参数,需由实验确定;如果观测值服从泊松分布,则标准偏差等于平均值的平方根。泊松分布适合于描述计数测量中数据点的分布,计数率的波动是由于随机过程的本征特性所引起的,与重复实验无关。这种波动称为统计波动。

如果平均值大于 10,高斯分布趋近于泊松分布的形状,故可应用相同的平均值计算公式。假设遵守泊松分布的平均值为 μ_t,时间间隔为 Δt,则:

$$\mu_t = (1/N)\sum x_i$$

$$\sigma_{t,\mu} = \sigma_t/\sqrt{N}$$

单位时间的不确定度为:

$$\sigma_\mu = \sigma_{t,\mu}/\Delta t = \sqrt{\mu/(N\Delta t)} \tag{17.56}$$

需要指出的是,计算不确定度时考虑了计数的统计波动。对于 X 射线荧光分析,计算分析结果的不确定度需要考虑多种因素。

17.5 最小二乘法的统计学原理

最小二乘法作为一种运算简单、意义明确的数据处理方法,广泛应用于实验科学。在比较简单的情况下,假定 y 与 x 间具有如下简单的线性关系:

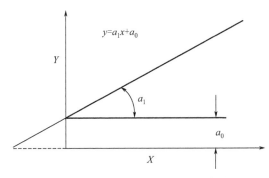

图 17.3 线性方程 $y=a_1x+a_0$ 的解析图

$$y=a_0+a_1x \quad (17.57)$$

这里 y 为应变量；x 为自变量；期望通过 m 个实验点 (x_i, y_i) 确定方程中两个未知参数 a_0 和 a_1。设计实验方法时，为减少随机误差需进行多点测量，使方程式的个数大于待定的参数，通常要求数据点的数目 $m>2$。此时构成的方程组称为矛盾方程组。这种方程组的求解，应使用最小二乘法进行统计处理。将矛盾方程组转换成变量数与方程数相等的正规方程进行求解。求出未知量 a_0 和 a_1，然后得到与 x 相应的函数值 y。这种线性方程可写成 $y=a_1x+a_0$ 的形式，其中 a_0 和 a_1 在图 17.3 中分别称为截距和斜率。y 表示计算值，由于误差的存在，实验值与计算值间存在一定的差异。这种偏差越小，表示数据点与直线符合越好。为保证所有数据点均能与直线理想拟合，必须使各实验点与直线的偏差平方和最小，即：

$$S(a_0,a_1)=\sum_{i=1}^{n}(y_i-y_i^{cal})^2=\sum_{i=1}^{n}(y_i-a_0-a_1x_i)^2 \quad (17.58)$$

式中，S 是 a_0 和 a_1 的函数。对 S 求极小值，即可得出参数 a_0 和 a_1 应取的数值。这就是最小二乘法的工作原理。根据这种原理进行的数据处理称为最小二乘法拟合。通常情况下，假定物理量 y 与 l 个变量 $x_1, x_2, \cdots, x_l$ 间的函数关系为：

$$y=f(x_1,x_2,\cdots,x_l;a_0,a_1,\cdots,a_n) \quad (17.59)$$

其中 $a_0, a_1, \cdots, a_n$ 是方程中需要确定的 $n+1$ 个参数。最小二乘法通过 m ($m>n+1$) 个实验数据点

$$(x_{i1},x_{i2},\cdots,x_{il},y_i) \quad (i=1,2,\cdots,m)$$

确定出一组参数值 $(a_0, a_1, \cdots, a_n)$，并由此组参数得出函数值：

$$y_i^{cal}=f(x_{i1},x_{i2},\cdots,x_{il},a_0,a_1,\cdots,a_n)$$

使与实验值 y_i 间偏差的平方和：

$$S(a_0,a_1,\cdots,a_n)=\sum_{i=1}^{m}(y_i-y_i^{cal})^2$$

取得极小值。方程式（17.59）可为线性，也可为非线性。不同的情况，处理方法完全不同。这里首先讨论线性最小二乘法拟合或称线性回归法。

17.5.1 线性最小二乘法拟合

如果函数 y 与变量 x 间的函数关系能用如下公式表示：

$$y = a_0 + \sum_{j=1}^{n} a_j x_j \tag{17.60}$$

则这种关系称为线性函数关系。特别是当 $n=1$ 时，方程式（17.60）变成：

$$y = a_0 + a_1 x \tag{17.61}$$

根据最小二乘法原理，方程 $y = a_0 + a_1 x$ 中的参数 a_0，a_1 应使

$$S(a_0, a_1) = \sum_{i=1}^{m}(y_i - a_0 - a_1 x_i)$$

取得极小值。根据极值求法，a_0 和 a_1 应满足：

$$\begin{cases} \dfrac{\partial S}{\partial a_0} = -2\sum_{i=1}^{m}(y_i - a_0 - a_1 x_i) = 0 \\ \dfrac{\partial S}{\partial a_1} = -2\sum_{i=1}^{m}(y_i - a_0 - a_1 x_i)x_i = 0 \end{cases}$$

即满足：

$$\begin{cases} a_0 + \dfrac{a_1}{m}\sum_{i=1}^{m} x_i = \dfrac{1}{m}\sum_{i=1}^{m} y_i \\ a_0 \sum_{i=1}^{m} x_i + a_1 \sum_{i=1}^{m} x_i^2 = \sum_{i=1}^{m} x_i y_i \end{cases}$$

这就是含两个未知数及两个方程的正规方程组。从中可解得：

$$\begin{cases} a_1 = \dfrac{\sum_{i=1}^{m} x_i y_i - m\overline{x}\,\overline{y}}{\sum_{i=1}^{m} x_i^2 - m\overline{x}^2} \\ a_0 = \overline{y} - a_1 \overline{x} \end{cases}$$

其中 $\overline{x} = \dfrac{1}{m}\sum_{i=1}^{m} x_i$，$\overline{y} = \dfrac{1}{m}\sum_{i=1}^{m} y_i$

将求得的 a_0，a_1 代入方程式（17.61）即可得到经验公式，可由 y 值估计相应的 x 值或由已知的 x 值预报相应的 y 值。

对于任意 m 个数据点都可通过最小二乘法线性拟合得到一组线性方程。这些数据点本身是否具有线性关系，数学上，可用相关系数 R 来衡量。确定数据点线性关系的相关系数 R 可按下式进行计算：

$$R = \dfrac{l_{xy}}{\sqrt{l_{xx} l_{yy}}}$$

式中，$l_{xy} = \sum_{i=1}^{m} x_i y_i - m\overline{x}\,\overline{y}$；$l_{xx} = \sum_{i=1}^{m} x_i^2 - m\overline{x}^2$；$l_{yy} = \sum_{i=1}^{m} y_i^2 - m\overline{y}^2$。

若实验的数据点间确实存在线性关系且无实验误差，则这些数据点都会拟合到直线上，因此 $|R|=1$；实际上任何测量都会产生误差，因此这些数据点不能

完全拟合到直线上，而只能与直线接近，此时$|R|<1$；当y与x间无任何线性关系时，$|R|=0$。

17.5.2 多元线性拟合

在更普遍的情况下，式（17.61）中的函数y与多个x变量间存在线性关系。假定变量x_j的第i次测量值为x_{ij}；对应的函数值为y_i（$i=1,2,3,\cdots,m$），则偏差的平方和为：

$$S(a_0,a_1,\cdots,a_n)=\sum_{i=1}^{m}(y_i-y_i^{\text{cal}})^2$$

$$=\sum_{i=1}^{m}(y_i-a_0-\sum_{j=1}^{n}a_j x_{ij})^2$$

欲使S取极小值，必须满足：

$$\frac{\partial S}{\partial a_0}=-2\sum_{i=1}^{m}(y_i-a_0-\sum_{j=1}^{n}a_j x_{ij})=0$$

$$\frac{\partial S}{\partial a_k}=-2\sum_{i=1}^{m}(y_i-a_0-\sum_{j=1}^{n}a_j x_{ij})x_{ik}=0$$

$$\frac{\partial S}{\partial a_n}=-2\sum_{i=1}^{m}(y_i-a_0-\sum_{j=1}^{n}a_j x_{ij})x_{in}=0$$

即：

$$\begin{cases} ma_0+\sum_{j=1}^{n}(\sum_{i=1}^{m}x_{ij})a_j=\sum_{i=1}^{m}y_i \\ \sum_{j=1}^{n}x_{ik}a_0+\sum_{j=1}^{n}(\sum_{i=1}^{n}x_{ij}x_{ik})a_j=\sum_{i=1}^{m}(x_{ik}y_i) \\ (k=1,2,\cdots,n) \end{cases} \quad (17.62)$$

将实验数据（x_{ij}，y_i）代入式（17.62）所示的正规方程组中，用高斯消元法求解未知参数$a_0,a_1,\cdots,a_n$。

17.5.3 多项式拟合

如下关系称为n次多项式，形式上是非线性关系，若经适当变换如$x_j=x^j$（$j=0,1,2,\cdots,n$）

$$y=\sum_{j=0}^{n}a_j x^j \quad (17.63)$$

即可变成如式（17.61）的线性形式：

$$y=\sum_{j=0}^{n}a_j x_j=a_0+\sum_{j=1}^{n}a_j x_j \quad (17.64)$$

这种变换是曲线直化的一种特例。对于$i=1,2,\cdots,m$个实验数据点，

$x_j = x^j$ 应变成 $x_{ij} = x_i^j$，并代入多元线性拟合的正规方程式（17.62），就可直接得出最小二乘法拟合的正规方程：

$$\sum_{j=0}^{n}(\sum_{i=1}^{m} x_i^{j+k})a_j = \sum_{i=1}^{m} x_i^k y_i \quad (k=0,1,\cdots,n) \tag{17.65}$$

并改写成矩阵形式：

$$\begin{pmatrix} \sum x_i^0 & \sum x_i & \sum x_i^2 & \cdots & \sum x_i^n \\ \sum x_i & \sum x_i^2 & \sum x_i^3 & \cdots & \sum x_i^{n+1} \\ \sum x_i^2 & \sum x_i^3 & \sum x_i^4 & \cdots & \sum x_i^{n+2} \\ \cdots \\ \sum x_i^n & \sum x_i^{n+1} & \sum x_i^{n+2} & \cdots & \sum x_i^{n+n} \end{pmatrix} \begin{pmatrix} a_0 \\ a_1 \\ a_2 \\ \cdots \\ a_n \end{pmatrix} = \begin{pmatrix} \sum x_i^0 y_i \\ \sum x_i y_i \\ \sum x_i^2 y_i \\ \cdots \\ \sum x_i^n y_i \end{pmatrix}$$

式中，$\sum$ 代表 $\sum_{i=1}^{m}$。这是一个具有 $n+1$ 个参数（a_0，a_1，$\cdots$，a_n）和 $n+1$ 个方程的线性方程组，可用高斯迭代法求解未知参数。

17.5.4 非线性最小二乘法拟合

上节概括介绍了一元、多元及多项式线性最小二乘法的拟合原理，均涉及参数间的线性函数关系。本节需要讨论参数间呈非线性函数关系的最小二乘法拟合原理。非线性函数关系为：

$$y = f(X_1, X_2, \cdots, X_l, b_1, b_2, \cdots, b_n) \tag{17.66}$$

将其直接代入偏差平方和的表达式中，采用极小值的求解方法可得出 b_1，b_2，$\cdots$，b_n 的数值。这种方法比较烦琐。这里首先将非线性函数展开成泰勒级数的形式，并忽略其高次项而转化成线性形式。然后按线性拟合的方法求解。经多次迭代获得满足统计精度要求的结果。其计算步骤如下。

① 设求解参数的真值为 $b_j(j=1, 2, \cdots, n)$；另设初始值 $b_j^{(0)}$ 及其偏差值：

$$\delta_j = b_j - b_j^{(0)}$$

故：
$$b_j = b_j^{(0)} + \delta_j \tag{17.67}$$

② 在 $b_j^{(0)}$ 处将函数 $f(X_1, X_2, \cdots, X_l, b_1, b_2, \cdots, b_n)$ 展开成泰勒级数。由于初值 $b_j^{(0)}$ 与真值 b_j 很接近，多元函数泰勒展开式的高次项很复杂，可以忽略，仅取其一级近似展开式：

$$f_i \approx f_i^{(0)} + \frac{\partial f_i}{\partial b_1}\delta_1 + \frac{\partial f_i}{\partial b_2}\delta_2 + \cdots + \frac{\partial f_i}{\partial b_n}\delta_n \tag{17.68}$$

式中，$f_i^{(0)} = f(X_{i1}, X_{i2}, \cdots, X_{il}, b_1^{(0)}, b_2^{(0)}, \cdots, b_n^{(0)})$；$f_i = f(X_{i1}, X_{i2}, \cdots, X_{il}, b_1, b_2, \cdots, b_n)$，其中 $i=1, 2, \cdots, m$；m 为实验数据点数。

③ 令 $x_{ij}=\dfrac{\partial f_i}{\partial b_j}$，$y_i=f_i-f_i^{(0)}$，$a_j=\delta_j$，则将近似展开式（17.68）改写成：

$$y_i = x_{i1}a_1 + x_{i2}a_2 + \cdots + x_{in}a_n = \sum_{j=1}^{n} x_{ij}a_j \qquad (17.69)$$

该线性关系是式（17.60）的特殊形式（$a_0=0$）。

④ 将多元线性最小二乘法拟合的正规方程式（17.62）应用于式（17.69），获得正规方程组：

$$\sum_{j=1}^{n}\left(\sum_{i=1}^{m} x_{ij}x_{ik}\right)a_j = \sum_{i=1}^{m}(x_{ik}y_i) \qquad (k=1,2,\cdots,n) \qquad (17.70)$$

令：

$$A = \begin{pmatrix} x_{11} & x_{12} & \cdots & x_{1n} \\ x_{21} & x_{22} & \cdots & x_{2n} \\ \cdots & \cdots & \cdots & \cdots \\ x_{m1} & x_{m2} & \cdots & x_{mn} \end{pmatrix}$$

$a=(a_1,a_2,\cdots,a_n)^\mathrm{T}$；$y=(y_1,y_2,\cdots,y_m)^\mathrm{T}=(f_1-f_1^{(0)},f_2-f_2^{(0)},\cdots,f_m-f_m^{(0)})^\mathrm{T}$，则正规方程（17.70）变成：

$$A^\mathrm{T}Aa = A^\mathrm{T}y \qquad (17.71)$$

此处矩阵 A 称为非线性关系式（17.66）的雅可比（Jacobi）矩阵，由函数对各参数的偏导数构成。以上各式中的上标 T 均表示向量或矩阵的转置。

⑤ 以高斯消元法或其他方法求解正规方程（17.71），即可获得 $a_j(a_j=\delta_j)$ 值；由于泰勒展开的式（17.68）是一种近似表达式，因此，计算的 b_j 值也是近似值。为求解更精确的数值，可将本次计算的 b_j 值赋予 $b_j^{(0)}$ 作为新的初始值，重复迭代求解，最终获得具有足够精度的 b_j 值。假定非线性方程的一般形式为：

$$f(x) = a_0 + a_1 x + \cdots + a_n x^n = 0 \qquad (17.72)$$

由于非线性方程的数值解法较多，这里介绍一种简单的迭代方法。简单迭代法是一种逐次逼近的方法。这种方法需要预先确定解的某一近似值作为初始值，然后根据某固定的方程或公式进行反复校正，使之逐步精确，最后获得满足精度要求的结果。如果将式（17.72）改写成：

$$x = g(x) \qquad (17.73)$$

的形式，则可将方程解的近似值 x_0 代入方程右端，求解新近似值：

$$x_1 = g(x_0) \qquad (17.74)$$

按

$$x_{k+1} = g(x_k) \qquad (17.75)$$

多次重复，可得出这样一个数列：x_0，x_1，x_2，$\cdots$，x_k，$x_{k+1}\cdots$。这一过程称为迭代，方程（17.75）称为迭代格式。如果该数列的极限存在，即有

$$x^* = \lim_{k\to\infty} x_k$$

则称迭代收敛，x^* 就是方程式（17.72）的解。如果数列的极限不存在，则称迭代发散，此时就得不到方程的解。从数学上可以证明，当导数 $g'(x)$ 在所给 x 的取值范围内满足 $|g'(x)|<1$ 时，迭代收敛。以以下求解方程：

$$x^3-x-1=0$$

为例说明迭代的意义。首先将方程改为：

$$x=\sqrt[3]{x+1}$$

以 $x=1.5$ 为初值，代入上式右端，得出迭代值 x_1；同样得出 x_2；…。当迭代次数 $k=7$ 时，结果准确至 10^{-5}。各次迭代的结果示于表 17.2。实际上不可能按式（17.75）的迭代格式无限地迭代，由于数值分析的结果允许一定的误差，没有必要无限迭代。当：

表 17.2 迭代的结果

k	x_k	k	x_k
0	1.5	5	1.32476
1	1.35721	6	1.32473
2	1.33086	7	1.32472
3	1.32588	8	1.32472
4	1.32494		

$$|x_{k+1}-x_k|<\varepsilon \text{ 或 } \left|\frac{x_{k+1}-x_k}{x_k}\right|<\varepsilon$$

时即可认为 x_{k+1} 满足方程式（17.72）。迭代即可停止，x_{k+1} 值即可作为方程的解。这一准则称为迭代的终止准则。

参考文献

[1] Owoade O K, Olise F S, Olaniyi H B, et al. Model estimated uncertainties in the calibration of a total reflection X-ray fluorescence spectrometer using single-element standards, X-Ray Spectrometry, 2006, 35, 249-252.

[2] Asbjornsen O A. Error in the propagation of error formula. AIChE Journal, 1986, 32：332-334.

[3] Graham J, Butt C R M, Vigers R B W. Sub-surface charging, a source of error in microprobe analysis. X-Ray Spectrometry, 1984, 13：126-133.

[4] Staffan Malm. A systematic error in energy dispersive microprobe analysis of Ni in steel due to the method of background subtraction. X-Ray Spectrometry, 1976, 5：118-122.

[5] Yoshihiro Mori, Kenichi Uemura. Error factors in quantitative total reflection X-ray fluorescence analysis. X-Ray Spectrometry, 1999, 28：421-426.

[6] Alimonti A, Forte G, Spezia S, et al. Uncertainty of inductively coupled plasma mass spectrometry based measurements: an application to the analysis of urinary barium, cesium, antimony and tungsten. Rapid Communications in Mass Spectrometry, 2005, 19：3131-3138.

[7] Reagan M T, Najm H N, Pébay P P, et al. Quantifying uncertainty in chemical systems modeling, International Journal of Chemical Kinetics, 2005, 37：368-382.

[8] John R Sieber, Lee L Yu, Anthony F Marlow, et al. Uncertainty and traceability in alloy analysis by

borate fusion and XRF. X-Ray Spectrometry, 2005, 34: 153-159.

[9] Wegrzynek D, Markowicz A, Chinea-Cano E, et al. Evaluation of the uncertainty of element determination using the energy-dispersive X-Ray fluorescence technique and the emission-transmission method. X-Ray Spectrometry, 2003, 32: 317-335.

[10] Ahmed H Zewail. Chemistry at the Uncertainty Limit. Angewandte Chemie International Edition, 2001, 40: 4371-4375.

[11] Marco S Reis, Pedro M Saraiva. Integration of data uncertainty in linear regression and process optimization. AIChE Journal, 2005, 51: 3007-3019.

[12] Victor R Vasquez, Wallace B Whiting. Incorporating uncertainty in chemical process design for environmental risk assessment. Environmental Progress, 2004, 23: 315-328.

[13] Renyou Wang, Urmila Diwekar, Catherine E Grégoire Padró. Efficient sampling techniques for uncertainties in risk analysis. Environmental Progress, 2004, 23: 141-157.

附录

1 分析误差允许范围

以下所列误差范围系从部颁标准及相关资料摘录。由于所用分析方法、分析物料的差异,本附录所列数据,仅供日常分析参考使用。

(一)铁矿石、锰矿化学允许误差

组分	含量范围/%	允许误差/±%	组分	含量范围/%	允许误差/±%
湿存水(H_2O)	<0.5	0.015	S	≤0.050	0.005
	0.51~1.0	0.04		0.051~0.100	0.008
	1.01~3.0	0.08		0.101~0.200	0.015
	>3.01	0.15		0.201~0.500	0.025
灼烧减量	<0.5	0.015		0.501~1.00	0.045
	0.51~1.0	0.04		1.01~2.50	0.050
	1.01~3.0	0.08		2.51~4.00	0.070
	3.01~10.0	0.125		4.01~5.00	0.13
	10.01~20.0	0.15	P	≤0.050	0.006
TFe	≤10	0.1		0.051~0.100	0.012
	10.01~20.0	0.15		0.301~1.00	0.024
	20.01~50.0	0.25		>1.00	0.032
	>50.01	0.35	SiO_2	<1.0	0.05
MFe	<3.0	0.15		1.01~3.0	0.10
	3.01~10.0	0.25		3.01~10.0	0.15
	10.01~20.0	0.30		10.01~20.0	0.20
	20.01~50.0	0.50		20.01~40.0	0.25
	>50.01	0.70	Al_2O_3	<0.50	0.04
FeO	<5.0	0.1		0.51~2	0.08
	5.01~10.0	0.15		2.01~5.0	0.12
	10.01~15.0	0.20		5.01~10.0	0.15
	15.01~20.0	0.25		10.01~20.0	0.25
	>20.01	0.30		20.01~40.0	0.30

续表

组分	含量范围/%	允许误差/±%	组分	含量范围/%	允许误差/±%
CaO	≤0.50	0.05	BaO	0.50~1.00	0.10
	0.50~1.00	0.07		1.01~5.00	0.15
	1.01~3.00	0.10		5.01~10.00	0.25
	3.01~5.00	0.17		10.01~15.00	0.35
	5.01~10.0	0.20	Cr	0.010~0.10	0.003
	10.01~20.0	0.25		0.101~0.50	0.010
	>20.0	0.30		0.51~1.00	0.04
MgO	0.20~1.00	0.07		1.01~2.00	0.06
	1.01~2.00	0.10		2.01~5.00	0.08
	2.01~5.00	0.17		5.01~10.0	0.10
	5.01~10.00	0.20		10.01~15.0	0.15
	10.01~20.0	0.25		15.01~25.0	0.20
	>20.0	0.30		25.01~30.0	0.30
MnO	0.050~0.10	0.005		30.01~40.0	0.40
	0.11~0.50	0.01	Co,Ni	0.005~0.010	0.001
	0.51~1.00	0.02		0.011~0.050	0.003
	1.01~2.00	0.03		0.051~0.100	0.005
	2.01~4.00	0.05		>0.101	0.010
	4.01~5.00	0.08	V_2O_5	0.050~0.10	0.010
	5.01~10.00	0.10		0.11~0.20	0.015
	10.01~15.00	0.15		0.21~0.50	0.025
	15.01~25.00	0.20		0.51~1.00	0.050
	25.01~50.00	0.25	Cu	0.010~0.050	0.005
TiO_2	0.010~0.050	0.005		0.051~0.100	0.008
	0.051~0.100	0.010		0.101~0.250	0.012
	0.11~0.50	0.02		0.251~0.500	0.018
	0.51~1.00	0.04		0.501~1.000	0.025
	1.01~2.00	0.06	As	0.010~0.050	0.004
	2.01~6.00	0.10		0.051~0.100	0.008
	6.01~11.00	0.16		0.101~0.200	0.010
	11.01~20.00	0.20		0.201~0.500	0.020
稀土总量	0.50~1.00	0.05	K_2O,Na_2O	<0.50	0.03
	1.01~2.00	0.10		0.51~1.0	0.05
	2.01~5.00	0.15		1.01~5.0	0.10
	5.01~10.00	0.20		>5.01	0.20
F	0.10~1.00	0.05			
	1.01~2.00	0.08			
	2.01~3.00	0.10			
	3.01~5.00	0.15			
	5.01~10.00	0.20			
	10.01~15.00	0.25			

（二）石灰石、白云石的化学分析允许误差

组分	含量范围/%	允许误差/±%	组分	含量范围/%	允许误差/±%
水分	<0.1	0.02	MgO	<1.00	0.15
	0.11~0.50	0.03		1.01~3.00	0.20
	>0.50	0.05		3.01~5.00	0.25
灼烧减量	>40.00	0.40		5.01~15.00	0.30
SiO_2	<1.00	0.07		15.01~25.00	0.35
	1.01~2.00	0.10			
	2.01~5.00	0.15	S	<0.05	0.005
	>5.01	0.20		0.051~0.100	0.008
Fe_2O_3	<0.50	0.05		0.101~0.200	0.010
	0.51~1.00	0.07		0.201~0.500	0.015
	>1.01	0.12			
Al_2O_3	<0.50	0.05	P_2O_5	<0.010	0.0015
	0.51~1.00	0.08		0.011~0.050	0.002
	>1.01	0.15		0.051~0.100	0.004
CaO	25.00~35.00	0.35		0.101~0.200	0.006
	35.01~45.00	0.40		>0.201	0.010
	>45.01	0.45			

（三）耐火材料化学分析允许误差

组分	含量范围/%	允许误差/±%	组分	含量范围/%	允许误差/±%
Fe_2O_3	≤0.50	0.05	SiO_2	≤1.00	0.07
	0.51~1.00	0.07		1.01~2.00	0.12
	1.01~3.00	0.10		2.01~5.00	0.15
	3.01~5.00	0.15		5.01~10.00	0.20
	>5.00	0.20		10.01~20.00	0.30
				20.01~50.00	0.35
Al_2O_3	≤0.50	0.05			
	0.51~1.00	0.07	CaO	≤0.20	0.015
	1.01~3.00	0.10		0.21~0.50	0.025
	3.01~5.00	0.15		0.51~1.00	0.05
	5.01~10.00	0.20		1.01~3.00	0.10
	10.01~20.00	0.25		3.01~5.00	0.15
	20.01~40.00	0.30		5.01~10.00	0.20
	40.01~60.00	0.40		>10.00	0.25
	>60	0.50			
TiO_2	≤0.10	0.010	MgO	≤1.00	0.05
	0.11~0.50	0.020		1.01~3.00	0.10
	0.51~1.00	0.025			
	1.01~2.00	0.030	灼烧减量	生料	0.40
	>2.01	0.040		熟料	0.20

(四) 钒渣化学分析允许误差

组分	含量范围/%	允许误差/±%	组分	含量范围/%	允许误差/±%
Al_2O_3	<0.5	0.04	TiO_2	<10	0.15
	0.51~2.00	0.08		10~20	0.20
	2.01~5.00	0.12	MnO	<5	0.10
SiO_2	<15	0.15		5~15	0.15
	15~25	0.20		>15	0.20
	>25	0.25	P	0.01~0.05	0.004
S	≤0.05	0.004		0.051~0.10	0.006
	>0.05	0.005		0.11~0.50	0.015
Cr_2O_3	1~2	0.07		0.51~1.00	0.04
	2~5	0.12		>1.00	0.06
V_2O_5	<10	0.10	TFe	20~40	0.25
	10.01~20	0.15		>40	0.30
			CaO,MgO	<2	0.15
				2.01~5	0.20

(五) 电炉炉渣化学分析允许误差

组分	含量范围/%	允许误差/±%	组分	含量范围/%	允许误差/±%
SiO_2	3.01~11.0	0.20	CaF_2	40~80	0.25~0.35
Fe_2O_3	0.20~1.0	0.08	Al_2O_3	10~40	0.20
CaO	1~5	0.20			

(六) 炉渣化学分析允许误差

组分	含量范围/%	允许误差/±%	组分	含量范围/%	允许误差/±%
SiO_2	<30.00	0.30	F	<1.00	0.07
	>30.00	0.40		1.00~2.00	0.10
Al_2O_3	10~20	0.30		2.01~5.00	0.20
FeO	≤5.00	0.15		5.01~10.00	0.30
	>5.00	0.30		10.01~15.00	0.40
CaO		0.40			
MgO		0.30	P_2O_5	<1.00	0.04
MnO	≤1.00	0.05		1.01~3.00	0.10
	1.01~2.00	0.10		3.01~6.00	0.15
	2.01~3.00	0.20		6.01~10.00	0.20
	3.01~4.00	0.25			
	4.01~5.00	0.30	S	≤1.00	0.05
	5.01~10.00	0.35		>1.00	0.08
	>10.00	0.40			

（七）镁砂化学分析允许误差

组分	含量范围/%	允许误差/±%	组分	含量范围/%	允许误差/±%
SiO_2	1～5	0.11	CaO	1～4	0.10
Fe_2O_3	0.5～2	0.05	MgO	>80	0.30
Al_2O_3	1～3	0.05			

（八）含氟炉渣化学分析允许误差

组分	含量范围/%	允许误差/±%	组分	含量范围/%	允许误差/±%
SiO_2	<10.00	0.20	MgO	<1.00	0.20
	10.01～15.00	0.30		1.01～5.00	0.25
	15.01～20.00	0.40		5.01～10.00	0.30
	20.01～30.00	0.50		10.01	0.40
	30.01～50.00	0.55	MnO	≤1.00	0.07
	>50.01	0.60		1.01～2.00	0.15
Al_2O_3	<2.00	0.20		2.01～3.00	0.20
	2.01～5.00	0.25		3.01～4.00	0.25
	5.01～10.00	0.30		4.01～5.00	0.30
	10.01～20.00	0.40		5.01～10.00	0.35
	>20.01	0.50		>10.00	0.40
FeO	<5.00	0.20	F	<1.00	0.07
	5.01～10.00	0.30		1.00～2.00	0.10
	>10.00	0.40		2.01～5.00	0.20
				5.01～10.00	0.30
				10.01～15.00	0.40
CaO	<20.00	0.20	P_2O_5	<1.00	0.04
	20.01～40.00	0.30		1.01～3.00	0.10
	40.01～60.00	0.40		3.01～6.00	0.15
	>60.01	0.50		6.01～10.00	0.20

（九）硅质耐火材料化学分析允许误差

组分	含量范围/%	允许误差/±%	组分	含量范围/%	允许误差/±%
灼烧减量	<0.50	0.05	Fe_2O_3	1.00	0.10
	0.51～1.00	0.10		>1.01	0.20
	1.01～2.00	0.20	Al_2O_3	<1.00	0.10
SiO_2	90.00	0.60		1.01～2.00	0.15
				2.01～5.00	0.20

（十）硅铁合金化学分析允许误差

组分	含量范围/%	允许误差/±%	组分	含量范围/%	允许误差/±%
SiO₂	≤50	0.30	Al		0.02
	72.0~82	0.40			
	>85	0.50	Cr		0.05
P		0.003	C	≤0.030	0.004
				0.031~0.050	0.006
Mn		0.02		0.051~0.150	0.010
				0.151~0.50	0.015

（十一）硅锰铁合金化学分析允许误差

组分	含量范围/%	允许误差/±%	组分	含量范围/%	允许误差/±%
Mn		0.30	P		0.015
Si	≤17.00	0.15			
	>17.01	0.20			

（十二）锰铁及高炉锰铁化学分析允许误差

组分	含量范围/%	允许误差/±%	组分	含量范围/%	允许误差/±%
Mn	3~5	0.05	C	0.151~0.50	0.015
	5.01~10.00	0.08		0.501~1.00	0.03
	10.01~20.00	0.15		1.01~2.00	0.06
	20.01~30.00	0.30		2.01~4.00	0.08
	30.01~50.00	0.40		4.01~7.00	0.15
	50.01~70.00	0.50		≥7.01	0.20
Si	≤1.00	0.04			
	1.01~2.50	0.06	S	≤0.02	0.003
	≥2.50	0.08		0.021~0.05	0.005
P	<0.20	0.01		0.051~0.10	0.007
	0.201~0.40	0.015		0.101~0.20	0.010
	≥0.401	0.020		≥0.201	0.015

(十三) 其他铁合金化学分析允许误差

品种	组分	含量范围/%	允许误差/±%	品种	组分	含量范围/%	允许误差/±%
钼铁	Mo	70	0.30	硅铬	Si		0.40
	Si	≤1.0	0.04		Cr		0.40
		>1.01	0.05		P		0.005
	P	≤0.05	0.004		C	≤0.030	0.004
		>0.05	0.006			0.031~0.050	0.006
	Cu		0.02			0.051~0.150	0.010
钛铁	Ti		0.03	硅钙	Si		0.50
	Si	≤4.0	0.10		Ca		0.30
		>4.01	0.15		P		0.004
	P	≤0.08	0.007		Al		0.10
		>0.081	0.009	硼铁	B	<10	0.4
	Al		0.20			>10	0.5
	Cu	≤0.50	0.02		P	0.01~0.04	0.005
	C	0.51~1.00	0.03			0.05~0.08	0.010
		1.01~2.00	0.05		Al		0.15
		2.01~3.00	0.07	稀土合金	Re	1.00~5.00	0.15
		3.01~4.00	0.10			5.01~10.00	0.20
		0.031~0.050	0.006			10.01~20.00	0.25
		0.051~0.150	0.010			20.01~30.00	0.30
		0.151~0.50	0.015			≥30.00	0.35
钨铁	W		0.30		Ca	<1.00	0.20
	Si	≤0.50	0.04			1.01~5.00	0.30
		≥0.51	0.05			>5.01	0.40
	P	≤0.050	0.005		Mg	≤1.00	0.15
		≥0.051	0.007			1.01~3.00	0.20
	Mn	≤0.50	0.02			3.01~5.00	0.30
		0.51~0.70	0.025			≥5.01	0.40
		≥0.71	0.030		Fe	≤20.00	0.25
铬铁	Cr	低 C	0.30			20.01~30.00	0.35
		高 C	0.40			>30.00	0.40
	Si	≤1.00	0.04		Si	30.00~40.00	0.30
		1.01~2.00	0.06			40.01~50.00	0.40
		2.01~3.00	0.08			>50.00	0.50
		>3.01	0.12		Mn	≤5.00	0.15
	P		0.004			5.01~10.00	0.20
	Mn		0.03		Al	≤1.00	0.08
	C	≤0.030	0.004			1.01~2.00	0.10
		0.031~0.050	0.006		Ti	≤2.00	0.15
		0.051~0.150	0.010			2.01~4.00	0.20
钒铁	V		0.30			>4.01	0.25
	Si	≤2	0.07		P	0.03~0.10	0.005
		≥2	0.10			0.101~0.20	0.010
	P		0.015			0.201~0.40	0.015
	Al	<0.50	0.10		Th	<0.10	0.010
		>0.51	0.15			0.101~0.30	0.020
	C	0.20~0.50	0.04			0.301~0.50	0.030
		0.51~1.00	0.06				

2　常用元素化合物的换算系数表

元素或化合物		换算系数(A 至 B)	换算系数(B 至 A)
Al	Al_2O_3	1.88946	0.52925
	$AlPO_4$	4.51987	0.22125
$Al(C_9H_6ON)_3$	Al	0.05873	17.02811
	Al_2O_3	0.11096	9.01226
Al_2O_3	$AlPO_4$	2.39214	0.41804
	$Al_2(SO_4)_3$	3.35567	0.29800
N	NH_3	1.21589	0.82244
	NH_4Cl	3.81903	0.26184
Sb	Sb_2O_3	1.19713	0.83533
	Sb_2O_4	1.26283	0.79187
	Sb_2O_5	1.32854	0.75271
	Sb_2S_3	1.39503	0.71683
	Sb_2S_5	1.65840	0.60299
As	As_2O_3	1.32032	0.75739
	As_2O_5	1.53387	0.65195
Ba	$BaCO_3$	1.43694	0.69592
	$BaCrO_4$	1.84455	0.54214
	$BaSiF_6$	2.03444	0.49154
	$BaSO_4$	1.69943	0.58843
$BaSO_4$	$BaCl_2$	0.8922	1.1208
	$BaCl_2 \cdot 2H_2O$	1.0466	0.9555
	$CaSO_4$	0.5833	1.7144
	S	0.1374	7.2800
	SO_2	0.2745	3.6435
	SO_3	0.3430	2.9153
	SO_4	0.4116	2.4298
Be	BeO	2.77530	0.36032
BeO	$BeCl_2$	3.19525	0.31296
	$BeSO_4 \cdot 4H_2O$	7.08211	0.14120
Bi	$BiAsO_4$	1.66475	0.60069
	Bi_2O_3	1.11484	0.89699
	BiOCl	1.24620	0.80244
	Bi_2S_3	1.23014	0.81292
B	B_2O_3	3.21987	0.31057
	H_3BO_3	5.7199	0.1748
	$Na_2B_4O_7 \cdot 10H_2O$	8.8190	0.11339
	KBF_4	11.647	0.0859
Br	AgBr	2.34991	0.42555
	AgCl	1.79358	0.55754

续表

元素或化合物		换算系数(A 至 B)	换算系数(B 至 A)
Cd	CdO	1.14235	0.87539
Ca	$CaSO_4$	3.39671	0.29440
	$CaCl_2$	2.76921	0.36111
	$CaCO_3$	2.49726	0.40044
	CaF_2	1.94810	0.51332
	CaO	1.39920	0.71469
CaO	Ca	0.71470	1.39919
	$CaCl_2$	1.97914	0.50527
	$CaCO_3$	1.78477	0.56030
	CaF_2	1.39230	0.71824
	$CaSO_4$	2.42760	0.41193
	MgO	0.71879	1.39123
C	$BaCO_3$	16.4305	0.06086
	CO_2	3.66409	0.27292
Ce	$Ce_2(C_2O_4)_3 \cdot 3H_2O$	2.13513	0.46836
	$Ce(NO_3)_4$	2.77005	0.36100
	CeO_2	1.22838	0.81408
	Ce_2O_3	1.17128	0.85377
	$Ce_2(SO_4)_3$	2.02833	0.49302
Cs	Cs_2O_3	1.22576	0.81582
	Cs_2O	1.06019	0.94323
Cl	AgCl	4.04262	0.24736
	HCl	1.02843	0.97236
	KCl	2.10292	0.47553
	NaCl	1.64846	0.60663
Cr	Cr_2O_3	1.46155	0.68421
	K_2CrO_4	3.7347	0.2678
	$K_2Cr_2O_7$	2.8289	0.3534
Cr_2O_3	$PbCrO_4$	6.21547	0.16089
	CrO_3	1.31580	0.75999
	CrO_4	1.52634	0.65516
Co	CoO	1.27148	0.78649
	Co_3O_4	1.36197	0.73423
Cu	CuO	1.25181	0.79884
	Cu_2O	1.12590	0.88818
	$CuSO_4 \cdot 5H_2O$	3.92949	0.25449
Dy_2O_3	Dy	0.87131	1.14770
Er	Er_2O_3	1.14349	0.87452
F	CaF_2	2.05491	0.48664
	H_2SiF_6	1.26407	0.79110
	K_2SiF_6	1.93244	0.51748

续表

元素或化合物		换算系数(A 至 B)	换算系数(B 至 A)
Ga	Ga$_2$O$_3$	1.34423	0.74392
Ge	GeO$_2$	1.44083	0.69404
Au	AuCl$_3$	1.53998	0.64936
HfO$_2$	Hf	0.84797	1.17929
Ho$_2$O$_3$	Ho	0.87297	1.14551
H	H$_2$O	8.93644	0.11190
	O	7.93644	0.12600
In	In$_2$O$_3$	1.20902	0.92712
I	AgI	1.83000	0.34054
Fe	Fe$_2$O$_3$	1.42973	0.69943
	FeO	1.28648	0.77731
	FeSO$_4$	2.72009	0.36763
	FeSO$_4$·7H$_2$O	4.97817	0.20088
	FeCl$_3$	2.9045	0.34430
	FeCl$_3$·6H$_2$O	4.8400	0.2066
	FeS	1.5741	0.6353
Fe$_2$O$_3$	FeCl$_3$	2.0314	0.4922
	FeO	0.8998	1.1114
La	La$_2$O$_3$	1.17277	0.85268
Pb	PbO	1.07722	0.92832
	PbO$_2$	1.15445	0.86621
	PbS	1.15474	0.86600
Li	Li$_2$O	2.15283	0.46450
Lu$_2$O$_3$	Lu	0.87938	1.13716
Mg	MgO	1.65807	0.60311
	Mg$_2$P$_2$O$_7$	4.57731	0.21847
	MgSO$_4$	4.95122	0.20197
MgO	MgCO$_3$	2.0920	0.4780
MgCO$_3$	Mg	0.28833	3.46825
Mn	MnO	1.29122	0.77446
	MnO$_2$	1.58246	0.63193
	Mn$_2$O$_3$	1.43684	0.69597
	Mn$_3$O$_4$	1.38830	0.72031
	KMnO$_4$	2.8766	0.3476
Hg	HgO	1.07976	0.92631
Mo	MoO$_3$	1.50031	0.66653
	PbMoO$_4$	3.82666	0.26132
Nd	Nd$_2$O$_3$	1.16639	0.85735

续表

元素或化合物		换算系数(A 至 B)	换算系数(B 至 A)
Ni	NiO	1.27254	0.78584
	$NiSO_4$	2.63618	0.37934
Nb	Nb_2O_5	1.43053	0.69904
N	HNO_3	4.49877	0.22229
Os	OsO_4	1.33649	0.74823
Pd	K_2PdCl_6	3.73402	0.26781
P	Ag_3PO_4	13.31403	0.07400
	$Ag_4P_2O_7$	9.77314	0.10232
	$Mg_2P_2O_7$	3.59282	0.27833
	P_2O_5	2.29136	0.43642
	H_3PO_4	3.1638	0.31608
	KH_2PO_4	4.3936	0.22760
P_2O_5	H_3PO_4	1.3808	0.72424
Pt	K_2PtCl_6	2.49121	0.40141
K	KCl	1.90668	0.52447
	K_2O	1.20458	0.83016
	K_2SO_4	2.22835	0.44876
	K_2PtCl_6	6.21467	0.16091
K_2O	K_2CO_3	1.4372	0.6816
	KCl	1.58284	0.63178
	KOH	1.1912	0.83948
	K_2SO_4	1.8499	0.54057
Pr	Pr_2O_3	1.17032	0.85447
Rb	Rb_2O_3	1.09360	0.91441
Sm_2O_3	Sm	0.86235	1.15962
Se_2O_3	Se	0.65196	1.53384
Se	SeO_2	1.40527	0.71161
	SeO_3	1.60790	0.62193
Si	SiO_2	2.13932	0.46744
	SiC	1.4277	0.70045
SiO_2	$BaSiF_6$	4.65041	0.21503
	H_2SiO_3	1.29983	0.76933
	K_2SiF_6	3.66614	0.27277
	SiF_4	1.73221	0.57730
Ag	AgCl	1.32866	0.75264
	Ag_2O	1.0742	0.9309
	Cl	0.3287	3.0423
	KCl	0.6911	1.4470

续表

元素或化合物		换算系数(A 至 B)	换算系数(B 至 A)
Na	Na_2O	1.34797	0.74186
	Na_2SO_4	3.08921	0.32371
	NaCl	2.54213	0.39337
	Na_2CO_3	2.3052	0.4338
	NaOH	1.7398	0.5748
Na_2O	NaCl	1.8859	0.53025
	Na_2CO_3	1.7101	0.58475
	NaOH	1.2907	0.77479
	Na_2SO_4	2.29176	0.43635
Sr	SrO	1.18261	0.84559
S	$BaSO_4$	7.27919	0.13738
	SO_2	1.9980	0.50051
	SO_3	2.4971	0.4005
SO_4	$BaSO_4$	2.42968	0.41158
Ta	Ta_2O_5	1.22105	0.81897
	$TaCl_5$	1.97965	0.50514
Te	TeO_2	1.25078	0.79950
	TeO_3	1.37618	0.72665
Tb_4O_7	Tb	0.85021	1.17618
Tl	Tl_2O	1.03914	0.96233
Th	ThO_2	1.13790	0.87881
Tm_2O_3	Tm	0.87561	1.14206
Sn	SnO	1.13480	0.88121
	SnO_2	1.26961	0.78764
Ti	K_2TiF_6	5.01232	0.19951
	TiO_2	1.66806	0.59950
	TiC	1.25073	0.79953
		1.1659	0.8577
W	WO_2	1.17405	0.85175
	WO_3	1.26108	0.79297
U	UO_2	1.13444	0.88149
V	V_2O_5	1.78518	0.56017
	VC	1.23578	0.80921
	NH_4VO_3	2.2963	0.4355
	$NaVO_3$	2.3934	0.41780
Yb	YbO_3	1.13870	0.87819
Y	Y_2O_3	1.26994	0.78744
Zn	ZnO	1.24476	0.80337
	ZnS	1.49044	0.67094
Zr	ZrO_2	1.35080	0.74030

3 元素名称、符号、原子序数及相对原子质量数据表

原子序数	元素符号	中文名称	相对原子质量	原子序数	元素符号	中文名称	相对原子质量
1	H	氢	1.0079	30	Zn	锌	65.38
2	He	氦	4.003	31	Ga	镓	69.72
3	Li	锂	6.941	32	Ge	锗	72.59
4	Be	铍	9.012	33	As	砷	74.92
5	B	硼	10.81	34	Se	硒	78.96
6	C	碳	12.011	35	Br	溴	79.90
7	N	氮	14.007	36	Kr	氪	83.80
8	O	氧	16.000	37	Rb	铷	85.47
9	F	氟	19.000	38	Sr	锶	87.62
10	Ne	氖	20.179	39	Y	钇	88.906
11	Na	钠	22.990	40	Zr	锆	91.22
12	Mg	镁	24.305	41	Nb	铌	92.91
13	Al	铝	26.981	42	Mo	钼	95.94
14	Si	硅	28.09	43	Tc	锝	98.91
15	P	磷	30.974	44	Ru	钌	101.1
16	S	硫	32.064	45	Rh	铑	102.91
17	Cl	氯	35.453	46	Pd	钯	106.4
18	Ar	氩	39.948	47	Ag	银	107.87
19	K	钾	39.098	48	Cd	镉	112.41
20	Ca	钙	40.08	49	In	铟	114.82
21	Sc	钪	44.956	50	Sn	锡	118.69
22	Ti	钛	47.90	51	Sb	锑	121.75
23	V	钒	50.94	52	Te	碲	127.60
24	Cr	铬	52.00	53	I	碘	126.90
25	Mn	锰	54.94	54	Xe	氙	131.30
26	Fe	铁	55.85	55	Cs	铯	132.91
27	Co	钴	58.9332	56	Ba	钡	137.33
28	Ni	镍	58.70	57	La	镧	138.91
29	Cu	铜	63.55	58	Ce	铈	140.12

续表

原子序数	元素符号	中文名称	相对原子质量	原子序数	元素符号	中文名称	相对原子质量
59	Pr	镨	140.91	82	Pb	铅	207.19
60	Nd	钕	144.24	83	Bi	铋	208.98
61	Pm	钷	(147)	84	Po	钋	(209)
62	Sm	钐	150.35	85	At	砹	(210)
63	Eu	铕	151.96	86	Rn	氡	(222)
64	Gd	钆	157.25	87	Fr	钫	(223)
65	Tb	铽	158.92	88	Ra	镭	226.02
66	Dy	镝	162.50	89	Ac	锕	(227)
67	Ho	钬	164.93	90	Th	钍	232.04
68	Er	铒	167.26	91	Pa	镤	231.04
69	Tm	铥	168.93	92	U	铀	238.03
70	Yb	镱	173.04	93	Np	镎	237.05
71	Lu	镥	174.97	94	Pu	钚	(239)
72	Hf	铪	178.49	95	Am	镅	(243)
73	Ta	钽	180.95	96	Cm	锔	(247)
74	W	钨	183.85	97	Bk	锫	(247)
75	Re	铼	186.20	98	Cf	锎	(251)
76	Os	锇	190.20	99	Es	锿	(254)
77	Ir	铱	192.20	100	Fm	镄	(257)
78	Pt	铂	195.09	101	Md	钔	(256)
79	Au	金	196.97	102	No	锘	(254)
80	Hg	汞	200.59	103	Lr	铹	(257)
81	Tl	铊	204.37				

4　K、L、M 系激发电位（kV）/结合能（keV）

元素	K	L_I	L_{II}	L_{III}	M_I	M_{II}	M_{III}	M_{IV}	M_V
^{3}Li	0.055	—	—	—	—	—	—	—	—
^{4}Be	0.116	—	—	—	—	—	—	—	—
^{5}B	0.192	—	—	—	—	—	—	—	—
^{6}C	0.283	—	—	—	—	—	—	—	—
^{7}N	0.399	—	—	—	—	—	—	—	—
^{8}O	0.531	—	—	—	—	—	—	—	—
^{9}F	0.687	—	—	—	—	—	—	—	—
^{10}Ne	0.874	0.048	0.022	0.022	—	—	—	—	—

续表

元素	K	L_I	L_{II}	L_{III}	M_I	M_{II}	M_{III}	M_{IV}	M_V
[11]Na	1.080	0.055	0.034	0.034	—	—	—	—	—
[12]Mg	1.303	0.063	0.050	0.049	—	—	—	—	—
[13]Al	1.559	0.087	0.073	0.072	—	—	—	—	—
[14]Si	1.838	0.118	0.099	0.098	—	—	—	—	—
[15]P	2.142	0.153	0.129	0.128	—	—	—	—	—
[16]S	2.470	0.193	0.164	0.163	—	—	—	—	—
[17]Cl	2.819	0.238	0.203	0.202	0.020	—	—	—	—
[18]Ar	3.203	0.287	0.247	0.245	0.026	—	—	—	—
[19]K	3.607	0.341	0.297	0.294	0.033	—	—	—	—
[20]Ca	4.038	0.399	0.352	0.349	0.040	—	—	—	—
[21]Sc	4.496	0.462	0.411	0.406	0.046	—	—	—	—
[22]Ti	4.964	0.530	0.460	0.454	0.054	—	—	—	—
[23]V	5.463	0.604	0.519	0.512	0.061	—	—	—	—
[24]Cr	5.988	0.679	0.583	0.574	0.072	—	—	—	—
[25]Mn	6.537	0.762	0.650	0.639	0.082	—	—	—	—
[26]Fe	7.111	0.849	0.721	0.708	0.093	—	—	—	—
[27]Co	7.709	0.929	0.794	0.779	0.104	—	—	—	—
[28]Ni	8.331	1.015	0.871	0.853	0.120	—	—	—	—
[29]Cu	8.980	1.100	0.953	0.933	0.135	0.090	—	0.015	—
[30]Zn	9.660	1.200	1.045	1.022	0.151	0.106	—	0.022	—
[31]Ga	10.368	1.300	1.134	1.117	0.169	0.125	0.115	0.030	—
[32]Ge	11.103	1.420	1.248	1.217	0.190	0.137	0.132	0.041	—
[33]As	11.863	1.529	1.359	1.323	0.211	0.156	0.150	0.052	—
[34]Se	12.652	1.652	1.473	1.434	0.234	0.177	0.170	0.066	—
[35]Br	13.475	1.794	1.599	1.552	0.265	0.198	0.191	0.082	—
[36]Kr	14.323	1.931	1.727	1.675	0.294	0.225	0.217	0.095	—
[37]Rb	15.201	2.067	1.866	1.806	0.328	0.250	0.240	0.114	0.112
[38]Sr	16.106	2.221	2.208	1.941	0.358	0.280	0.270	0.136	0.134
[39]Y	17.037	2.369	2.154	2.079	0.394	0.312	0.300	0.159	0.156
[40]Zr	17.998	2.547	2.305	2.220	0.435	0.348	0.335	0.187	0.184
[41]Nb	18.987	2.706	2.467	2.374	0.468	0.379	0.362	0.207	0.204
[42]Mo	20.002	2.884	2.627	2.523	0.507	0.412	0.394	0.232	0.228
[43]Tc	21.054	3.054	2.795	2.677	0.551	0.449	0.429	0.260	0.257
[44]Ru	22.118	3.236	2.966	2.837	0.591	0.486	0.467	0.290	0.288
[45]Rh	23.224	3.419	3.145	3.002	0.637	0.531	0.506	0.321	0.315
[46]Pd	24.347	3.617	3.329	3.172	0.684	0.573	0.546	0.354	0.349
[47]Ag	25.517	3.810	3.528	3.352	0.734	0.619	0.588	0.389	0.383
[48]Cd	26.712	4.019	3.727	3.538	0.781	0.666	0.632	0.423	0.420
[49]In	27.928	4.237	3.939	3.729	0.839	0.716	0.678	0.464	0.456
[50]Sn	29.190	4.464	4.157	3.928	0.894	0.772	0.720	0.506	0.497

续表

元素	K	L_I	L_{II}	L_{III}	M_I	M_{II}	M_{III}	M_{IV}	M_V
[51]Sb	30.486	4.697	4.381	4.132	0.952	0.822	0.774	0.546	0.536
[52]Te	31.809	4.938	4.613	4.341	1.010	0.873	0.822	0.586	0.575
[53]I	33.164	5.190	4.856	4.559	1.071	0.929	0.873	0.630	0.618
[54]Xe	34.579	5.452	5.104	4.782	1.147	0.989	0.926	0.677	0.662
[55]Cs	35.959	5.720	5.358	5.011	1.199	1.048	0.981	0.722	0.704
[56]Ba	37.410	5.995	5.623	5.247	1.266	1.111	1.036	0.770	0.750
[57]La	38.931	6.283	5.894	5.489	1.330	1.173	1.092	0.823	0.801
[58]Ce	40.449	6.561	6.165	5.729	1.401	1.240	1.152	0.870	0.851
[59]Pr	41.998	6.846	6.443	5.968	1.476	1.305	1.210	0.923	0.898
[60]Nd	43.571	7.144	6.727	6.215	1.544	1.372	1.266	0.969	0.946
[61]Pm	45.207	7.448	7.018	6.466	1.642	1.439	1.327	1.019	0.994
[62]Sm	46.846	7.754	7.281	6.721	1.689	1.512	1.388	1.073	1.048
[63]Eu	48.515	8.069	7.624	6.983	1.767	1.584	1.450	1.129	1.101
[64]Gd	50.229	8.393	7.940	7.252	1.849	1.653	1.511	1.185	1.153
[65]Tb	51.998	8.724	8.258	7.519	1.937	1.737	1.583	1.245	1.211
[66]Dy	53.789	9.083	8.621	7.850	2.019	1.805	1.642	1.304	1.266
[67]Ho	55.615	9.411	8.920	8.074	2.104	1.886	1.715	1.365	1.327
[68]Er	57.483	9.776	9.263	8.364	2.184	1.973	1.783	1.430	1.385
[69]Tm	59.335	10.144	9.628	8.652	2.291	2.071	1.861	1.498	1.451
[70]Yb	61.303	10.486	9.977	8.943	2.387	2.165	1.948	1.566	1.518
[71]Lu	63.304	10.867	10.345	9.241	2.488	2.262	2.025	1.637	1.586
[72]Hf	65.313	11.264	10.734	9.556	2.601	2.366	2.109	1.718	1.664
[73]Ta	67.400	11.676	11.130	9.876	2.698	2.459	2.184	1.783	1.725
[74]W	69.508	12.090	11.535	10.198	2.812	2.566	2.273	1.864	1.803
[75]Re	71.662	12.522	11.955	10.531	2.926	2.676	2.361	1.946	1.879
[76]Os	73.860	12.965	12.383	10.869	3.047	2.792	2.453	2.033	1.963
[77]Ir	76.097	13.413	12.819	11.211	3.171	2.908	2.551	2.119	2.040
[78]Pt	78.379	13.873	13.268	11.559	3.296	3.036	2.649	2.204	2.129
[79]Au	80.713	14.353	13.733	11.919	3.379	3.149	2.744	2.307	2.220
[80]Hg	83.106	14.841	14.212	12.285	3.566	3.287	2.848	2.392	2.291
[81]Tl	85.517	15.346	14.697	12.657	3.702	3.418	2.957	2.483	2.389
[82]Pb	88.001	15.870	15.207	13.044	3.853	3.558	3.072	2.586	2.484
[83]Bi	90.521	16.393	15.716	13.424	4.003	3.709	3.186	2.694	2.586
[84]Po	93.112	16.935	16.244	13.817	4.147	3.863	3.312	2.798	2.681
[85]At	95.740	17.490	16.784	14.215	4.350	4.008	3.428	2.905	2.780
[86]Rn	98.418	18.058	17.337	14.618	4.524	4.156	3.536	3.014	2.882
[87]Fr	101.147	18.638	17.904	15.028	4.678	4.324	3.654	3.125	2.986
[88]Ra	103.927	19.233	18.481	15.442	4.811	4.477	3.779	3.237	3.093
[89]Ac	106.759	19.842	19.078	15.865	5.019	4.637	3.892	3.352	3.202
[90]Th	109.630	20.460	19.688	16.296	5.176	4.810	4.030	3.474	3.313
[91]Pa	112.581	21.102	20.311	16.731	5.355	4.993	4.164	3.597	3.416
[92]U	115.591	21.753	20.943	17.163	5.532	5.177	4.293	3.712	3.533

5 K、L、M 系吸收限波长

单位：nm

元素	K	L_I	L_{II}	L_{III}	M_I	M_{II}	M_{III}	M_{IV}	M_V
^{3}Li	22.2950	—	—	—	—	—	—	—	—
^{4}Be	10.7200	—	—	—	—	—	—	—	—
^{5}B	6.5604	—	—	—	—	—	—	—	—
^{6}C	4.3887	—	—	—	—	—	—	—	—
^{7}N	3.1220	—	—	—	—	—	—	—	—
^{8}O	2.3233	—	—	—	—	—	—	—	—
^{9}F	1.7897	—	—	—	—	—	—	—	—
^{10}Ne	1.4170	—	—	—	—	—	—	—	—
^{11}Na	1.1475	—	—	—	—	—	—	—	—
^{12}Mg	0.9512	19.7300	—	22.0534	—	—	—	—	—
^{13}Al	0.7951	14.2500	16.3022	16.3942	—	—	—	—	—
^{14}Si	0.6745	10.5000	12.2028	12.2761	—	—	—	—	—
^{15}P	0.5787	8.1000	9.5070	9.5801	—	—	—	—	—
^{16}S	0.5018	6.4100	7.5314	7.5868	—	—	—	—	—
^{17}Cl	0.4397	5.2100	6.0739	6.1222	59.1900	—	—	—	—
^{18}Ar	0.3871	4.3200	5.0025	5.0446	47.6587	—	—	—	—
^{19}K	0.3436	3.6400	4.1754	4.2179	37.3456	—	—	—	—
^{20}Ca	0.3070	3.0700	3.5797	3.6173	30.9146	—	—	—	—
^{21}Sc	0.2757	2.6800	3.0943	3.1296	26.4440	—	—	—	—
^{22}Ti	0.2497	2.3400	2.6936	2.7290	22.8816	—	—	—	—
^{23}V	0.2269	1.9803	2.3877	2.4229	20.1484	—	—	—	—
^{24}Cr	0.2070	1.7840	2.1294	2.1637	17.1626	—	—	—	—
^{25}Mn	0.1896	1.6138	1.9086	1.9417	15.0739	—	—	—	—
^{26}Fe	0.1743	1.4650	1.7188	1.7504	13.2991	—	—	—	—
^{27}Co	0.1608	1.3333	1.5545	1.5843	11.8175	—	—	—	—
^{28}Ni	0.1488	1.2201	1.4104	1.4387	10.3062	—	—	—	—
^{29}Cu	0.1380	1.1172	1.2841	1.3113	9.1685	13.7152	—	79.3498	—
^{30}Zn	0.1283	1.0262	1.1725	1.1987	8.1898	11.6000	—	54.6224	—
^{31}Ga	0.1196	0.9416	1.0728	1.0930	7.3146	9.8670	10.7500	40.5000	—
^{32}Ge	0.1116	0.8692	0.9840	1.0089	6.5116	8.9857	9.3488	29.9437	—
^{33}As	0.1045	0.8067	0.9056	0.9298	5.8581	7.9123	8.2205	23.8357	—
^{34}Se	0.0980	0.7456	0.8347	0.8584	5.2835	6.9999	7.2578	18.7662	—
^{35}Br	0.0920	0.6920	0.7721	0.7952	4.6679	6.2341	6.4705	15.0218	—
^{36}Kr	0.0866	0.6444	0.7158	0.7377	4.2071	5.4882	5.7020	12.9756	—
^{37}Rb	0.0816	0.5995	0.6642	0.6861	3.7696	4.9562	5.1527	10.8466	10.9986
^{38}Sr	0.0770	0.5591	0.6173	0.6387	3.4553	4.4124	4.5866	9.0985	9.2251
^{39}Y	0.0728	0.5226	0.5752	0.5961	3.1453	3.9733	4.1308	7.7850	7.8973
^{40}Zr	0.0689	0.4889	0.5378	0.5565	2.8474	3.5564	3.9972	6.6136	6.7184

续表

元素	K	L_I	L_{II}	L_{III}	M_I	M_{II}	M_{III}	M_{IV}	M_V
^{41}Nb	0.0653	0.4595	0.5031	0.5230	2.6482	3.2708	3.4155	5.9815	6.0608
^{42}Mo	0.0620	0.4323	0.4716	0.4913	2.4413	3.0083	3.1401	0.0003	5.4201
^{43}Tc	0.0589	0.4068	0.4431	0.4623	2.2500	2.7578	2.8853	4.7507	4.8140
^{44}Ru	0.0560	0.3837	0.4169	0.4358	2.0945	2.5461	2.6510	4.2660	4.3038
^{45}Rh	0.0534	0.3623	0.3928	0.4113	1.9453	2.3341	2.4492	3.8561	3.9286
^{46}Pd	0.0509	0.3425	0.3706	0.3889	1.8109	2.1603	2.2699	3.4940	3.5494
^{47}Ag	0.0486	0.3243	0.3501	0.3680	1.6877	2.0011	2.1061	3.1793	3.2299
^{48}Cd	0.0464	0.3073	0.3312	0.3488	1.5873	1.8602	1.9614	2.9269	2.9507
^{49}In	0.0444	0.2916	0.3137	0.3311	1.4764	1.7314	1.8285	2.6717	2.7165
^{50}Sn	0.0425	0.2648	0.2975	0.3146	1.3856	1.6050	1.7200	2.4500	2.4900
^{51}Sb	0.0407	0.2634	0.2824	0.2994	1.3020	1.5072	1.6014	2.2699	2.3114
^{52}Te	0.0390	0.2508	0.2685	0.2853	1.2274	1.4185	1.5079	2.1124	2.1528
^{53}I	0.0374	0.2390	0.2555	0.2721	1.1575	1.3344	1.4193	1.9670	2.0050
^{54}Xe	0.0358	0.2277	0.2434	0.2597	1.0800	1.2532	1.3381	1.8300	1.8716
^{55}Cs	0.0345	0.2175	0.2321	0.2482	1.0338	1.1824	1.2638	1.7158	1.7607
^{56}Ba	0.0331	0.2078	0.2214	0.2374	0.9787	1.1156	1.1957	1.6087	1.6513
^{57}La	0.0318	0.1988	0.2115	0.2273	0.9316	1.0560	1.1343	1.5060	1.5470
^{58}Ce	0.0306	0.1902	0.2022	0.2178	0.8844	0.9997	1.0758	1.4242	1.4560
^{59}Pr	0.0295	0.1822	0.1934	0.2089	0.8394	0.9498	1.0242	1.3429	1.3792
^{60}Nd	0.0284	0.1747	0.1852	0.2007	0.8026	0.9033	0.9787	1.2789	1.3092
^{61}Pm	0.0274	0.1675	0.1775	0.1928	0.7550	0.8610	0.9342	1.2160	1.2461
^{62}Sm	0.0265	0.1608	0.1703	0.1855	0.7338	0.8199	0.8926	1.1547	1.1828
^{63}Eu	0.0256	0.1545	0.1634	0.1785	0.7013	0.7827	0.8548	1.0975	1.1257
^{64}Gd	0.0247	0.1485	0.1569	0.1719	0.6703	0.7496	0.8200	1.0457	1.0747
^{65}Tb	0.0238	0.1428	0.1507	0.1656	0.6398	0.7135	0.7829	0.9958	1.0233
^{66}Dy	0.0230	0.1375	0.1449	0.1597	0.6139	0.6865	0.7547	0.9506	0.9791
^{67}Ho	0.0223	0.1323	0.1393	0.1540	0.5892	0.6571	0.7225	0.9079	0.9342
^{68}Er	0.0216	0.1274	0.1341	0.1487	0.5675	0.6283	0.6950	0.8664	0.8950
^{69}Tm	0.0209	0.1227	0.1291	0.1436	0.5410	0.5985	0.6661	0.8275	0.8541
^{70}Yb	0.0202	0.1183	0.1243	0.1387	0.5192	0.5724	0.6361	0.7912	0.8164
^{71}Lu	0.0196	0.1140	0.1198	0.1341	0.4981	0.5480	0.6119	0.7573	0.7813
^{72}Hf	0.0190	0.1100	0.1155	0.1297	0.4765	0.5238	0.5876	0.7216	0.7450
^{73}Ta	0.0184	0.1062	0.1114	0.1255	0.4594	0.5041	0.5675	0.6951	0.7183
^{74}W	0.0178	0.1025	0.1074	0.1215	0.4407	0.4831	0.5453	0.6649	0.6875
^{75}Re	0.0173	0.0990	0.1037	0.1177	0.4237	0.4632	0.5250	0.6371	0.6597
^{76}Os	0.0168	0.0956	0.1001	0.1140	0.4067	0.4440	0.5052	0.6097	0.6313
^{77}Ir	0.0163	0.0924	0.0966	0.1105	0.3909	0.4262	0.4858	0.5848	0.6076
^{78}Pt	0.0158	0.0893	0.0933	0.1071	0.3761	0.4082	0.4679	0.5622	0.5820
^{79}Au	0.0153	0.0863	0.0902	0.1039	0.3669	0.3936	0.4518	0.5374	0.5584
^{80}Hg	0.0149	0.0835	0.0872	0.1008	0.3476	0.3771	0.4352	0.5182	0.5409

续表

元素	K	L_I	L_{II}	L_{III}	M_I	M_{II}	M_{III}	M_{IV}	M_V
⁸¹Tl	0.0145	0.0807	0.0843	0.0979	0.3348	0.3626	0.4192	0.4992	0.5187
⁸²Pb	0.0141	0.0781	0.0815	0.0950	0.3217	0.3484	0.4035	0.4793	0.4989
⁸³Bi	0.0137	0.0756	0.0788	0.0923	0.3097	0.3342	0.3890	0.4601	0.4793
⁸⁴Po	0.0133	0.0731	0.0762	0.0897	0.2989	0.3209	0.3742	0.4430	0.4624
⁸⁵At	0.0129	0.0708	0.0738	0.0872	0.2850	0.3092	0.3616	0.4267	0.4458
⁸⁶Rn	0.0125	0.0686	0.0715	0.0848	0.2740	0.2982	0.3506	0.4112	0.4301
⁸⁷Fr	0.0122	0.0665	0.0692	0.0825	0.2650	0.2866	0.3392	0.3966	0.4151
⁸⁸Ra	0.0119	0.0644	0.0671	0.0803	0.2576	0.2769	0.3280	0.3829	0.4008
⁸⁹Ac	0.0116	0.0625	0.0650	0.0782	0.2470	0.2673	0.3185	0.3698	0.3871
⁹⁰Th	0.0113	0.0606	0.0629	0.0761	0.2394	0.2577	0.3076	0.3568	0.3742
⁹¹Pa	0.0110	0.0587	0.0610	0.0741	0.2314	0.2483	0.2977	0.3446	0.3628
⁹²U	0.0108	0.0570	0.0592	0.0722	0.2240	0.2394	0.2887	0.3339	0.3509

6 K、L 系主要谱线的光子能量

单位：keV

元素	$K\alpha_1$	$K\alpha_2$	$K\beta_1$	$L\alpha_1$	$L\alpha_2$	$L\beta_1$	$L\beta_2$	$L\gamma_1$
⁴Be	0.110	—	—	—	—	—	—	—
⁵B	0.185	—	—	—	—	—	—	—
⁶C	0.282	—	—	—	—	—	—	—
⁷N	0.392	—	—	—	—	—	—	—
⁸O	0.523	—	—	—	—	—	—	—
⁹F	0.677	—	—	—	—	—	—	—
¹⁰Ne	0.851	—	—	—	—	—	—	—
¹¹Na	1.041		1.067	—	—	—	—	—
¹²Mg	1.254		1.297	—	—	—	—	—
¹³Al	1.487	1.486	1.553	—	—	—	—	—
¹⁴Si	1.740	1.739	1.832	—	—	—	—	—
¹⁵P	2.015	2.014	2.136	—	—	—	—	—
¹⁶S	2.308	2.306	2.464	—	—	—	—	—
¹⁷Cl	2.622	2.621	2.815	—	—	—	—	—
¹⁸Ar	2.957	2.955	3.192	—	—	—	—	—
¹⁹K	3.313	3.310	3.589	—	—	—	—	—
²⁰Ca	3.691	3.688	4.012	0.341		0.344	—	—
²¹Sc	4.090	4.085	4.460	0.395		0.399	—	—
²²Ti	4.510	4.504	4.931	0.452		0.458	—	—
²³V	4.952	4.944	5.427	0.510		0.519	—	—
²⁴Cr	5.414	5.405	5.946	0.571		0.581	—	—
²⁵Mn	5.898	5.887	6.490	0.636		0.647	—	—

续表

元素	Kα₁	Kα₂	Kβ₁	Lα₁	Lα₂	Lβ₁	Lβ₂	Lγ₁
²⁶Fe	6.403	6.390	7.057	0.704		0.717	—	—
²⁷Co	6.930	6.915	7.649	0.775		0.790	—	—
²⁸Ni	7.477	7.460	8.264	0.849		0.866	—	—
²⁹Cu	8.047	8.027	8.904	0.928		0.948	—	—
³⁰Zn	8.638	8.615	9.571	1.009		1.032	—	—
³¹Ga	9.251	9.234	10.263	1.096		1.122	—	—
³²Ge	9.885	9.854	10.981	1.186		1.216	—	—
³³As	10.543	10.507	11.725	1.282		1.317	—	—
³⁴Se	11.221	11.181	12.495	1.379		1.419	—	—
³⁵Br	11.923	11.877	13.290	1.480		1.526	—	—
³⁶Kr	12.648	12.597	14.112	1.587		1.638	—	—
³⁷Rb	13.394	13.335	14.960	1.694	1.692	1.752	—	—
³⁸Sr	14.164	14.097	15.834	1.086	1.805	1.872	—	—
³⁹Y	14.957	14.882	14.736	1.922	1.920	1.996	—	—
⁴⁰Zr	15.774	15.690	17.666	2.042	2.040	2.124	2.219	2.302
⁴¹Nb	16.614	16.520	18.621	2.166	2.163	2.257	2.367	2.462
⁴²Mo	17.478	17.373	19.607	2.293	2.290	2.395	2.518	2.623
⁴³Tc	18.410	18.328	20.585	2.424	2.420	2.538	2.674	2.792
⁴⁴Ru	19.278	19.149	21.655	2.558	2.554	2.683	2.836	2.964
⁴⁵Rh	20.214	20.072	22.721	2.696	2.692	2.834	3.001	3.144
⁴⁶Pd	21.175	21.018	23.816	2.838	2.833	2.990	3.172	3.328
⁴⁷Ag	22.162	21.988	24.942	2.984	2.978	3.151	3.348	3.519
⁴⁸Cd	23.172	22.982	26.093	3.133	3.127	3.316	3.528	3.716
⁴⁹In	24.207	24.000	27.274	3.287	3.279	3.487	3.713	3.920
⁵⁰Sn	25.270	25.042	28.483	3.444	3.435	3.662	3.904	4.131
⁵¹Sb	26.357	26.109	29.723	3.605	3.595	3.843	4.100	4.347
⁵²Te	27.471	27.200	30.993	3.769	3.758	4.029	4.301	4.570
⁵³I	28.610	28.315	32.292	3.937	3.926	4.220	4.507	4.800
⁵⁴Xe	29.802	29.485	33.644	4.111	4.098	4.422	4.720	5.036
⁵⁵Cs	30.970	30.623	34.984	4.286	4.272	4.620	4.936	5.280
⁵⁶Ba	32.191	31.815	36.376	4.467	4.451	4.828	5.156	5.531
⁵⁷La	33.440	33.033	37.799	4.651	4.635	5.043	5.384	5.789
⁵⁸Ce	34.717	34.276	39.255	4.840	4.823	5.262	5.613	6.052
⁵⁹Pr	36.023	35.548	40.746	5.034	5.014	5.489	5.850	6.322
⁶⁰Nd	37.359	36.845	42.269	5.230	5.208	5.722	6.090	6.602
⁶¹Pm	38.649	38.160	43.945	5.431	5.408	5.956	6.336	6.891
⁶²Sm	40.124	39.523	45.400	5.636	5.609	6.206	6.587	7.180
⁶³Eu	41.529	40.877	47.027	5.846	5.816	6.456	6.842	7.478
⁶⁴Gd	42.983	42.280	48.718	6.059	6.027	6.714	7.102	7.788
⁶⁵Tb	44.470	43.737	50.391	6.275	6.241	6.979	7.368	8.104
⁶⁶Dy	45.985	45.193	52.178	6.495	6.457	7.249	7.638	8.418
⁶⁷Ho	47.528	46.686	53.934	6.720	6.680	7.528	7.912	8.748
⁶⁸Er	49.099	48.205	55.690	6.948	6.904	7.810	8.188	9.089
⁶⁹Tm	50.730	49.762	57.576	7.181	7.135	8.103	8.472	9.424
⁷⁰Yb	52.360	51.326	59.352	7.414	7.367	8.401	8.758	9.779

续表

元素	Kα₁	Kα₂	Kβ₁	Lα₁	Lα₂	Lβ₁	Lβ₂	Lγ₁
⁷¹Lu	54.063	52.959	61.282	7.654	7.604	8.708	9.048	10.142
⁷²Hf	55.757	54.579	63.209	7.898	7.843	9.021	9.346	10.514
⁷³Ta	57.524	56.270	65.210	8.145	8.087	9.341	9.649	10.892
⁷⁴W	59.310	57.973	67.233	8.396	8.333	9.670	9.959	11.283
⁷⁵Re	61.131	59.707	69.298	8.651	8.584	10.008	10.273	11.684
⁷⁶Os	62.991	61.477	71.404	8.910	8.840	10.354	10.596	12.094
⁷⁷Ir	64.886	63.278	73.549	9.173	9.098	10.706	10.918	12.509
⁷⁸Pt	66.820	65.111	75.736	9.441	9.360	11.069	11.249	12.939
⁷⁹Au	68.794	66.980	77.968	9.711	9.625	11.439	11.582	13.379
⁸⁰Hg	70.821	68.894	80.258	9.987	9.896	11.823	11.923	13.828
⁸¹Tl	72.860	70.820	82.558	10.266	10.170	12.210	12.268	14.288
⁸²Pb	74.957	72.794	84.922	10.549	10.448	12.611	12.620	14.762
⁸³Bi	77.097	74.805	87.335	10.836	10.729	13.021	12.977	15.244
⁸⁴Po	79.296	76.868	89.809	11.128	11.014	13.441	13.338	15.740
⁸⁵At	81.525	78.956	92.319	11.424	11.304	13.873	13.705	16.248
⁸⁶Rn	83.800	81.080	94.877	11.724	11.597	14.316	14.077	16.768
⁸⁷Fr	86.119	83.243	97.483	12.029	11.894	14.770	14.459	17.301
⁸⁸Ra	88.485	85.446	100.136	12.338	12.194	15.233	14.839	17.845
⁸⁹Ac	90.894	87.681	102.846	12.650	12.499	15.712	15.227	18.405
⁹⁰Th	93.334	89.942	105.592	12.966	12.808	16.200	15.620	18.977
⁹¹Pa	95.851	92.271	108.408	13.291	13.120	16.700	16.022	19.559
⁹²U	98.428	94.648	111.289	13.613	13.438	17.218	16.425	20.163
⁹³Np	101.005	97.023	114.181	13.945	13.758	17.740	16.837	20.774
⁹⁴Pu	103.653	99.457	117.146	14.279	14.082	18.278	17.254	21.401

7 K、L、M系平均荧光产额

元素	K	L	M	元素	K	L	M
⁴Be	0.00003	—	—	¹¹Na	0.013	—	—
⁵B	0.0007	—	—	¹²Mg	0.019	—	—
⁶C	0.0014	—	—	¹³Al	0.026	—	—
⁷N	0.002	—	—	¹⁴Si	0.036	—	—
⁸O	0.003	—	—	¹⁵P	0.047	—	—
⁹F	0.005	—	—	¹⁶S	0.061	—	—
¹⁰Ne	0.008	—	—	¹⁷Cl	0.078	—	—

续表

元素	K	L	M	元素	K	L	M
^{18}Ar	0.097	—	—	^{57}La	0.893	0.135	0.004
^{19}K	0.118	—	—	^{58}Ce	0.898	0.143	0.005
^{20}Ca	0.142	0.001	—	^{59}Pr	0.902	0.152	0.005
^{21}Sc	0.168	0.001	—	^{60}Nd	0.907	0.161	0.006
^{22}Ti	0.197	0.001	—	^{61}Pm	0.911	0.171	0.006
^{23}V	0.227	0.002	—	^{62}Sm	0.915	0.180	0.007
^{24}Cr	0.258	0.002	—	^{63}Eu	0.918	0.190	0.007
^{25}Mn	0.291	0.003	—	^{64}Gd	0.921	0.200	0.008
^{26}Fe	0.324	0.003	—	^{65}Tb	0.924	0.210	0.009
^{27}Co	0.358	0.004	—	^{66}Dy	0.927	0.220	0.009
^{28}Ni	0.392	0.005	—	^{67}Ho	0.930	0.231	0.010
^{29}Cu	0.425	0.006	—	^{68}Er	0.932	0.240	0.011
^{30}Zn	0.458	0.007	—	^{69}Tm	0.934	0.251	0.012
^{31}Ga	0.489	0.009	—	^{70}Yb	0.937	0.262	0.013
^{32}Ge	0.520	0.010	—	^{71}Lu	0.939	0.272	0.014
^{33}As	0.549	0.012	—	^{72}Hf	0.941	0.283	0.015
^{34}Se	0.577	0.014	—	^{73}Ta	0.942	0.293	0.016
^{35}Br	0.604	0.016	—	^{74}W	0.944	0.304	0.018
^{36}Kr	0.629	0.019	—	^{75}Re	0.945	0.314	0.019
^{37}Rb	0.653	0.021	0.001	^{76}Os	0.947	0.325	0.020
^{38}Sr	0.675	0.024	0.001	^{77}Ir	0.948	0.335	0.022
^{39}Y	0.695	0.027	0.001	^{78}Pt	0.949	0.345	0.024
^{40}Zr	0.715	0.031	0.001	^{79}Au	0.951	0.356	0.026
^{41}Nb	0.732	0.035	0.001	^{80}Hg	0.952	0.366	0.028
^{42}Mo	0.749	0.039	0.001	^{81}Tl	0.953	0.376	0.030
^{43}Tc	0.765	0.043	0.001	^{82}Pb	0.954	0.386	0.032
^{44}Ru	0.779	0.047	0.001	^{83}Bi	0.954	0.396	0.034
^{45}Rh	0.792	0.052	0.001	^{84}Po	0.955	0.405	0.037
^{46}Pd	0.805	0.058	0.001	^{85}At	0.956	0.415	0.040
^{47}Ag	0.816	0.063	0.002	^{86}Rn	0.957	0.425	0.043
^{48}Cd	0.827	0.069	0.002	^{87}Fr	0.957	0.434	0.046
^{49}In	0.836	0.075	0.002	^{88}Ra	0.958	0.443	0.049
^{50}Sn	0.845	0.081	0.002	^{89}Ac	0.958	0.452	0.052
^{51}Sb	0.854	0.088	0.002	^{90}Th	0.959	0.461	0.056
^{52}Te	0.862	0.095	0.003	^{91}Pa	0.959	0.469	0.060
^{53}I	0.869	0.102	0.003	^{92}U	0.960	0.478	0.064
^{54}Xe	0.870	0.110	0.003	^{93}Np	0.960	0.486	0.068
^{55}Cs	0.882	0.118	0.004	^{94}Pu	0.960	0.494	0.073
^{56}Ba	0.888	0.126	0.004				

8 K和L$_{III}$吸收限陡变比（r）及（r-1）/r值

元素	K r	K (r-1)/r	L$_{III}$ r	L$_{III}$ (r-1)/r	元素	K r	K (r-1)/r	L$_{III}$ r	L$_{III}$ (r-1)/r
^{4}Be	35.00	0.970	—	—	^{37}Rb	6.85	0.854	4.22	0.763
^{5}B	28.30	0.965	—	—	^{38}Sr	7.06	0.858	3.91	0.744
^{6}C	24.20	0.959	—	—	^{39}Y	6.85	0.854	4.04	0.752
^{7}N	21.40	0.953	—	—	^{40}Zr	6.75	0.852	3.98	0.748
^{8}O	19.30	0.948	—	—	^{41}Nb	7.13	0.860	3.77	0.735
^{9}F	17.50	0.943	—	—	^{42}Mo	6.97	0.856	3.68	0.728
^{10}Ne	15.94	0.937	—	—	^{43}Tc	6.80	0.853	3.59	0.722
^{11}Na	14.78	0.932	—	—	^{44}Ru	6.76	0.852	3.43	0.708
^{12}Mg	13.63	0.927	—	—	^{45}Rh	6.53	0.847	3.72	0.731
^{13}Al	12.68	0.921	—	—	^{46}Pd	6.93	0.856	3.40	0.706
^{14}Si	11.89	0.916	—	—	^{47}Ag	6.58	0.848	3.22	0.690
^{15}P	11.18	0.911	—	—	^{48}Cd	6.50	0.846	3.25	0.692
^{16}S	10.33	0.903	—	—	^{49}In	6.26	0.840	3.25	0.693
^{17}Cl	9.49	0.895	—	—	^{50}Sn	6.47	0.845	3.06	0.673
^{18}Ar	9.91	0.899	—	—	^{51}Sb	6.35	0.843	2.94	0.660
^{19}K	8.84	0.887	—	—	^{52}Te	6.21	0.839	2.98	0.664
^{20}Ca	9.11	0.890	—	—	^{53}I	6.16	0.838	2.86	0.650
^{21}Sc	8.58	0.883	—	—	^{54}Xe	6.08	0.835	2.88	0.653
^{22}Ti	8.53	0.883	—	—	^{55}Cs	5.95	0.832	2.85	0.649
^{23}V	8.77	0.886	—	—	^{56}Ba	5.80	0.828	2.84	0.648
^{24}Cr	8.78	0.886	—	—	^{57}La	6.05	0.835	2.72	0.632
^{25}Mn	8.61	0.884	—	—	^{58}Ce	5.90	0.830	2.74	0.635
^{26}Fe	8.22	0.878	—	—	^{59}Pr	5.82	0.828	2.70	0.629
^{27}Co	8.38	0.881	—	—	^{60}Nd	5.99	0.833	2.66	0.624
^{28}Ni	7.85	0.873	2.77	0.639	^{61}Pm	5.91	0.831	2.70	0.630
^{29}Cu	7.96	0.874	2.87	0.652	^{62}Sm	5.79	0.827	2.68	0.627
^{30}Zn	7.60	0.868	5.68	0.824	^{63}Eu	5.69	0.824	2.72	0.633
^{31}Ga	7.40	0.865	5.67	0.824	^{64}Gd	5.77	0.827	2.70	0.630
^{32}Ge	7.23	0.862	5.70	0.825	^{65}Tb	5.52	0.819	2.71	0.631
^{33}As	7.19	0.861	4.88	0.795	^{66}Dy	5.48	0.818	2.75	0.636
^{34}Se	6.88	0.855	4.59	0.782	^{67}Ho	5.33	0.812	2.86	0.650
^{35}Br	6.97	0.857	4.58	0.782	^{68}Er	5.50	0.818	2.93	0.659
^{36}Kr	7.04	0.858	4.17	0.760	^{69}Tm	5.34	0.813	2.76	0.637
					^{70}Yb	5.19	0.807	2.57	0.611

续表

元素	K		L_III		元素	K		L_III	
	r	$(r-1)/r$	r	$(r-1)/r$		r	$(r-1)/r$	r	$(r-1)/r$
^{71}Lu	5.22	0.808	2.62	0.618	^{80}Hg	5.02	0.801	2.40	0.583
^{72}Hf	5.45	0.816	2.42	0.586	^{81}Tl	4.88	0.795	2.50	0.600
^{73}Ta	5.02	0.801	2.60	0.615	^{82}Pb	4.79	0.791	2.47	0.591
^{74}W	5.12	0.805	2.62	0.618	^{83}Bi	4.73	0.788	2.34	0.572
^{75}Re	4.79	0.791	2.68	0.626	^{86}Rn	4.72	0.788	2.34	0.573
^{76}Os	5.06	0.803	2.53	0.605	^{90}Th	4.39	0.772	2.39	0.581
^{77}Ir	5.18	0.807	2.39	0.581	^{92}U	4.41	0.773	2.28	0.562
^{78}Pt	5.12	0.805	2.63	0.620	^{94}Pu	4.53	0.779	2.25	0.556
^{79}Au	4.92	0.797	2.44	0.590					

9 K系主要谱线的波长

单位：nm

谱线	$K\alpha$	$K\alpha_1$	$K\alpha_2$	$K\beta_1$	$K\beta_3$	$K\beta_2$
IUPAC	K-L$_{2,3}$	K-L$_3$	K-L$_2$	K-M$_3$	K-M$_2$	K-N$_{2,3}$
相对强度	150	100	50～52	1～15.6	0.7～15	0.1～5
^{4}Be	11.3000	—	—	—	—	—
^{5}B	6.7000	—	—	—	—	—
^{6}C	4.4000	—	—	—	—	—
^{7}N	3.1603	—	—	—	—	—
^{8}O	2.3707	—	—	—	—	—
^{9}F	1.8307	—	—	—	—	—
^{10}Ne	1.4615	—	—	1.4460	—	—
^{11}Na	1.1909	—	—	1.1617	—	—
^{12}Mg	0.9889	—	—	0.9558	—	—
^{13}Al	0.8339	0.8338	0.8341	0.7981	—	—
^{14}Si	0.7126	0.7125	0.7127	0.6769	—	—
^{15}P	0.6155	0.6154	0.6157	0.5804	—	—
^{16}S	0.5373	0.5372	0.5375	0.5032	—	—
^{17}Cl	0.4729	0.4728	0.4731	0.4403	—	—
^{18}Ar	0.4192	0.4191	0.4194	0.3886	—	—
^{19}K	0.3744	0.3742	0.3745	0.3454	—	—
^{20}Ca	0.3360	0.3359	0.3362	0.3090	—	—
^{21}Sc	0.3032	0.3031	0.3034	0.2780	—	—
^{22}Ti	0.2750	0.2749	0.2753	0.2514	—	—
^{23}V	0.2505	0.2503	0.2507	0.2285	—	—

续表

谱线	Kα	Kα₁	Kα₂	Kβ₁	Kβ₃	Kβ₂
IUPAC	K-L$_{2,3}$	K-L$_3$	K-L$_2$	K-M$_3$	K-M$_2$	K-N$_{2,3}$
相对强度	150	100	50~52	1~15.6	0.7~15	0.1~5
²⁴Cr	0.2291	0.2290	0.2294	0.2085	—	
²⁵Mn	0.2103	0.2102	0.2105	0.1910	—	
²⁶Fe	0.1937	0.1936	0.1940	0.1757	—	
²⁷Co	0.1791	0.1789	0.1793	0.1621	—	
²⁸Ni	0.1659	0.1658	0.1661	0.1500	0.1489	
²⁹Cu	0.1542	0.1540	0.1544	0.1392	0.1381	
³⁰Zn	0.1437	0.1435	0.1439	0.1296	0.1284	
³¹Ga	0.1341	0.1340	0.1344	0.1208	0.1209	0.1196
³²Ge	0.1256	0.1255	0.1258	0.1129	0.1130	0.1117
³³As	0.1177	0.1175	0.1179	0.1058	0.1058	0.1045
³⁴Se	0.1106	0.1105	0.1109	0.0992	0.0993	0.0980
³⁵Br	0.1041	0.1040	0.1044	0.0933	0.0933	0.0921
³⁶Kr	0.0981	0.0980	0.0984	0.0879	0.0879	0.0866
³⁷Rb	0.0927	0.0926	0.0930	0.0829	0.0830	0.0817
³⁸Sr	0.0877	0.0875	0.0880	0.0783	0.0784	0.0771
³⁹Y	0.0831	0.0829	0.0833	0.0740	0.0741	0.0728
⁴⁰Zr	0.0788	0.0786	0.0791	0.0701	0.0702	0.0690
⁴¹Nb	0.0748	0.0747	0.0751	0.0665	0.0666	0.0654
⁴²Mo	0.0710	0.0709	0.0713	0.0632	0.0633	0.0621
⁴³Tc	0.0674	0.0673	0.0676	0.0601	0.0602	0.0590
⁴⁴Ru	0.0644	0.0643	0.0647	0.0572	0.0573	0.0562
⁴⁵Rh	0.0614	0.0613	0.0617	0.0546	0.0546	0.0535
⁴⁶Pd	0.0587	0.0585	0.0590	0.0521	0.0521	0.0510
⁴⁷Ag	0.0561	0.0559	0.0564	0.0497	0.0498	0.0487
⁴⁸Cd	0.0536	0.0535	0.0539	0.0475	0.0476	0.0465
⁴⁹In	0.0514	0.0512	0.0517	0.0455	0.0455	0.0445
⁵⁰Sn	0.0492	0.0491	0.0495	0.0435	0.0436	0.0426
⁵¹Sb	0.0472	0.0470	0.0475	0.0417	0.0418	0.0408
⁵²Te	0.0453	0.0451	0.0456	0.0400	0.0401	0.0391
⁵³I	0.0435	0.0433	0.0438	0.0384	0.0385	0.0376
⁵⁴Xe	0.0418	0.0416	0.0421	0.0369	0.0360	0.0000
⁵⁵Cs	0.0402	0.0401	0.0405	0.0355	0.0355	0.0346
⁵⁶Ba	0.0387	0.0385	0.0390	0.0341	0.0342	0.0333
⁵⁷La	0.0373	0.0371	0.0376	0.0328	0.0329	0.0320
⁵⁸Ce	0.0359	0.0357	0.0362	0.0316	0.0317	0.0309
⁵⁹Pr	0.0346	0.0344	0.0349	0.0305	0.0305	0.0297
⁶⁰Nd	0.0334	0.0332	0.0337	0.0294	0.0294	0.0287

续表

谱线 IUPAC 相对强度	Kα K-L$_{2,3}$ 150	Kα$_1$ K-L$_3$ 100	Kα$_2$ K-L$_2$ 50~52	Kβ$_1$ K-M$_3$ 1~15.6	Kβ$_3$ K-M$_2$ 0.7~15	Kβ$_2$ K-N$_{2,3}$ 0.1~5
^{61}Pm	0.0322	0.0321	0.0325	0.0283	0.0284	0.0276
^{62}Sm	0.0311	0.0309	0.0314	0.0274	0.0274	0.0267
^{63}Eu	0.0301	0.0299	0.0304	0.0264	0.0265	0.0258
^{64}Gd	0.0291	0.0289	0.0294	0.0255	0.0256	0.0249
^{65}Tb	0.0281	0.0279	0.0284	0.0246	0.0246	0.0239
^{66}Dy	0.0272	0.0270	0.0275	0.0237	0.0238	0.0231
^{67}Ho	0.0263	0.0261	0.0266	0.0230	0.0231	0.0224
^{68}Er	0.0255	0.0253	0.0258	0.0222	0.0223	0.0217
^{69}Tm	0.0246	0.0244	0.0250	0.0215	0.0216	0.0210
^{70}Yb	0.0238	0.0236	0.0241	0.0208	0.0209	0.0203
^{71}Lu	0.0231	0.0229	0.0234	0.0202	0.0203	0.0197
^{72}Hf	0.0224	0.0222	0.0227	0.0195	0.0196	0.0190
^{73}Ta	0.0217	0.0215	0.0220	0.0190	0.0191	0.0185
^{74}W	0.0211	0.0209	0.0213	0.0184	0.0185	0.0179
^{75}Re	0.0204	0.0202	0.0207	0.0179	0.0179	0.0174
^{76}Os	0.0198	0.0196	0.0201	0.0173	0.0174	0.0169
^{77}Ir	0.0193	0.0191	0.0196	0.0168	0.0169	0.0164
^{78}Pt	0.0187	0.0185	0.0190	0.0163	0.0164	0.0159
^{79}Au	0.0182	0.0180	0.0185	0.0159	0.0160	0.0155
^{80}Hg	0.0177	0.0175	0.0180	0.0154	0.0155	0.0150
^{81}Tl	0.0172	0.0170	0.0175	0.0150	0.0151	0.0146
^{82}Pb	0.0167	0.0165	0.0170	0.0146	0.0147	0.0142
^{83}Bi	0.0162	0.0161	0.0165	0.0142	0.0143	0.0138
^{84}Po	0.0158	0.0156	0.0161	0.0138	0.0139	0.0134
^{85}At	0.0154	0.0152	0.0157	0.0134	0.0135	0.0131
^{86}Rn	0.0150	0.0148	0.0153	0.0131	0.0132	0.0127
^{87}Fr	0.0146	0.0144	0.0149	0.0127	0.0128	0.0124
^{88}Ra	0.0142	0.0140	0.0145	0.0124	0.0125	0.0120
^{89}Ac	0.0138	0.0136	0.0141	0.0121	0.0121	0.0117
^{90}Th	0.0135	0.0133	0.0138	0.0117	0.0118	0.0114
^{91}Pa	0.0131	0.0129	0.0134	0.0114	0.0115	0.0111
^{92}U	0.0128	0.0126	0.0131	0.0111	0.0112	0.0108
^{93}Np	0.0125	0.0123	0.0128	0.0109	—	0.0105
^{94}Pu	0.0122	0.0120	0.0125	0.0106	—	0.0103

10 L系主要谱线的波长

单位：nm

谱线 IUPAC	Lα₁ L₃-M₅	Lα₂ L₃-M₄	Lβ₁ L₂-M₄	Lβ₂ L₃-N₅	Lβ₃ L₁-M₃	Lβ₄ L₁-M₂	Lβ₅ L₃-O₄,₅	Lγ₁ L₂-N₄	Lγ₂ L₁-N₂	Lγ₃ L₁-O₃	Lγ₄ L₁-O₄	Lγ₆ L₂-O₄	Lι L₃-M₁	Lη L₂-M₁
相对强度	100	约11.4	45~59	0.7~24	4.2~16	2.3~11	0.1~4	0.3~11.4	0.06~2.7	0.1~3.6	0.2~1.0	0.06~1.3	4.1~7.1	1.2~7.8
₁₆S	—	—	—	—	—	—	—	—	—	—	—	—	—	8.3400
₁₇Cl	—	—	—	—	—	—	—	—	—	—	—	—	6.7840	6.7250
₁₈Ar	—	—	—	—	—	—	—	—	—	—	—	—	—	—
₁₉K	—	—	—	—	—	—	—	—	—	—	—	—	5.6212	5.6813
₂₀Ca	3.6393	3.6022	—	—	—	—	—	—	—	—	—	—	4.7835	4.7325
₂₁Sc	3.1393	3.1072	—	—	—	—	—	—	—	—	—	—	4.1042	4.0542
₂₂Ti	2.7455	2.7074	—	—	—	—	—	—	—	—	—	—	3.5671	3.5200
₂₃V	2.4309	2.3898	—	—	2.1890	—	—	—	—	—	—	—	3.1423	3.0942
₂₄Cr	2.1713	2.1323	—	—	1.9429	—	—	—	—	—	—	—	2.7826	2.7375
₂₅Mn	1.9489	1.9158	—	—	1.7575	—	—	—	—	—	—	—	2.4840	2.4339
₂₆Fe	1.7602	1.7290	—	—	1.5710	—	—	—	—	—	—	—	2.2315	2.1864
₂₇Co	1.6000	1.5698	—	—	1.4240	—	—	—	—	—	—	—	2.0201	1.9730
₂₈Ni	1.4595	1.4308	—	—	1.3146	—	—	—	—	—	—	—	1.8358	1.7860
₂₉Cu	1.3357	1.3079	—	—	1.2115	—	—	—	—	—	—	—	1.6693	1.6304
₃₀Zn	1.2282	1.2009	—	—	1.1185	—	—	—	—	—	—	—	1.5297	1.4940
₃₁Ga	1.1313	1.1045	—	—	1.0365	—	—	—	—	—	—	—	1.4081	1.3719
₃₂Ge	1.0456	1.0194	—	—	0.9580	0.9640	—	—	—	—	—	—	1.2976	1.2620
₃₃As	0.9671	0.9414	—	—	0.8930	—	—	—	—	—	—	—	1.1944	1.1608
₃₄Se	0.8990	0.8735	—	—	0.8321	—	—	—	—	—	—	—	1.1069	1.0732

附录 | 357

续表

谱线	$L\alpha_1$	$L\alpha_2$	$L\beta_1$	$L\beta_2$	$L\beta_3$	$L\beta_4$	$L\beta_5$	$L\gamma_1$	$L\gamma_2$	$L\gamma_3$	$L\gamma_4$	$L\gamma_6$	Ll	$L\eta$
IUPAC	L_3–M_5	L_3–M_4	L_2–M_4	L_3–N_5	L_1–M_3	L_1–M_2	L_3–$O_{4,5}$	L_2–N_4	L_1–N_2	L_1–O_3	L_1–O_3	L_2–O_4	L_3–M_1	L_2–M_1
相对强度	100	约 11.4	45~59	0.7~24	4.2~16	2.3~11	0.1~4	0.3~11.4	0.06~2.7	0.1~3.6	0.2~1.0	0.06~1.3	4.1~7.1	1.2~7.8
³⁵Br	0.8375		0.8126	—	0.7767			—		—			0.9583	0.9253
³⁶Kr	0.7817		0.7576	—	0.7264	0.7304		—		—			0.8946	0.8626
³⁷Rb	0.7318	0.7325	0.7075	—	0.6788	0.6821	—	—	0.6045	—	—	—	0.8363	0.8042
³⁸Sr	0.6863	0.6870	0.6623	—	0.6367	0.6403	—	—	0.5644	—	—	—	0.7836	0.7517
³⁹Y	0.6449	0.6456	0.6211	—	0.5983	0.6018	—	—	0.5283	—	—	—	0.7356	0.7040
⁴⁰Zr	0.6070	0.6077	0.5836	0.5586	0.5632	0.5668	—	0.5384	0.4953	—	—	—	0.6918	0.6606
⁴¹Nb	0.5725	0.5732	0.5492	0.5238	0.5310	0.5346	—	0.5036	0.4654	—	—	—	0.6517	0.6210
⁴²Mo	0.5406	0.5414	0.5176	0.4923	0.5013	0.5048	—	0.4726	0.4380	—	—	—	0.6150	0.5847
⁴³Tc	0.5114	0.5123	0.4887	0.4636	0.4737	0.4773	—	0.4440	0.4138	—	—	—	0.5819	0.5518
⁴⁴Ru	0.4846	0.4854	0.4620	0.4372	0.4487	0.4523	—	0.4182	0.3897	—	—	—	0.5503	0.5204
⁴⁵Rh	0.4597	0.4605	0.4374	0.4130	0.4253	0.4289	—	0.3944	0.3685	—	—	—	0.5217	0.4922
⁴⁶Pd	0.4368	0.4376	0.4146	0.3909	0.4034	0.4071	—	0.3725	0.3489	—	—	—	0.4952	0.4660
⁴⁷Ag	0.4154	0.4162	0.3935	0.3703	0.3834	0.3870	—	0.3523	0.3307	—	—	—	0.4707	0.4418
⁴⁸Cd	0.3956	0.3965	0.3739	0.3514	0.3644	0.3681	—	0.3336	0.3137	—	—	—	0.4480	0.4193
⁴⁹In	0.3752	0.3781	0.3555	0.3339	0.3470	0.3507	—	0.3162	0.2980	0.2926	—	—	0.4269	0.3983
⁵⁰Sn	0.3600	0.3609	0.3385	0.3175	0.3306	0.3344	—	0.3001	0.2835	0.2778	—	—	0.4071	0.3789
⁵¹Tb	0.3439	0.3448	0.3226	0.3023	0.3152	0.3190	—	0.2852	0.2695	0.2639	—	—	0.3888	0.3607
⁵²Te	0.3290	0.3299	0.3077	0.2882	0.3009	0.3046	—	0.2712	0.2567	0.2511	—	—	0.3716	0.3438
⁵³I	0.3148	0.3157	0.2937	0.2751	0.2874	0.2912	—	0.2582	0.2447	0.2391	—	—	0.3557	0.3280
⁵⁴Xe	0.3015	0.3025	0.2803	0.2626	0.2745	0.2784	—	0.2462	0.2338	0.2331	—	—	0.3421	0.3143
⁵⁵Cs	0.2892	0.2902	0.2683	0.2511	0.2628	0.2666	—	0.2348	0.2237	0.2233	0.2174	—	0.3267	0.2994
⁵⁶Ba	0.2776	0.2785	0.2567	0.2404	0.2516	0.2555	—	0.2242	0.2138	0.2134	0.2075	—	0.3135	0.2862

续表

谱线 IUPAC	$L\alpha_1$ L_3-M_5	$L\alpha_2$ L_3-M_4	$L\beta_1$ L_2-M_4	$L\beta_2$ L_3-N_5	$L\beta_3$ L_1-M_3	$L\beta_4$ L_1-M_2	$L\beta_5$ L_3-$O_{4,5}$	$L\gamma_1$ L_2-N_4	$L\gamma_2$ L_1-N_2	$L\gamma_3$ L_1-O_3	$L\gamma_4$ L_1-O_3	$L\gamma_6$ L_2-O_4	$L\ell$ L_3-M_1	$L\eta$ L_2-M_1
相对强度	100	约11.4	45~59	0.7~24	4.2~16	2.3~11	0.1~4	0.3~11.4	0.06~2.7	0.1~3.6	0.2~1.0	0.06~1.3	4.1~7.1	1.2~7.8
[57]La	0.2665	0.2674	0.2458	0.2303	0.2410	0.2449	—	0.2141	0.2046	0.2041	0.1983	—	0.3006	0.2740
[58]Ce	0.2561	0.2570	0.2356	0.2208	0.2311	0.2349	—	0.2048	0.1960	0.1955	0.1899	—	0.2892	0.2620
[59]Pr	0.2463	0.2473	0.2259	0.2119	0.2216	0.2255	—	0.1961	0.1879	0.1874	0.1819	—	0.2784	0.2512
[60]Nd	0.2370	0.2382	0.2166	0.2035	0.2126	0.2166	—	0.1878	0.1801	0.1797	0.1745	0.1855	0.2675	0.2409
[61]Pm	0.2283	0.2292	0.2081	0.1956	0.2042	0.2081	—	0.1799	0.1729	0.1724	—	—	0.2591	0.2322
[62]Sm	0.2199	0.2210	0.1998	0.1882	0.1962	0.2000	0.1779	0.1726	0.1659	0.1655	0.1606	—	0.2482	0.2218
[63]Eu	0.2120	0.2131	0.1920	0.1812	0.1887	0.1926	—	0.1657	0.1597	0.1591	0.1544	—	0.2395	0.2131
[64]Gd	0.2046	0.2057	0.1847	0.1746	0.1815	0.1853	—	0.1592	0.1534	0.1529	0.1485	—	0.2312	0.2049
[65]Tb	0.1976	0.1986	0.1777	0.1682	0.1747	0.1785	0.1577	0.1530	0.1477	0.1471	0.1427	—	0.2234	0.1973
[66]Dy	0.1909	0.1920	0.1710	0.1623	0.1681	0.1720	—	0.1473	0.1423	0.1417	0.1374	—	0.2158	0.1898
[67]Ho	0.1845	0.1856	0.1647	0.1567	0.1619	0.1658	—	0.1417	0.1371	0.1364	0.1323	—	0.2086	0.1826
[68]Er	0.1785	0.1796	0.1587	0.1514	0.1561	0.1601	—	0.1364	0.1321	0.1315	0.1276	—	0.2019	0.1757
[69]Tm	0.1726	0.1738	0.1530	0.1463	0.1505	0.1544	—	0.1316	0.1274	0.1268	0.1229	—	0.1955	0.1695
[70]Yb	0.1672	0.1682	0.1476	0.1416	0.1452	0.1491	0.1387	0.1268	0.1228	0.1222	0.1185	0.1243	0.1894	0.1635
[71]Lu	0.1619	0.1630	0.1424	0.1370	0.1402	0.1441	0.1342	0.1222	0.1185	0.1179	0.1143	0.1198	0.1836	0.1478
[72]Hf	0.1569	0.1580	0.1374	0.1327	0.1353	0.1392	0.1298	0.1179	0.1144	0.1138	0.1103	0.1155	0.1782	0.1523
[73]Ta	0.1522	0.1533	0.1327	0.1285	0.1307	0.1346	0.1256	0.1138	0.1105	0.1099	0.1065	0.1114	0.1728	0.1471
[74]W	0.1476	0.1487	0.1282	0.1245	0.1263	0.1302	0.1215	0.1098	0.1068	0.1062	0.1028	0.1074	0.1678	0.1421
[75]Re	0.1433	0.1444	0.1238	0.1206	0.1220	0.1260	0.1177	0.1061	0.1032	0.1026	0.0993	0.1037	0.1630	0.1374

续表

谱线	$L\alpha_1$	$L\alpha_2$	$L\beta_1$	$L\beta_2$	$L\beta_3$	$L\beta_4$	$L\beta_5$	$L\gamma_1$	$L\gamma_2$	$L\gamma_3$	$L\gamma_4$	$L\gamma_6$	$L\iota$	$L\eta$
IUPAC	L_3-M_5	L_3-M_4	L_2-M_4	L_3-N_5	L_1-M_3	L_1-M_2	$L_3-O_{4,5}$	L_2-N_4	L_1-N_2	L_1-O_3	L_1-O_4	L_2-O_4	L_3-M_1	L_2-M_1
相对强度	100	约11.4	45~59	0.7~24	4.2~16	2.3~11	0.1~4	0.3~11.4	0.06~2.7	0.1~3.6	0.2~1.0	0.06~1.3	4.1~7.1	1.2~7.8
^{76}Os	0.1391	0.1402	0.1197	0.1169	0.1179	0.1218	0.1140	0.1025	0.0998	0.0992	0.0959	0.1001	0.1585	0.1328
^{77}Ir	0.1352	0.1363	0.1158	0.1135	0.1141	0.1179	0.1106	0.0991	0.0966	0.0959	0.0928	0.0967	0.1541	0.1285
^{78}Pt	0.1313	0.1325	0.1120	0.1102	0.1104	0.1142	0.1072	0.0958	0.0934	0.0928	0.0897	0.0934	0.1499	0.1243
^{79}Au	0.1277	0.1288	0.1083	0.1070	0.1068	0.1106	0.1040	0.0927	0.0905	0.0898	0.0867	0.0903	0.1460	0.1202
^{80}Hg	0.1242	0.1253	0.1049	0.1040	0.1034	0.1072	0.1010	0.0897	0.0876	0.0869	0.0839	0.0837	0.1422	0.1164
^{81}Tl	0.1207	0.1218	0.1015	0.1010	0.1001	0.1039	0.0981	0.0868	0.0848	0.0842	0.0812	0.0845	0.1385	0.1127
^{82}Pb	0.1175	0.1186	0.0982	0.0983	0.0969	0.1007	0.0953	0.0840	0.0822	0.0815	0.0786	0.0817	0.1350	0.1092
^{83}Bi	0.1144	0.1155	0.0952	0.0955	0.0939	0.0977	0.0926	0.0814	0.0796	0.0790	0.0761	0.0791	0.1317	0.1058
^{84}Po	0.1114	0.1125	0.0922	0.0929	0.0909	0.0948	0.0900	0.0788	0.0772	0.0765	0.0736	0.0765	0.1283	0.1024
^{85}At	0.1085	0.1097	0.0894	0.0905	0.0881	0.0919	0.0875	0.0763	0.0747	0.0740	0.0713	0.0741	0.1256	0.0997
^{86}Rn	0.1057	0.1069	0.0866	0.0881	0.0854	0.0892	0.0852	0.0739	0.0725	0.0718	0.0692	0.0717	0.1223	0.0968
^{87}Fr	0.1030	0.1042	0.0840	0.0858	0.0828	0.0867	0.0829	0.0716	0.0703	0.0696	0.0670	0.0695	0.1199	0.0938
^{88}Ra	0.1005	0.1017	0.0814	0.0836	0.0803	0.0841	0.0807	0.0694	0.0682	0.0675	0.0649	0.0673	0.1167	0.0908
^{89}Ac	0.0980	0.0992	0.0789	0.0814	0.0778	0.0816	0.0786	0.0671	0.0662	0.0655	0.0630	0.0653	0.1144	0.0882
^{90}Th	0.0956	0.0968	0.0766	0.0794	0.0755	0.0793	0.0765	0.0653	0.0642	0.0635	0.0611	0.0632	0.1115	0.0855
^{91}Pa	0.0933	0.0945	0.0742	0.0774	0.0732	0.0770	0.0746	0.0634	0.0624	0.0617	0.0594	0.0613	0.1091	0.0830
^{92}U	0.0911	0.0923	0.0720	0.0755	0.0710	0.0748	0.0726	0.0615	0.0605	0.0598	0.0577	0.0595	0.1067	0.0806
^{93}Np	0.0889	0.0901	0.0698	0.0736	0.0689	0.0727	0.0708	0.0597	0.0587	0.0581	0.0558	0.0577	0.1043	0.0781
^{94}Pu	0.0869	0.0880	0.0678	0.0720	0.0669	0.0707	0.0691	0.0579	0.0571	0.0564	0.0542	0.0560	0.1023	0.0759

11　M 系主要谱线的波长

单位：nm

谱线 IUPAC 强度	Mα$_1$ M$_5$-N$_7$ 100	Mα$_2$ M$_5$-N$_6$ 100	Mβ M$_4$-N$_6$ 45～60	Mγ M$_3$-N$_5$ 1～5	Mξ$_1$ M$_5$-N$_3$ 0.1～3.0	 M$_4$-N$_2$ 0.1～1.0	Mξ$_2$ M$_2$-N$_4$ 0.1～5.0
^{35}Br	—	—	—	—	19.2600	19.1100	—
^{36}Kr	—	—	—	—	—	—	—
^{37}Rb	—	—	—	—	12.8700	12.7700	—
^{38}Sr	—	—	—	—	10.8700	10.8000	—
^{39}Y	—	—	—	—	9.3400	—	—
^{40}Zr	—	—	—	3.8390	8.2100	—	3.7000
^{41}Nb	—	—	—	3.4900	7.2190	—	3.3100
^{42}Mo	—	—	—	3.2700	6.4380	—	3.1400
^{43}Tc	—	—	—	3.0100	5.9500	—	2.8800
^{44}Ru	—	—	—	2.6900	5.2340	—	2.5500
^{45}Rh	—	—	—	2.5010	4.7670	—	2.4450
^{46}Pd	—	—	—	2.3300	4.3600	—	2.2100
^{47}Ag	—	—	—	2.1820	3.9770	—	2.0660
^{48}Cd	—	—	—	2.0470	3.6800	—	1.9400
^{49}In	*	—	—	1.9210	3.3200	—	1.8240
^{50}Sn	—	—	—	1.7940	3.1240	—	1.6930
^{51}Sb	—	—	—	1.6920	2.8800	—	1.5980
^{52}Te	—	—	—	1.5930	2.6720	—	1.5020
^{53}I	—	—	—	1.5010	2.4650	—	1.4150
^{54}Xe	—	—	—	1.4180	2.3020	—	1.3310
^{55}Cs	—	—	—	1.3420	2.1690	—	1.2580
^{56}Ba	—	—	—	1.2750	2.0640	—	1.1890
^{57}La	1.4880	1.4510	1.2080	1.9440	—	—	1.1280
^{58}Ce	1.4040	1.3750	1.1530	1.8350	—	—	1.0690
^{59}Pr	1.3343	1.3060	1.0998	1.7380	—	—	1.0180
^{60}Nd	1.2680	1.2440	1.0505	1.6460	—	—	0.9700
^{61}Pm	—	—	1.0050	1.5680	—	—	0.9260
^{62}Sm	1.1470	1.1270	0.9600	1.4910	—	—	0.8840
^{63}Eu	1.0960	1.0750	0.9211	1.4220	—	—	0.8450
^{64}Gd	1.0460	1.0254	0.8844	1.3570	—	—	0.8120
^{65}Tb	1.0000	0.9792	0.8486	1.2980	—	—	0.7740
^{66}Dy	0.9590	0.9357	0.8144	1.2430	—	—	0.7460
^{67}Ho	0.9200	0.8965	0.7865	1.1860	—	—	0.7160
^{68}Er	0.8820	0.8592	0.7546	1.1370	—	—	0.6860
^{69}Tm	0.8480	0.8249	0.7318	1.0920	—	—	0.6540
^{70}Yb	0.8149	0.7909	0.7024	1.0480	—	—	0.6270

续表

谱线 IUPAC 强度	Mα_1 M$_5$-N$_7$ 100	Mα_2 M$_5$-N$_6$ 100	Mβ M$_4$-N$_6$ 45~60	Mγ M$_3$-N$_5$ 1~5	Mξ_1 M$_5$-N$_3$ 0.1~3.0	Mξ_2 M$_4$-N$_2$ 0.1~1.0	M$_2$-N$_4$ 0.1~5.0
^{71}Lu	0.7840	0.7601	0.6768		1.0060		0.6020
^{72}Hf	0.7539	0.7303	0.6544		0.9686		0.5770
^{73}Ta	0.7252	0.7023	0.6312		0.9316	0.9330	0.5570
^{74}W	0.6983	0.6992	0.6757	0.6092	0.8962	0.8993	0.5357
^{75}Re		0.6729	0.6504	0.5885	0.8629	0.8664	0.5150
^{76}Os		0.6490	0.6267	0.5682	0.8310	0.8359	0.4955
^{77}Ir	0.6262	0.6275	0.6038	0.5500	0.8021	0.8065	0.4780
^{78}Pt	0.6047	0.6058	0.5828	0.5319	0.7738	0.7790	0.4601
^{79}Au	0.5840	0.5854	0.5624	0.5145	0.7466	0.7523	0.4432
^{80}Hg	0.5648	0.5677	0.5432	0.4984	0.7232	0.7250	0.4266
^{81}Tl	0.5460	0.5427	0.5249	0.4823	0.6974	0.7032	0.4116
^{82}Pb	0.5286	0.5299	0.5076	0.4674	0.6740	0.6802	0.3968
^{83}Bi	0.5118	0.5130	0.4909	0.4532	0.6521	0.6585	0.3834
^{84}Po	0.4955	0.4958	0.4736	0.4361	0.6290	0.6349	0.3680
^{85}At	0.4802	0.4802	0.4581	0.4234	0.6096	0.6156	0.3559
^{86}Rn	0.4655	0.4657	0.4436	0.4124	0.5911	0.5971	0.3448
^{87}Fr	0.4515	0.4521	0.4303	0.4008	0.5737	0.5801	0.3322
^{88}Ra	0.4383	0.4392	0.4178	0.3892	0.5579	0.5642	0.3220
^{89}Ac	0.4256	0.4270	0.4060	0.3798	0.5389	0.5489	0.3118
^{90}Th	0.4138	0.4151	0.3941	0.3679	0.5245	0.5340	0.3011
^{91}Pa	0.4022	0.4035	0.3827	0.3577	0.5092	0.5193	0.2910
^{92}U	0.3910	0.3924	0.3716	0.3479	0.4946	0.5050	0.2817

12　M 系主要谱线的光子能量

单位：keV

元素	Mα_1	Mα_2	Mβ	Mγ	Mξ_1	Mξ_2	M$_2$-N$_4$
^{35}Br	—	—	—	—	0.064	0.065	—
^{36}Kr	—	—	—	—	—	—	—
^{37}Rb	—	—	—	—	0.096	0.097	—
^{38}Sr	—	—	—	—	0.114	0.115	—
^{39}Y	—	—	—	—	0.133		—
^{40}Zr	—	—	—	0.323	0.151		0.335
^{41}Nb	—	—	—	0.355	0.172		0.375
^{42}Mo	—	—	—	0.379	0.193		0.395

续表

元素	Mα₁	Mα₂	Mβ	Mγ	Mξ₁	Mξ₂	M₂-N₄
⁴³Tc	—	—	—	0.412	0.208		0.430
⁴⁴Ru	—	—	—	0.461	0.237		0.486
⁴⁵Rh	—	—	—	0.496	0.260		0.507
⁴⁶Pd	—	—	—	0.532	0.284		0.561
⁴⁷Ag	—	—	—	0.568	0.312		0.600
⁴⁸Cd	—	—	—	0.606	0.337		0.639
⁴⁹In	—	—	—	0.645	0.373		0.680
⁵⁰Sn	—	—	—	0.691	0.397		0.732
⁵¹Sb	—	—	—	0.733	0.430		0.776
⁵²Te	—	—	—	0.778	0.464		0.825
⁵³I	—	—	—	0.826	0.503		0.876
⁵⁴Xe	—	—	—	0.874	0.538		0.931
⁵⁵Cs	—	—	—	0.924	0.572		0.985
⁵⁶Ba	—	—	—	0.972	0.601		1.043
⁵⁷La	0.833		0.854	1.026	0.638		1.099
⁵⁸Ce	0.883		0.902	1.075	0.676		1.160
⁵⁹Pr	0.929		0.949	1.127	0.713		1.218
⁶⁰Nd	0.978		0.996	1.180	0.753		1.278
⁶¹Pm	—	—	—	1.233	0.791		1.339
⁶²Sm	1.081		1.100	1.291	0.831		1.402
⁶³Eu	1.131		1.153	1.346	0.872		1.467
⁶⁴Gd	1.185		1.209	1.402	0.913		1.527
⁶⁵Tb	1.240		1.266	1.461	0.955		1.602
⁶⁶Dy	1.293		1.325	1.522	0.997		1.662
⁶⁷Ho	1.347		1.383	1.576	1.045		1.731
⁶⁸Er	1.405		1.443	1.643	1.090		1.807
⁶⁹Tm	1.462		1.503	1.694	1.135		1.895
⁷⁰Yb	1.521		1.567	1.765	1.183		1.977
⁷¹Lu	1.581		1.631	1.832	1.232		2.059
⁷²Hf	1.644		1.697	1.894	1.280		2.148
⁷³Ta	1.709		1.765	1.964	1.331	1.329	2.225
⁷⁴W	1.775	1.773	1.835	2.035	1.383	1.378	2.314
⁷⁵Re	1.842		1.906	2.106	1.437	1.431	2.407
⁷⁶Os	1.910		1.978	2.182	1.492	1.483	2.502
⁷⁷Ir	1.980	1.975	2.053	2.254	1.545	1.537	2.593
⁷⁸Pt	2.050	2.046	2.127	2.331	1.602	1.591	2.694
⁷⁹Au	2.123	2.118	2.204	2.409	1.660	1.648	2.797
⁸⁰Hg	2.195	2.184	2.282	2.487	1.714	1.710	2.906

续表

元素	Mα_1	Mα_2	Mβ	Mγ	Mξ_1	Mξ_2	M_2-N_4
^{81}Tl	2.270	2.265	2.362	2.570	1.777	1.763	3.012
^{82}Pb	2.345	2.339	2.442	2.652	1.839	1.822	3.124
^{83}Bi	2.422	2.416	2.525	2.735	1.901	1.882	3.233
^{84}Po	2.502	2.500	2.617	2.842	1.971	1.952	3.368
^{85}At	2.581	2.581	2.706	2.928	2.033	2.014	3.483
^{86}Rn	2.663	2.662	2.794	3.006	2.097	2.076	3.595
^{87}Fr	2.746	2.742	2.881	3.093	2.161	2.137	2.731
^{88}Ra	2.828	2.822	2.967	3.185	2.222	2.197	3.850
^{89}Ac	2.913	2.903	3.053	3.264	2.300	2.258	3.976
^{90}Th	2.996	2.986	3.145	3.369	2.363	2.321	4.117
^{91}Pa	3.082	3.072	3.239	3.465	2.434	2.387	4.260
^{92}U	3.170	3.159	3.336	3.563	2.506	2.455	4.400

索引

B

变动系数	310
波长色散	40
不确定度	319

C

初级激发	27
次级激发	28

D

多道脉冲高度分析器	114

E

俄歇效应	10
二次靶	124

F

放射性同位素	33
非色散	44
分布函数	310,311
复现性	310

G

高纯锗（Ge）探测器	64
固体探测器	59
光电转换	55
光电转换特性	48
硅漂移探测器	64

H

互致激发	31

J

精密度	310

K

康普顿散射	15
康普顿逸出	61

L

连续 X 射线光谱	2
量子计数效率	65

M

脉冲高度选择器	75
莫塞莱定律	8

N

能量分辨率	67
能量色散	42
能量色散探测器	112

P

平均值	308

珀尔贴（Peltier）效应	48，62	**W**	
Q		微束 X 射线荧光光谱分析	153
气体正比型探测器	49	**X**	
全反射	20	吸收限	23
全反射 X 射线荧光光谱分析	147	系统误差	310，319
S		相对标准偏差	310
闪烁计数器	58	相干散射	14
X 射线	1	相关系数	310
X 射线管	36	**Y**	
X 射线光谱	2	荧光产额	11
衰减系数	22	约定真值	309
随机误差	319，310	**Z**	
T		真值	308
Si-PIN 探测器	63	质量吸收	22
特征 X 射线光谱	7	准确度	310
同步辐射光源	35		
同步辐射 X 射线荧光光谱分析	152